一流本科专业一流本科课程建设系列教材

数 理 统 计

赵 颖 王典朋 孔祥顺 虞 俊 编

机械工业出版社

本书是"数理统计"课程教材. 数理统计是研究如何有效地收集、整理和分析受随机因素影响的数据,并对所考虑的问题做出推断或预测,为采取某种决策和行动提供依据或建议的一门学科,它具有很强的应用性,并在很多学科中得到了广泛的应用.

全书共 5 章,包括:绪论、抽样分布及若干预备知识、点估计、区间估计、假设检验,同时各章都配有一定量的例题和难度适中的习题. 为方便读者学习,本书附录列出了基本的概率论知识作为具有不同背景的读者在阅读本书时的参考.

本书可作为数学专业、统计学专业本科生的"数理统计"课程的教材或参考书,也可作为具备微积分及概率论基本知识的其他专业本科生、研究生以及从事相关统计工作的技术人员的参考书.

图书在版编目(CIP)数据

数理统计 / 赵颖等编. —北京:机械工业出版社,2024.6
一流本科专业一流本科课程建设系列教材
ISBN 978-7-111-75621-7

Ⅰ.①数…　Ⅱ.①赵…　Ⅲ.①数理统计-高等学校-教材
Ⅳ.①O212

中国国家版本馆 CIP 数据核字(2024)第 076063 号

机械工业出版社(北京市百万庄大街 22 号　邮政编码 100037)
策划编辑:韩效杰　　　　　责任编辑:韩效杰　李　乐
责任校对:韩佳欣　张亚楠　封面设计:张　静
责任印制:李　昂
北京捷迅佳彩印刷有限公司印刷
2024 年 8 月第 1 版第 1 次印刷
184mm×260mm · 21.75 印张 · 520 千字
标准书号:ISBN 978-7-111-75621-7
定价:69.80 元

电话服务	网络服务
客服电话:010-88361066	机　工　官　网:www.cmpbook.com
010-88379833	机　工　官　博:weibo.com/cmp1952
010-68326294	金　书　网:www.golden-book.com
封底无防伪标均为盗版	机工教育服务网:www.cmpedu.com

前　言

"国家大数据战略"旨在全面推进我国大数据的发展和应用，加快建设数据强国，推动数据资源开放共享."新一代人工智能发展规划"把人工智能发展放在国家战略层面系统布局，从数据中寻找客观规律并加以利用，成为目前科技发展和社会进步的重要驱动力. 数理统计正是研究和揭示随机现象统计规律性的一门学科，其理论与思想方法已经渗透到国民经济、社会发展和人们生活的各个领域中，并不断地与其他学科相互融合. 只要一个实际问题有数据，我们就可以用数理统计的方法去分析.

编者结合多年教学经验及实际发展需要，以培养具有扎实数理统计基础、良好统计专业素养，激发读者学习统计的志趣和潜能为目标编写本书. 全书包括 5 章，第 1 章介绍数理统计中的一些基本概念，包括数理统计介绍、总体和总体分布、样本和样本分布、统计量、经验分布函数、数理统计发展史等. 第 2 章介绍抽样分布，包括抽样分布的概念、三大分布和分位数、抽样分布定理、指数族、充分统计量、完备统计量，这些内容是后续章节学习的重要基础. 第 3 章介绍点估计，包括参数的点估计问题、矩估计、极大似然估计、估计量的评价标准、一致最小方差无偏估计、C-R 不等式. 第 4 章介绍区间估计，包括区间估计的基本概念、基于枢轴量的区间估计法、单个正态总体均值和方差的置信区间、两个正态总体均值差和方差比的置信区间、非正态总体参数的置信区间等. 第 5 章介绍假设检验，包括参数假设检验和非参数假设检验等. 本书每一章都注重对问题的背景和数理统计思想方法的阐述，强调各种方法的应用，在引入基本概念时揭示其直观背景和实际意义，在叙述概念和基本方法时阐明其统计意义，通过众多例题体现数理统计的应用. 每章均配有一定数量的习题，包括大量基础题、少量提高题，书后配有习题参考答案. 为方便读者学习，附录 A 概率论基础列出了基本的概率论知识作为具有不同背景的读者在阅读本书时的参考.

本书的特点还体现在附录 B 的特色案例，其强调数理统计的概念和思想方法与现实问题的联系，将理论知识与实际应用相结合，使读者更好地理解和掌握统计思想、理论、方法及其应用，重视从实际问题中产生统计思想的过程.

本书的主要内容在北京理工大学数学与统计学院讲授过多次，在读者具备了基本概率论相关知识的前提下，讲授本书主要内容大约需要 64 学时. 删除书中标 "∗" 的内容后，仍成系统，需要讲授约 48 学时.

在本书的编写过程中编者参阅了部分国内外专著和优秀教材，吸取了他们在编写方式、内容安排、例题配置、习题搭配等方面的优点，借鉴了其中一些精彩的叙述和例子，在此向相关作者表示衷心的感谢.

本书第 1 章和第 2 章由赵颖编写，第 3 章由孔祥顺编写，第 4 章由王典朋编写，第 5 章由虞俊编写. 北京理工大学数学与统计学院李欣妍、彭涵影、王亚晴等几位同学为初稿的打印付出了辛勤的劳动，在此表示衷心的感谢. 本书的出版也得到了北京理工大学数学与统计学院的大力帮助，在此表示衷心的感谢.

由于编者水平有限，书中难免存在不妥和错误之处，恳请广大读者批评指正.

编　者

目　录

符号说明

$B(1,p)$：两点分布或伯努利分布

$B(m,p)$：参数为 m，p 的二项分布

$P(\lambda)$：参数为 λ 的泊松（Poisson）分布

$G(p)$：参数为 p 的几何分布

$U(a,b)$：区间 $[a,b]$ 上的均匀分布

$E(\lambda)$：指数分布

$N(\mu,\sigma^2)$：参数为 μ、σ^2 的正态分布

$N(0,1)$：标准正态分布

$\Phi(\cdot)$：标准正态分布的累积分布函数

$Ga(\alpha,\lambda)$：参数为 α，λ 的伽马（Gamma）分布

$\chi^2(n)$：自由度为 n 的卡方分布

$t(n)$：自由度为 n 的 t 分布

$F(m,n)$：第一自由度为 m，第二自由度为 n 的 F 分布

u_α：标准正态分布的上 α 分位数

$t_\alpha(n)$：自由度为 n 的 t 分布的上 α 分位数

$\chi^2_\alpha(n)$：自由度为 n 的 χ^2 分布的上 α 分位数

$F_\alpha(m,n)$：自由度为 m，n 的 F 分布的上 α 分位数

1.1 数理统计介绍

1.1.1 数理统计的任务

自然界的现象大致可以分为两类，一类称为确定性现象，另一类称为随机现象.

确定性现象的例子，如"在一个标准大气压下，水加热到 100°C 会沸腾""物理学中的自由落体运动，可以用数学方程 $s = gt^2/2$ 刻画其运动规律"，还有物理学中的许多定律、化学中的反应规律以及其他学科中的一些现象，可以用数学中的方程，如微分方程等来精确计算.

数理统计介绍

随机现象的例子，如"医学试样中白细胞的个数不同""农业试验中，在面积相等且相邻的两块土地上种植同一种小麦，生产条件相同但在收获时小麦产量不完全一样""同一工艺条件下生产的某电子产品的使用寿命不同""用同一个仪器多次测量同一个物体的重量，每次所得结果一般是不同的""用同一门高射炮向同一目标发射多发炮弹，弹着点位置一般是不同的"，等等，这些都是随机现象，它们在自然界中是大量存在的.

在许多实际问题中，描述随机现象的随机变量的概率分布完全未知或不完全知道. **随机变量的概率分布不确定是数理统计研究的第一前提！** 此时，如何研究随机现象中的有关问题呢？

数理统计的任务是对随机现象进行试验或观测，以有效的方式收集、整理和分析带有随机性影响的数据，以便对所考察的问题做出推断和预测，进一步为采取一定的决策和行动提供依据和建议. **数据带有随机性是数理统计研究的第二前提！** 下面通过例子详细说明.

1. 有效地收集数据

收集数据的方法包括全面调查、抽样调查等.

例 1.1.1 人口普查和抽样调查.

普查又称全面调查，因普查费用高、时间长而不常使用，像灯泡寿命试验这种破坏性检查更不会使用. 只有在少数重要场合才会使用普查. 如我国规定每十年进行一次人口普查，期间九年中每年进行一次人口抽样调查.

抽样调查是在全面调查不可行时的一种补充方法. 如何安排抽样调查，是有效收集数据的一个重要问题.

例 1.1.2 考察某地区 10000 户农户的经济状况.

从该地区农户中挑选 100 户做抽样调查. 若该地区分为平原和山区两部分，平原较富且占全体农户的 70%，山区较穷且占全体农户的 30%. 此时，比较好的抽样方案是在抽取的 100 户中，70 户从平原地区抽取，30 户从山区抽取，之后在各自范围内分别用随机化方法挑选.

收集数据时，数据必须带有随机性. 例 1.1.2 中，随机性是通过抽取的 100 户农户是从 10000 户农户中按照一定的方式"随机抽取"体现的. 代表性是通过平原和山区按照一定比例抽取体现的. 直观上看，这样得到的数据要比从全体 10000 户农户中用随机化方式挑选得到的数据更有代表性，因而更有效.

例 1.1.2 中，有效收集数据是通过合理地设计抽样方案实现的.

例 1.1.3 （提高某化工产品转化率的试验） 某种化工产品的转化率可能与反应温度 A、反应时间 B、某两种原料配比 C、真空度 D 有关. 为寻找最优的生产条件，以提高该化工产品的转化率，考虑对 A、B、C、D 这四个因素进行试验，根据以往经验，确定每个因素只需考虑三个水平，试验方案如表 1.1.1 所示.

表 1.1.1

因素	水平		
	1	2	3
反应温度 A/℃	60	70	80
反应时间 B/h	2.5	3.0	3.5
原料配比 C	1.1:1	1.15:1	1.2:1
真空度 D/mmHg	500	550	600

例 1.1.3 的试验中有 4 个因素，每个因素考虑 3 个水平，理想的做法是各种因素所有水平搭配下都做试验，需要进行 3×3×3×3＝81 次试验.在一个试验中考虑 m 个因素，每个因素取 n 个水平，若

对每个水平搭配做一次试验,需要做 n^m 次试验,若 m,n 都比较大,试验是非常耗时、耗资、不现实的.因此,我们需要设计试验,选 81 种搭配的一部分,每个因素的每个水平都出现,且能反映出交互作用,以获得最佳或较好的试验条件.

用有效的方式收集数据的问题的研究,构成了数理统计学的两个分支,一个是抽样调查,一个是试验设计,它们分别处理如例 1.1.2 和例 1.1.3 两个例子中的数据收集问题.

2. 有效地使用数据

在通过一定的方法获取数据后,需要利用有效的方法去集中和提取数据中的有关信息,对所研究的问题做出一定的结论,这种结论在统计上被称为推断.下面看一个例子.

例 1.1.4 某农村有 100 户农户,要调查此村农户是否脱贫.脱贫的标准是每户年均收入超过 1 万元.经调查该村 90 户农民年收入 5000 元,10 户农民年收入 10 万元,问该村农户是否脱贫?

用算术平均值计算该村农户年平均收入如下:

$$\bar{x} = \frac{90 \times 0.5 + 10 \times 10}{100} = 1.45\,(\text{万元}).$$

结论:该村农民脱贫.但是 90% 的农户年均收入只有 5000 元,事实未脱贫.

用样本中位数计算该村农户年收入如下:

将 100 户农户的年收入记为 $x_1, x_2, \cdots, x_{100}$,按照从小到大排列为 $x_{(1)} \leqslant x_{(2)} \leqslant \cdots \leqslant x_{(100)}$.样本中位数定义为排在最中间两户的平均值

$$\frac{x_{(50)} + x_{(51)}}{2} = 0.5\,(\text{万元}).$$

结论:该村农民未脱贫,与实际情况相符.

例 1.1.4 说明如何有效地使用数据进行推断,涉及统计中的一些准则,以评价推断的优良性,因此采用合适的统计方法是有效使用数据的一个重要方面.

1.1.2 数理统计与概率论的关系

概率论是数理统计的理论基础,数理统计是概率论的一种重要应用.

概率论:已知随机变量的分布,可求得:某个随机事件发生的概率,随机变量落在某个区间的概率,随机变量的数字特征如均值、方差、协方差、相关系数等.

推理的方向:知道原因,推出结果.

数理统计：已知随机变量的取值（数据），去求随机变量的分布，或一些数字特征，如均值、方差、协方差、相关系数等.

推理的方向：知道结果，推出原因.

统计的结果不是必然的，会带有误差或犯错误. 所以，推断要尽可能地减少误差，尽可能地减少犯错误的概率.

1.1.3　数理统计学的应用

数理统计学的研究内容非常丰富，且形成了多个分支，如回归分析、抽样调查、试验设计、可靠性统计、多元统计分析、非参数统计和贝叶斯（Bayes）统计等. 由于随机现象无处不在，因此其应用越来越广泛深入，在国民经济和科学技术中的地位越来越重要. 目前，数理统计学已经涉及金融、经济、生物、工程技术、医学、工农业生产、地质、质量控制、航天航空等诸多领域. 无论是自然科学还是社会科学都离不开统计.

我们已经进入大数据和人工智能时代，从数据中寻找客观规律并加以利用，成为目前科技发展和社会进步的重要驱动力. 数理统计正是研究和揭示随机现象统计规律性的一门数学学科. 目前算法与统计的结合促成了机器学习、人工智能的爆发，机器学习和人工智能已经主导了这个时代科技应用的方向，由此足见统计应用的广泛性和重要性.

1.2　总体和总体分布

数理统计的
基本概念（1）

定义 1.2.1（总体）　数理统计中，把所研究问题涉及的研究对象的全体称为**总体**.

定义 1.2.2（个体）　组成总体的每个元素称为**个体**.

例 1.2.1　假定一批产品有 10000 件，其中有合格品也有废品. 为估计废品率，往往从中抽取一部分，如抽取 100 件进行检查. 该问题中，10000 件产品的全体称为总体，每件产品称为个体，从中抽取的 100 件产品称为样本.

总体随研究范围而定，总体中所包含个体的个数称为**总体容量**，若总体中个体的数目为有限个，则称为**有限总体**；若总体中个体的数目为无限个，则称为**无限总体**.

但是，实际问题中，我们关心的并不是总体或这些个体本身，而是关心与个体性能相联系的某一项或某几项数量指标以及这些数量指标在总体中的分布情况. 表征个体特征的量称为**数量指标**.

一般来说，用 X 表示数量指标(可以是一维也可以是多维)，称数量指标 X 的全体组成的集合为**总体**，而其中每个数量指标称为**个体**.

例 1.2.2　研究 100 万只灯泡的使用寿命 X，100 万只灯泡的使用寿命组成总体，而其中每只灯泡的寿命是个体.

例 1.2.3　研究某大学学生的身高 X 和体重 Y，该大学全体学生的身高和体重组成总体，而其中每个学生的身高和体重是个体.

由于每个个体的出现是随机的，所以相应的个体的数量指标也带有随机性. 例 1.2.2 中，灯泡的使用寿命 X 是一个随机变量. 此时，把总体与一个随机变量(如灯泡寿命)对应了起来.

例 1.2.4　假定 10000 件产品中废品数为 100 件，其余为合格品，废品率为 0.01. 定义随机变量如下：

$$X = \begin{cases} 1, & \text{废品}, \\ 0, & \text{合格品}. \end{cases}$$

这是一个参数为 p 的 0-1 分布的随机变量，其中 $p = P\{X=1\} = 0.01$ 为废品率. 我们将它说成 0-1 分布总体，指总体中每个个体的观察值是 0-1 分布随机变量的值.

因此，在数理统计学中，总体可以用一个随机变量及其分布来描述. 对总体的研究转化为对表示总体的随机变量 X 的统计规律性的研究. 随机变量 X 的分布和数字特征，也称为总体的分布和数字特征. 如总体均值、总体方差、总体矩等. 今后将不区分总体与相应的随机变量，统称为总体 X.

当个体上的数量指标为两项或两项以上时，用随机向量来表示总体. 例如，研究某地区中学生的发育状况时，若关心的数量指标是身高和体重，我们用 X 和 Y 分别表示身高和体重，那么该总体可以用二维随机变量 (X, Y) 或其联合分布函数 $F(x, y)$ 来表示. 若 F 有密度函数 f，则该总体也可以用联合密度函数 $f(x, y)$ 来表示.

例 1.2.5　灯泡使用寿命这一总体是指数分布总体，表示总体中的观察值是指数分布随机变量的值.

注　当总体分布为正态分布时，称为正态分布总体或正态总体；当总体分布为指数分布时，称为指数分布总体；当总体分布为二项分布时，称为二项分布总体等.

1.3 样本和样本分布

1.3.1 样本

数理统计的
基本概念(2)

为研究总体的情况，就应对总体中的每个个体进行研究，但是要把总体中的所有个体一一加以测定，在实际应用中常常不可能或者不必要. 例如，研究某批灯泡寿命组成的总体时，若对每个灯泡的寿命一一加以测定，这是一个破坏性的试验，既耗时耗资也不现实. 研究某批产品的废品率时，不能对所有产品都进行测试获得废品率. 一般地，从该总体中随机抽取一定数量的个体进行观测，这一过程称为**抽样**. 抽取的部分个体称为样本，设 X_1, $X_2, \cdots, X_n$ 是从总体 X 中抽取的样本，其样本空间定义如下：

> **定义 1.3.1(样本空间)**   样本 $X_1, X_2, \cdots, X_n$ 可能取值的全体的集合，称为**样本空间**，记为 χ.

例 1.3.1   假定一批产品有 10000 件，其中有合格品也有废品. 为估计废品率，往往从中抽取一部分，抽取 100 件进行检查，该问题中样本空间是什么？

解   样本空间 $\chi = \{(x_1, x_2, \cdots, x_{100}) : x_i = 0, 1; i = 1, 2, \cdots, 100\}$.

样本具有两重性：样本既可看成随机变量，又可看成具体的数.

抽样前，样本是随机变量，因为在进行抽样前无法预料具体的抽样结果，只能预料它可能取值的范围.

抽样后，样本是具体的数值.

为避免混淆，用大写英文字母 $X_1, X_2, \cdots, X_n$ 表示随机变量，用小写英文字母 $x_1, x_2, \cdots, x_n$ 表示它的具体观察值.

抽样的目的是对总体分布中某些未知的量进行推断，对总体 X 进行 n 次独立重复观测，将 n 次观测结果依次记为 X_1, $X_2, \cdots, X_n$，自然要求抽取的 n 个个体能够很好地反映总体的信息，最常用的一种抽样方法满足如下要求.

代表性：总体中的每个个体被抽到是等可能的，即要求 X_1, $X_2, \cdots, X_n$ 中每个个体与总体 X 有相同的分布，因此每一个被抽取的个体都具有代表性.

独立性：样本中每个个体 X_i 取什么值，不影响其他个体的取值，即要求各个体 $X_1, X_2, \cdots, X_n$ 是相互独立的随机变量.

由于抽样具有代表性和独立性，因此 $X_1, X_2, \cdots, X_n$ 是相互独立的随机变量且每个 X_i 都与总体 X 有相同的分布.

上述抽样方法称为**简单随机抽样**，利用简单随机抽样方法得到的样本 $X_1, X_2, \cdots, X_n$ 称为**简单随机样本**，简称**样本**.

综上所述，给出如下定义.

> **定义 1.3.2（简单随机样本）**　设有一总体 X，具有分布 F，$X_1, X_2, \cdots, X_n$ 是从总体 X 中抽取的容量为 n 的样本. 若
>
> （1）$X_1, X_2, \cdots, X_n$ 相互独立；
>
> （2）$X_1, X_2, \cdots, X_n$ 与总体 X 有相同的分布，即同有分布 F，
>
> 则称 $X_1, X_2, \cdots, X_n$ 是从总体 X 中抽取的容量为 n 的**简单随机样本**，简称**样本**.

若总体 X 的分布函数为 $F(x)$（或密度函数为 $f(x)$），也称 $X_1, X_2, \cdots, X_n$ 是来自总体分布函数 $F(x)$（或密度函数 $f(x)$）的样本，记为 $X_1, X_2, \cdots, X_n$ i.i.d.，且 $X_i \sim F(x)$（或 $X_i \sim f(x)$）. n 称为**样本容量**. 样本 $X_1, X_2, \cdots, X_n$ 也可看作 n 维随机变量 $(X_1, X_2, \cdots, X_n)$. $X_1, X_2, \cdots, X_n$ 的观察值 $x_1, x_2, \cdots, x_n$ 称为样本值，又称为 X 的 n 个独立的观察值. 若 $x_1, x_2, \cdots, x_n$ 与 $y_1, y_2, \cdots, y_n$ 都是相应于样本 $X_1, X_2, \cdots, X_n$ 的样本值，一般来说，它们是不相同的.

在进行抽样时，要获得简单随机样本需要满足两个要求：一是总体中每个个体都有同等可能性被选中作为样本中的个体；二是每一次抽取不改变下一次抽取的环境，也不影响下一次抽取的抽样方式. 对于有限总体而言，需要进行有放回独立重复抽样. 在实际问题中，当总体容量很大时，少量个体的抽取对于抽取环境的改变往往可以忽略，可以用无放回独立重复抽取近似代替.

本书如不做特别说明，所提到的样本都是指简单随机样本.

1.3.2　样本分布

统计是从手中已有的资料，即样本值（即数据）去研究总体的情况，即总体分布的性质的，其中样本是联系两者的桥梁.

样本作为随机变量有概率分布，这个概率分布为**样本分布**，样本分布可由总体分布完全确定. 样本分布是样本受随机性影响最完整的描述.

设总体 X 的分布函数是 $F(x)$，$X_1, X_2, \cdots, X_n$ 是来自总体 X 的样本，由于 $X_1, X_2, \cdots, X_n$ 相互独立且与总体 X 有相同的分布，因

此样本 $X_1, X_2, \cdots, X_n$ 的联合分布函数是

$$
\begin{aligned}
F^*(x_1, x_2, \cdots, x_n) &= P\{X_1 \leqslant x_1, X_2 \leqslant x_2, \cdots, X_n \leqslant x_n\} \\
&= P\{X_1 \leqslant x_1\} P\{X_2 \leqslant x_2\} \cdots P\{X_n \leqslant x_n\} \\
&= \prod_{i=1}^{n} F(x_i).
\end{aligned}
$$

设总体 X 是离散型随机变量, 其分布列为 $p_i = P\{X = x_i\}$, $i = 1,$ $2, \cdots$, $X_1, X_2, \cdots, X_n$ 是来自总体 X 的样本, 则样本 $X_1, X_2, \cdots, X_n$ 的联合分布列是

$$
P\{X_1 = x_1, X_2 = x_2, \cdots, X_n = x_n\} = \prod_{i=1}^{n} P\{X_i = x_i\}.
$$

设总体 X 是连续型随机变量, 其密度函数为 $f(x)$, $X_1,$ $X_2, \cdots, X_n$ 是来自总体 X 的样本, 则样本 $X_1, X_2, \cdots, X_n$ 的联合密度函数是

$$
f^*(x_1, x_2, \cdots, x_n) = f(x_1) f(x_2) \cdots f(x_n) = \prod_{i=1}^{n} f(x_i).
$$

设总体 (X, Y) 的分布函数是 $F(x, y)$, $(X_1, Y_1), (X_2, Y_2), \cdots,$ (X_n, Y_n) 是来自总体 (X, Y) 的样本, 则样本 $(X_1, Y_1), (X_2, Y_2), \cdots, (X_n, Y_n)$ 的联合分布函数是

$$
F(x_1, y_1) F(x_2, y_2) \cdots F(x_n, y_n) = \prod_{i=1}^{n} F(x_i, y_i).
$$

设总体 (X, Y) 是二维连续型随机变量, 其密度函数为 $f(x, y)$, $(X_1, Y_1), (X_2, Y_2), \cdots, (X_n, Y_n)$ 是来自总体 (X, Y) 的样本, 则样本 $(X_1, Y_1), (X_2, Y_2), \cdots, (X_n, Y_n)$ 的联合密度函数是

$$
f(x_1, y_1) f(x_2, y_2) \cdots f(x_n, y_n) = \prod_{i=1}^{n} f(x_i, y_i).
$$

例 1.3.2 设 $X_1, X_2, \cdots, X_n$ 是来自正态总体 $X \sim N(\mu, \sigma^2)$, $\mu \in \mathbf{R}$, $\sigma > 0$ 的样本, 求样本 $X_1, X_2, \cdots, X_n$ 的联合密度函数.

解 由于总体 $X \sim N(\mu, \sigma^2)$, 其密度函数为

$$
f(x; \mu, \sigma^2) = \frac{1}{\sqrt{2\pi}\sigma} \exp\left\{-\frac{(x-\mu)^2}{2\sigma^2}\right\}, \quad x \in \mathbf{R}.
$$

因此, 样本 $X_1, X_2, \cdots, X_n$ 的联合密度函数是

$$
\begin{aligned}
f(x_1, x_2, \cdots, x_n; \mu, \sigma^2) &= \prod_{i=1}^{n} f(x_i) = \prod_{i=1}^{n} \frac{1}{\sqrt{2\pi}\sigma} \exp\left\{-\frac{(x_i-\mu)^2}{2\sigma^2}\right\} \\
&= \left(\frac{1}{\sqrt{2\pi}\sigma}\right)^n \exp\left\{-\frac{1}{2\sigma^2} \sum_{i=1}^{n} (x_i - \mu)^2\right\}.
\end{aligned}
$$

例 1.3.3 设 $X_1, X_2, \cdots, X_n$ 是来自两点分布总体 $B(1, p)$, $0 < p < 1$ 的样本, 求样本 $X_1, X_2, \cdots, X_n$ 的联合分布列.

解 由于总体 $X \sim B(1,p)$，其分布列为

$$P\{X=x,p\} = p^x(1-p)^{1-x}, \quad \text{其中 } x=0 \text{ 或 } x=1.$$

因此，样本 $X_1, X_2, \cdots, X_n$ 的联合分布列为

$$P\{X_1=x_1, X_2=x_2, \cdots, X_n=x_n, p\}$$

$$= \prod_{i=1}^{n} P\{X_i=x_i\} = \prod_{i=1}^{n} p^{x_i}(1-p)^{1-x_i}$$

$$= p^{\sum_{i=1}^{n} x_i}(1-p)^{n-\sum_{i=1}^{n} x_i} = p^k(1-p)^{n-k},$$

其中 k 为观察值 $(x_1, x_2, \cdots, x_n)$ 中 1 的个数，$k=0,1,2,\cdots,n$.

例 1.3.4 为估计一物体的质量 μ，用一架天平将该物体重复测量 n 次，结果记为 $X_1, X_2, \cdots, X_n$. 求 $X_1, X_2, \cdots, X_n$ 的分布.

解 针对该例需要进行一些假定.

假定 1：各次测量 $X_1, X_2, \cdots, X_n$ 相互独立，即某次测量结果的大小不受其他次测量结果的影响，因此，$X_1, X_2, \cdots, X_n$ 是相互独立的随机变量.

假定 2：各次测量在相同条件下进行，即 $X_1, X_2, \cdots, X_n$ 同分布.

根据上述假定，为确定 $X_1, X_2, \cdots, X_n$ 的分布，在以上假定下求出 X_1 的分布即可. 考虑测量误差的特性，这种误差一般由大量的、彼此独立起作用的随机因素叠加而成，而每一个所起作用都很小. 由概率论的中心极限定理可知，这种误差近似服从正态分布. 假定天平没有系统误差，则可进一步假定该误差服从均值为 0、方差为 σ^2 的正态分布. 从而 X_1（可以视为 $X_1=\mu+\varepsilon$，物重与误差之和）的概率分布为正态分布.

因此，由例 1.3.2 知样本 $X_1, X_2, \cdots, X_n$ 的联合密度函数是

$$f(x_1, x_2, \cdots, x_n; \mu, \sigma^2) = \left(\frac{1}{\sqrt{2\pi}\sigma}\right)^n \exp\left\{-\frac{1}{2\sigma^2}\sum_{i=1}^{n}(x_i-\mu)^2\right\}.$$

1.3.3 分布族

1. 参数和参数空间

例 1.3.2 总体分布和样本分布中的 μ 与 σ^2 以及例 1.3.3 总体分布和样本分布中的 p 都是确定分布的未知常数，即这些常数的不同取值对应不同的总体分布和样本分布，只要确定了这些常数的值，相应的总体分布和样本分布也都确定了.

数理统计中，称出现在总体分布或样本分布中的未知常数为**参数**. 因此，μ，σ^2，p 都是参数，μ 和 σ^2 出现在同一分布中，常记作 $\theta=(\mu, \sigma^2)$，称为**参数向量**. 有一些问题中参数虽然未知，但是根据问题的性质可以给出参数取值的范围.

数理统计的
基本概念 (3)

定义 1.3.3(参数空间)　参数 θ 所有可能取值的全体构成的集合，称为**参数空间**，记为 Θ.

例 1.3.2 中，参数空间为 $\Theta=\{(\mu,\sigma^2):\mu\in\mathbf{R},\sigma>0\}$.

例 1.3.3 中，参数空间为 $\Theta=\{p:0<p<1\}$.

2. 总体分布族和样本分布族

由于不同的参数值一般对应于不同的总体分布，因此参数空间中所有可能的参数值对应于一族总体分布，称该分布族为**总体分布族**.

不同的参数值也一般对应于不同的样本分布，因此参数空间中所有可能的参数值对应于一族样本分布，称该分布族为**样本分布族**.

例 1.3.2 中，若 μ，σ^2 都为未知参数，则总体分布族为 $\{f(x,\mu,\sigma^2):\mu\in\mathbf{R},\sigma>0\}$. 样本分布族为 $\mathcal{F}=\Big\{\prod\limits_{i=1}^{n}f(x_i;\mu,\sigma^2):\mu\in\mathbf{R},\sigma>0\Big\}$，其中 $f(x_i,\mu,\sigma^2)=\dfrac{1}{\sqrt{2\pi}\sigma}\exp\Big\{-\dfrac{(x_i-\mu)^2}{2\sigma^2}\Big\}$，$i=1,2,\cdots,n$. 参数 μ，σ^2 的每个可能值对应于一个具体的分布.

例 1.3.3 中，若 p 为未知参数，则总体分布族为 $\{P\{X=x,p\}:0<p<1\}$. 样本分布族为 $\mathcal{F}=\Big\{\prod\limits_{i=1}^{n}P\{X_i=x_i,p\}:0<p<1\Big\}$，其中 $P\{X=x_i,p\}=p^{x_i}(1-p)^{1-x_i}$，$x_i=0$ 或 1，$i=1,2,\cdots,n$. 参数 p 的每个可能值对应于一个具体的分布.

设 $X_1,X_2,\cdots,X_n$ 是来自指数分布总体 $E(\lambda)$ 的样本，其中 $\lambda>0$ 未知，则样本分布族为 $\mathcal{F}=\Big\{\prod\limits_{i=1}^{n}f(x_i,\lambda):\lambda>0\Big\}$，其中 $f(x_i,\lambda)=\lambda\exp\{-\lambda x_i\}$，$x_i>0$，$i=1,2,\cdots,n$.

一般地，设总体密度函数(或分布列)为 $f(x,\theta)$，其中 θ 为未知参数，参数空间为 Θ，总体分布族可以表示为

$$\{f(x,\theta):\theta\in\Theta\}.$$

样本分布族可以表示为

$$\Big\{\prod_{i=1}^{n}f(x_i,\theta):\theta\in\Theta\Big\}.$$

随机现象用随机变量刻画，数理统计学的第一前提条件是随机变量的概率分布未知，因此样本分布族至少包含两个分布.

常见的总体分布族有：两点分布族 $\{B(1,p):0<p<1\}$，二项分布族 $\{B(m,p):0<p<1\}$，泊松分布族 $\{P(\lambda):\lambda>0\}$，几何分布族 $\{G(p):0<p<1\}$，均匀分布族 $\{U(a,b):-\infty<a<b<+\infty\}$，指数分布

族 $\{E(\lambda):\lambda>0\}$，正态分布族 $\{N(\mu,\sigma^2):\mu\in\mathbf{R},\sigma>0\}$.

3. 统计模型和统计推断

样本分布族及参数空间给出了所考虑统计问题的范围. 样本分布族反映了对所研究统计问题的了解程度及对抽样方式的规定，今后称样本分布族为**统计模型**. 分布族越小，做出的结论可能更精确和更可靠.

杂家名著《淮南子》中说过："以小明大，见一叶落而知岁之将暮，睹瓶中之冰而知天下之寒". 事实上，"以小明大"就是通过小的部分来获取大的全体的信息，看到一片叶子落了，可以推断其他地方也在落叶，说明秋天可能到了，于是有了成语"一叶知秋"；看到瓶里的水结冰了，可以推断周围都在结冰，说明天气变冷了. 在古代，通过部分观测到的信息推断全体的信息称为"以小明大"，在今天就是数理统计要研究的内容.

数理统计是着手于"样本"，着眼于"总体"，其任务是利用样本推断总体. 从总体中抽取样本去推断总体概率分布的方法称为**统计推断**. 当总体分布完全已知时，不存在任何统计推断问题.

参数统计推断问题：总体的分布形式已知，但是其中若干参数未知，只需要对总体中的一些未知参数进行推断，这类问题称为**参数统计推断问题**. 例 1.3.2 中总体分布为正态分布，若参数 μ 和 σ^2 未知，只要对 μ 和 σ^2 做出推断就等于对总体做出了推断. 第 3 章的点估计、第 4 章的区间估计和第 5 章的参数假设检验都属于参数统计推断问题.

非参数统计推断问题：总体的分布形式完全未知，或者只有一些一般性的限制. 例如，假定总体分布是离散型或连续型，对称分布或偏态分布等，需要对总体的分布形式进行推断，这类问题称为**非参数统计推断问题**. 第 5 章的非参数假设检验属于非参数统计推断问题.

例 1.3.5 某车间生产的钢管直径 X 服从正态分布 $N(100,0.5^2)$，现从一批钢管中随机抽取 10 根，测得其内直径（单位：mm）的平均值为 100.15，假定方差不变，问该批生产的钢管是否符合要求？

关心问题：如何根据抽样的结果判断钢管的平均直径是否为 $\mu=100$. 该问题属于**参数统计推断问题**.

例 1.3.6 某电话交换台 1h 内接到用户呼叫次数按照每分钟记录如下：

呼叫次数	0	1	2	3	4	5	6	≥7
频数	8	16	17	10	6	2	1	0

试问这个分布能否认为是泊松分布？

关心问题：如何根据抽样的结果判断是否成立 $X \sim P(\lambda)$. 该问题属于**非参数统计推断问题**.

关于统计模型和统计推断做如下说明：

（1）统计模型的确定依赖于抽取样本的方式，以及基于现有结论的假定（如例 1.3.4）.

（2）很多性质不一样的问题可以归入同一模型下. 例如：两点分布模型，可以概括产品的次品率，传染病的感染率，学生成绩的及格率、优秀率等；正态模型，可以概括测量误差、干扰信号等.

（3）同一模型下可以提出很多不同的统计推断问题（正态模型下的参数估计和参数假设检验问题）.

（4）统计推断包括以下内容：

1）提出统计推断方法；

2）计算有关推断方法性能的数量指标；

3）在一定条件和优良性准则下寻找最优的统计推断方法，证明某种统计推断方法是最优的.

1.4　统计量

数理统计中，总体是我们研究的目标，而如前所述不能对总体中的每个个体一一加以测定，而是从总体中随机抽取一部分个体即样本，通过对样本的研究进一步研究总体. 数理统计的重要任务之一就是通过样本推断总体的特性. 但是由于样本中所含总体信息较为分散，有时显得杂乱无章，一般不宜直接用于统计推断. 因此，常常要把样本中的信息进行整理、加工、提炼，集中样本中的有用信息，把与解决问题有关的信息集中起来，针对不同的研究问题构造样本的一个适当的函数，再利用这些样本的函数进行统计推断.

统计量

> **定义 1.4.1（统计量）**　设 $X_1, X_2, \cdots, X_n$ 是来自总体 X 的样本，$g(X_1, X_2, \cdots, X_n)$ 是样本 $X_1, X_2, \cdots, X_n$ 的函数，且除依赖于样本外，不依赖于任何其他的未知量，则称 $g(X_1, X_2, \cdots, X_n)$ 为**统计量**.

如果 $x_1, x_2, \cdots, x_n$ 为样本 $X_1, X_2, \cdots, X_n$ 的观察值，称 $g(x_1, x_2, \cdots, x_n)$ 为统计量 $g(X_1, X_2, \cdots, X_n)$ 的一个观察值.

对统计量的定义做如下说明：

说明 1　统计量只与样本有关，不依赖任何未知参数.

例 1.4.1 设 $X_1, X_2, \cdots, X_n$ 是来自正态总体 $N(\mu, \sigma^2)$ 的样本，且 μ 未知，σ^2 已知，则 $\dfrac{1}{n} \sum\limits_{i=1}^{n} X_i$，$\dfrac{1}{\sigma^2} \sum\limits_{i=1}^{n} (X_i - \overline{X})^2$，$\max\{X_1, X_2, \cdots, X_n\}$

都是统计量. 但 $\dfrac{1}{n} \sum\limits_{i=1}^{n} X_i - \mu$，$\dfrac{1}{\sigma^2} \sum\limits_{i=1}^{n} (X_i - \mu)^2$，$\dfrac{\sum\limits_{i=1}^{n} X_i - n\mu}{\sqrt{n}\, \sigma}$ 都含有

未知参数 μ，因此都不是统计量.

说明 2 统计量既然是依赖于样本的，由于样本具有两重性，因此统计量也具有两重性.

说明 3 在什么问题中采用什么统计量进行统计推断，看问题的性质来确定.

下面介绍几个常用的统计量.

设 $X_1, X_2, \cdots, X_n$ 是来自总体 X 的样本.

1. 样本均值

$\overline{X} = \dfrac{1}{n} \sum\limits_{i=1}^{n} X_i$ 称为**样本均值**，它反映了总体均值 $E(X)$ 的信息.

2. 样本方差

$S^2 = \dfrac{1}{n-1} \sum\limits_{i=1}^{n} (X_i - \overline{X})^2$ 称为**样本方差**，它反映了总体方差 $D(X)$ 的信息.

$S = \sqrt{\dfrac{1}{n-1} \sum\limits_{i=1}^{n} (X_i - \overline{X})^2}$ 称为**样本标准差**，它反映了总体标准差 $\sqrt{D(X)}$ 的信息.

3. 样本矩

$A_k = \dfrac{1}{n} \sum\limits_{i=1}^{n} X_i^k \ (k=1,2,\cdots)$ 称为**样本 k 阶原点矩**，它反映了总体 k 阶原点矩 $E(X^k)$ 的信息. 特别地，当 $k=1$ 时，A_1 为样本均值.

$B_k = \dfrac{1}{n} \sum\limits_{i=1}^{n} (X_i - \overline{X})^k \ (k=2,3,\cdots)$ 称为**样本 k 阶中心矩**，它反映了总体 k 阶中心矩 $E[(X - E(X))^k]$ 的信息. 特别地，$k=2$ 时，$B_2 = \dfrac{n-1}{n} S^2 = \dfrac{1}{n} \sum\limits_{i=1}^{n} (X_i - \overline{X})^2 \triangleq S_n^2.$

这里我们没有称 S_n^2 为样本方差的原因是 S_n^2 不具有无偏性，而 S^2 具有无偏性，这一点在第 3 章点估计中会看到.

设 $x_1, x_2, \cdots, x_n$ 为样本 $X_1, X_2, \cdots, X_n$ 的观察值，则

$\overline{x} = \dfrac{1}{n} \sum\limits_{i=1}^{n} x_i$，$s^2 = \dfrac{1}{n-1} \sum\limits_{i=1}^{n} (x_i - \overline{x})^2$，$s = \sqrt{\dfrac{1}{n-1} \sum\limits_{i=1}^{n} (x_i - \overline{x})^2}$，

$$a_k = \frac{1}{n} \sum_{i=1}^{n} x_i^k (k=1,2,\cdots), \quad b_k = \frac{1}{n} \sum_{i=1}^{n} (x_i - \bar{x})^k (k=2,3\cdots)$$

分别称为样本均值、样本方差、样本标准差、样本 k 阶原点矩、样本 k 阶中心矩的观察值.

样本原点矩和样本中心矩统称为**样本矩**.

4. 二维随机向量的样本矩

设 $(X_1,Y_1),(X_2,Y_2),\cdots,(X_n,Y_n)$ 是来自二维总体 (X,Y) 的样本, $(x_1,y_1),(x_2,y_2),\cdots,(x_n,y_n)$ 是这一样本的观察值, 则

$$\bar{X} = \frac{1}{n} \sum_{i=1}^{n} X_i, \quad S_X^2 = \frac{1}{n-1} \sum_{i=1}^{n} (X_i - \bar{X})^2,$$

$$\bar{Y} = \frac{1}{n} \sum_{i=1}^{n} Y_i, \quad S_Y^2 = \frac{1}{n-1} \sum_{i=1}^{n} (Y_i - \bar{Y})^2,$$

$$S_{XY} = \frac{1}{n} \sum_{i=1}^{n} (X_i - \bar{X})(Y_i - \bar{Y}), \quad r_{XY} = \frac{\sum_{i=1}^{n} (X_i - \bar{X})(Y_i - \bar{Y})}{\sqrt{\sum_{i=1}^{n} (X_i - \bar{X})^2 \sum_{i=1}^{n} (Y_i - \bar{Y})^2}}$$

分别称为 X 的样本均值、样本方差, Y 的样本均值、样本方差及 X 和 Y 的样本协方差、样本相关系数.

5. 顺序统计量及其有关统计量

顺序统计量也是一类常用的统计量, 它在非参数统计推断中占有重要的地位.

定义 1.4.2(顺序统计量) 设 $X_1,X_2,\cdots,X_n$ 是来自总体 X 的样本, 将 $X_1,X_2,\cdots,X_n$ 按照从小到大的顺序排列为

$$X_{(1)} \leqslant X_{(2)} \leqslant \cdots \leqslant X_{(n)},$$

则称 $(X_{(1)},X_{(2)},\cdots,X_{(n)})$ 为 $X_1,X_2,\cdots,X_n$ 的**顺序统计量**, 也称**为次序统计量**. $X_{(r)}$, $1 \leqslant r \leqslant n$ 称为**第 r 个顺序统计量**.

注 第 r 个顺序统计量的随机性可以理解为: 对于给定的一组样本观察值 $x_1,x_2,\cdots,x_n$, $X_{(r)}$ 取值为 $x_{(r)}$.

利用顺序统计量可以定义如下一些实用的统计量.

（1）**样本中位数**

$$m_{1/2} = \begin{cases} X\left(\frac{n+1}{2}\right), & \text{当 } n \text{ 为奇数时}, \\ \dfrac{1}{2}\left(X\left(\frac{n}{2}\right) + X\left(\frac{n}{2}+1\right)\right), & \text{当 } n \text{ 为偶数时}. \end{cases}$$

它把样本分为两部分, 而样本中位数恰好是分界线.

（2）**极值**

最小顺序统计量 $X_{(1)} = \min\limits_{1 \leqslant i \leqslant n} X_i = \min\{X_1,X_2,\cdots,X_n\}$;

最大顺序统计量　$X_{(n)} = \max\limits_{1 \leqslant i \leqslant n} X_i = \max\{X_1, X_2, \cdots, X_n\}$.

（3）样本极差

$R = X_{(n)} - X_{(1)}$ 称为**样本极差**，它反映了样本观察值的最大波动程度.

1.5　经验分布函数

由顺序统计量可以引入如下经验分布函数的概念.

> **定义 1.5.1（经验分布函数）**　设 $X_1, X_2, \cdots, X_n$ 是来自总体 X 的样本，$X_{(1)} \leqslant X_{(2)} \leqslant \cdots \leqslant X_{(n)}$ 为其顺序统计量，对任意实数 x，则称
>
> $$F_n(x) = \begin{cases} 0, & x < X_{(1)}, \\ \dfrac{r}{n}, & X_{(r)} \leqslant x < X_{(r+1)}, \quad r = 1, 2, \cdots, n-1 \\ 1, & X_{(n)} \leqslant x, \end{cases} \quad (1.5.1)$$
>
> 为样本 $X_1, X_2, \cdots, X_n$ 的**经验分布函数**.

例 1.5.1　有一组数据 $19, 22, 13, 11, 16, 17$，求相应的经验分布函数.

解　把这些数据按照从小到大顺序排列为

$$11, 13, 16, 17, 19, 22.$$

经验分布函数为

$$F_n(x) = \begin{cases} 0, & x \in (-\infty, 11), \\ \dfrac{1}{6}, & x \in [11, 13), \\ \dfrac{2}{6}, & x \in [13, 16), \\ \dfrac{3}{6}, & x \in [16, 17), \\ \dfrac{4}{6}, & x \in [17, 19), \\ \dfrac{5}{6}, & x \in [19, 22), \\ 1, & x \in [22, +\infty). \end{cases}$$

记示性函数

$$I_A(x) = \begin{cases} 1, & x \in A, \\ 0, & \text{其他}. \end{cases}$$

则经验分布函数 $F_n(x)$ 可表示为

$$F_n(x) = \frac{1}{n} \sum_{i=1}^{n} I_{(-\infty, x]}(X_i). \tag{1.5.2}$$

经验分布函数 $F_n(x)$ 是单调、不减、右连续的阶梯函数，其跳跃点是样本的观察值，当 n 个观察值各不相同时，每个跳跃点的跳跃度均为 $1/n$，且 $F_n(x)$ 满足：

(1) $0 \le F_n(x) \le 1$；

(2) $F_n(-\infty) = \lim\limits_{x \to -\infty} F_n(x) = 0$，$F_n(+\infty) = \lim\limits_{x \to +\infty} F_n(x) = 1$。

对每一个样本观察值 $x_1, x_2, \cdots, x_n$，$F_n(x)$ 作为 x 的函数，具备分布函数的基本性质，$F_n(x)$ 可视为一个分布函数。

对每个固定的 $x \in \mathbf{R}$，$F_n(x)$ 又是样本 $X_1, X_2, \cdots, X_n$ 的函数，故 $F_n(x)$ 是一个随机变量。关于经验分布函数 $F_n(x)$，有如下重要的结论。

定理 1.5.1 设 $F(x)$ 为总体 X 的分布函数，$X_1, X_2, \cdots, X_n$ 是来自总体 X 的样本，$F_n(x)$ 为其经验分布函数，则对任意给定实数 x，有

(1) $F_n(x) \xrightarrow{P} F(x)$；

(2) $P\{\lim\limits_{n \to +\infty} F_n(x) = F(x)\} = 1$；

(3) $\lim\limits_{n \to +\infty} P\left\{ \dfrac{\sqrt{n}\left[F_n(x) - F(x)\right]}{\sqrt{F(x)(1 - F(x))}} \le y \right\} = \Phi(y)$，其中 $\Phi(y)$ 为标准正态分布函数。

证明 由式 (1.5.2) 可知 $F_n(x)$ 是依赖于样本 $X_1, X_2, \cdots, X_n$ 的函数，因此它是统计量。它可能取值为 $0, 1/n, 2/n, \cdots, (n-1)/n, 1$。

记 $Y_i = I_{(-\infty, x]}(X_i)$，$i = 1, 2, \cdots, n$，则 $P\{Y_i = 1\} = F(x)$，$P\{Y_i = 0\} = 1 - F(x)$，且 $Y_1, Y_2, \cdots, Y_n$ i.i.d. $\sim B(1, F(x))$，而 $F_n(x) = \dfrac{1}{n} \sum\limits_{i=1}^{n} Y_i$ 是独立同分布随机变量的和，故根据辛钦大数定律，当 $n \to +\infty$ 时，有

$$F_n(x) = \frac{1}{n} \sum_{i=1}^{n} I_{(-\infty, x]}(X_i) \xrightarrow{P} F(x),$$

因此，结论 (1) 成立。

根据强大数定律，当 $n \to +\infty$ 时，有

$$F_n(x) = \frac{1}{n} \sum_{i=1}^{n} I_{(-\infty, x]}(X_i) \xrightarrow{\text{a.s.}} F(x),$$

因此，结论 (2) 成立。

根据中心极限定理，当 $n \to +\infty$ 时，有

$$\frac{\sqrt{n}\,(F_n(x)-F(x))}{\sqrt{F(x)(1-F(x))}} \xrightarrow{\mathcal{L}} N(0,1),$$

因此,结论(3)成立.

定理 1.5.1 的结论(2)说明 对给定的实数 x,经验分布函数 $F_n(x)$ 以概率 1 收敛于总体分布函数 $F(x)$. 因此只要 n 充分大,经验分布函数 $F_n(x)$ 与理论分布函数 $F(x)$ 的差异就非常小.

格里汶科于 1933 年证明了比定理 1.5.1 更深刻的结果.

> **定理 1.5.2** 设 $F(x)$ 为总体 X 的分布函数,$X_1,X_2,\cdots,X_n$ 是来自总体 X 的样本,$F_n(x)$ 为其经验分布函数,记
> $$D_n = \sup_{-\infty<x<+\infty} |F_n(x)-F(x)|,$$
> 则有
> $$P\{\lim_{n\to+\infty} D_n=0\}=1.$$

证明 参见茆诗松、王静龙的《数理统计》.

定理 1.5.2 说明 当 n 充分大时,对于所有的 x 值,经验分布函数 $F_n(x)$ 与总体分布函数 $F(x)$ 之差的绝对值一致地越来越小,这个事件发生的概率为 1,即经验分布函数 $F_n(x)$ 概率为 1 的关于 x 一致收敛于总体分布函数 $F(x)$.

因此,根据上述两个定理可知经验分布函数是总体分布函数一个很好的近似,而名字中的"经验"二字是指由样本所得到的,因此称为经验分布函数.

1.6 数理统计发展史

数理统计学主要的发展是从 20 世纪初开始的. 在早期发展中,起主导作用的是以费希尔(R. A. Fisher)和 K. 皮尔逊(K. Pearson)为首的英国学派,特别是费希尔,他在本学科的发展中起了独特的作用,目前许多常用的统计方法以及教科书中的内容,都与他的名字有关. 皮尔逊先后提出和发展了标准差、正态概率曲线、平均变差、均方误差等一系列数理统计的基本概念. 1901 年,皮尔逊创办了《生物计量学》杂志,开辟了属于数理统计学的阵地. 1908 年,戈赛特(W. S. Gosset)以"Student"为笔名,在《生物计量学》上发表了论文《平均数的规律误差》. 在这篇文章中,提供了 t 检验的基础,它是统计推断发展史上的里程碑. 他的研究工作不仅取得了小样本理论的成功,更是开创了不依赖大量观测而是依据实

验思考得出推断的思路. 20 世纪 30 年代左右，费希尔研究了独立同分布统计量的渐近分布，费希尔以其四篇论文开创了统计学的新纪元. 其他一些著名的学者，如奈曼（J. Neyman）、E. S. 皮尔逊（E. S. Pearson）（K. Pearson 的儿子）、沃尔德（A. Wald）等都做出了根本性的贡献. 他们的工作奠定了许多数理统计学分支的基础，提出了一系列具有重要应用价值的统计方法、一系列基本概念和重要理论问题. 值得注意的是，在这段数理统计的发展时期里，我国著名学者许宝騄先生也做出了突出的贡献.

20 世纪前四十多年是数理统计学科辉煌发展的时期. 许多在战前开始成形的统计分支，在战后得到纵深的发展，理论上的深度比以前大大加强了，同时出现了根本性的新发展，如沃尔德的统计判决理论与贝叶斯学派的兴起. 在数理统计的应用方面，其发展也非常显著. 这不仅是由于战后工农业和科技等方面迅速发展所提出的要求，也由于计算机这一有力工具的出现推动了数理统计学更大的进步和发展.

时代日新月异，统计学的发展与应用也与时俱进，数理统计已广泛地应用到生产生活的各个领域，如生物统计、工业统计、信息技术等. 在如今大数据的时代背景下，数理统计的成熟发展为人们整合和处理数据提供了诸多便利，满足了社会对数理统计的需求，数理统计学的应用范围越来越广泛，已渗透到许多科学领域，应用到国民经济的各个部门，成为科学研究不可缺少的工具.

关于数理统计的发展历史，具体内容还可参阅陈希孺《数理统计学简史》.

习题 1

1. 什么是总体？什么是样本？

2. 简单随机样本应满足什么条件？

3. 为了解统计学专业本科毕业生的就业情况，调查了北京地区 200 名 2022 年毕业的统计学专业本科生实习期满后的月薪情况，问该项调查研究的总体和样本分别是什么？样本容量是多少？

4. 设 $X_1, X_2, \cdots, X_n$ 是来自总体 X 的样本，在下列三种情况下，分别写出样本 $X_1, X_2, \cdots, X_n$ 的联合分布列或联合密度函数.

（1）总体 X 服从几何分布，其分布列为 $P\{X = x\} = (1-p)^{x-1}p,\ 0<p<1,\ x=1,2,\cdots$.

（2）总体 X 服从指数分布，其密度函数为

$$f(x) = \begin{cases} \lambda e^{-\lambda x}, & x>0, \\ 0, & \text{其他}, \end{cases} \quad \text{其中 } \lambda>0.$$

（3）总体 X 的密度函数为 $f(x) = \dfrac{\lambda}{2} e^{-\lambda |x|}$，$-\infty <x<+\infty$，其中 $\lambda>0$.

5. 指出下列分布中的参数和参数空间.

（1）两点分布 $B(1,p)$；

（2）二项分布 $B(m,p)$；

（3）泊松分布 $P(\lambda)$；

（4）几何分布 $G(p)$；

（5）均匀分布 $U[a,b]$；

（6）指数分布 $E(\lambda)$；

（7）正态分布 $N(\mu,\sigma^2)$.

6. 设 $X_1,X_2,\cdots,X_n$ 是来自总体 X 的样本，写出两点分布、二项分布、泊松分布、几何分布、均匀分布、指数分布、正态分布的样本分布族.

7. 某机床加工出的零件的直径服从正态分布 $N(\mu,\sigma^2)$，其中 μ,σ^2 均未知. 为对 μ,σ^2 做出估计，随机选取加工出来的 n 个零件进行测量，得到 n 个数据 $x_1,x_2,\cdots,x_n$. 试写出该问题的统计模型（即参数空间和样本分布族）.

8. 设 $X_1,X_2,\cdots,X_n$ 是来自正态总体 $N(\mu,\sigma^2)$ 的样本，其中 μ 已知，σ^2 未知，判断下列量哪些是统计量哪些不是统计量，为什么？

$$\frac{1}{n}\sum_{i=1}^n X_i,\ \frac{1}{n-1}\sum_{i=1}^n (X_i-\overline{X})^2,$$

$$\frac{1}{\sigma^2}\sum_{i=1}^n X_i^2,\ \frac{1}{n}\sum_{i=1}^n (X_i-\mu)^2,$$

$$\frac{1}{\sigma^2}\sum_{i=1}^n (X_i-\mu)^2,\ X_1+2\mu,\ \max\{X_1,X_2,\cdots,X_n\},$$

$$\min\{X_1,X_2,\cdots,X_n\}.$$

9. 对三年级的 10 个孩子做阅读能力测试，分数如下：

95, 86, 78, 90, 62, 73, 89, 92, 84, 76

求相应的经验分布函数，并绘出经验分布函数的图形.

10. 设 $F(x)$ 为总体 X 的分布函数，$X_1,X_2,\cdots,X_n$ 是来自总体 X 的样本，$F_n(x)$ 为其经验分布函数，证明对任意给定实数 x，有：

（1）$E(F_n(x))=F(x)$；

（2）$D(F_n(x))=\dfrac{1}{n}F(x)(1-F(x))$.

第 2 章

抽样分布及若干预备知识

本章主要介绍抽样分布的概念、三大重要分布、一些基本定理、指数族、充分统计量和完备统计量，这些内容在数理统计中占有重要的地位，是后续章节学习的重要基础.

2.1 抽样分布的概念

统计量是样本 $X_1, X_2, \cdots, X_n$ 的函数，而样本 $X_1, X_2, \cdots, X_n$ 是随机变量. 因此，统计量也是随机变量，统计量的分布称为**抽样分布**.

抽样分布 χ^2 分布的定义

用样本对总体进行统计推断的做法如下，首先根据需要研究的总体特性，构造包含这个总体特性信息的统计量；然后，求出统计量的分布即抽样分布，并由此给出统计推断的结论或解释. 研究统计量的性质和评价一个统计推断的优良性，取决于抽样分布的性质，确定统计量的抽样分布是数理统计的一个基本问题. 近代统计学的创始人之一，英国统计学家费希尔曾把抽样分布、参数估计和假设检验列为统计推断的三个中心内容. 因此，寻求抽样分布的理论和方法很重要.

使用概率论中的已知结果，可以求出一些简单统计量的抽样分布. 下面看几个例子.

例 2.1.1 设 $X_1, X_2, \cdots, X_n$ 是来自两点分布总体 $B(1, p)\ (0 < p < 1)$ 的样本，即 $P\{X_1 = 1\} = p$，$P\{X_1 = 0\} = 1 - p$，求 $T = \sum\limits_{i=1}^{n} X_i$ 的抽样分布.

解 由于

$$
\begin{aligned}
P\{T = t\} &= P\left\{\sum_{i=1}^{n} X_i = t\right\} \\
&= P\{X_1, X_2, \cdots, X_n \text{ 中恰好有 } t \text{ 个取值为 } 1，其他都为 } 0\} \\
&= \binom{n}{t} p^t (1-p)^{n-t}, \quad t = 0, 1, 2, \cdots, n.
\end{aligned}
$$

因此，$T \sim B(n,p)$.

例 2.1.2　设 $X_1, X_2, \cdots, X_n$ 是来自正态总体 $N(\mu, \sigma^2)$，$\mu \in \mathbf{R}$，$\sigma^2 > 0$ 的样本，求 $\overline{X} = \dfrac{1}{n} \sum\limits_{k=1}^{n} X_k$ 的抽样分布.

解　由于 X_1 的特征函数为（参见附录 C）

$$\varphi(t) = \exp\left\{ \mathrm{i}\mu t - \frac{1}{2}\sigma^2 t^2 \right\},$$

而 $X_1, X_2, \cdots, X_n$ 相互独立，根据特征函数的性质，得 $\overline{X} = \dfrac{1}{n} \sum\limits_{k=1}^{n} X_k$ 的特征函数为

$$\varphi_{\overline{X}}(t) = \prod_{k=1}^{n} \varphi\left(\frac{t}{n}\right) = \exp\left\{ \mathrm{i}\mu t - \frac{1}{2}\frac{\sigma^2}{n}t^2 \right\},$$

恰好是 $N\left(\mu, \dfrac{\sigma^2}{n}\right)$ 的特征函数.

由于特征函数与分布一一对应，因此，$\overline{X} = \dfrac{1}{n} \sum\limits_{i=1}^{n} X_i$ 的抽样分布为 $N\left(\mu, \dfrac{\sigma^2}{n}\right)$，即 $\overline{X} \sim N\left(\mu, \dfrac{\sigma^2}{n}\right)$.

例 2.1.3　设 $X_1, X_2, \cdots, X_n$ 是来自总体 X 的样本，且 X 的分布函数为 $F(x)$，$(X_{(1)}, X_{(2)}, \cdots, X_{(n)})$ 是其顺序统计量，则对 $1 \leqslant r \leqslant n$，$X_{(r)}$ 的分布函数为

$$F_{(r)}(x) = P\{X_{(r)} \leqslant x\} = r\binom{n}{r} \int_0^{F(x)} t^{r-1}(1-t)^{n-r}\mathrm{d}t.$$

若总体 X 为连续型且有密度函数 $f(x)$，则 $X_{(r)}$ 也有密度函数为

$$f_{(r)}(x) = F'_{(r)}(x) = r\binom{n}{r} F^{r-1}(x)\left[1-F(x)\right]^{n-r}f(x).$$

证明　因为

$$F_r(x) = P\{X_{(r)} \leqslant x\} = P\{X_1, X_2, \cdots, X_n \text{ 中至少有 } r \text{ 个小于或等于 } x\}$$

$$= \sum_{k=r}^{n} P\{X_1, X_2, \cdots, X_n \text{ 中恰有 } k \text{ 个小于或等于 } x\},$$

记 $A_k = \{X_k \leqslant x\}$，$k = 1, 2, \cdots, n$，则 $P(A_k) = P\{X_k \leqslant x\} = F(x)$. 因此

$$\{X_1, X_2, \cdots, X_n \text{ 中恰有 } k \text{ 个小于或等于 } x\} =$$
$$\{\text{事件 } A_1, A_2, \cdots, A_n \text{ 恰有 } k \text{ 个发生}\}.$$

这一事件的概率可用二项分布 $B(n, F(x))$ 来表示，所以

$$P\{X_1, X_2, \cdots, X_n \text{ 中恰有 } k \text{ 个小于或等于 } x\} = \binom{n}{k}\left[F(x)\right]^k\left[1-F(x)\right]^{n-k}.$$

因此

$$F_r(x) = \sum_{k=r}^{n} \binom{n}{k} [F(x)]^k [1-F(x)]^{n-k}. \qquad (2.1.1)$$

利用恒等式(习题 2.1 第 3 题),对 $0 \leqslant p \leqslant 1$, $1 \leqslant r \leqslant n$,有下式成立:

$$\sum_{k=r}^{n} \binom{n}{k} p^k (1-p)^{n-k} = r \binom{n}{r} \int_0^p t^{r-1} (1-t)^{n-r} dt.$$

我们可以把式(2.1.1)改写成如下积分形式:

$$F_r(x) = r \binom{n}{r} \int_0^{F(x)} t^{r-1} (1-t)^{n-r} dt.$$

当 $F(x)$ 有密度函数 $f(x)$ 时,对上式关于 x 求导可得 $X_{(r)}$ 的密度函数为

$$f_r(x) = F_r'(x) = r \binom{n}{r} [F(x)]^{r-1} [1-F(x)]^{n-r} f(x). \qquad (2.1.2)$$

当取 $r=1$ 时,得最小顺序统计量 $X_{(1)}$ 的分布函数和密度函数分别为

$$F_1(x) = P\{X_{(1)} \leqslant x\} = 1 - [1-F(x)]^n, \qquad (2.1.3)$$

$$f_1(x) = n[1-F(x)]^{n-1} f(x). \qquad (2.1.4)$$

当取 $r=n$ 时,得最大顺序统计量 $X_{(n)}$ 的分布函数和密度函数分别为

$$F_n(x) = P\{X_{(n)} \leqslant x\} = [F(x)]^n, \qquad (2.1.5)$$

$$f_n(x) = n[F(x)]^{n-1} f(x). \qquad (2.1.6)$$

例 2.1.4 设 $X_1, X_2, \cdots, X_n$ 是来自均匀分布总体 $U[0, \theta]$, $\theta > 0$ 的样本,求 $X_{(1)}$, $X_{(n)}$ 的密度函数.

解 X_1 的分布函数为

$$F(x) = \begin{cases} 0, & x < 0, \\ \dfrac{x}{\theta}, & 0 \leqslant x \leqslant \theta, \\ 1, & x \geqslant \theta. \end{cases}$$

X_1 的密度函数为

$$f(x) = \begin{cases} \dfrac{1}{\theta}, & 0 \leqslant x \leqslant \theta, \\ 0, & \text{其他}. \end{cases}$$

根据式(2.1.4),得 $X_{(1)}$ 的密度函数为

$$f_1(x) = \begin{cases} n\left(1 - \dfrac{x}{\theta}\right)^{n-1} \dfrac{1}{\theta}, & 0 \leqslant x \leqslant \theta, \\ 0, & \text{其他}. \end{cases}$$

根据式(2.1.6),得 $X_{(n)}$ 的密度函数为

$$f_n(x) = \begin{cases} \dfrac{nx^{n-1}}{\theta^n}, & 0 \leqslant x \leqslant \theta, \\ 0, & \text{其他}. \end{cases}$$

习题 2.1

1. 设 $X_1, X_2, \cdots, X_n$ 是来自泊松分布总体 $P(\lambda)$ 的样本，其分布列为

$$P\{X=x\} = \frac{\lambda^x}{x!}e^{-\lambda}, \quad x=0,1,2,\cdots, \quad 其中 \lambda>0,$$

求 $T=\sum_{i=1}^{n} X_i$ 的抽样分布.

2. 设 $X_1, X_2, \cdots, X_n$ 是来自正态总体 $N(\mu, \sigma^2)$，$\mu \in \mathbf{R}$，$\sigma^2>0$ 的样本，求 $T=\sum_{i=1}^{n} X_i$ 的抽样分布.

3. 设 $X \sim B(n,p)$，$0<p<1$，对 $k \geq 1$，证明：

$$P\{X \geq r\} = \sum_{k=r}^{n} \binom{n}{k} p^k (1-p)^{n-k} = r\binom{n}{r} \int_0^p t^{r-1}(1-t)^{n-r} dt.$$

4. 设 $X_1, X_2, \cdots, X_n$ 是来自几何分布总体 $G(p)$ 的样本，其分布列为

$$P\{X=k\} = (1-p)^{k-1}p, \quad k=1,2,\cdots, \quad 0<p<1,$$

求 $X_{(1)}$，$X_{(n)}$ 的分布列.

5. 设 $X_1, X_2, \cdots, X_n$ 是来自指数分布总体 $E(\lambda)$ 的样本，其密度函数为

$$f(x) = \begin{cases} \lambda e^{-\lambda x}, & x>0, \\ 0, & x \leq 0, \end{cases} \quad 其中 \lambda>0.$$

求：
(1) $X_{(1)}$ 的密度函数；
(2) $E(X_{(1)})$，$D(X_{(1)})$.

6. 设 $X_1, X_2, \cdots, X_9$ 是来自正态总体 $N(1,9)$ 的样本，求：
(1) $P\{X_{(1)}>4\}$；
(2) $P\{X_{(9)}<4\}$.

7. 设 $X_1, X_2, \cdots, X_n$ 是来自均匀分布总体 $U[\theta_1, \theta_2]$，$\theta_1<\theta_2$ 的样本，分别求顺序统计量 $X_{(1)}$，$X_{(n)}$ 的密度函数.

8. 设 $X_1, X_2, \cdots, X_n$ 是来自总体 X 的样本，且 X 的分布函数为 $F(x)$，密度函数为 $f(x)$，求：
(1) $(X_{(1)}, X_{(n)})$ 的联合密度函数；
(2) 极差 $R_n = X_{(n)} - X_{(1)}$ 的密度函数.

9. 统计量只依赖于样本而与参数无关，为什么统计量的分布即抽样分布与参数有关？

10. 给出样本分布和抽样分布的概念，并分别举一个和样本分布及抽样分布有关的例子.

2.2　三大分布和分位数

本节给出在数理统计中占重要地位的三大分布，即 χ^2 分布、t 分布、F 分布，以及三大分布的若干性质. 这三大分布在后面几章中有非常重要的应用.

2.2.1　χ^2 分布

定义 2.2.1(χ^2 分布)　设 $X_1, X_2, \cdots, X_n$ 独立同分布，且 $X_1 \sim N(0,1)$，令

$$\xi = X_1^2 + X_2^2 + \cdots + X_n^2, \tag{2.2.1}$$

则称随机变量 ξ 是自由度为 n 的 χ^2 **变量**，ξ 所服从的分布称为自由度为 n 的 χ^2 **分布**，记作 $\xi \sim \chi^2(n)$，其中 n 为独立随机变量的个数.

ξ 的密度函数由下述定理给出.

定理 2.2.1 设 $\xi \sim \chi^2(n)$，ξ 由式(2.2.1)定义，则 ξ 的密度函数为

$$f(x) = \begin{cases} \dfrac{1}{2^{n/2}\Gamma(n/2)} x^{n/2-1} e^{-x/2}, & x > 0, \\ 0, & x \leq 0. \end{cases}$$

其中 $\Gamma(\alpha) = \displaystyle\int_0^{+\infty} x^{\alpha-1} e^{-x} dx$ （$\alpha > 0$）是伽马函数.

证明 由于 $X_1, X_2, \cdots, X_n$ 独立同分布，且 $X_1 \sim N(0,1)$，因此 $X_1, X_2, \cdots, X_n$ 的联合密度函数为

$$f(x_1, x_2, \cdots, x_n) = \frac{1}{(2\pi)^{n/2}} \exp\left\{ -\frac{1}{2} \sum_{i=1}^n x_i^2 \right\}.$$

当 $x > 0$ 时，ξ 的分布函数为

$$F(x) = P\{\xi \leq x\} = P\left\{ \sum_{i=1}^n X_i^2 \leq x \right\}$$

$$= \frac{1}{(2\pi)^{n/2}} \underset{\sum_{i=1}^n x_i^2 \leq x}{\int \cdots \int} \exp\left\{ -\frac{1}{2} \sum_{i=1}^n x_i^2 \right\} dx_1 \cdots dx_n.$$

作球坐标变换

$$\begin{cases} x_1 = \rho\cos\theta_1\cos\theta_2\cdots\cos\theta_{n-1}, \\ x_2 = \rho\cos\theta_1\cos\theta_2\cdots\sin\theta_{n-1}, \\ \quad\vdots \\ x_n = \rho\sin\theta_1, \end{cases}$$

其中 $0 < \rho \leq \sqrt{x}$，$-\dfrac{\pi}{2} \leq \theta_1, \theta_2, \cdots, \theta_{n-2} \leq \dfrac{\pi}{2}$，$-\pi \leq \theta_{n-1} \leq \pi$.

该变换的雅可比行列式为 $J = \rho^{n-1} D(\theta_1, \theta_2, \cdots, \theta_{n-1})$，其中 $D(\theta_1, \theta_2, \cdots, \theta_{n-1})$ 是 $\theta_1, \theta_2, \cdots, \theta_{n-1}$ 的函数，且与 ρ 无关. 因此

$$F(x) = \frac{1}{(2\pi)^{n/2}} \left[\int_{-\pi/2}^{\pi/2} \int_{-\pi/2}^{\pi/2} \cdots \int_{-\pi/2}^{\pi/2} \int_{-\pi}^{\pi} D(\theta_1, \theta_2, \cdots, \theta_{n-2}, \theta_{n-1}) \right.$$

$$\left. d\theta_1 d\theta_2 \cdots d\theta_{n-2} d\theta_{n-1} \right] \left[\int_0^{\sqrt{x}} \rho^{n-1} \exp(-\rho^2/2) d\rho \right]$$

$$= C_n \int_0^{\sqrt{x}} \rho^{n-1} \exp(-\rho^2/2) d\rho$$

$$= \frac{C_n}{2} \int_0^x t^{n/2-1} \exp(-t/2) dt,$$

其中 $C_n = \dfrac{1}{(2\pi)^{n/2}} \displaystyle\int_{-\pi/2}^{\pi/2} \int_{-\pi/2}^{\pi/2} \cdots \int_{-\pi/2}^{\pi/2} \int_{-\pi}^{\pi} D(\theta_1, \theta_2, \cdots, \theta_{n-2}, \theta_{n-1}) d\theta_1 d\theta_2 \cdots d\theta_{n-2} d\theta_{n-1}$ 为常数.

令 $x \to +\infty$，由 $\displaystyle\lim_{x \to +\infty} F(x) = 1$，得到

$$1 = \frac{C_n}{2} \int_0^\infty t^{n/2-1} \exp(-t/2)\,\mathrm{d}t = 2^{n/2-1} C_n \int_0^{+\infty} u^{n/2-1} \exp(-u)\,\mathrm{d}u$$
$$= 2^{n/2-1} \Gamma(n/2) C_n,$$

即

$$C_n = \frac{1}{2^{n/2-1} \Gamma(n/2)}.$$

当 $x > 0$ 时，ξ 的分布函数为

$$F(x) = \frac{1}{2^{n/2} \Gamma(n/2)} \int_0^x t^{n/2-1} \mathrm{e}^{-t/2}\,\mathrm{d}t.$$

当 $x \leqslant 0$ 时，ξ 的分布函数为

$$F(x) = P\{\xi \leqslant x\} = P\Big\{\sum_{i=1}^n X_i^2 \leqslant x\Big\} = 0.$$

因此，随机变量 ξ 的密度函数为

$$f(x) = F'(x) = \begin{cases} \dfrac{1}{2^{n/2} \Gamma(n/2)} x^{n/2-1} \mathrm{e}^{-x/2}, & x > 0, \\ 0, & x \leqslant 0. \end{cases}$$

定理得证.

特别当 $n = 2$ 时，其密度函数

$$f(x) = \begin{cases} \dfrac{1}{2} \mathrm{e}^{-\frac{x}{2}}, & x > 0, \\ 0, & x \leqslant 0, \end{cases}$$

它是数学期望为 2 的指数分布.

图 2.2.1 画出了 $n = 1, 4, 10, 20$ 几种不同自由度的 χ^2 分布的密度函数的图形.

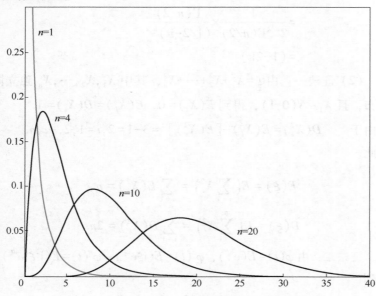

图 2.2.1　$\chi^2(n)$ 分布的密度函数曲线

从图 2.2.1 我们可以看到:

（1）$\chi^2(n)$ 密度函数的支撑集（使密度函数为正的自变量的集合）是 $(0,+\infty)$;

（2）当自由度 n 越大, $\chi^2(n)$ 的密度函数的曲线越趋于对称, 且根据中心极限定理趋于正态分布;

（3）当自由度 n 越小, 密度函数的曲线越不对称, 特别当 $n=1,2$ 时, 密度函数的曲线单调下降且趋于 0; 当 $n \geq 3$ 时, 密度函数的曲线有单峰, 从 0 开始先单调上升, 在一定位置达到峰值, 然后单调下降趋于 0.

χ^2 **分布具有如下重要性质.**

χ^2 分布的性质

> **性质 1**　设 $\xi \sim \chi^2(n)$, 则
>
> （1）ξ 的特征函数为
> $$\varphi(t)=(1-2\mathrm{i}t)^{-n/2}.$$
> （2）ξ 的数学期望和方差分别为
> $$E(\xi)=n,\ D(\xi)=2n.$$

证明

（1）由特征函数的定义, 有

$$\varphi(t)=E(\mathrm{e}^{\mathrm{i}t\xi})=\int_0^{+\infty}\mathrm{e}^{\mathrm{i}tx}\frac{1}{2^{n/2}\Gamma(n/2)}x^{n/2-1}\mathrm{e}^{-x/2}\mathrm{d}x$$

$$=\frac{1}{2^{n/2}\Gamma(n/2)}\int_0^{+\infty}\mathrm{e}^{-(1/2-\mathrm{i}t)x}x^{n/2-1}\mathrm{d}x$$

$$=\frac{1}{2^{n/2}\Gamma(n/2)}\times\frac{\Gamma(n/2)}{(1/2-\mathrm{i}t)^{n/2}}$$

$$=(1-2\mathrm{i}t)^{-n/2}.$$

（2）证法一: 由 $\xi=X_1^2+X_2^2+\cdots+X_n^2$, 其中 $X_1,X_2,\cdots,X_n$ 独立同分布, 且 $X_1 \sim N(0,1)$, 得到 $E(X_i)=0$, $E(X_i^2)=D(X_i)=1$.

又由于　　$D(X_i^2)=E(X_i^4)-[E(X_i^2)]^2=3-1=2, i=1,2,\cdots,n.$

因此

$$E(\xi)=E\Big(\sum_{i=1}^n X_i^2\Big)=\sum_{i=1}^n E(X_i^2)=n,$$

$$D(\xi)=D\Big(\sum_{i=1}^n X_i^2\Big)=\sum_{i=1}^n D(X_i^2)=2n.$$

证法二: 由 $\varphi(t)=E(\mathrm{e}^{\mathrm{i}t\xi})$, $\varphi'(t)=E(\mathrm{i}\xi\mathrm{e}^{\mathrm{i}t\xi})$, $\varphi''(t)=E(\mathrm{i}^2\xi^2\mathrm{e}^{\mathrm{i}t\xi})$, 得到

$$E(\xi)=\varphi'(0)/\mathrm{i}=n,\ E\xi^2=\varphi''(0)/\mathrm{i}^2=n(n+2).$$

因此

$$D(\xi) = E(\xi^2) - (E\xi)^2 = 2n.$$

性质 2（可加性）　设 $X_1 \sim \chi^2(n_1)$，$X_2 \sim \chi^2(n_2)$，且 X_1 与 X_2 相互独立，则

$$X_1 + X_2 \sim \chi^2(n_1 + n_2).$$

这个性质称为 χ^2 分布的**可加性（再生性）**.

证法一：由 χ^2 分布的定义，知

$$X_1 = U_1^2 + U_2^2 + \cdots + U_{n_1}^2,$$
$$X_2 = V_1^2 + V_2^2 + \cdots + V_{n_2}^2,$$

其中，$U_i \sim N(0,1)$，$i = 1, 2, \cdots, n_1$，且相互独立，$V_j \sim N(0,1)$，$j = 1, 2, \cdots, n_2$，且相互独立. 由 X_1, X_2 相互独立，得 $U_1, U_2, \cdots, U_{n_1}$，$V_1, V_2, \cdots, V_{n_2}$ 独立同分布，且均服从 $N(0,1)$，因此根据 χ^2 分布的定义有

$$X_1 + X_2 = U_1^2 + U_2^2 + \cdots + U_{n_1}^2 + V_1^2 + V_2^2 + \cdots + V_{n_2}^2 \sim \chi^2(n_1 + n_2).$$

证法二：由于 X_1 与 X_2 相互独立，故 $X_1 + X_2$ 的密度函数为

$$f_{X_1+X_2}(z) = \int_{-\infty}^{+\infty} f_{X_1}(z-y) f_{X_2}(y) \, \mathrm{d}y,$$

其中 $f_{X_1}(x)$，$f_{X_2}(y)$ 分别为 X_1, X_2 的密度函数.

当 $z > 0$ 时，

$$f_{X_1+X_2}(z) = \int_0^z \frac{1}{2^{n_1/2}\Gamma(n_1/2)}(z-y)^{n_1/2-1}\mathrm{e}^{-(z-y)/2}\frac{1}{2^{n_2/2}\Gamma(n_2/2)}y^{n_2/2-1}\mathrm{e}^{-y/2}\,\mathrm{d}y$$

$$= \frac{1}{2^{(n_1+n_2)/2}\Gamma(n_1/2)\Gamma(n_2/2)}\mathrm{e}^{-z/2}\int_0^z (z-y)^{n_1/2-1}y^{n_2/2-1}\,\mathrm{d}y$$

$$= \frac{1}{2^{(n_1+n_2)/2}\Gamma(n_1/2)\Gamma(n_2/2)}\mathrm{e}^{-z/2}z^{(n_1+n_2)/2-1}\int_0^1 (1-t)^{n_1/2-1}t^{n_2/2-1}\,\mathrm{d}t$$

$$= \frac{1}{2^{(n_1+n_2)/2}\Gamma(n_1/2)\Gamma(n_2/2)}\mathrm{e}^{-z/2}z^{(n_1+n_2)/2-1}\frac{\Gamma(n_1/2)\Gamma(n_2/2)}{\Gamma((n_1+n_2)/2)}$$

$$= \frac{1}{2^{(n_1+n_2)/2}\Gamma((n_1+n_2)/2)}\mathrm{e}^{-z/2}z^{(n_1+n_2)/2-1}.$$

当 $z \leqslant 0$ 时，对于任意实数 y，$f_{X_1}(z-y)f_{X_2}(y) = 0$，从而 $f_{X_1+X_2}(z) = 0$.

因此

$$X_1 + X_2 \sim \chi^2(n_1 + n_2).$$

证法三：由性质 1，得 X_1, X_2 的特征函数分别为

$$\varphi_1(t) = (1-2\mathrm{i}t)^{-n_1/2}, \quad \varphi_2(t) = (1-2\mathrm{i}t)^{-n_2/2}.$$

因为 X_1 与 X_2 相互独立，因此 $X_1 + X_2$ 的特征函数为

$$\varphi(t)=\varphi_1(t)\varphi_2(t)=(1-2it)^{-(n_1+n_2)/2},$$

由特征函数和分布函数相互唯一确定, 得 X_1+X_2 也服从 χ^2 分布且自由度为 n_1+n_2.

从性质 2 的证明过程可以看到利用特征函数作为工具, 有其便利之处.

性质 2 的直接推论是: 设 $X_i \sim \chi^2(n_i)$, $i=1,2,\cdots,k$, 且相互独立, 则

$$\sum_{i=1}^{k} X_i \sim \chi^2 \left(\sum_{i=1}^{k} n_i \right).$$

例 2.2.1 设总体 $X \sim N(0,1)$, X_1,X_2,X_3,X_4,X_5,X_6 是来自总体 X 的样本, 记 $Y=(X_1+X_2+X_3)^2+(X_4+X_5+X_6)^2$, 试确定常数 c, 使 cY 服从 χ^2 分布.

解 由 X_1,X_2,X_3,X_4,X_5,X_6 独立同分布, 且都服从 $N(0,1)$, 得

$$X_1+X_2+X_3 \sim N(0,3), \quad X_4+X_5+X_6 \sim N(0,3),$$

故 $(X_1+X_2+X_3)/\sqrt{3} \sim N(0,1)$, $(X_4+X_5+X_6)/\sqrt{3} \sim N(0,1)$, 且相互独立, 根据 χ^2 分布的定义有

$$\left(\frac{X_1+X_2+X_3}{\sqrt{3}}\right)^2 + \left(\frac{X_4+X_5+X_6}{\sqrt{3}}\right)^2 = \frac{Y}{3} \sim \chi^2(2),$$

因此, $c=1/3$.

如果 X 的密度函数为

$$f(x)=\begin{cases} \dfrac{\lambda^\alpha}{\Gamma(\alpha)} x^{\alpha-1} e^{-\lambda x}, & x>0, \\ 0, & x\leqslant 0, \end{cases}$$

其中 $\alpha>0$ 为形状参数, $\lambda>0$ 为尺度参数, $\Gamma(\alpha)=\displaystyle\int_0^{+\infty} x^{\alpha-1} e^{-x} dx$ 是伽马函数, 则称 X 服从参数为 (α,λ) 的伽马 (Gamma) 分布, 记作 $X \sim Ga(\alpha,\lambda)$.

说明 (1) 当 $\alpha=1$ 时, $Ga(1,\lambda)$ 的密度函数为

$$f(x)=\begin{cases} \lambda e^{-\lambda x} & x>0, \\ 0 & x\leqslant 0 \end{cases}$$

是数学期望为 $1/\lambda$ 的指数分布.

(2) 如果 $\alpha=n/2$, $\lambda=1/2$, 其中 n 为自然数, 则有

$$f(x)=\begin{cases} \dfrac{1}{2^{n/2}\Gamma(n/2)} x^{n/2-1} e^{-x/2}, & x>0, \\ 0, & x\leqslant 0 \end{cases}$$

是自由度为 n 的 χ^2 分布.

2.2.2　t 分布

定义 2.2.2(t 分布)　设随机变量 $X \sim N(0,1)$，$Y \sim \chi^2(n)$，且 X 与 Y 相互独立，则称随机变量

$$T = \frac{X}{\sqrt{Y/n}} \qquad (2.2.2)$$

为自由度为 n 的 **t 变量**，其分布称为自由度为 n 的 **t 分布**，记作 $T \sim t(n)$.

　　t 分布是英国统计学家戈赛特在 1908 年以笔名 Student 发表的论文中提出的，故后人称为"学生氏分布"或"t 分布".
　　t 变量的密度函数由下述定理给出.

t 分布的
定义和性质

定理 2.2.2　设随机变量 $T \sim t(n)$，T 由式(2.2.2)定义，则 T 的密度函数为

$$f(t) = \frac{\Gamma((n+1)/2)}{\Gamma(n/2)\sqrt{n\pi}}(1+t^2/n)^{-(n+1)/2}, \qquad -\infty < t < +\infty.$$

　　证明　由于 X 与 Y 相互独立，因此 X,Y 的联合密度函数为

$$f(x,y) = \frac{1}{\sqrt{2\pi}}\frac{1}{2^{n/2}\Gamma(n/2)}e^{-x^2/2}y^{n/2-1}e^{-y/2}, \ x \in \mathbf{R}, \ y > 0.$$

令

$$\begin{cases} T = \dfrac{X}{\sqrt{Y/n}}, \\ U = \sqrt{Y/n}, \end{cases}$$

则

$$\begin{cases} X = TU, \\ Y = nU^2, \end{cases}$$

该变换的雅可比行列式为 $J = 2nU^2$.

　　因此，(T,U) 的联合密度函数为

$$g(t,u) = f(tu, nu^2)|J|$$

$$= \frac{1}{\sqrt{2\pi}}\frac{1}{2^{n/2-1}\Gamma(n/2)}n^{n/2}u^n e^{-(n+t^2)u^2/2}, \quad t \in \mathbf{R}, \ u > 0.$$

T 的密度函数为

$$f(t) = \frac{1}{\sqrt{2\pi}}\frac{1}{2^{n/2-1}\Gamma(n/2)}n^{n/2}\int_0^{+\infty}u^n e^{-(n+t^2)u^2/2}\mathrm{d}u.$$

设 $\dfrac{(n+t^2)u^2}{2}=y$，则 T 的密度函数为

$$f(t)=\frac{1}{\Gamma(n/2)\sqrt{n\pi}}\left(1+\frac{t^2}{n}\right)^{-\frac{n+1}{2}}\int_0^{+\infty}y^{\frac{n-1}{2}}\mathrm{e}^{-y}\mathrm{d}y$$

$$=\frac{\Gamma((n+1)/2)}{\Gamma(n/2)\sqrt{n\pi}}\left(1+\frac{t^2}{n}\right)^{-\frac{n+1}{2}},\quad t\in\mathbf{R}.$$

定理证毕.

图 2.2.2 画出了 $n=2,5$ 两种不同自由度的 t 分布的密度函数的图形.

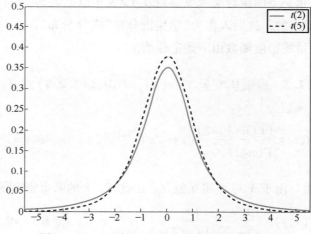

图 2.2.2 $t(2)$ 与 $t(5)$ 分布的密度函数的曲线

t 分布具有如下重要性质.

性质 1 t 分布的密度函数关于 y 轴对称，且
$$\lim_{|x|\to+\infty}f(x)=0.$$

性质 2 t 分布的密度函数曲线形状是中间高，两边低，左右对称，与标准正态分布的密度函数图像类似，利用斯特林（Stirling）公式可以证明
$$\lim_{n\to+\infty}f(x)=\frac{1}{\sqrt{2\pi}}\mathrm{e}^{-x^2/2}.$$

t 分布与标准正态分布的一个重要区别是，在尾部 t 分布比标准正态分布有更大的概率，图 2.2.3 给出了 $t(2)$ 与 $N(0,1)$ 密度函数图形的比较，图 2.2.4 给出了 $t(20)$ 与 $N(0,1)$ 密度函数图形的比较.

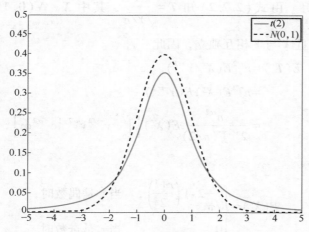

图 2.2.3 $t(2)$ 与 $N(0,1)$ 的密度函数曲线的对比

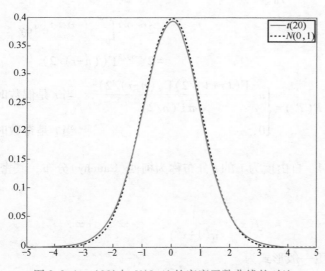

图 2.2.4 $t(20)$ 与 $N(0,1)$ 的密度函数曲线的对比

性质 3 设 $T \sim t(n)$，$n>1$，则对于 $r<n$，$E(T^r)$ 存在，且有

$$E(T^r) = \begin{cases} n^{\frac{r}{2}} \dfrac{\Gamma((r+1)/2)\Gamma((n-r)/2)}{\sqrt{\pi}\,\Gamma(n/2)}, & \text{当 } r \text{ 是偶数时,} \\[2mm] 0, & \text{当 } r \text{ 是奇数时.} \end{cases}$$

特别地，T 的数学期望和方差分别为

$$E(T) = 0 \quad (n>1),$$

$$D(T) = \frac{n}{n-2} \quad (n>2).$$

证明 由式（2.2.2）知 $T = \dfrac{X}{\sqrt{Y/n}}$，其中 $X \sim N(0,1)$，$Y \sim$

$\chi^2(n)$，且 X 与 Y 相互独立，因此

$$E(T^r) = n^{r/2} E(X^r / Y^{r/2})$$
$$= n^{r/2} E(X^r) E(Y^{-r/2})$$
$$= \frac{n^{r/2}}{2^{n/2}\Gamma(n/2)} E(X^r) \left[\int_0^{+\infty} y^{-r/2} y^{n/2-1} e^{-y/2} dy \right].$$

由于

$$E(X^r) = \begin{cases} \dfrac{1}{\sqrt{\pi}} 2^{\frac{r}{2}} \Gamma\left(\dfrac{r+1}{2}\right), & \text{当 } r \text{ 是偶数时,} \\ 0, & \text{当 } r \text{ 是奇数时.} \end{cases}$$

$$\int_0^{+\infty} y^{-r/2} y^{n/2-1} e^{-y/2} dy = \int_0^{+\infty} y^{(n-r)/2-1} e^{-y/2} dy$$
$$= 2^{(n-r)/2} \int_0^{+\infty} y^{(n-r)/2-1} e^{-y} dy$$
$$= 2^{(n-r)/2} \Gamma((n-r)/2).$$

因此，$E(T^r) = \begin{cases} n^{\frac{r}{2}} \dfrac{\Gamma((r+1)/2)\Gamma((n-r)/2)}{\sqrt{\pi}\Gamma(n/2)}, & \text{当 } r \text{ 是偶数时,} \\ 0, & \text{当 } r \text{ 是奇数时.} \end{cases}$

性质4 自由度为 1 的 t 分布称为柯西（Cauchy）分布，其密度函数为

$$f(x) = \frac{1}{\pi(1+x^2)}, \quad -\infty < x < +\infty.$$

它的更一般形式为

$$f(x, \mu, \lambda) = \frac{\lambda}{\pi[\lambda^2 + (x-\mu)^2]}, \quad -\infty < x < +\infty,$$

其中 $-\infty < \mu < +\infty$，$\lambda > 0$. 柯西分布以它的数学期望和方差都不存在而著名.

例 2.2.2 设总体 X 与总体 Y 相互独立，且 $X \sim N(0,16)$，$Y \sim N(0,9)$，$X_1, X_2, \cdots, X_9$ 与 $Y_1, Y_2, \cdots, Y_{16}$ 分别是来自总体 X 与总体 Y 的样本，求统计量 $\dfrac{X_1+X_2+\cdots+X_9}{\sqrt{Y_1^2+Y_2^2+\cdots+Y_{16}^2}}$ 所服从的分布.

解 由 $X_1, X_2, \cdots, X_9$ 独立同分布，都服从 $N(0,16)$，得 $X_1 + X_2 + \cdots + X_9 \sim N(0,144)$，因此

$$U = \frac{1}{12}(X_1 + X_2 + \cdots + X_9) \sim N(0,1).$$

由 $Y_1, Y_2, \cdots, Y_{16}$ 独立同分布，都服从 $N(0,9)$，得 $\frac{1}{3}Y_i \sim N(0,1)$，
因此

$$V = \sum_{i=1}^{16} \left(\frac{1}{3}Y_i\right)^2 \sim \chi^2(16).$$

U 和 V 相互独立，因此根据 t 分布的定义得到

$$\frac{U}{\sqrt{V/16}} = \frac{\frac{1}{12}(X_1 + X_2 + \cdots + X_9)}{\sqrt{\frac{1}{16}\sum_{i=1}^{16}\left(\frac{1}{3}Y_i\right)^2}} = \frac{X_1 + X_2 + \cdots + X_9}{\sqrt{Y_1^2 + Y_2^2 + \cdots + Y_{16}^2}} \sim t(16).$$

2.2.3　F 分布

定义 2.2.3(F 分布)　设随机变量 $X \sim \chi^2(m)$，$Y \sim \chi^2(n)$，且 X 与 Y 相互独立，则称随机变量

$$F = \frac{X/m}{Y/n} \qquad (2.2.3)$$

为自由度为 m 和 n 的 F 变量，其所服从的分布称为 F 分布，记作 $F \sim F(m,n)$，其中 m 称为第一自由度，n 称为第二自由度.

F 分布的
定义和性质

　　F 变量的密度函数由下述定理给出.

定理 2.2.3　设随机变量 $F \sim F(m,n)$，F 由式(2.2.3)定义，则 F 的密度函数为

$$f(x) = \begin{cases} \dfrac{\Gamma((m+n)/2)}{\Gamma(m/2)\Gamma(n/2)}\left(\dfrac{m}{n}\right)^{m/2} x^{m/2-1}\left(1 + \dfrac{m}{n}x\right)^{-(m+n)/2}, & x > 0, \\ 0, & x \leqslant 0. \end{cases}$$

　　证明　由于 $X \sim \chi^2(m)$，$Y \sim \chi^2(n)$，且 X 与 Y 相互独立，因此 X, Y 的联合密度函数为

$$f(x,y) = \frac{1}{2^{(m+n)/2}\Gamma(m/2)\Gamma(n/2)} x^{m/2-1} y^{n/2-1} \mathrm{e}^{-(x+y)/2}, \quad x > 0,\ y > 0.$$

　　令

$$\begin{cases} U = \dfrac{X/m}{Y/n}, \\ V = X + Y. \end{cases}$$

则

$$
\begin{cases}
X = h_1(U,V) = \dfrac{m}{n} \cdot \dfrac{UV}{1+\dfrac{m}{n}U}, \\[4mm]
Y = h_2(U,V) = \dfrac{V}{1+\dfrac{m}{n}U}.
\end{cases}
$$

该变换的雅可比行列式为 $\quad J = \dfrac{m}{n} \cdot \dfrac{V}{\left(1+\dfrac{m}{n}U\right)^2}.$

于是，(U,V) 的联合密度函数为

$$
\begin{aligned}
g(u,v) &= f(h_1(u,v),h_2(u,v))|J| \\
&= \frac{1}{2^{(m+n)/2}\Gamma(m/2)\Gamma(n/2)}\left(\frac{m}{n}\right)^{m/2}\frac{u^{m/2-1}}{(1+mu/n)^{(m+n)/2}}v^{(m+n)/2-1}\mathrm{e}^{-v/2}.
\end{aligned}
$$

U 的密度函数为

$$
\begin{aligned}
f(u) &= \frac{1}{2^{(m+n)/2}\Gamma(m/2)\Gamma(n/2)}\left(\frac{m}{n}\right)^{m/2}\frac{u^{m/2-1}}{(1+mu/n)^{(m+n)/2}}\int_0^{+\infty}v^{(m+n)/2-1}\mathrm{e}^{-v/2}\mathrm{d}v \\
&= \frac{\Gamma((m+n)/2)}{\Gamma(m/2)\Gamma(n/2)}\left(\frac{m}{n}\right)^{m/2}u^{m/2-1}\left(1+\frac{m}{n}u\right)^{-(m+n)/2}, \quad u>0.
\end{aligned}
$$

因此，F 变量的密度函数为

$$
f(x) = \begin{cases}
\dfrac{\Gamma((m+n)/2)}{\Gamma(m/2)\Gamma(n/2)}\left(\dfrac{m}{n}\right)^{m/2}x^{m/2-1}\left(1+\dfrac{m}{n}x\right)^{-(m+n)/2}, & x>0, \\[4mm]
0, & x \leqslant 0.
\end{cases}
$$

定理证毕.

根据定理 2.2.3 的证明过程可以得到如下推论.

推论 2.2.1 设随机变量 $X \sim \chi^2(m)$，$Y \sim \chi^2(n)$，且 X 与 Y 相互独立，则 $U = X/Y$ 与 $V = X+Y$ 相互独立.

图 2.2.5 画出了几种不同自由度的 F 分布的密度函数的图形. F 分布具有如下重要性质.

性质 1 设随机变量 $F \sim F(m,n)$，则 $1/F \sim F(n,m)$.

证明 根据 F 分布的定义，设 $X \sim \chi^2(m)$，$Y \sim \chi^2(n)$，且 X 与 Y 相互独立，则随机变量

$$
F = \frac{X/m}{Y/n} \sim F(m,n).
$$

因此

$$
\frac{1}{F} = \frac{Y/n}{X/m} \sim F(n,m).
$$

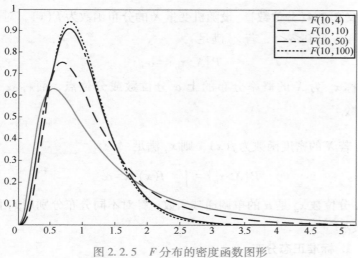

图 2.2.5　F 分布的密度函数图形

性质 2　设 $T \sim t(n)$，则 $T^2 \sim F(1, n)$.

证明　因为 $T \sim t(n)$，因此存在 $X \sim N(0, 1)$，$Y \sim \chi^2(n)$，且 X 与 Y 相互独立，使得

$$T = \frac{X}{\sqrt{Y/n}} \sim t(n).$$

由于 $X^2 \sim \chi^2(1)$，且 X^2 与 Y 相互独立，因此

$$T^2 = \frac{X^2}{Y/n} \sim F(1, n).$$

性质 3　设 $X \sim F(m, n)$，则对 $r > 0$ 有

$$E(X^r) = \left(\frac{n}{m}\right)^r \frac{\Gamma\left(\frac{m}{2}+r\right)\Gamma\left(\frac{n}{2}-r\right)}{\Gamma\left(\frac{m}{2}\right)\Gamma\left(\frac{n}{2}\right)}, \qquad 2r < n.$$

特别地，X 的数学期望和方差分别为

$$E(X) = \frac{n}{n-2}, \qquad\qquad n > 2,$$

$$D(X) = \frac{2n^2(m+n-2)}{m(n-2)^2(n-4)}, \quad n > 4.$$

该性质的证明留给读者作为练习.

2.2.4　分位数

本节介绍后面章节经常用到的分位数的概念.

分位数

定义 2.2.4(分位数) 设随机变量 X 的分布函数为 $F(x)$，对于实数 α 且 $0<\alpha<1$，若 x_α 满足

$$P\{X>x_\alpha\}=\alpha,$$

则称 x_α 为 X 的概率分布的**上 α 分位数**或分位点，简称 α 分位数.

若 X 的密度函数为 $f(x)$，则 x_α 满足

$$P\{X>x_\alpha\}=\int_{x_\alpha}^{+\infty}f(x)\,\mathrm{d}x=\alpha.$$

上 α 分位数 x_α 是 α 的单调递减函数，针对不同分布分别用如下符号表示.

1. 标准正态分布

设随机变量 $X\sim N(0,1)$，给定实数 $\alpha(0<\alpha<1)$，若 u_α 满足

$$P\{X>u_\alpha\}=\alpha,$$

则称 u_α 为标准正态分布 $N(0,1)$ 的上 α 分位数（分位点），如图 2.2.6 所示.

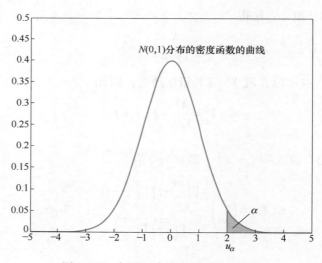

图 2.2.6 标准正态分布的上 α 分位数

性质 1 $\Phi(u_\alpha)=1-\alpha.$

证明 $\Phi(u_\alpha)=P\{X\leqslant u_\alpha\}=1-P\{X>u_\alpha\}=1-\alpha.$

常用数字：$u_{0.025}=1.96$，$u_{0.05}=1.645$.

性质 2 $u_{1-\alpha}=-u_\alpha.$

证明 由 $X\sim N(0,1)$，得 $-X\sim N(0,1)$，

$$P\{X>u_{1-\alpha}\}=1-\alpha,$$
$$P\{X>-u_{\alpha}\}=P\{-X<u_{\alpha}\}=1-P\{-X\geqslant u_{\alpha}\}=1-\alpha.$$

因此 $u_{1-\alpha}=-u_{\alpha}$.

例 2.2.3　设随机变量 $X\sim N(0,1)$，求常数 c，使其满足 $P\{|X|>c\}=\alpha$.

解　由 $X\sim N(0,1)$，得

$$\alpha=P\{|X|>c\}=P\{X>c\}+P\{X<-c\}=2P\{X>c\}.$$

因此 $P\{X>c\}=\alpha/2$，$c=u_{\alpha/2}$，即

$$P\{|X|>u_{\alpha/2}\}=\alpha.$$

同理可得 $P\{|X|\leqslant u_{\alpha/2}\}=1-\alpha$.

这两个式子在假设检验和区间估计中会有重要的应用.

2. t 分布

设随机变量 $X\sim t(n)$，给定实数 $\alpha(0<\alpha<1)$，若 $t_{\alpha}(n)$ 满足

$$P\{X>t_{\alpha}(n)\}=\alpha,$$

则称 $t_{\alpha}(n)$ 为自由度为 n 的 t 分布的上 α 分位数（分位点），如图 2.2.7 所示.

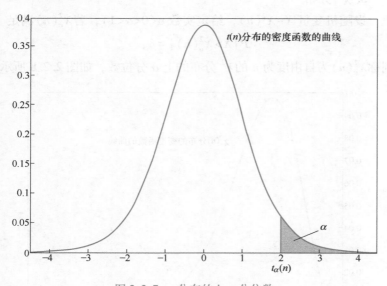

图 2.2.7　t 分布的上 α 分位数

性质 1　$t_{1-\alpha}(n)=-t_{\alpha}(n)$.

由 t 分布的上 α 分位数定义及 $f(t)$ 图形的对称性可得.

性质 2　当 n 较大（$n>45$）时，$t_{\alpha}(n)\approx u_{\alpha}$.

对于不同的 α 和 n，本书书末附录 D 中给出了 $t_{\alpha}(n)$ 的值，例

如 $t_{0.05}(10)=1.8125$.

若 $t\sim t(n)$，当 n 充分大时，$t(n)$ 分布与标准正态分布很接近，此时也可用如下近似公式计算 t 分布的上 α 分位数：

$$t_\alpha(n)\approx u_\alpha.$$

其中 u_α 是标准正态分布的上 α 分位数.

例 2.2.4 求 $t_{0.025}(200)$.

解 根据 $u_{0.025}=1.96$，得到 $t_{0.025}(200)\approx u_{0.025}=1.96$.

例 2.2.5 设随机变量 $X\sim t(n)$，求常数 c，使其满足 $P\{|X|>c\}=\alpha$.

解 由 $X\sim t(n)$，得

$$\alpha=P\{|X|>c\}=P\{X>c\}+P\{X<-c\}=2P\{X>c\},$$

因此 $P\{X>c\}=\alpha/2$，$c=t_{\alpha/2}(n)$，即

$$P\{|X|>t_{\alpha/2}(n)\}=\alpha.$$

同理可得 $\qquad P\{|X|\le t_{\alpha/2}(n)\}=1-\alpha.$

这两个式子在假设检验和区间估计中会有重要的应用.

3. χ^2 分布

设随机变量 $X\sim\chi^2(n)$，给定实数 $\alpha(0<\alpha<1)$，若 $\chi^2_\alpha(n)$ 满足

$$P\{X>\chi^2_\alpha(n)\}=\alpha,$$

则称 $\chi^2_\alpha(n)$ 为自由度为 n 的 χ^2 分布的上 α 分位数，如图 2.2.8 所示.

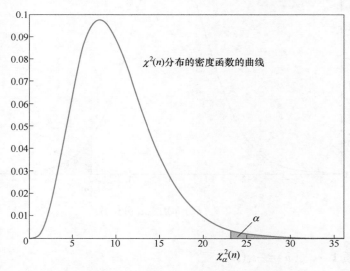

图 2.2.8 χ^2 分布的上 α 分位数

例 2.2.6 设随机变量 $X\sim\chi^2(n)$，则

$$P\{X>\chi^2_{\alpha/2}(n)\}+P\{X<\chi^2_{1-\alpha/2}(n)\}=\alpha,$$

$$P\{\chi^2_{1-\alpha/2}(n)\le X\le\chi^2_{\alpha/2}(n)\}=1-\alpha.$$

这两个式子在假设检验和区间估计中会有重要的应用.

对于不同的 α 和 n，本书附录 D 给出了 $\chi^2_\alpha(n)$ 的值，如 $\chi^2_{0.05}(10)=18.307$，$\chi^2_{0.95}(10)=3.940$.

4. F 分布

设随机变量 $X\sim F(m,n)$，给定实数 $\alpha(0<\alpha<1)$，若 $F_\alpha(m,n)$ 满足

$$P\{X>F_\alpha(m,n)\}=\alpha,$$

则称 $F_\alpha(m,n)$ 为自由度为 m，n 的 F 分布的上 α 分位数，如图 2.2.9 所示.

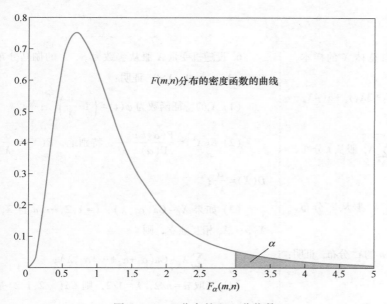

图 2.2.9　F 分布的上 α 分位数

下面两个式子在假设检验和区间估计中会有重要的应用.

$$P\{X>F_{\alpha/2}(m,n)\}+P\{X<F_{1-\alpha/2}(m,n)\}=\alpha,$$
$$P\{F_{1-\alpha/2}(m,n)\leqslant X\leqslant F_{\alpha/2}(m,n)\}=1-\alpha.$$

性质　设 $X\sim F(m,n)$，则 $F_{1-\alpha}(m,n)=\dfrac{1}{F_\alpha(n,m)}$.

证明　由 $X\sim F(m,n)$，得 $\dfrac{1}{X}\sim F(n,m)$，

$$P\{X>F_{1-\alpha}(m,n)\}=1-\alpha,$$

$$P\left\{X>\frac{1}{F_\alpha(n,m)}\right\}=P\left\{\frac{1}{X}<F_\alpha(n,m)\right\}=1-P\left\{\frac{1}{X}\geqslant F_\alpha(n,m)\right\}=1-\alpha,$$

因此，$F_{1-\alpha}(m,n)=\dfrac{1}{F_\alpha(n,m)}$.

通常 F 分布的上 α 分位数表只能查 $0<\alpha\leqslant 0.5$ 的 $F_\alpha(m,n)$，对于较大的 α 可利用上述性质求分位数.

对于不同的 α 和 m，n，本书附录 D 给出了 $F_\alpha(m,n)$ 的值.

例 2.2.7 查表计算 $F_{0.95}(9,6)$.

解 不能直接查表求得 $F_{0.95}(9,6)$，但是查表可得到 $F_{0.05}(6,9)=3.37$，于是利用上述公式得到

$$F_{0.95}(9,6)=\frac{1}{F_{0.05}(6,9)}=\frac{1}{3.37}\approx 0.30.$$

习题 2.2

1. 设 X_1,X_2,X_3,X_4,X_5 是来自总体 X 的样本，且 $X\sim N(0,1)$.

(1) 确定 a，b 使得 $a(X_1-2X_2+3X_3)^2+b(4X_4-5X_5)^2$ 服从 χ^2 分布，并指出自由度；

(2) 确定 c 使得 $c\sum\limits_{i=1}^{3}X_i\Big/\sqrt{\sum\limits_{i=4}^{5}X_i^2}$ 服从 t 分布，并指出自由度；

(3) 确定 d 使得 $d\sum\limits_{i=1}^{3}X_i^2\Big/\sum\limits_{i=4}^{5}X_i^2$ 服从 F 分布，并指出自由度.

2. 设随机变量 X 服从自由度为 n 的 χ^2 分布，证明：

$$E(X^k)=\frac{2^k\Gamma(n/2+k)}{\Gamma(n/2)},\quad k=1,2,\cdots$$

特别地，有 $E(X)=n$，$D(X)=2n$.

3. 设某连续型总体 X 的分布函数 $F(x)$ 是连续的严格单调递增函数，$X_1,X_2,\cdots,X_n$ 是来自总体 X 的样本，证明：

(1) $Y=F(X)\sim U(0,1)$；

(2) $U=-2\sum\limits_{i=1}^{n}\ln Y_i\sim\chi^2(2n)$.

4. 设 $X_1,X_2,\cdots,X_n$ 是来自威布尔分布的样本，其密度函数为

$$f(x)=\begin{cases}\alpha\lambda x^{\alpha-1}\mathrm{e}^{-\lambda x^\alpha}, & x>0, \\ 0, & x\leqslant 0,\end{cases}\quad\text{其中 }\alpha>0,\ \lambda>0.$$

(1) 证明：$X_{(1)}$ 仍服从威布尔分布；

(2) 求 $2\lambda\sum\limits_{i=1}^{n}X_i^\alpha$ 的分布，并写出分布的自由度.

5. 设随机变量 $X\sim\chi^2(n)$，求随机变量 $\sqrt{X}$ 的密度函数.

6. 设随机变量 X 服从参数为 α，λ 的伽马分布 $Ga(\alpha,\lambda)$，$\alpha>0$，$\lambda>0$. 证明：

(1) X 的特征函数为 $\varphi(t)=\left(1-\dfrac{\mathrm{i}t}{\lambda}\right)^{-\alpha}$；

(2) $E(X^k)=\dfrac{\Gamma(\alpha+k)}{\Gamma(\alpha)}\dfrac{1}{\lambda^k}$，特别地，$E(X)=\dfrac{\alpha}{\lambda}$，$D(X)=\dfrac{\alpha}{\lambda^2}$；

(3) 如果 $X_i\sim Ga(\alpha_i,\lambda)$，$i=1,2,\cdots,n$ 且 $X_1,X_2,\cdots,X_n$ 相互独立，则

$$\sum\limits_{i=1}^{n}X_i\sim Ga(\alpha_1+\alpha_2+\cdots+\alpha_n,\lambda)；$$

(4) 若取 $\alpha=n/2$，$\lambda=1/2$，则 $Ga(n/2,1/2)$ 是 $\chi^2(n)$ 分布；

(5) 若取 $\alpha=1$，则 $Ga(1,\lambda)$ 是指数分布.

7. 设随机变量 $X\sim\chi^2(m)$，$Y\sim\chi^2(n)$，且 X 与 Y 相互独立，证明 $U=X/Y$ 与 $V=X+Y$ 相互独立.

8. 以 $f_n(x)$ 表示自由度为 n 的 t 变量的密度函数，证明：

$$\lim_{n\to+\infty}f_n(x)=\frac{1}{\sqrt{2\pi}}\mathrm{e}^{-\frac{x^2}{2}}.$$

9. 设 $X\sim F(m,n)$，则对 $r>0$ 有

$$E(X^r)=\left(\frac{n}{m}\right)^r\frac{\Gamma\left(\dfrac{m}{2}+r\right)\Gamma\left(\dfrac{n}{2}-r\right)}{\Gamma\left(\dfrac{m}{2}\right)\Gamma\left(\dfrac{n}{2}\right)},\quad 2r<n.$$

10. 设随机变量 $X\sim F(1,1)$，求 $P\{X<1\}$.

11. 求正态分布 $N(\mu,\sigma^2)$ 的上 $\alpha(0<\alpha<1)$ 分位数 z_α 与标准正态分布的上 α 分位数 u_α 之间的关系.

12. 查表求如下分位数.

(1) $u_{0.005}$，$u_{0.995}$，$u_{0.025}$，$u_{0.975}$，$u_{0.1}$，$u_{0.9}$；

(2) $\chi^2_{0.025}(8)$，$\chi^2_{0.975}(8)$，$\chi^2_{0.1}(15)$，$\chi^2_{0.9}(15)$；

(3) $t_{0.005}(10)$，$t_{0.995}(10)$，$t_{0.025}(10)$，$t_{0.975}(10)$，

$t_{0.005}(60)$，$t_{0.025}(60)$；

(4) $F_{0.1}(7,18)$，$F_{0.9}(18,7)$，$F_{0.01}(10,7)$，$F_{0.99}(7,10)$，$F_{0.95}(10,10)$.

2.3　抽样分布定理

2.3.1　精确抽样分布

当总体分布类型已知，若对于任一自然数 n，都能导出统计量 T 的分布的精确表达式，这种分布称为 T 的**精确抽样分布**.

1. 相互独立正态随机变量线性函数的分布

定理 2.3.1　设随机变量 $X_1, X_2, \cdots, X_n$ 相互独立，且 $X_k \sim N(\mu_k, \sigma_k^2)$，$k = 1, 2, \cdots, n$. 令 $c_1, c_2, \cdots, c_n$ 为常数且不全为 0，记 $T = \sum_{k=1}^{n} c_k X_k$，则 $T \sim N(\mu, \tau^2)$，其中 $\mu = \sum_{k=1}^{n} c_k \mu_k$，$\tau^2 = \sum_{k=1}^{n} c_k^2 \sigma_k^2$.

正态总体样本均值和样本方差的分布

证明　利用特征函数证明.

因为 $X_k \sim N(\mu_k, \sigma_k^2)$，$k = 1, 2, \cdots, n$，其特征函数（参见附录 C）为

$$\varphi_k(t) = E(e^{itX_k}) = \exp\left\{it\mu_k - \frac{1}{2}t^2\sigma_k^2\right\}. \qquad (2.3.1)$$

因此 $T = \sum_{k=1}^{n} c_k X_k$ 的特征函数为

$$\varphi(t) = E(e^{itT}) = E\left(e^{it\sum_{k=1}^{n}c_kX_k}\right) = \prod_{k=1}^{n} E(e^{i(tc_k)X_k})$$

$$= \prod_{k=1}^{n} \exp\left\{ic_k\mu_k t - \frac{1}{2}c_k^2\sigma_k^2 t^2\right\}$$

$$= \exp\left\{it\left(\sum_{k=1}^{n}c_k\mu_k\right) - \frac{1}{2}t^2\left(\sum_{k=1}^{n}c_k^2\sigma_k^2\right)\right\}.$$

由特征函数和分布函数相互唯一确定，对照式（2.3.1），得 $T \sim N(\mu, \tau^2)$，其中 $\mu = \sum_{k=1}^{n} c_k \mu_k$，$\tau^2 = \sum_{k=1}^{n} c_k^2 \sigma_k^2$.

推论 2.3.1　在定理 2.3.1 中，若 $\mu_1 = \mu_2 = \cdots = \mu_n = \mu$，$\sigma_1^2 = \sigma_2^2 = \cdots = \sigma_n^2 = \sigma^2$，则

$$T \sim N\left(\mu \sum_{k=1}^{n} c_k, \sigma^2 \sum_{k=1}^{n} c_k^2\right).$$

推论 2.3.2　在推论 2.3.1 中，若 $c_1 = c_2 = \cdots = c_n = 1/n$，即 X_1，$X_2, \cdots X_n$ 独立同分布，且 $X_1 \sim N(\mu, \sigma^2)$，$T = \dfrac{1}{n} \sum\limits_{i=1}^{n} X_i = \overline{X}$，则

$$\overline{X} \sim N(\mu, \sigma^2/n).$$

对于独立同分布正态随机变量的线性变换，有如下结论.

定理 2.3.2　设随机变量 $X_1, X_2, \cdots, X_n$ 独立同分布，且 $X_1 \sim N(\mu, \sigma^2)$，$\boldsymbol{X} = (X_1, \cdots, X_n)'$，$\boldsymbol{Y} = (Y_1, \cdots, Y_n)'$，$\boldsymbol{A} = (a_{ij})$ 为 $n \times n$ 的常数方阵，记 $\boldsymbol{Y} = \boldsymbol{AX}$，即

$$\begin{pmatrix} Y_1 \\ \vdots \\ Y_n \end{pmatrix} = \begin{pmatrix} a_{11} & \cdots & a_{1n} \\ \vdots & & \vdots \\ a_{n1} & \cdots & a_{nn} \end{pmatrix} \begin{pmatrix} X_1 \\ \vdots \\ X_n \end{pmatrix}.$$

则

（1）$Y_1, Y_2, \cdots, Y_n$ 是正态随机变量，且

$$E(Y_i) = \mu \sum_{k=1}^{n} a_{ik}, \quad D(Y_i) = \sigma^2 \sum_{k=1}^{n} a_{ik}^2, \quad i = 1, 2, \cdots, n,$$

$$\mathrm{Cov}(Y_i, Y_j) = \sigma^2 \sum_{k=1}^{n} a_{ik} a_{jk}.$$

（2）当 $\boldsymbol{A} = (a_{ij})$ 为 n 阶正交矩阵时，$Y_1, Y_2, \cdots, Y_n$ 相互独立，且 $Y_i \sim N(\mu_i, \sigma^2)$，其中 $\mu_i = \mu \sum\limits_{k=1}^{n} a_{ik}$，$i = 1, 2, \cdots, n$.

（3）若 $\mu = 0$，则 $Y_1, Y_2, \cdots, Y_n$ 独立同分布，且 $Y_i \sim N(0, \sigma^2)$，$i = 1, 2, \cdots, n$.

证明　（1）因为 $Y_i = \sum\limits_{k=1}^{n} a_{ik} X_k$，根据推论 2.3.1 有

$$Y_i \sim N\left(\mu \sum_{k=1}^{n} a_{ik}, \sigma^2 \sum_{k=1}^{n} a_{ik}^2\right).$$

因此

$$E(Y_i) = \mu \sum_{k=1}^{n} a_{ik}, \quad D(Y_i) = \sigma^2 \sum_{k=1}^{n} a_{ik}^2,$$

$$\mathrm{Cov}(Y_i, Y_j) = E\left[(Y_i - EY_i)(Y_j - EY_j)\right]$$

$$= \sum_{k=1}^{n} \sum_{l=1}^{n} a_{ik} a_{jl} E\left[(X_k - \mu)(X_l - \mu)\right]$$

$$= \begin{cases} \sigma^2 \sum\limits_{k=1}^{n} a_{ik} a_{jk}, & k = l, \\ 0, & k \neq l. \end{cases}$$

（2）当 $A=(a_{ij})$ 为 n 阶正交矩阵时，$\sum_{k=1}^{n} a_{ik}^2=1$，$i=1,2,\cdots,n$.

则 $\mu_i=E(Y_i)=\mu\sum_{k=1}^{n} a_{ik}$，$D(Y_i)=\sigma^2\sum_{k=1}^{n} a_{ik}^2=\sigma^2$，根据正交矩阵 A 的不同行和列的正交性得到

$$当\ i\neq j\ 时，\sum_{k=1}^{n} a_{ik}a_{jk}=0，$$

因此，$\mathrm{Cov}(Y_i,Y_j)=0$，即 $Y_1,Y_2,\cdots,Y_n$ 相互独立，且 $Y_i\sim N(\mu_i,\sigma^2)$，其中 $\mu_i=\mu\sum_{k=1}^{n} a_{ik}$.

（3）若 $\mu=0$，则 $\mu_i=0$，$i=1,2,\cdots,n$，即 $Y_1,Y_2,\cdots,Y_n$ 独立同分布，且 $Y_i\sim N(0,\sigma^2)$.

下面介绍关于正态总体样本均值和样本方差分布的定理，这些结果为以后各章的讨论奠定了坚实的基础.

2. 几个重要定理

引理 2.3.1 设 $X_1,X_2,\cdots,X_n$ 是来自总体 X 的一个样本，且 $E(X)=\mu$，$D(X)=\sigma^2$，$\overline{X}=\dfrac{1}{n}\sum_{i=1}^{n} X_i$ 和 $S^2=\dfrac{1}{n-1}\sum_{i=1}^{n}(X_i-\overline{X})^2$ 分别为样本均值和样本方差，则

$$E(\overline{X})=\mu，\quad D(\overline{X})=\frac{\sigma^2}{n}，\quad E(S^2)=\sigma^2.$$

证明 $\quad E(\overline{X})=E\left(\dfrac{1}{n}\sum_{i=1}^{n} X_i\right)=\dfrac{1}{n}\sum_{i=1}^{n} E(X_i)=\mu,$

$$D(\overline{X})=D\left(\frac{1}{n}\sum_{i=1}^{n} X_i\right)=\frac{1}{n^2}\sum_{i=1}^{n} D(X_i)=\frac{\sigma^2}{n}.$$

$$E(S^2)=E\left(\frac{1}{n-1}\sum_{i=1}^{n}(X_i-\overline{X})^2\right)$$

$$=\frac{1}{n-1}\sum_{i=1}^{n} E(X_i-\mu+\mu-\overline{X})^2$$

$$=\frac{1}{n-1}\left[\sum_{i=1}^{n} E(X_i-\mu)^2-nE(\overline{X}-\mu)^2\right]$$

$$=\frac{1}{n-1}\left(\sum_{i=1}^{n}\sigma^2-n\frac{\sigma^2}{n}\right)=\sigma^2.$$

定理 2.3.3 设 $X_1,X_2,\cdots,X_n$ 是来自正态总体 $N(\mu,\sigma^2)$ 的样本，$\overline{X}=\dfrac{1}{n}\sum_{i=1}^{n} X_i$ 和 $S^2=\dfrac{1}{n-1}\sum_{i=1}^{n}(X_i-\overline{X})^2$ 分别为样本均值和样本方差，

则有

(1) $\overline{X} \sim N\left(\mu, \dfrac{\sigma^2}{n}\right)$，即 $\dfrac{\overline{X}-\mu}{\sigma/\sqrt{n}} \sim N(0,1)$.

(2) $\dfrac{(n-1)S^2}{\sigma^2} \sim \chi^2(n-1)$.

(3) $\overline{X}$ 和 S^2 相互独立.

证明 （1）由推论 2.3.2 得 $\overline{X} \sim N\left(\mu, \dfrac{\sigma^2}{n}\right)$，因此

$$\frac{\overline{X}-\mu}{\sigma/\sqrt{n}} \sim N(0,1).$$

（2）设 A 为如下的正交矩阵：

$$A = \begin{pmatrix} \dfrac{1}{\sqrt{n}} & \dfrac{1}{\sqrt{n}} & \cdots & \dfrac{1}{\sqrt{n}} \\ a_{21} & a_{22} & \cdots & a_{2n} \\ \vdots & \vdots & & \vdots \\ a_{n1} & a_{n2} & \cdots & a_{nn} \end{pmatrix},$$

作如下正交变换 $Y = AX$，即

$$\begin{pmatrix} Y_1 \\ Y_2 \\ \vdots \\ Y_n \end{pmatrix} = \begin{pmatrix} \dfrac{1}{\sqrt{n}} & \dfrac{1}{\sqrt{n}} & \cdots & \dfrac{1}{\sqrt{n}} \\ a_{21} & a_{22} & \cdots & a_{2n} \\ \vdots & \vdots & & \vdots \\ a_{n1} & a_{n2} & \cdots & a_{nn} \end{pmatrix} \begin{pmatrix} X_1 \\ X_2 \\ \vdots \\ X_n \end{pmatrix}.$$

则

$$Y_1 = \frac{1}{\sqrt{n}} \sum_{i=1}^{n} X_i = \sqrt{n}\,\overline{X}, \tag{2.3.2}$$

$$Y_i = \sum_{k=1}^{n} a_{ik} X_k, \quad i=2,3,\cdots,n.$$

由正交变换保持向量长度不变可知

$$Y_1^2 + Y_2^2 + \cdots + Y_n^2 = X_1^2 + X_2^2 + \cdots + X_n^2. \tag{2.3.3}$$

由式（2.3.2）和式（2.3.3），知

$$(n-1)S^2 = \sum_{i=1}^{n} (X_i - \overline{X})^2 = \sum_{i=1}^{n} X_i^2 - n\overline{X}^2 = \sum_{i=1}^{n} Y_i^2 - Y_1^2 = \sum_{i=2}^{n} Y_i^2.$$

由定理 2.3.2(2) 知 $Y_1, Y_2, \cdots, Y_n$ 相互独立，且 $Y_i \sim N(\mu_i, \sigma^2)$，$i = 2, \cdots, n$，由 A 的行向量正交性，得

$$\mu_i = \mu \sum_{k=1}^{n} a_{ik} = \sqrt{n}\mu \sum_{k=1}^{n} \frac{1}{\sqrt{n}} a_{ik} = 0, \quad i = 2, \cdots, n.$$

因此 $Y_2, \cdots, Y_n$ 独立同分布，且 $Y_i \sim N(0, \sigma^2)$，$i = 2, \cdots, n$，于是

$$\frac{Y_i}{\sigma} \sim N(0, 1), \quad i = 2, \cdots, n,$$

$$\frac{(n-1)S^2}{\sigma^2} = \sum_{i=2}^{n} \left(\frac{Y_i}{\sigma}\right)^2 \sim \chi^2(n-1).$$

（3）由（2）的证明可知 $Y_1, Y_2, \cdots, Y_n$ 相互独立，$(n-1)S^2 = \sum_{i=2}^{n} Y_i^2$ 只和 $Y_2, \cdots, Y_n$ 有关，而 $\overline{X} = \frac{1}{\sqrt{n}} Y_1$ 只和 Y_1 有关，因此 $\overline{X}$ 和 S^2 相互独立.

定理证毕.

定理 2.3.4 设 $X_1, X_2, \cdots, X_n$ 是来自正态总体 $N(\mu, \sigma^2)$ 的样本，则

$$\frac{1}{\sigma^2} \sum_{i=1}^{n} (X_i - \mu)^2 \sim \chi^2(n).$$

证明　由于 $X_1, X_2, \cdots, X_n$ 独立同分布，且 $X_1 \sim N(\mu, \sigma^2)$，令

$$Y_i = \frac{X_i - \mu}{\sigma}, \quad i = 1, 2, \cdots, n,$$

则 $Y_1, Y_2, \cdots, Y_n$ 独立同分布，且 $Y_1 \sim N(0, 1)$.

根据 χ^2 分布的定义，得到

$$\sum_{i=1}^{n} Y_i^2 = \frac{1}{\sigma^2} \sum_{i=1}^{n} (X_i - \mu)^2 \sim \chi^2(n).$$

定理证毕.

几个重要推论

定理 2.3.5 设 $X_1, X_2, \cdots, X_n$ 是来自正态总体 $N(\mu, \sigma^2)$ 的样本，$\overline{X}$ 和 S^2 分别为样本均值和样本方差，则有

$$T = \frac{\overline{X} - \mu}{S/\sqrt{n}} \sim t(n-1).$$

证明　由定理 2.3.3，知

$$\frac{\overline{X} - \mu}{\sigma/\sqrt{n}} \sim N(0, 1), \quad \frac{(n-1)S^2}{\sigma^2} \sim \chi^2(n-1),$$

且 $\overline{X}$ 和 S^2 相互独立. 则由 t 分布的定义，得

$$\frac{\overline{X} - \mu}{\sigma/\sqrt{n}} \bigg/ \sqrt{\frac{(n-1)S^2}{\sigma^2(n-1)}} \sim t(n-1),$$

即 $\frac{\overline{X} - \mu}{S/\sqrt{n}} \sim t(n-1)$.

定理证毕.

在戈赛特提出 t 分布之前，人们一直认为定理 2.3.5 中的 T 服从正态分布，实际上只是在大样本下 $T = \dfrac{\overline{X} - \mu}{S/\sqrt{n}}$ 近似服从正态分布，在小样本下，t 分布与正态分布存在差异，这说明 t 分布在小样本理论中的重要性.

> **定理 2.3.6**　设总体 $X \sim N(\mu_1, \sigma^2)$，总体 $Y \sim N(\mu_2, \sigma^2)$，且 X 与 Y 相互独立. $X_1, X_2, \cdots, X_m$ 是来自总体 X 的样本，$Y_1, Y_2, \cdots, Y_n$ 是来自总体 Y 的样本. $\overline{X} = \dfrac{1}{m} \sum\limits_{i=1}^{m} X_i$ 和 $\overline{Y} = \dfrac{1}{n} \sum\limits_{i=1}^{n} Y_i$ 分别为这两个样本的样本均值，$S_1^2 = \dfrac{1}{m-1} \sum\limits_{i=1}^{m} (X_i - \overline{X})^2$ 和 $S_2^2 = \dfrac{1}{n-1} \sum\limits_{i=1}^{n} (Y_i - \overline{Y})^2$ 分别为这两个样本的样本方差，则有
>
> $$\frac{\overline{X} - \overline{Y} - (\mu_1 - \mu_2)}{S_\omega \sqrt{1/m + 1/n}} \sim t(m+n-2),$$
>
> 其中 $S_\omega^2 = \dfrac{(m-1) S_1^2 + (n-1) S_2^2}{m+n-2}$，$S_\omega = \sqrt{S_\omega^2}$.

证明　由定理 2.3.3(1)，得 $\overline{X} \sim N(\mu_1, \sigma^2/m)$，$\overline{Y} \sim N(\mu_2, \sigma^2/n)$，且 $\overline{X}$ 和 $\overline{Y}$ 相互独立，根据相互独立正态随机变量的线性组合服从正态分布，得

$$\overline{X} - \overline{Y} \sim N(\mu_1 - \mu_2, (1/m + 1/n)\sigma^2),$$

标准化得

$$U = \frac{(\overline{X} - \overline{Y}) - (\mu_1 - \mu_2)}{\sigma \sqrt{1/m + 1/n}} \sim N(0, 1).$$

由定理 2.3.3(2)，得 $\dfrac{(m-1) S_1^2}{\sigma^2} \sim \chi^2(m-1)$，$\dfrac{(n-1) S_2^2}{\sigma^2} \sim \chi^2(n-1)$，且它们相互独立，则由 χ^2 分布的可加性得

$$V = \frac{(m-1) S_1^2}{\sigma^2} + \frac{(n-1) S_2^2}{\sigma^2} \sim \chi^2(m+n-2).$$

根据定理 2.3.3(3) 及两样本的独立性可知 U 与 V 相互独立，因此由 t 分布的定义，得到

$$\frac{U}{\sqrt{V/(m+n-2)}} = \frac{(\overline{X} - \overline{Y}) - (\mu_1 - \mu_2)}{S_\omega \sqrt{1/m + 1/n}} \sim t(m+n-2).$$

即
$$\frac{\overline{X}-\overline{Y}-(\mu_1-\mu_2)}{S_\omega\sqrt{1/m+1/n}}\sim t(m+n-2),$$

其中
$$S_\omega^2=\frac{(m-1)S_1^2+(n-1)S_2^2}{m+n-2},\ S_\omega=\sqrt{S_\omega^2}.$$

定理证毕.

　　注意　定理 2.3.6 要求两个总体的方差相等.

　　定理 2.3.7　设总体 $X\sim N(\mu_1,\sigma_1^2)$，总体 $Y\sim N(\mu_2,\sigma_2^2)$，且 X 与 Y 相互独立. $X_1,X_2,\cdots,X_m$ 是来自总体 X 的样本，$Y_1,Y_2,\cdots,Y_n$ 是来自总体 Y 的样本. $\overline{X}=\dfrac{1}{m}\displaystyle\sum_{i=1}^m X_i$ 和 $\overline{Y}=\dfrac{1}{n}\displaystyle\sum_{i=1}^n Y_i$ 分别为这两个样本的样本均值，$S_1^2=\dfrac{1}{m-1}\displaystyle\sum_{i=1}^m(X_i-\overline{X})^2$ 和 $S_2^2=\dfrac{1}{n-1}\displaystyle\sum_{i=1}^n(Y_i-\overline{Y})^2$ 分别为这两个样本的样本方差，则
$$\frac{S_1^2/S_2^2}{\sigma_1^2/\sigma_2^2}\sim F(m-1,n-1).$$

　　证明　由定理 2.3.3(2)，得
$$\frac{(m-1)S_1^2}{\sigma_1^2}\sim\chi^2(m-1),\ \frac{(n-1)S_2^2}{\sigma_2^2}\sim\chi^2(n-1),$$

且它们相互独立. 则由 F 分布的定义得到
$$\frac{(m-1)S_1^2}{(m-1)\sigma_1^2}\bigg/\frac{(n-1)S_2^2}{(n-1)\sigma_2^2}\sim F(m-1,n-1),$$

即 $\dfrac{S_1^2/S_2^2}{\sigma_1^2/\sigma_2^2}\sim F(m-1,n-1).$

　　定理 2.3.8　设 $X_1,X_2,\cdots,X_n$ 是来自指数分布总体 X 的样本，且 X 的密度函数为
$$f(x)=\begin{cases}\lambda\mathrm{e}^{-\lambda x},&x>0,\\0,&x\leqslant0,\end{cases}\quad\text{其中参数 }\lambda>0.$$
证明 $T=2\lambda(X_1+X_2+\cdots+X_n)=2n\lambda\overline{X}\sim\chi^2(2n).$

　　证明　因为 $2\lambda X_1$ 的分布函数为
$$F(y)=P\{2\lambda X_1\leqslant y\}=P\left\{X_1\leqslant\frac{y}{2\lambda}\right\}=\begin{cases}\displaystyle\int_0^{\frac{y}{2\lambda}}\lambda\mathrm{e}^{-\lambda x}\mathrm{d}x,&y>0,\\0,&y\leqslant0.\end{cases}$$

所以 $2\lambda X_1$ 的密度函数为

$$f(y) = \begin{cases} \dfrac{1}{2} e^{-\frac{1}{2}y}, & y > 0, \\ 0, & y \leqslant 0. \end{cases}$$

$f(y)$ 是自由度为 2 的 χ^2 分布的密度函数，即 $2\lambda X_1 \sim \chi^2(2)$. 由 X_1, $X_2, \cdots, X_n$ 独立同分布，得 $2\lambda X_1, 2\lambda X_2, \cdots, 2\lambda X_n$ 独立同分布，且都服从 $\chi^2(2)$ 分布，根据 χ^2 分布的可加性，得到

$$T = 2\lambda (X_1 + X_2 + \cdots + X_n) = 2n\lambda \overline{X} \sim \chi^2(2n).$$

定理证毕.

例 2.3.1　设 $X_1, X_2, \cdots, X_n$ 是来自正态总体 $N(\mu, \sigma^2)$ 的样本，又设 $X_{n+1} \sim N(\mu, \sigma^2)$，且 X_{n+1} 与 $X_1, X_2, \cdots, X_n$ 相互独立，$\overline{X} = \dfrac{1}{n} \sum\limits_{i=1}^{n} X_i$ 和 $S^2 = \dfrac{1}{n-1} \sum\limits_{i=1}^{n} (X_i - \overline{X})^2$ 分别为样本均值和样本方差，证明

$$T = \sqrt{\frac{n}{n+1}} \cdot \frac{\overline{X} - X_{n+1}}{S} \sim t(n-1).$$

证明　由定理 2.3.3，得

$$\overline{X} \sim N\left(\mu, \frac{\sigma^2}{n}\right), \quad \frac{(n-1)S^2}{\sigma^2} \sim \chi^2(n-1),$$

且它们相互独立. 由 $\overline{X}$ 与 X_{n+1} 相互独立，得

$$E(\overline{X} - X_{n+1}) = E(\overline{X}) - E(X_{n+1}) = \mu - \mu = 0,$$

$$D(\overline{X} - X_{n+1}) = D(\overline{X}) + D(X_{n+1}) = \frac{1}{n}\sigma^2 + \sigma^2 = \frac{n+1}{n}\sigma^2.$$

根据相互独立正态随机变量的线性组合服从正态分布，得

$$\overline{X} - X_{n+1} \sim N\left(0, \frac{n+1}{n}\sigma^2\right).$$

从而 $\dfrac{\overline{X} - X_{n+1}}{\sqrt{\dfrac{n+1}{n}}\sigma} \sim N(0, 1)$，又 $\overline{X} - X_{n+1}$ 与 $\dfrac{(n-1)S^2}{\sigma^2}$ 相互独立，因此根据

t 分布的定义，得

$$T = \frac{\overline{X} - X_{n+1}}{\sqrt{\dfrac{n+1}{n}}\sigma} \bigg/ \sqrt{\frac{(n-1)S^2}{(n-1)\sigma^2}} = \sqrt{\frac{n}{n+1}} \cdot \frac{\overline{X} - X_{n+1}}{S} \sim t(n-1).$$

例 2.3.2　设总体 $X \sim N(1, \sigma^2)$，总体 $Y \sim N(2, \sigma^2)$，且 X 与 Y 相互独立，$X_1, X_2, \cdots, X_m$ 是来自总体 X 的样本，$Y_1, Y_2, \cdots, Y_n$ 是来自总体 Y 的样本. $\overline{X} = \dfrac{1}{m} \sum\limits_{i=1}^{m} X_i$ 和 $\overline{Y} = \dfrac{1}{n} \sum\limits_{i=1}^{n} Y_i$ 分别为样本均值，

$S_1^2=\dfrac{1}{m-1}\sum\limits_{i=1}^{m}(X_i-\overline{X})^2$ 和 $S_2^2=\dfrac{1}{n-1}\sum\limits_{i=1}^{n}(Y_i-\overline{Y})^2$ 分别为样本方差，α 和 β 是两个不为 0 的常数，求

$$\frac{\alpha(\overline{X}-1)+\beta(\overline{Y}-2)}{\sqrt{\dfrac{(m-1)S_1^2+(n-1)S_2^2}{m+n-2}}\sqrt{\dfrac{\alpha^2}{m}+\dfrac{\beta^2}{n}}}$$

的分布.

解　根据定理 2.3.3 的结论(1)，知

$$\overline{X}\sim N\Big(1,\frac{\sigma^2}{m}\Big),\ \overline{Y}\sim N\Big(2,\frac{\sigma^2}{n}\Big).$$

由于两样本相互独立，因此根据相互独立正态随机变量的线性组合服从正态分布，得

$$U=\frac{\alpha(\overline{X}-1)+\beta(\overline{Y}-2)}{\sigma\sqrt{\dfrac{\alpha^2}{m}+\dfrac{\beta^2}{n}}}\sim N(0,1).$$

根据定理 2.3.3 的结论(2)，有

$$\frac{(m-1)S_1^2}{\sigma^2}\sim\chi^2(m-1),\quad \frac{(n-1)S_2^2}{\sigma^2}\sim\chi^2(n-1).$$

根据两样本的独立性和 χ^2 分布的可加性，得

$$V=\frac{(m-1)S_1^2}{\sigma^2}+\frac{(n-1)S_2^2}{\sigma^2}\sim\chi^2(m+n-2).$$

根据两样本的独立性和定理 2.3.3 的结论(3)，得 U 与 V 也相互独立. 因此，根据 t 分布的定义，得

$$\frac{U}{\sqrt{V/(m+n-2)}}=\frac{\alpha(\overline{X}-1)+\beta(\overline{Y}-2)}{\sqrt{\dfrac{(m-1)S_1^2+(n-1)S_2^2}{m+n-2}}\sqrt{\dfrac{\alpha^2}{m}+\dfrac{\beta^2}{n}}}\sim t(m+n-2).$$

2.3.2　极限分布

虽然抽样分布对于统计推断很重要，但是在许多情况下，我们不容易得到统计量的精确分布. 已知的精确分布大多是在正态分布条件下得到的，有些情形下虽然能求出统计量的精确分布，但是其表达式太复杂，使用不便. 因此要研究统计量的极限分布. 首先给出下列定义.

统计量的极限
分布

定义 2.3.1(极限分布)　当样本容量 n 趋于无穷时，统计量的分布趋于一确定分布，该分布称为**统计量的极限分布**，也称为**大样本分布**.

当样本容量 n 充分大时，极限分布可作为统计量的近似分布.

研究统计量的极限分布有下列重要意义：

（1）为研究统计推断方法的优良性，常常要知道统计量的分布，但统计量的精确分布一般很难求得. 因此，建立统计量的极限分布，提供了一种近似求抽样分布的方法.

（2）如果统计量的精确分布可求出，但表达式过于复杂，使用不方便. 如果极限分布较简单，可使用极限分布.

（3）有些统计推断方法的优良性本身就是研究极限性质，如相合性、渐近正态性等.

定义 2.3.2 当样本容量 n 趋于无穷时，一个统计量或统计推断方法的性质称为**大样本性质**；当样本容量 n 固定时，统计量或统计推断方法的性质称为**小样本性质**.

说明 大样本性质和小样本性质的差别不在于样本容量 n 的多少，而在于所讨论的问题是在样本容量 n 趋于无穷时还是在样本容量 n 固定时去研究. 关于大样本性质的研究构成了数理统计的一个很重要的部分，称为**大样本统计理论**. 非参数统计中，大样本理论占据主导地位.

例 2.3.3 设 $X_1, X_2, \cdots, X_n$ 是来自总体 X 的样本，且 $X \sim F$，其中总体均值 μ_F 和方差 σ_F^2 都存在. 设 $0 < \sigma_F^2 < +\infty$，$\overline{X} = \dfrac{1}{n} \sum_{i=1}^{n} X_i$ 为样本均值. 讨论样本均值 $\overline{X}$ 的大样本性质和小样本性质.

解 （1）根据大数定律有

$$\overline{X} \xrightarrow{P} \mu_F, \text{ 当 } n \to +\infty \text{ 时}. \tag{2.3.4}$$

式（2.3.4）刻画了样本均值 $\overline{X}$ 的相合性.

（2）根据中心极限定理有

$$\frac{\overline{X} - \mu_F}{\sigma_F / \sqrt{n}} \xrightarrow{\mathcal{L}} N(0,1). \tag{2.3.5}$$

式（2.3.5）刻画了样本均值 $\overline{X}$ 的**渐近正态性**.

样本均值的相合性和渐近正态性都是大样本性质，只有在 n 趋于无穷时才有意义.

（3）由于 $E(\overline{X}) = \mu_F$，因此样本均值的数学期望等于总体均值 μ_F.

这个性质称为样本均值的无偏性，是小样本性质，这条性质的意义是在样本容量 n 固定时去研究.

例 2.3.4 若 $X \sim \chi^2(n)$，则 $\dfrac{X-n}{\sqrt{2n}} \xrightarrow{\mathcal{L}} N(0,1)$.

证明 由 χ^2 分布的定义，X 可以写成如下形式：

$$X = U_1^2 + U_2^2 + \cdots + U_n^2,$$

其中，$U_1, U_2, \cdots, U_n$ 独立同分布，且 $U_1 \sim N(0,1)$.

由于 $E(X) = n$，$D(X) = 2n$，因此根据中心极限定理，得

$$\frac{X-n}{\sqrt{2n}} \xrightarrow{\mathcal{L}} N(0,1).$$

定理 2.3.9（Slutsky 引理） 令 $\{X_n, n \geqslant 1\}$ 和 $\{Y_n, n \geqslant 1\}$ 是两个随机变量序列，满足当 $n \to +\infty$ 时，

$$X_n \xrightarrow{\mathcal{L}} X, \quad Y_n \xrightarrow{P} c, \quad c \in \mathbf{R} \text{ 为常数}.$$

则有

$$X_n \pm Y_n \xrightarrow{\mathcal{L}} X \pm c,$$

$$X_n Y_n \xrightarrow{\mathcal{L}} cX,$$

$$X_n / Y_n \xrightarrow{\mathcal{L}} X/c \, (c \neq 0).$$

该引理在求渐近分布时非常有用.

例 2.3.5 设 $X_1, X_2, \cdots, X_n$ 是来自两点分布总体 $B(1,p)$，$0 < p < 1$ 的样本，证明

$$\frac{\sqrt{n}(\overline{X}-p)}{\sqrt{\overline{X}(1-\overline{X})}} \xrightarrow{\mathcal{L}} N(0,1).$$

证明 令 $\hat{p} = \overline{X}$，且 $E(\overline{X}) = p$，$D(\overline{X}) = p(1-p)/n$.
由中心极限定理，得

$$\frac{\hat{p}-p}{\sqrt{p(1-p)/n}} \xrightarrow{\mathcal{L}} N(0,1).$$

由大数定律，得

$$\frac{\sqrt{p(1-p)}}{\sqrt{\hat{p}(1-\hat{p})}} \xrightarrow{P} 1.$$

由于

$$\frac{\sqrt{n}(\overline{X}-p)}{\sqrt{\overline{X}(1-\overline{X})}} = \frac{\hat{p}-p}{\sqrt{p(1-p)/n}} \cdot \frac{\sqrt{p(1-p)}}{\sqrt{\hat{p}(1-\hat{p})}},$$

因此，根据 Slutsky 引理可知

$$\frac{\sqrt{n}(\overline{X}-p)}{\sqrt{\overline{X}(1-\overline{X})}} \xrightarrow{\mathcal{L}} N(0,1).$$

习题 2.3

1. 设 $X_1, X_2, \cdots, X_n$ 是来自正态总体 $N(\mu, 1)$, $\mu \in \mathbf{R}$ 的样本, 试确定最大的常数 c, 使得对任意的 $\mu \geqslant 0$, 有 $P\{|\overline{X}| \leqslant c\} \leqslant 0.05$.

2. 设 $X_1, X_2, \cdots, X_n$ 是来自泊松分布总体 $P(\lambda)$, $\lambda > 0$ 的样本, 求 $E(\overline{X}), D(\overline{X}), E(S^2)$.

3. 设 $X_1, X_2, \cdots, X_n$ 是来自指数分布总体 X 的样本, 且 X 的密度函数为

$$f(x) = \begin{cases} \lambda e^{-\lambda x}, & x > 0, \\ 0, & \text{其他}, \end{cases} \quad \text{其中 } \lambda > 0.$$

求 $E(\overline{X}), D(\overline{X}), E(S^2)$.

4. 设 $X_1, X_2, \cdots, X_n$ 是来自正态总体 $N(\mu, \sigma^2)$, $\mu \in \mathbf{R}$, $\sigma^2 > 0$ 的样本, 求 $E(\overline{X})$, $D(\overline{X})$, $E(S^2)$, $D(S^2)$.

5. 设 $X_1, X_2, \cdots, X_n$ 是来自正态总体 $N(\mu, \sigma^2)$, $\mu \in \mathbf{R}$, $\sigma^2 > 0$ 的样本, 且 $\overline{X} = \dfrac{1}{n} \sum\limits_{i=1}^{n} X_i$, $S_n^2 = \dfrac{1}{n} \sum\limits_{i=1}^{n} (X_i - \overline{X})^2$, 又设 $X_{n+1} \sim N(\mu, \sigma^2)$, 且 X_{n+1} 与 $X_1, X_2, \cdots, X_n$ 独立, 求常数 c 使得 $c \dfrac{X_{n+1} - \overline{X}}{S_n}$ 服从 t 分布, 并指出分布的自由度.

6. 设总体 $X \sim N(\mu_1, \sigma^2)$, 总体 $Y \sim N(\mu_2, \sigma^2)$, 且 X 与 Y 相互独立, $X_1, X_2, \cdots, X_m$ 是来自总体 X 的样本, $Y_1, Y_2, \cdots, Y_n$ 是来自总体 Y 的样本. $\overline{X} = \dfrac{1}{m} \sum\limits_{i=1}^{m} X_i$ 和 $\overline{Y} = \dfrac{1}{n} \sum\limits_{i=1}^{n} Y_i$ 分别为样本均值, $S_m^2 = \dfrac{1}{m} \sum\limits_{i=1}^{m} (X_i - \overline{X})^2$ 和 $S_n^2 = \dfrac{1}{n} \sum\limits_{i=1}^{n} (Y_i - \overline{Y})^2$ 分别为样本方差, α 和 β 是任意两个不为 0 的常数, 求常数 c 使得

$$c \cdot \frac{\alpha(\overline{X} - \mu_1) + \beta(\overline{Y} - \mu_2)}{\sqrt{\dfrac{mS_m^2 + nS_n^2}{m+n-2}}}$$

服从 t 分布, 并指出分布的自由度.

7. 设 $X_1, X_2, \cdots, X_{m+n}$ 是来自正态总体 $N(0, \sigma^2)$, $\sigma^2 > 0$ 的样本, 求常数 c 使得 $F = c \dfrac{\sum\limits_{i=1}^{n} X_i^2}{\sum\limits_{i=n+1}^{n+m} X_i^2}$ 服从 F 分布, 并指出分布的自由度.

8. 设 $X_1, X_2, \cdots, X_n$ 是来自正态总体 $N(\mu, \sigma^2)$, $\mu \in \mathbf{R}$, $\sigma^2 > 0$ 的样本, 求常数 a 和 b 使得 $a(\overline{X} - \mu)^2 + bS^2 \sim \chi^2(n)$.

9. 设 X_1, X_2 是来自正态总体 $N(0, \sigma^2)$, $\sigma^2 > 0$ 的样本, 求 $Y = \left(\dfrac{X_1 + X_2}{X_1 - X_2}\right)^2$ 的分布, 并写出分布的自由度.

10. 设随机变量 $X \sim t(n)$, $Y \sim F(1, n)$, 给定 $\alpha(0 < \alpha < 0.5)$, 常数 c 满足 $P\{X > c\} = \alpha$, 求 $P\{Y > c^2\}$ 的值.

11. 设 X_1, X_2 是来自正态总体 $N(0, \sigma^2)$, $\sigma^2 > 0$ 的样本, 证明:

(1) $X_1^2 + X_2^2$ 与 $X_1 / \sqrt{X_1^2 + X_2^2}$ 相互独立;

(2) $Z = \arcsin \dfrac{X_1}{\sqrt{X_1^2 + X_2^2}}$ 服从均匀分布 $U(-\pi/2, \pi/2)$;

(3) X_1 / X_2 服从柯西分布.

12. 设 X_1, X_2, X_3, X_4 是来自正态总体 $N(0, \sigma^2)$, $\sigma^2 > 0$ 的样本, 记 $Y = \dfrac{X_1}{\sqrt{X_2^2 + X_3^2 + X_4^2}}$,

(1) 求 c 使得 cY 服从 t 分布, 并指出分布的自由度;

(2) 求 $E(cY)$, $D(cY)$.

13. 设 $X_1, X_2, \cdots, X_n$ 是来自总体 X 的样本, 且总体方差 $D(X) = \sigma^2$ 存在, 求 $\text{Cov}(X_i - \overline{X}, X_j - \overline{X})$, $i, j = 1, 2, \cdots, n$.

14. 设 $X_1, X_2, \cdots, X_{2n} (n \geqslant 1)$ 是来自正态总体 $N(\mu, \sigma^2)$, $\mu \in \mathbf{R}$, $\sigma^2 > 0$ 的样本, 样本均值为 $\overline{X} = \dfrac{1}{2n} \sum\limits_{i=1}^{2n} X_i$, 求统计量 $\dfrac{1}{2\sigma^2} \sum\limits_{i=1}^{n} (X_i + X_{n+i} - 2\overline{X})^2$ 的分布并写出分布的自由度.

15. 设 $X_1, X_2, \cdots, X_m$ 是来自正态总体 $N(\mu_1, \sigma^2)$ 的样本, $Y_1, Y_2, \cdots, Y_n$ 是来自正态总体 $N(\mu_2, \sigma^2)$ 的样本. 记 $S_1^2 = \dfrac{1}{m-1} \sum\limits_{i=1}^{m} (X_i - \overline{X})^2$, $S_2^2 = \dfrac{1}{n-1} \sum\limits_{i=1}^{n} (Y_i - \overline{Y})^2$,

(1) 求 $\dfrac{(m-1)S_1^2 + (n-1)S_2^2}{\sigma^2}$ 的分布;

（2）比较 $\dfrac{(m-1)S_1^2}{\sigma^2}$ 与 $\dfrac{(m-1)S_1^2+(n-1)S_2^2}{\sigma^2}$ 的方差.

16. 设 $X_1,X_2,\cdots,X_9$ 是来自正态总体 $N(1,9)$ 的样本，求 $P\{\overline{X}>2\}$，$P\{1<\overline{X}<2\}$.

17. 设总体 X 的 $2k$ 阶原点矩为 $\alpha_{2k}=E(X^{2k})<+\infty$，$X_1,X_2,\cdots,X_n$ 是来自总体 X 的样本，且样本 k 阶原点矩为 $A_k=\dfrac{1}{n}\sum_{i=1}^n X_i^k$，证明 $\dfrac{\sqrt{n}(A_k-\alpha_k)}{\sqrt{\alpha_{2k}-\alpha_k^2}}\xrightarrow{\mathcal{L}}N(0,1)$.

18. 求卡方分布 $\chi^2(n)$ 的上 $\alpha(0<\alpha<1)$ 分位数 $\chi_\alpha^2(n)$ 与标准正态分布的上 $\alpha(0<\alpha<1)$ 分位数 u_α 之间的近似关系.

19. 设 $X_1,X_2,\cdots,X_n$ 是来自均匀分布总体 $U(0,\theta)$，$\theta>0$ 的样本，求 $\dfrac{\overline{X}-\theta/2}{\sqrt{\theta^2/12n}}$ 的极限分布.

20. 若 $X_1,X_2,\cdots,X_n$ 是来自泊松分布总体 $P(\lambda)$，$\lambda>0$ 的样本，求 $\dfrac{\overline{X}-\lambda}{\sqrt{\overline{X}/n}}$ 的极限分布.

21. 设 $X_1,X_2,\cdots,X_n$ 是来自均匀分布总体 $U(0,1)$ 的样本，$X_{(1)},\cdots,X_{(n)}$ 为顺序统计量，

（1）若使 $P\{X_{(n)}\geqslant 0.99\}$ 至少为 0.95，则样本容量至少取多少？

（2）求极差 $R_n=X_{(n)}-X_{(1)}$ 的密度函数；

（3）当 n 趋于无穷时，求 $Z=2n(1-R_n)$ 的极限分布.

22. 设总体 $X\sim N(\mu_1,\sigma_1^2)$，总体 $Y\sim N(\mu_2,\sigma_2^2)$，且 X 与 Y 相互独立. $X_1,X_2,\cdots,X_m$ 是来自总体 X 的样本，$Y_1,Y_2,\cdots,Y_n$ 是来自总体 Y 的样本. $\overline{X}=\dfrac{1}{m}\sum_{i=1}^m X_i$ 和 $\overline{Y}=\dfrac{1}{n}\sum_{i=1}^n Y_i$ 分别为这两个样本的样本均值，$S_1^2=\dfrac{1}{m-1}\sum_{i=1}^m (X_i-\overline{X})^2$ 和 $S_2^2=\dfrac{1}{n-1}\sum_{i=1}^n (Y_i-\overline{Y})^2$ 分别为这两个样本的样本方差，求当 m,n 都趋于无穷时，统计量 $\dfrac{\overline{X}-\overline{Y}-(\mu_1-\mu_2)}{\sqrt{\dfrac{S_1^2}{m}+\dfrac{S_2^2}{n}}}$ 的极限分布.

23. 叙述自由度为 n 的 t 分布与标准正态分布 $N(0,1)$ 的区别和联系.

24. 叙述统计量的极限分布的概念，举一个有关统计量极限分布的例子，说明研究统计量极限分布的意义.

2.4 指数族

许多统计推断方法的优良性，对一类范围广泛的分布族有较满意的结果，这类分布族被称为指数型分布族. 很多常见的分布，如二项分布、泊松分布、几何分布、指数分布、正态分布和伽马分布等都可以统一到指数型分布族中. 引入这种分布族的原因在于反映了一类分布的共同特征. 许多统计理论问题在指数型分布族的前提下获得了很好的结果，在统计理论中有重要的应用，比如后面讲到的充分统计量和完备统计量在指数型分布族下很快能确定.

本节介绍指数型分布族的定义、自然形式及性质.

2.4.1 指数族的定义和例子

定义 2.4.1（指数族） 设 $\mathcal{F}=\{f(x,\theta):\theta\in\Theta\}$ 是定义在样本空间 $\mathcal{X}$ 上的分布族，其中 Θ 为参数空间. 若 $f(x,\theta)$ 可以表示为

指数族

$$f(x,\theta) = C(\theta)\exp\left\{\sum_{i=1}^{k} Q_i(\theta)T_i(x)\right\}h(x), \quad (2.4.1)$$

则称此分布族为**指数型分布族**，简称**指数族**.

指数型分布族是以指数形式表示的一族分布. 在离散情形下，$f(x,\theta)$ 表示分布列，在连续情形下，$f(x,\theta)$ 表示密度函数，k 为自然数，$C(\theta)>0$ 和 $Q_i(\theta)(i=1,2,\cdots,k)$ 都是定义在参数空间 Θ 上的函数，$h(x)>0$ 和 $T_i(x)(i=1,2,\cdots,k)$ 都是定义在样本空间 χ 上的函数.

说明   (1) 由于 $Q_1(\theta)T_1(x)+Q_2(\theta)T_2(x)=Q_1(\theta)[T_1(x)+T_2(x)]+[Q_2(\theta)-Q_1(\theta)]T_2(x)$，因此 $\sum\limits_{i=1}^{k}Q_i(\theta)T_i(x)$ 的表示不唯一.

(2) 支撑集 $G(x)=\{x:f(x,\theta)>0\}$ 与 θ 无关，即 $\{x:f(x,\theta)>0\}=\{x:h(x)>0\}$ 与 θ 无关. 任一分布族，若其支撑集与 θ 有关，则该分布族中的分布不再具有共同支撑集，因而必不是指数族.

(3) $C^{-1}(\theta)=\int_{\chi}\exp\left\{\sum\limits_{i=1}^{k}Q_i(\theta)T_i(x)\right\}h(x)\mathrm{d}x$ 或 $C^{-1}(\theta)=\sum\limits_{x}\exp\left\{\sum\limits_{i=1}^{k}Q_i(\theta)T_i(x)\right\}h(x)$.

例 2.4.1   二项分布族 $\{B(n,\theta):0<\theta<1\}$ 是指数族.

证明   设 $X\sim B(n,\theta)$，其分布列为

$$f(x,\theta)=P\{X=x\}=\binom{n}{x}\theta^x(1-\theta)^{n-x}$$

$$=\binom{n}{x}\left(\frac{\theta}{1-\theta}\right)^x(1-\theta)^n,$$

样本空间为 $\chi=\{0,1,2,\cdots,n\}$，参数空间为 $\Theta=\{\theta:0<\theta<1\}$.

将上式写为

$$f(x,\theta)=(1-\theta)^n\exp\left\{x\ln\frac{\theta}{1-\theta}\right\}\binom{n}{x}=C(\theta)\exp\{Q_1(\theta)T_1(x)\}h(x),$$

其中 $C(\theta)=(1-\theta)^n$，$Q_1(\theta)=\ln\dfrac{\theta}{1-\theta}$，$T_1(x)=x$，$h(x)=\binom{n}{x}$.

它满足指数族的定义，因此二项分布族是指数族.

例 2.4.2   泊松分布族 $\{P(\theta):\theta>0\}$ 是指数族.

证明   设 $X\sim P(\theta)$，其分布列为

$$f(x,\theta)=P\{X=x\}=\frac{\mathrm{e}^{-\theta}}{x!}\theta^x.$$

样本空间为 $\mathcal{X}=\{0,1,2,\cdots\}$，参数空间为 $\Theta=\{\theta:\theta>0\}$.

将上式写为

$$f(x,\theta)=\mathrm{e}^{-\theta}\exp\{x\ln\theta\}\frac{1}{x!}=C(\theta)\exp\{Q_1(\theta)T_1(x)\}h(x),$$

其中 $C(\theta)=\mathrm{e}^{-\theta}$，$Q_1(\theta)=\ln\theta$，$T_1(x)=x$，$h(x)=1/x!$.

它满足指数族的定义，因此泊松分布族是指数族.

例 2.4.3　设 $X_1,X_2,\cdots,X_n$ 是来自正态总体 $N(\mu,\sigma^2)$，$\mu\in\mathbf{R}$，$\sigma^2>0$ 的样本，则样本分布族是指数族.

证明　X_1 的密度函数是

$$f(x,\mu,\sigma^2)=\frac{1}{\sqrt{2\pi}\,\sigma}\mathrm{e}^{-\frac{(x-\mu)^2}{2\sigma^2}}.$$

因此，样本 $X_1,X_2,\cdots,X_n$ 的联合密度函数为

$$f(\boldsymbol{x},\mu,\sigma^2)=(2\pi)^{-n/2}\sigma^{-n}\exp\left\{-\frac{1}{2\sigma^2}\sum_{i=1}^{n}(x_i-\mu)^2\right\}.$$

记 $\boldsymbol{\theta}=(\mu,\sigma^2)$，则参数空间为 $\Theta=\{\boldsymbol{\theta}=(\mu,\sigma^2):-\infty<\mu<+\infty,\sigma^2>0\}$.

将上式写为

$$f(\boldsymbol{x},\boldsymbol{\theta})=(2\pi)^{-n/2}\sigma^{-n}\exp\left\{-\frac{n\mu^2}{2\sigma^2}\right\}\exp\left\{\frac{\mu}{\sigma^2}\sum_{i=1}^{n}x_i-\frac{1}{2\sigma^2}\sum_{i=1}^{n}x_i^2\right\}$$

$$=C(\boldsymbol{\theta})\exp\{Q_1(\boldsymbol{\theta})T_1(\boldsymbol{x})+Q_2(\boldsymbol{\theta})T_2(\boldsymbol{x})\}h(\boldsymbol{x}).$$

其中 $C(\boldsymbol{\theta})=(2\pi)^{-n/2}\sigma^{-n}\exp\left\{-\frac{n\mu^2}{2\sigma^2}\right\}$，$Q_1(\boldsymbol{\theta})=\frac{\mu}{\sigma^2}$，$Q_2(\boldsymbol{\theta})=-\frac{1}{2\sigma^2}$，

$T_1(\boldsymbol{x})=\sum_{i=1}^{n}x_i$，$T_2(\boldsymbol{x})=\sum_{i=1}^{n}x_i^2$，$h(\boldsymbol{x})\equiv1$.

它满足指数族的定义，因此上述样本分布族是指数族.

特别地，取样本容量 $n=1$，X_1 的密度函数为

$$f(x,\mu,\sigma^2)=\frac{1}{\sqrt{2\pi}\,\sigma}\exp\left\{-\frac{(x-\mu)^2}{2\sigma^2}\right\}$$

$$=\frac{1}{\sqrt{2\pi}\,\sigma}\exp\left\{-\frac{\mu^2}{2\sigma^2}\right\}\exp\left\{\frac{\mu}{\sigma^2}x-\frac{1}{2\sigma^2}x^2\right\}$$

$$=C(\boldsymbol{\theta})\exp\{Q_1(\boldsymbol{\theta})T_1(x)+Q_2(\boldsymbol{\theta})T_2(x)\}h(\boldsymbol{x}).$$

其中 $\boldsymbol{\theta}=(\mu,\sigma^2)$，$C(\boldsymbol{\theta})=\frac{1}{\sqrt{2\pi}\,\sigma}\exp\left\{-\frac{\mu^2}{2\sigma^2}\right\}$，$Q_1(\boldsymbol{\theta})=\frac{\mu}{\sigma^2}$，$Q_2(\boldsymbol{\theta})=$

$-\frac{1}{2\sigma^2}$，$T_1(x)=x$，$T_2(x)=x^2$，$h(x)\equiv1$.

它满足指数族的定义，因此正态分布族是指数族.

这说明样本分布族是否为指数族，不依赖于样本容量 n 的大小.

例 2.4.4　　设 $X_1, X_2, \cdots, X_n$ 是从伽马分布 $Ga(\alpha, \lambda)$，$\alpha > 0$，$\lambda > 0$ 中抽取的样本，则样本分布族是指数族.

证明　　X_1 的密度函数是

$$f(x, \alpha, \lambda) = \begin{cases} \dfrac{\lambda^{\alpha}}{\Gamma(\alpha)} x^{\alpha-1} \mathrm{e}^{-\lambda x}, & x > 0, \\ 0, & x \leqslant 0. \end{cases}$$

因此，样本 $X_1, X_2, \cdots, X_n$ 的联合密度函数为

$$f(\boldsymbol{x}, \alpha, \lambda) = \left(\frac{\lambda^{\alpha}}{\Gamma(\alpha)}\right)^n \left(\prod_{i=1}^{n} x_i\right)^{\alpha-1} \exp\left\{-\lambda \sum_{i=1}^{n} x_i\right\} I_{[x_i>0, i=1,2,\cdots,n]}.$$

记 $\boldsymbol{\theta} = (\alpha, \lambda)$，则参数空间为 $\Theta = \{\boldsymbol{\theta} = (\alpha, \lambda) : \alpha > 0, \lambda > 0\}$.

将上式写为

$$f(\boldsymbol{x}, \boldsymbol{\theta}) = \frac{\lambda^{n\alpha}}{[\Gamma(\alpha)]^n} \exp\left\{-\lambda \sum_{i=1}^{n} x_i + (\alpha - 1) \sum_{i=1}^{n} \ln x_i\right\} I_{[x_i>0, i=1,2,\cdots,n]}$$

$$= C(\boldsymbol{\theta}) \exp\{Q_1(\boldsymbol{\theta}) T_1(\boldsymbol{x}) + Q_2(\boldsymbol{\theta}) T_2(\boldsymbol{x})\} h(\boldsymbol{x}),$$

其中 $C(\boldsymbol{\theta}) = \dfrac{\lambda^{n\alpha}}{[\Gamma(\alpha)]^n}$，$Q_1(\boldsymbol{\theta}) = -\lambda$，$Q_2(\boldsymbol{\theta}) = \alpha - 1$，$T_1(\boldsymbol{x}) = \displaystyle\sum_{i=1}^{n} x_i$，

$T_2(\boldsymbol{x}) = \displaystyle\sum_{i=1}^{n} \ln x_i$，$h(\boldsymbol{x}) = I_{[x_i>0, i=1,2,\cdots,n]}$.

它满足指数族的定义，因此上述样本分布族是指数族.

前面我们给出了几个属于指数族的例子，大家可以自己验证：几何分布族、单参数的负二项分布族、多项分布族、指数分布族、对数正态分布族等都是指数族.

在指数族的定义中，要求其支撑集与参数无关，下面给出两个不是指数族的例子.

例 2.4.5　　均匀分布族 $\{U[0, \theta] : \theta > 0\}$ 不是指数族.

证明　　均匀分布族 $\{U[0, \theta] : \theta > 0\}$ 的支撑集为

$$\{x : f(x, \theta) > 0\} = (0, \theta),$$

与未知参数 θ 有关，因此均匀分布族 $\{U(0, \theta) : \theta > 0\}$ 不是指数族.

例 2.4.6　　双参数指数分布族不是指数族.

双参数指数分布的密度函数为

$$f(x, \mu, \lambda) = \lambda \exp\{-\lambda(x - \mu)\} I_{[x>\mu]}.$$

其中 $-\infty < \mu < +\infty$，$\lambda > 0$ 为未知参数，它的支撑集为

$$\{x : f(x, \mu, \lambda) > 0\} = (\mu, +\infty),$$

与未知参数 μ 有关，因此双参数指数分布族不是指数族.

若 μ 已知，如 $\mu = 0$，则单参数指数分布族 $\{E(\lambda), \lambda > 0\}$ 是指数族.

2.4.2　指数族的自然形式

定义 2.4.2　如果指数族有下列形式:

$$f(x,\varphi)=C(\varphi)\exp\left\{\sum_{i=1}^{k}\varphi_iT_i(x)\right\}h(x),\qquad(2.4.2)$$

则称式(2.4.2)为**指数族的自然形式**, 也称为**标准形式**.

指数族的自然形式

集合

$$\Theta^*=\left\{(\varphi_1,\varphi_2,\cdots,\varphi_k):\int_\chi\exp\left\{\sum_{i=1}^{k}\varphi_iT_i(x)\right\}h(x)\,\mathrm{d}x<+\infty\right\}$$

称为**自然参数空间**.

式(2.4.1)和式(2.4.2)在函数结构上并无本质变化, 它们的主要差别在于参数选择上.

例 2.4.7　把二项分布族表示成指数族的自然形式, 并求出自然参数空间.

解　由例 2.4.1 可知二项分布的指数族形式为

$$f(x,\theta)=(1-\theta)^n\exp\left\{x\ln\frac{\theta}{1-\theta}\right\}\binom{n}{x},\quad x=0,1,2,\cdots,n,$$

参数空间为 $\Theta=\{\theta:0<\theta<1\}$.

令 $\ln\dfrac{\theta}{1-\theta}=\varphi$, 可知 $-\infty<\varphi<+\infty$, 解出 $\theta=\dfrac{\mathrm{e}^\varphi}{1+\mathrm{e}^\varphi}$, 因此二项分布族的自然形式(标准形式)为

$$\begin{aligned}f(x,\varphi)&=(1+\mathrm{e}^\varphi)^{-n}\exp\{\varphi x\}\binom{n}{x}\\&=C(\varphi)\exp\{\varphi T(x)\}h(x),\end{aligned}$$

其中 $C(\varphi)=(1+\mathrm{e}^\varphi)^{-n}$.

自然参数空间为 $\Theta^*=\{\varphi:-\infty<\varphi<+\infty\}=(-\infty,+\infty)$.

例 2.4.8　把泊松分布族表示成指数族的自然形式, 并求出自然参数空间.

解　由例 2.4.2 可知泊松分布的指数族形式为

$$f(x,\theta)=\mathrm{e}^{-\theta}\exp\{x\ln\theta\}\frac{1}{x!},\quad x=0,1,2,\cdots.$$

参数空间为 $\Theta=\{\theta:\theta>0\}$.

令 $\ln\theta=\varphi$, 可知 $-\infty<\varphi<+\infty$, 解出 $\theta=\mathrm{e}^\varphi$, 因此泊松分布族的自然形式(标准形式)为

$$f(x,\varphi)=C(\varphi)\exp\{\varphi x\}\frac{1}{x!},$$

其中 $C(\varphi)=\mathrm{e}^{-\mathrm{e}^\varphi}$.

自然参数空间为 $\Theta^* = \{\varphi : -\infty < \varphi < +\infty\} = (-\infty, +\infty)$.

例 2.4.9 设 $X_1, X_2, \cdots, X_n$ 是来自正态总体 $N(\mu, \sigma^2)$ 的样本,将样本分布族表示为指数族的自然形式(标准形式),并求出自然参数空间.

解 由例 2.4.3 可知正态分布的指数族形式为

$$f(\boldsymbol{x}, \mu, \sigma^2) = (2\pi)^{-n/2} \sigma^{-n} \exp\left\{-\frac{n\mu^2}{2\sigma^2}\right\} \exp\left\{\frac{\mu}{\sigma^2} \sum_{i=1}^n x_i - \frac{1}{2\sigma^2} \sum_{i=1}^n x_i^2\right\},$$

参数空间为 $\Theta = \{\boldsymbol{\theta} = (\mu, \sigma^2) : -\infty < \mu < +\infty, \sigma^2 > 0\}$.

令 $\varphi_1 = \dfrac{\mu}{\sigma^2}$, $\varphi_2 = -\dfrac{1}{2\sigma^2}$,

解出 $\sigma = \sqrt{-\dfrac{1}{2\varphi_2}}$, $\dfrac{\mu^2}{\sigma^2} = \varphi_1^2 \left(-\dfrac{1}{2\varphi_2}\right)$,因此样本分布族的自然形式(标准形式)为

$$\begin{aligned} f(\boldsymbol{x}, \boldsymbol{\varphi}) &= C(\boldsymbol{\varphi}) \exp\left\{\varphi_1 \sum_{i=1}^n x_i + \varphi_2 \sum_{i=1}^n x_i^2\right\} h(\boldsymbol{x}) \\ &= C(\boldsymbol{\varphi}) \exp\left\{\varphi_1 T_1(\boldsymbol{x}) + \varphi_2 T_2(\boldsymbol{x})\right\} h(\boldsymbol{x}), \end{aligned}$$

其中 $\boldsymbol{\varphi} = (\varphi_1, \varphi_2)$,$C(\boldsymbol{\varphi}) = \left(\sqrt{-\dfrac{\varphi_2}{\pi}}\right)^n \exp\left[n\varphi_1^2/(4\varphi_2)\right]$,$T_1(\boldsymbol{x}) = \sum_{i=1}^n x_i$,$T_2(\boldsymbol{x}) = \sum_{i=1}^n x_i^2$.

自然参数空间为 $\Theta^* = \{(\varphi_1, \varphi_2) : -\infty < \varphi_1 < +\infty, -\infty < \varphi_2 < 0\}$.

定理 2.4.1 在指数族的自然形式下,自然参数空间为凸集.

证明 指数族的自然形式为

$$f(x, \varphi) = C(\varphi) \exp\left\{\sum_{i=1}^k \varphi_i T_i(x)\right\} h(x),$$

自然参数空间为 $\Theta^* = \left\{\varphi : \int_{\mathcal{X}} \exp\left\{\sum_{i=1}^k \varphi_i T_i(x)\right\} h(x) \mathrm{d}x < +\infty\right\}$.

设 $\boldsymbol{\varphi}^{(j)} = (\varphi_1^{(j)}, \varphi_2^{(j)}, \cdots, \varphi_k^{(j)}) \in \Theta^*$, $j = 0, 1$,则

$$\int_{\mathcal{X}} \exp\left\{\sum_{i=1}^k \varphi_i^{(j)} T_i(x)\right\} h(x) \mathrm{d}x < +\infty, \quad j = 0, 1.$$

任取 $0 < \alpha < 1$,$\varphi_\alpha = \alpha \boldsymbol{\varphi}^{(0)} + (1-\alpha) \boldsymbol{\varphi}^{(1)}$,则利用赫尔德(Hölder)不等式,得到

$$\int_{\mathcal{X}} \exp\left\{\sum_{i=1}^k \left[\alpha \varphi_i^{(0)} + (1-\alpha) \varphi_i^{(1)}\right] T_i(x)\right\} h(x) \mathrm{d}x$$

$$\leqslant \left(\int_{\mathcal{X}} \exp\left\{\sum_{i=1}^k \varphi_i^{(0)} T_i(x)\right\} h(x) \mathrm{d}x\right)^\alpha \times$$

$$\left(\int_{\mathcal{X}} \exp\left\{\sum_{i=1}^k \varphi_i^{(1)} T_i(x)\right\} h(x) \mathrm{d}x\right)^{1-\alpha} < +\infty,$$

即 $\varphi_\alpha \in \Theta^*$. 因此，在指数族的自然形式下，自然参数空间为凸集.
定理证毕.

习题 2.4

1. 叙述指数族的定义，说明研究指数族有什么意义.

2. 将伽马分布族表示成指数族的自然形式，并求出自然参数空间.

3. 设 $X_1, X_2, \cdots, X_n$ 是来自总体 X 的样本，且 X 的密度函数为

$$f(x) = \begin{cases} \theta x^{\theta-1}, & 0<x<1, \\ 0, & 其他, \end{cases} \quad 其中 \theta>0.$$

证明样本分布族是指数族，并表示成指数族的自然形式，求出自然参数空间.

4. 设 $X_1, X_2, \cdots, X_n$ 是来自拉普拉斯（Laplace）分布的样本，其密度函数为

$$f(x) = \frac{1}{2\theta} e^{-|x|/\theta}, \quad -\infty <x<+\infty, \quad \theta>0.$$

证明样本分布族是指数族，并表示成指数族的自然形式，求出自然参数空间.

5. 设 $X_1, X_2, \cdots, X_n$ 是来自瑞利（Rayleigh）分布的样本，其密度函数为

$$f(x) = \begin{cases} 2\theta x e^{-\theta x^2}, & x>0, \\ 0, & 其他, \end{cases} \quad 其中 \theta>0.$$

证明样本分布族是指数族，并表示成指数族的自然形式，求出自然参数空间.

6. 设 $X_1, X_2, \cdots, X_n$ 是来自指数分布 $E(\lambda)$ 的样本，指数分布的密度函数为

$$f(x) = \begin{cases} \lambda e^{-\lambda x}, & x>0, \\ 0, & 其他, \end{cases} \quad 其中 \lambda>0.$$

证明样本分布族是指数族，并表示成指数族的自然形式，求出自然参数空间.

7. 设 $X_1, X_2, \cdots, X_n$ 是来自对数正态分布的样本，其密度函数为

$$f(x,\mu,\sigma^2) = \begin{cases} \dfrac{1}{\sqrt{2\pi}\,\sigma x} e^{-\frac{(\ln x-\mu)^2}{2\sigma^2}}, & x>0, \\ 0, & 其他, \end{cases} \quad 其中 \mu\in\mathbf{R}, \sigma>0.$$

证明样本分布族是指数族，并表示成指数族的自然形式，求出自然参数空间.

8. 设指数族的自然形式为

$$f(x,\theta) = C(\theta) \exp\left\{ \sum_{j=1}^{k} \theta_j T_j(x) \right\} h(x), \quad 证明$$

$$E[T_j(X)] = -\frac{\partial \ln C(\theta)}{\partial \theta_j} = -\frac{1}{C(\theta)}\frac{\partial C(\theta)}{\partial \theta_j},$$

$$\mathrm{Cov}(T_j(X),T_s(X)) = -\frac{\partial^2 \ln C(\theta)}{\partial \theta_j \partial \theta_s}.$$

9. 分别给出一个指数族的例子和一个不是指数族的例子.

2.5　充分统计量

2.5.1　充分统计量的定义和例子

样本中包含的关于总体的信息可以分为两部分，第一是关于总体分布的信息，例如，假定总体分布是正态分布，则来自该总体的样本相互独立、且具有相同的正态分布. 因此，样本中包含了总体分布是正态分布的信息. 第二是关于总体分布中未知参数的信息，这是由于样本的分布中包含了总体分布中的未知参数.

充分统计量

我们把目标集中在第二部分的信息，即要推断总体分布中的未知参数，为此需要对样本进行加工即构造一个合适的统计量，我们知道统计量是对样本的简化，但在利用统计量进行统计推断时，一个自然的问题是：希望简化的程度高，信息的损失少. 一个统计量能集中样本中信息的多少，与统计量的具体形式有关，也依赖于问题的统计模型. 我们希望所用的统计量能把样本中关于未知参数的信息全部"提炼"起来，也就是说不损失（重要）信息，这就是充分统计量的概念，是由费希尔在 1922 年正式提出的.

由于样本或统计量中关于参数的信息是通过分布反映的，我们希望在给定充分统计量后，样本中没有任何有用的信息可以利用. 于是我们可以用在给定一个统计量 T 后的样本的条件分布是否与参数有关来判断这个统计量是否是充分统计量. 充分统计量的含义可以这样来解释：样本中包含关于总体分布中未知参数 θ 的信息，是因为样本的联合分布与 θ 有关. 对统计量 T，如果给定 T 的值后，样本的条件分布与 θ 无关，即样本的剩余部分中不再包含关于 θ 的信息，也就是说，统计量 T 中包含了关于 θ 的全部信息. 因此，要做关于 θ 的统计推断只需从统计量 T 出发即可，这就是"充分统计量"这个概念中"充分"这个词的含义. 关于样本 $X_1, X_2, \cdots, X_n$ 的信息可以设想成如下公式：

$$\{ \text{样本 } X_1, X_2, \cdots, X_n \text{ 中所含有关 } \theta \text{ 的信息} \}$$

$$= \{ T(X_1, X_2, \cdots, X_n) \text{ 中所含有关 } \theta \text{ 的信息} \} +$$

$$\{ \text{在 } T(X_1, X_2, \cdots, X_n) \text{ 取值为 } t \text{ 后，样本 } X_1, X_2, \cdots, X_n \text{ 还含有关 } \theta \text{ 的信息} \}.$$

因此，$T(X_1, X_2, \cdots, X_n)$ 为充分统计量的要求归结为：要求后一项信息为 0. 用统计语言描述，即要求 $P_\theta \{ (X_1, X_2, \cdots, X_n) \in A \mid T = t \}$ 与 θ 无关，其中 A 为任一事件.

充分统计量的精确定义如下.

> **定义 2.5.1（充分统计量）**　设样本 $X_1, X_2, \cdots, X_n$ 的分布族为 $\{ f(x_1, x_2, \cdots, x_n, \theta), \theta \in \Theta \}$，$\Theta$ 是参数空间. 设 $T = T(X_1, X_2, \cdots, X_n)$ 为一统计量，若在给定 T 的条件下，样本 $X_1, X_2, \cdots, X_n$ 的条件分布与参数 θ 无关，则称统计量 $T(X_1, X_2, \cdots, X_n)$ 为参数 θ 的**充分统计量**.

关于上述定义做如下说明.

说明 **1**：充分统计量必存在，顺序统计量是充分统计量.

说明 **2**：条件分布的作用是抽取信息. 实际应用时，对于连续型随机变量，条件分布用条件密度函数代替；对于离散型随机变量，条件分布用条件概率代替.

说明 **3**：充分统计量可以是向量，不一定与参数的维数相同.

下面看几个充分统计量的例子.

例 2.5.1　设 $X_1, X_2, \cdots, X_n$ 是来自两点分布总体 $B(1, \theta)$，$0 < \theta < 1$ 的样本，证明 $T(X_1, X_2, \cdots, X_n) = \sum_{i=1}^{n} X_i$ 为充分统计量.

证明　两点分布的分布列为
$$P\{X = x\} = \theta^x (1-\theta)^{1-x}, \quad x = 0, 1.$$

记 $T = T(X_1, X_2, \cdots, X_n)$，当 $T = t$ 时，有
$$P\{X_1 = x_1, X_2 = x_2, \cdots, X_n = x_n \mid T = t\}$$
$$= \frac{P\{X_1 = x_1, X_2 = x_2, \cdots, X_n = x_n, T = t\}}{P\{T = t\}}$$
$$= \frac{P\{X_1 = x_1, X_2 = x_2, \cdots, X_n = t - x_1 - \cdots - x_{n-1}\}}{P\{T = t\}}$$
$$= \frac{\theta^t (1-\theta)^{n-t}}{\binom{n}{t} \theta^t (1-\theta)^{n-t}} = \frac{1}{\binom{n}{t}},$$

因此，有
$$P\{X_1 = x_1, X_2 = x_2, \cdots, X_n = x_n \mid T = t\} = \begin{cases} \dfrac{1}{\binom{n}{t}}, & \sum_{i=1}^{n} x_i = t, \\ \\ 0, & \sum_{i=1}^{n} x_i \neq t. \end{cases}$$

上述条件概率与参数 θ 无关，因此 $T(X_1, X_2, \cdots, X_n) = \sum_{i=1}^{n} X_i$ 是充分统计量.

例 2.5.2　设 $X_1, X_2, \cdots, X_n$ 是来自几何分布 $G(\theta)$，$0 < \theta < 1$ 的样本，证明 $T(X_1, X_2, \cdots, X_n) = \sum_{i=1}^{n} X_i$ 为充分统计量.

证明　几何分布的分布列为
$$P\{X = x\} = \theta(1-\theta)^x, \quad x = 0, 1, 2, \cdots.$$

记 $T = T(X_1, X_2, \cdots, X_n)$，由几何分布的性质知，$T$ 的分布列为
$$P\{T = t\} = \binom{n+t-1}{t} \theta^n (1-\theta)^t, \quad t = 0, 1, 2, \cdots,$$

在给定 $T = t$ 后，有
$$P\{X_1 = x_1, \cdots, X_n = x_n \mid T = t\}$$

$$= \frac{P\left\{X_1 = x_1, \cdots, X_{n-1} = x_{n-1}, X_n = t - \sum_{i=1}^{n-1} x_i\right\}}{P\{T = t\}}$$

$$= \frac{\prod_{i=1}^{n-1} P\{X_i = x_i\} P\left\{X_n = t - \sum_{i=1}^{n-1} x_i\right\}}{\binom{n+t-1}{t} \theta^n (1-\theta)^t}$$

$$= \frac{\prod_{i=1}^{n-1} \left[\theta(1-\theta)^{x_i}\right] \theta(1-\theta)^{t-\sum_{i=1}^{n-1} x_i}}{\binom{n+t-1}{t} \theta^n (1-\theta)^t}$$

$$= \frac{\theta^n (1-\theta)^t}{\binom{n+t-1}{t} \theta^n (1-\theta)^t} = \frac{1}{\binom{n+t-1}{t}}.$$

上述条件概率与参数 θ 无关,因此 $T(X_1, X_2, \cdots, X_n) = \sum_{i=1}^{n} X_i$ 是充分统计量.

例 2.5.3 设 $X_1, X_2, \cdots, X_n$ 是来自正态总体 $N(\mu, 1)$,$\mu \in \mathbf{R}$ 的样本,则 $T(X_1, X_2, \cdots, X_n) = X_1$ 不是充分统计量.

证明 记 $T = T(X_1, X_2, \cdots, X_n)$,在 $T = x_1$ 条件下,$X_1, X_2, \cdots, X_n$ 的条件密度函数为

$$f(x_1, x_2, \cdots, x_n \mid T = x_1)$$

$$= \frac{f(x_1, \cdots, x_n, T = x_1)}{f_T(x_1)}$$

$$= f(x_2, \cdots, x_n)$$

$$= \prod_{i=2}^{n} \frac{1}{\sqrt{2\pi}} \exp\left\{-\frac{1}{2}(x_i - \mu)^2\right\},$$

与 μ 有关,因此 $T(X_1, X_2, \cdots, X_n) = X_1$ 不是充分统计量.

此例中,因为 $T(X_1, X_2, \cdots, X_n) = X_1$ 只使用了一个观察值 X_1,把其余观察值 $X_2, \cdots, X_n$ 全丢掉了,它直观看来不能把 $X_1, X_2, \cdots, X_n$ 的全部信息集中起来,可推测 $T(X_1, X_2, \cdots, X_n) = X_1$ 不是充分统计量.

例 2.5.4 设 $X_1, X_2, \cdots, X_n$ 是来自正态总体 $N(\mu, 1)$,$\mu \in \mathbf{R}$ 的样本,证明 $T(X_1, X_2, \cdots, X_n) = \sum_{i=1}^{n} X_i$ 是充分统计量.

证明 记 $T = T(X_1, X_2, \cdots, X_n)$,由正态分布的性质知,$T = \sum_{i=1}^{n} X_i \sim N(n\mu, n)$,在给定 $T = t$ 下,$X_1, X_2, \cdots, X_n$ 的条件密度函

数为

$$f(x_1,x_2,\cdots,x_n \mid T=t) = \frac{f(x_1,x_2,\cdots,x_n)}{f(t)} \quad (\text{其中 } x_n = t - \sum_{i=1}^{n-1} x_i)$$

$$= \frac{(2\pi)^{-n/2}\exp\left\{-\frac{1}{2}\sum_{i=1}^{n}(x_i-\mu)^2\right\}}{(2\pi n)^{-1/2}\exp\left\{-\frac{1}{2n}(t-n\mu)^2\right\}}$$

$$= \frac{(2\pi)^{-n/2}\exp\left\{-\frac{1}{2}\left(\sum_{i=1}^{n}x_i^2-2\mu t+n\mu^2\right)\right\}}{(2\pi n)^{-1/2}\exp\left\{-\frac{1}{2n}(t^2-2n\mu t+n^2\mu^2)\right\}}$$

$$= \sqrt{n}\,(2\pi)^{-(n-1)/2}\exp\left\{-\frac{1}{2}\left(\sum_{i=1}^{n}x_i^2-\frac{t^2}{n}\right)\right\},$$

上述条件密度函数与参数 μ 无关，因此 $T(X_1,X_2,\cdots,X_n) = \sum_{i=1}^{n} X_i$ 是充分统计量.

在例 2.5.4 中，仅有一个未知参数 μ，如果其方差也是未知的，则利用定义来求充分统计量比较困难，并且从上面的例子也可以看出，求充分统计量，必须先猜测一个统计量，之后再用定义证明，这很不便，于是有如下的因子分解定理.

2.5.2 因子分解定理

因子分解定理是由费希尔在 20 世纪 20 年代提出的，它的一般形式和严格的数学证明是由哈尔莫斯（Halmos）和萨维奇（Savage）在 1949 年给出的.

充分统计量的
判定定理

> **定理 2.5.1（因子分解定理）** 设样本 $X_1,X_2,\cdots,X_n$ 的联合密度函数（或联合分布列）为 $f(x_1,x_2,\cdots,x_n,\theta)$，依赖于参数 θ，$T=T(X_1,X_2,\cdots,X_n)$ 是一个统计量，则 $T=T(X_1,X_2,\cdots,X_n)$ 是充分统计量的充要条件是 $f(x_1,x_2,\cdots,x_n,\theta)$ 可以分解为
> $$f(x_1,x_2,\cdots,x_n,\theta)=g(t(x_1,x_2,\cdots,x_n),\theta)h(x_1,x_2,\cdots,x_n),$$
> 其中 $h(x_1,x_2,\cdots,x_n)$ 不依赖于参数 θ.

证明略，参见陈希孺《高等数理统计学》.

推论 2.5.1 设 $T=T(X_1,X_2,\cdots,X_n)$ 为 θ 的充分统计量，$S(T)$ 是单值可逆函数，则 $S(T)$ 也是 θ 的充分统计量.

例 2.5.5 设 $X_1, X_2, \cdots, X_n$ 是来自正态总体 $N(\mu, 1)$，$\mu \in \mathbf{R}$ 的样本，证明 $\overline{X}$ 是充分统计量.

证明 由例 2.5.4 知，$\sum\limits_{i=1}^{n} X_i$ 是参数 μ 的充分统计量，因为 $\overline{X}$ 与 $\sum\limits_{i=1}^{n} X_i$ 一一对应，因此 $\overline{X}$ 也是参数 μ 的充分统计量，但是 $\overline{X}^2$ 不是 μ 的充分统计量.

例 2.5.6 设 $X_1, X_2, \cdots, X_n$ 是来自两点分布总体 $B(1, \theta)$，$0 < \theta < 1$ 的样本，则 $T(X_1, X_2, \cdots, X_n) = \sum\limits_{i=1}^{n} X_i$ 为充分统计量.

证明 样本 $X_1, X_2, \cdots, X_n$ 的联合分布列为

$$f(x_1, x_2, \cdots, x_n, \theta) = P\{X_1 = x_1, X_2 = x_2, \cdots, X_n = x_n\}$$

$$= \theta^{\sum\limits_{i=1}^{n} x_i} (1-\theta)^{n - \sum\limits_{i=1}^{n} x_i} = \left(\frac{\theta}{1-\theta}\right)^{\sum\limits_{i=1}^{n} x_i} (1-\theta)^n$$

$$= g(t(x_1, x_2, \cdots, x_n), \theta) h(x_1, x_2, \cdots, x_n),$$

其中 $h(x_1, x_2, \cdots, x_n) = 1$.

根据因子分解定理，知 $T(X_1, X_2, \cdots, X_n) = \sum\limits_{i=1}^{n} X_i$ 为充分统计量.

例 2.5.7 设 $X_1, X_2, \cdots, X_n$ 是来自正态总体 $N(\mu, \sigma^2)$，$\mu \in \mathbf{R}$，$\sigma^2 > 0$ 的样本，令 $\theta = (\mu, \sigma^2)$，则 $T(X_1, X_2, \cdots, X_n) = \left(\sum\limits_{i=1}^{n} X_i, \sum\limits_{i=1}^{n} X_i^2\right)$ 为充分统计量.

证明 样本 $X_1, X_2, \cdots, X_n$ 的联合密度函数为

$$f(x_1, x_2, \cdots, x_n, \theta) = (2\pi)^{-n/2} \sigma^n \exp\left\{-\frac{1}{2\sigma^2} \sum\limits_{i=1}^{n} (x_i - \mu)^2\right\}$$

$$= (2\pi)^{-n/2} \sigma^n \exp\left\{-\frac{1}{2\sigma^2}\left(\sum\limits_{i=1}^{n} x_i^2 - \sum\limits_{i=1}^{n} 2\mu x_i + n\mu^2\right)\right\}$$

$$= g(t(x_1, x_2, \cdots, x_n), \theta) h(x_1, x_2, \cdots, x_n),$$

其中 $h(x_1, x_2, \cdots, x_n) = 1$.

根据因子分解定理，知 $T(X_1, X_2, \cdots, X_n) = \left(\sum\limits_{i=1}^{n} X_i, \sum\limits_{i=1}^{n} X_i^2\right)$ 为充分统计量.

由于 $\left(\sum\limits_{i=1}^{n} X_i, \sum\limits_{i=1}^{n} X_i^2\right)$ 与 $(\overline{X}, S^2)$ 为一一对应的变换，根据推论 2.5.1 可知 $(\overline{X}, S^2)$ 也为充分统计量.

注意 该例中不能说 $\sum\limits_{i=1}^{n} X_i$ 是 μ 的充分统计量，$\sum\limits_{i=1}^{n} X_i^2$ 是 σ^2

的充分统计量，因为在估计 σ^2 时，仅用 $\sum\limits_{i=1}^{n} X_i^2$ 是不够的；在估计

μ^2 时，仅用 $\sum\limits_{i=1}^{n} X_i$ 也是不够的.

例 2.5.8　设 $X_1,X_2,\cdots,X_n$ 是来自均匀分布总体 $U[0,\theta]$，$\theta>0$ 的样本，证明 $X_{(n)}=\max\{X_1,\cdots,X_n\}$ 为充分统计量.

　　证明　样本 $X_1,X_2,\cdots,X_n$ 的联合密度函数为

$$f(x_1,x_2,\cdots,x_n,\theta)=\theta^{-n}I_{[x_{(n)}\leqslant\theta]}I_{[x_{(1)}>0]}$$
$$=g(t(x_1,x_2,\cdots,x_n),\theta)h(x_1,x_2,\cdots,x_n),$$

其中 $h(x_1,x_2,\cdots,x_n)=I_{[x_{(1)}\geqslant0]}$.

　　根据因子分解定理，知 $X_{(n)}=\max\{X_1,\cdots,X_n\}$ 为充分统计量.

例 2.5.9　设 $X_1,X_2,\cdots,X_n$ 是来自均匀分布总体 $U[\theta-1/2,\theta+1/2]$，$\theta\in\mathbf{R}$ 的样本，证明 $(X_{(1)},X_{(n)})$ 为充分统计量.

　　证明　$X_{(1)}=\min\{X_1,\cdots,X_n\}$，$X_{(n)}=\max\{X_1,\cdots,X_n\}$，$T(X)=(X_{(1)},X_{(n)})$，样本 $X_1,X_2,\cdots,X_n$ 的联合密度函数为

$$f(x_1,x_2,\cdots,x_n,\theta)=\begin{cases}1,&\theta-1/2\leqslant x_{(1)}\leqslant x_{(n)}\leqslant\theta+1/2,\\0,&\text{其他}\end{cases}$$
$$=I_{[x_{(n)}-1/2<\theta<x_{(1)}+1/2]}$$
$$=g(t(x_1,x_2,\cdots,x_n),\theta)h(x_1,x_2,\cdots,x_n),$$

其中 $h(x_1,x_2,\cdots,x_n)=1$.

　　根据因子分解定理，知 $T(X_1,X_2,\cdots,X_n)=(X_{(1)},X_{(n)})$ 为充分统计量.

例 2.5.10（指数族中统计量的充分性）　设 $X_1,X_2,\cdots,X_n$ 是从下面指数族中抽取的样本，指数族的形式为

$$f(\boldsymbol{x},\theta)=C(\theta)\exp\left\{\sum_{i=1}^{k}Q_i(\theta)T_i(\boldsymbol{x})\right\}h(\boldsymbol{x}),$$

其中 $\boldsymbol{x}=(x_1,x_2,\cdots,x_n)$，证明 $T(X_1,X_2,\cdots,X_n)=(T_1(X_1,X_2,\cdots,X_n),\cdots,T_k(X_1,X_2,\cdots,X_n))$ 为充分统计量.

　　证明　样本 $X_1,X_2,\cdots,X_n$ 的联合密度函数为

$$f(x_1,x_2,\cdots,x_n,\theta)=C(\theta)\exp\left\{\sum_{i=1}^{k}Q_i(\theta)t_i(x_1,x_2,\cdots,x_n)\right\}h(x_1,x_2,\cdots,x_n)$$
$$=g(t(x_1,x_2,\cdots,x_n),\theta)h(x_1,x_2,\cdots,x_n),$$

其中 $g(t(x_1,x_2,\cdots,x_n),\theta)=C(\theta)\exp\left\{\sum_{i=1}^{k}Q_i(\theta)t_i(x_1,x_2,\cdots,x_n)\right\}$，$t(x_1,x_2,\cdots,x_n)$ 为 $T(X_1,X_2,\cdots,X_n)$ 的观察值.

　　根据因子分解定理 $T(X_1,X_2,\cdots,X_n)=(T_1(X_1,X_2,\cdots,X_n),\cdots,T_k(X_1,X_2,\cdots,X_n))$ 为充分统计量.

例 2.5.10 中的结果适用于指数族中的每一个成员,例如:二项分布、泊松分布、几何分布、指数分布、正态分布、伽马分布等.

表 2.5.1 是一些常见分布的充分统计量.

表 2.5.1 常见分布的充分统计量

分布	分布列或密度函数	参数	常用充分统计量
两点分布 $B(1,p)$	$p^x(1-p)^{1-x}$, $x=0,1$	p	$\sum\limits_{i=1}^{n} X_i$
泊松分布 $P(\lambda)$	$\dfrac{\lambda^x}{x!}e^{-\lambda}$, $x=0,1,2,\cdots$	λ	$\sum\limits_{i=1}^{n} X_i$
几何分布 $G(p)$	$p(1-p)^{x-1}$, $x=1,2,\cdots$	p	$\sum\limits_{i=1}^{n} X_i$
均匀分布 $U[0,\theta]$	$\dfrac{1}{\theta}$, $0\leqslant x\leqslant\theta$	θ	$T=X_{(n)}$
均匀分布 $U[\theta_1,\theta_2]$	$\dfrac{1}{\theta_2-\theta_1}$, $\theta_1\leqslant x\leqslant\theta_2$	θ_1,θ_2	$(X_{(1)},X_{(n)})$
均匀分布 $U[\theta,2\theta]$	$\dfrac{1}{\theta}$, $\theta\leqslant x\leqslant 2\theta$	θ	$(X_{(1)},X_{(n)})$
指数分布 $E(\lambda)$	$\lambda e^{-\lambda x}$, $x>0$	λ	$\sum\limits_{i=1}^{n} X_i$
正态分布 $N(\mu,\sigma^2)$	$\dfrac{1}{\sqrt{2\pi}\,\sigma}e^{-(x-\mu)^2/2\sigma^2}$	μ,σ^2	$\left(\sum\limits_{i=1}^{n} X_i,\sum\limits_{i=1}^{n} X_i^2\right)$
对数正态分布 $LN(\mu,\sigma^2)$	$\dfrac{1}{\sqrt{2\pi}\sigma x}e^{-(\ln x-\mu)^2/2\sigma^2}$, $x>0$	μ,σ^2	$\left(\sum\limits_{i=1}^{n}\ln X_i,\sum\limits_{i=1}^{n}(\ln X_i)^2\right)$
双参数指数分布	$\dfrac{1}{\theta}e^{-\frac{x-\mu}{\theta}}$, $x>\mu$	μ,θ	$\left(X_{(1)},\sum\limits_{i=1}^{n} X_i\right)$
伽马分布 $Ga(\alpha,\lambda)$	$\dfrac{\lambda^\alpha}{\Gamma(\alpha)}x^{\alpha-1}e^{-\lambda x}$, $x>0$	α,λ	$\left(\prod\limits_{i=1}^{n} X_i,\sum\limits_{i=1}^{n} X_i\right)$

习题 2.5

1. 设 $X_1,X_2,\cdots,X_n$ 是来自泊松分布总体 $P(\lambda)$,$\lambda>0$ 的样本,

(1) 分别用定义法和因子分解定理法证明 $\sum\limits_{i=1}^{n} X_i$ 为充分统计量;

(2) 若 $n=2$,则 X_1+2X_2 不是充分统计量.

2. 设 $X_1,X_2,\cdots,X_n$ 是来自均匀分布总体 $U[\theta_1,\theta_2]$,$\theta_1<\theta_2$ 的样本,试给出一个充分统计量.

3. 设 $X_1,X_2,\cdots,X_n$ 是来自总体 X 的样本,且 X 的密度函数为

$$f(x)=\begin{cases}\theta x^{\theta-1}, & 0<x<1,\\ 0, & 其他,\end{cases}\quad 其中\ \theta>0.$$

试给出一个充分统计量.

4. 设 $X_1,X_2,\cdots,X_n$ 是来自拉普拉斯分布的样本,其密度函数为

$$f(x)=\dfrac{1}{2\theta}e^{-|x|/\theta},\quad -\infty<x<+\infty,\ \theta>0.$$

试给出一个充分统计量.

5. 设 $X_1,X_2,\cdots,X_n$ 是来自瑞利分布的样本,其密度函数为

$$f(x)=\begin{cases}2\theta xe^{-\theta x^2}, & x>0,\\ 0, & \text{其他},\end{cases}\quad \text{其中 } \theta>0.$$

试给出一个充分统计量.

6. 设 $X_1,X_2,\cdots,X_n$ 是来自指数分布 $E(\lambda)$ 的样本，其密度函数为

$$f(x)=\begin{cases}\lambda e^{-\lambda x}, & x>0,\\ 0, & x\le 0,\end{cases}\quad \text{其中 } \lambda>0.$$

证明 $\sum_{i=1}^{n}X_i$ 是充分统计量.

7. 设 $X_1,X_2,\cdots,X_n$ 是来自正态总体 $N(\mu,\sigma^2)$ 的样本.

（1）在 μ 已知时，给出 σ^2 的一个充分统计量；

（2）在 σ^2 已知时，给出 μ 的一个充分统计量.

8. 设 $X_1,X_2,\cdots,X_n$ 是来自伽马分布 $Ga(\alpha,\lambda)$，其中 $\alpha>0,\lambda>0$ 的样本，证明 $\left(\dfrac{1}{n}\sum_{i=1}^{n}\ln X_i,\ \bar{X}\right)$ 是充分统计量.

9. 设 $X_1,X_2,\cdots,X_n$ 是来自双参数指数分布的样本，其密度函数为

$$f(x)=\begin{cases}\lambda e^{-\lambda(x-\mu)}, & x>\mu,\\ 0, & \text{其他},\end{cases}\quad \text{其中 } \lambda>0,\ \mu\in\mathbf{R},$$

证明 $(\bar{X},X_{(1)})$ 是充分统计量.

10. 设 $X_1,X_2,\cdots,X_n$ 是来自对数正态分布 $LN(\mu,\sigma^2)$，$\mu\in\mathbf{R}$，$\sigma>0$ 的样本，其密度函数为

$$f(x,\mu,\sigma)=\begin{cases}\dfrac{1}{\sqrt{2\pi}\sigma x}e^{-\frac{(\ln x-\mu)^2}{2\sigma^2}}, & x>0,\\[2mm] 0, & \text{其他},\end{cases}$$

试给出一个充分统计量.

11. 设 $X_1,X_2,\cdots,X_n$ 是来自威布尔分布的样本，其密度函数为

$$f(x)=\begin{cases}\alpha\lambda x^{\alpha-1}e^{-\lambda x^\alpha}, & x>0,\\ 0, & x\le 0,\end{cases}\quad \text{其中 } \lambda>0 \text{ 未知}, \alpha>0 \text{ 已知},$$

试给出一个充分统计量.

12. 设 $(X_1,Y_1),(X_2,Y_2),\cdots,(X_n,Y_n)$ 是来自二维正态总体 $N(\mu_1,\mu_2,\sigma_1^2,\sigma_2^2,\rho)$ 的样本，试给出一个充分统计量.

2.6　完备统计量

完备统计量的概念与正交函数中的完全性概念相似，它是由雷曼（Lehman）和谢弗（Scheffe）在 1950 年提出的，但是其统计背景不如充分统计量那样好说明，以后通过相关问题看这个概念的意义. 本节介绍完备统计量的定义及其例子.

定义 2.6.1（完备统计量）　设 $\mathcal{F}=\{f(x,\theta),\theta\in\Theta\}$ 为一分布族，其中 Θ 为参数空间. 设 $T=T(X_1,X_2,\cdots,X_n)$ 为一统计量，若对任何满足条件

$$E[\varphi(T(X_1,X_2,\cdots,X_n))]=0,\quad \text{对一切 } \theta\in\Theta$$

的 $\varphi(T(X_1,X_2,\cdots,X_n))$，都有

$$P\{\varphi(T(X_1,X_2,\cdots,X_n))=0\}=1,\quad \text{对一切 } \theta\in\Theta,$$

则称 $T(X_1,X_2,\cdots,X_n)$ 为**完备统计量**，或**完全统计量**.

若 $T=T(X_1,X_2,\cdots,X_n)$ 为完备统计量，则它的任一（可测）函数 $g(T)$ 也是完备统计量.

例 2.6.1　设 $X_1,X_2,\cdots,X_n$ 是来自两点分布总体 $B(1,\theta)$，$0<\theta<1$ 的样本，证明 $T(X_1,X_2,\cdots,X_n)=\sum_{i=1}^{n}X_i$ 为完备统计量.

完备统计量

证明　由于　　$T(X_1, X_2, \cdots, X_n) = \sum_{i=1}^{n} X_i \sim B(n, \theta)$，

因此

$$P\left\{\sum_{i=1}^{n} X_i = k\right\} = \binom{n}{k} \theta^k (1-\theta)^{n-k}, \ k = 0, 1, \cdots, n,$$

设 $\varphi(t)$ 是任一实函数，且满足 $E[\varphi(T(X_1, X_2, \cdots, X_n))] = 0$，
对一切 $0 < \theta < 1$，即

$$\sum_{k=0}^{n} \varphi(k) \binom{n}{k} \theta^k (1-\theta)^{n-k} = 0, \quad 0 < \theta < 1,$$

$$\sum_{k=0}^{n} \varphi(k) \binom{n}{k} \left(\frac{\theta}{1-\theta}\right)^k = 0, \quad 0 < \theta < 1,$$

令 $\dfrac{\theta}{1-\theta} = \delta$，则上式等价于

$$\sum_{k=0}^{n} \left[\varphi(k) \binom{n}{k}\right] \delta^k = 0, \quad 0 < \delta < +\infty.$$

上式左边是 δ 的多项式，因此

$$\varphi(k) \binom{n}{k} = 0, \quad k = 0, 1, \cdots, n,$$

即 $\varphi(k) = 0, k = 0, 1, \cdots, n$，$P\{\varphi(T(X_1, X_2, \cdots, X_n)) = 0\} = 1$，对一
切 $0 < \theta < 1$. 因此 $T(X_1, X_2, \cdots, X_n) = \sum_{i=1}^{n} X_i$ 为完备统计量.

定理 2.6.1（指数族中统计量的完备性）　设 $X_1, X_2, \cdots, X_n$ 是从
下面指数族（自然形式）中抽取的样本，指数族的自然形式为

$$f(\boldsymbol{x}, \boldsymbol{\theta}) = C(\boldsymbol{\theta}) \exp\left\{\sum_{i=1}^{k} \theta_i T_i(\boldsymbol{x})\right\} h(\boldsymbol{x}), \ \boldsymbol{\theta} = (\theta_1, \theta_2, \cdots, \theta_k) \in \boldsymbol{\Theta}^*,$$

其中 $\boldsymbol{x} = (x_1, x_2, \cdots, x_n)$，若自然参数空间 $\boldsymbol{\Theta}^*$ 有内点，则 $T(X_1,$
$X_2, \cdots, X_n) = (T_1(X_1, X_2, \cdots, X_n), \cdots, T_k(X_1, X_2, \cdots, X_n))$ 为完备
统计量.

证明略，参见陈希孺《数理统计引论》.

例 2.6.2　设 $X_1, X_2, \cdots, X_n$ 是来自两点分布总体 $B(1, \theta)$，$0 < \theta < 1$
的样本，证明 $T(X_1, X_2, \cdots, X_n) = \sum_{i=1}^{n} X_i$ 为完备统计量.

证明　将 $X_1, X_2, \cdots, X_n$ 的联合分布列表示成如下指数族的自
然形式

$$f(x_1, x_2, \cdots, x_n, \varphi) = (1 + e^{\varphi})^{-n} \exp\left\{\varphi \sum_{i=1}^{n} x_i\right\} h(x_1, x_2, \cdots, x_n),$$

其中 $\varphi = \ln \dfrac{\theta}{1-\theta}$，自然参数空间为 $\Theta^* = \{\varphi : -\infty < \varphi < +\infty\} = (-\infty, +\infty)$. 由于自然参数空间 Θ^* 有内点，因此 $T(X_1, X_2, \cdots, X_n) = \displaystyle\sum_{i=1}^{n} X_i$ 为完备统计量.

例 2.6.3 设 $X_1, X_2, \cdots, X_n$ 是从正态总体 $N(\mu, \sigma^2)$ 中抽取的样本，参数空间 $\Theta = \{\theta = (\mu, \sigma^2) : -\infty < \mu < +\infty, \sigma > 0\}$，则 $T(X_1, X_2, \cdots, X_n) = \left(\displaystyle\sum_{i=1}^{n} X_i, \sum_{i=1}^{n} X_i^2\right)$ 为完备统计量.

证明 由例 2.4.9 知，样本分布族的自然形式为

$$
\begin{aligned}
f(x_1, x_2, \cdots, x_n) &= C(\boldsymbol{\varphi}) \exp\left\{\varphi_1 \sum_{i=1}^{n} x_i + \varphi_2 \sum_{i=1}^{n} x_i^2\right\} h(x_1, x_2, \cdots, x_n), \\
&= C(\boldsymbol{\varphi}) \exp\left\{\varphi_1 T_1(\boldsymbol{x}) + \varphi_2 T_2(\boldsymbol{x})\right\} h(x_1, x_2, \cdots, x_n),
\end{aligned}
$$

其中 $\boldsymbol{\varphi} = (\varphi_1, \varphi_2)$，$\varphi_1 = \dfrac{\mu}{\sigma^2}$，$\varphi_2 = -\dfrac{1}{2\sigma^2}$，$T_1(\boldsymbol{x}) = \displaystyle\sum_{i=1}^{n} x_i$，$T_2(\boldsymbol{x}) = \displaystyle\sum_{i=1}^{n} x_i^2$，$h(x_1, x_2, \cdots, x_n) = 1$.

自然参数空间为 $\Theta^* = \{(\varphi_1, \varphi_2) : -\infty < \varphi_1 < +\infty, -\infty < \varphi_2 < 0\}$.

由于自然参数空间 Θ^* 有内点，因此 $T(X_1, X_2, \cdots, X_n) = \left(\displaystyle\sum_{i=1}^{n} X_i, \sum_{i=1}^{n} X_i^2\right)$ 为完备统计量.

下面给出如何验证一个统计量不是完备统计量的例子.

例 2.6.4 设 $X_1, X_2, \cdots, X_n$ 是来自均匀分布 $U[\theta - 1/2, \theta + 1/2]$，$\theta \in \mathbf{R}$ 的样本，则 $T(X_1, X_2, \cdots, X_n) = (X_{(1)}, X_{(n)})$ 是充分统计量，但不是完备统计量.

证明 由例 2.5.9 知，$T(X_1, X_2, \cdots, X_n) = (X_{(1)}, X_{(n)})$ 是充分统计量. 下面证明其不是完备统计量. 要证明一个统计量 $T(X_1, X_2, \cdots, X_n)$ 不是完备统计量，只要找到一个实函数 $\varphi(t)$ 使得

$$E[\varphi(T(X_1, X_2, \cdots, X_n))] = 0,$$

但是 $\varphi(T(X_1, X_2, \cdots, X_n)) = 0$，a. s. 不成立即可.

令 $Y_i = X_i - (\theta - 1/2)$，$i = 1, 2, \cdots, n$，则 $Y_1, Y_2, \cdots, Y_n$ 独立同分布，都服从均匀分布 $U[0, 1]$，且与 θ 无关，而 $Z = X_{(n)} - X_{(1)} = Y_{(n)} - Y_{(1)}$ 的分布也与 θ 无关.

因此，$E[X_{(n)} - X_{(1)}] = \dfrac{n-1}{n+1}$ 对任何 θ 成立，即

$$E\left(X_{(n)} - X_{(1)} - \frac{n-1}{n+1}\right) = 0$$

对任何 θ 成立.

显然 $X_{(n)} - X_{(1)} - \dfrac{n-1}{n+1} \neq 0$，按照定义 $T(X_1, X_2, \cdots, X_n) = (X_{(1)},$ $X_{(n)})$ 不是完备统计量.

习题 2.6

1. 设 $X_1, X_2, \cdots, X_n$ 是来自泊松分布总体 $P(\lambda)$，$\lambda > 0$ 的样本，证明 $\displaystyle\sum_{i=1}^{n} X_i$ 为完备统计量.

2. 设 $X_1, X_2, \cdots, X_n$ 是来自均匀分布总体 $U[0, \theta]$，$\theta > 0$ 的样本，证明 $X_{(n)}$ 为完备统计量.

3. 设 $X_1, X_2, \cdots, X_n$ 是来自总体 X 的样本，且 X 的密度函数为

$$f(x) = \begin{cases} \theta x^{\theta-1}, & 0 < x < 1, \\ 0, & \text{其他}, \end{cases} \quad \text{其中 } \theta > 0.$$

试给出一个完备统计量.

4. 设 $X_1, X_2, \cdots, X_n$ 是来自拉普拉斯分布的样本，其密度函数为

$$f(x) = \frac{1}{2\theta} e^{-|x|/\theta}, \quad -\infty < x < +\infty, \ \theta > 0.$$

试给出一个完备统计量.

5. 设 $X_1, X_2, \cdots, X_n$ 是来自瑞利分布的样本，其密度函数为

$$f(x) = \begin{cases} 2\theta x e^{-\theta x^2}, & x > 0, \\ 0, & \text{其他}, \end{cases} \quad \text{其中 } \theta > 0.$$

试给出一个完备统计量.

6. 设 $X_1, X_2, \cdots, X_n$ 是来自指数分布 $E(\lambda)$ 的样本，其密度函数为

$$f(x) = \begin{cases} \lambda e^{-\lambda x}, & x > 0, \\ 0, & x \leqslant 0, \end{cases} \quad \text{其中 } \lambda > 0.$$

证明 $\displaystyle\sum_{i=1}^{n} X_i$ 为完备统计量.

7. 设 $X_1, X_2, \cdots, X_n$ 是来自正态总体 $N(\mu, \sigma^2)$ 的样本.

（1）在 μ 已知时，给出 σ^2 的一个完备统计量；

（2）在 σ^2 已知时，给出 μ 的一个完备统计量.

8. 设 $X_1, X_2, \cdots, X_n$ 是来自均匀分布总体 $U[-\theta/2, \theta/2]$，$\theta > 0$ 的样本，证明 $(X_{(1)}, X_{(n)})$ 是充分统计量但不是完备统计量.

9. 设 $X_1, X_2, \cdots, X_n$ 是来自总体 X 的样本，且 X 的密度函数为

$$f(x) = \begin{cases} e^{-(x-\mu)}, & x > \mu, \\ 0, & \text{其他}, \end{cases} \quad \text{其中} -\infty < \mu < +\infty.$$

证明 $X_{(1)}$ 是充分完备统计量.

10. 设 $X_1, X_2, \cdots, X_n$ 是来自均匀分布总体 $U[\theta, 2\theta]$，$\theta > 0$ 的样本，证明 $(X_{(1)}, X_{(n)})$ 是充分统计量但不是完备统计量.

第 3 章
点估计

上一章，我们主要讲述了抽样分布的概念、三大重要分布、抽样分布的一些基本定理、指数族、充分统计量和完备统计量，这些内容都是后续章节的基础．从本章开始讨论如何从样本出发对于总体的未知属性进行统计分析．

数理统计的基本任务是根据样本所提供的信息，对总体的分布或分布的数字特征做出推断．最常见的统计推断问题是总体分布的类型已知，而它的某些参数未知．例如，已知总体 X 服从正态分布 $N(0, \sigma^2)$，其中 $\sigma^2 > 0$ 未知，只要对未知参数 σ^2 做出了推断，也就对整个总体分布做出了推断，利用样本 $X_1, X_2, \cdots, X_n$ 对总体分布中的未知参数进行统计推断包括参数估计和参数假设检验．参数估计问题是利用样本提供的信息，对总体分布中的未知参数或参数的函数作估计．参数估计分为点估计和区间估计两种，区间估计是第 4 章的内容．而参数假设检验会在第 5 章重点讲解．

本章主要介绍求点估计量的方法、估计量的评选标准、一致最小方差无偏估计、C-R 不等式．

3.1 参数的点估计问题

设有一个总体 X，并且以 $f(x, \theta_1, \theta_2, \cdots, \theta_m)$ 表示其密度函数（若总体为连续型），或其分布列（若总体为离散型），其中 $\theta_1, \theta_2, \cdots, \theta_m$ 为总体的 m 个未知参数．请看下面的例子．

例 3.1.1　对于正态总体 $N(\mu, \sigma^2)$，$\mu \in \mathbf{R}$，$\sigma > 0$，它包含两个未知参数 $\theta_1 = \mu$ 和 $\theta_2 = \sigma^2$，其密度函数为

$$f(x, \theta_1, \theta_2) = \frac{1}{\sqrt{2\pi}\sigma} \exp\left\{-\frac{1}{2\sigma^2}(x-\mu)^2\right\}, \quad -\infty < x < +\infty.$$

例 3.1.2　对于泊松分布总体 $P(\lambda)$，$\lambda > 0$，它包含一个未知参数 $\theta_1 = \lambda$，其分布列为

$$f(x, \theta_1) = \frac{\lambda^x}{x!}e^{-\lambda}, \quad x = 0, 1, 2, \cdots.$$

参数点估计问题的一般提法是：为估计总体分布中的未知参数 $\theta_1,\theta_2,\cdots,\theta_m$，需要从总体中抽取样本 $X_1,X_2,\cdots,X_n$（前面已经提过，如不作特殊声明，样本 $X_1,X_2,\cdots,X_n$ 独立同分布，其共同分布是总体的分布）. 要依据样本去估计未知参数 $\theta_1,\theta_2,\cdots,\theta_m$. 例如，为估计参数 θ_1，需要构造合适的统计量 $\hat\theta_1(X_1,X_2,\cdots,X_n)$，每当有了样本观察值 $x_1,x_2,\cdots,x_n$，就可以算出统计量 $\hat\theta_1(X_1,$ $X_2,\cdots,X_n)$ 的一个值，用来作为 θ_1 的估计值. 此时称统计量 $\hat\theta_1(X_1,X_2,\cdots,X_n)$ 为未知参数 θ_1 的估计量，简记为 $\hat\theta_1$. 由于未知参数 θ_1 和估计值 $\hat\theta_1$ 都是实数轴上的一点，用 $\hat\theta_1$ 去估计 θ_1，等于用一个点去估计另外一个点，所以这样的估计称为**点估计**.

点估计的定义

> **定义 3.1.1（点估计）** 设 $\mathcal{F}=\{f(x,\theta):\theta\in\Theta\}$ 是一个参数分布族，其中 Θ 为参数空间，$X_1,X_2,\cdots,X_n$ 是从分布族 $\mathcal{F}$ 中的某总体抽取的样本. θ 是总体分布中的未知参数，构造统计量 $\hat\theta(X_1,$ $X_2,\cdots,X_n)$，对于样本观察值 $(x_1,x_2,\cdots,x_n)$，若将统计量的观察值 $\hat\theta(x_1,x_2,\cdots,x_n)$ 作为未知参数 θ 的值，则称 $\hat\theta(x_1,x_2,\cdots,x_n)$ 为参数 θ 的**点估计值**，而统计量 $\hat\theta(X_1,X_2,\cdots,X_n)$ 称为参数 θ 的**点估计量**. θ 的估计量和估计值记作 $\hat\theta$（读作"θ 尖"），在不引起混淆的情况下统称为 θ 的点估计，这种估计法称为参数的**点估计法**.

若总体分布中含有 m 个未知参数 $\theta_1,\theta_2,\cdots,\theta_m$，则要由样本构造 m 个不带任何未知参数的统计量

$$\hat\theta_i(X_1,X_2,\cdots,X_n),\quad i=1,\ 2,\ \cdots,\ m.$$

将它们分别作为 m 个未知参数 $\theta_1,\theta_2,\cdots,\theta_m$ 的点估计量.

下面介绍两种常见的点估计方法，即**矩估计法**和**极大似然估计法**.

3.2 矩估计

3.2.1 矩估计的基本思想

矩估计法是英国统计学家卡尔·皮尔逊在 19 世纪末 20 世纪初的一系列文章中引进的.

首先介绍矩估计法的基本思想.

设总体 X 的分布为 $f(x, \theta_1, \theta_2, \cdots, \theta_m)$（若总体为连续型，则 $f(x, \theta_1, \theta_2, \cdots, \theta_m)$ 表示密度函数；若总体为离散型，则 $f(x, \theta_1, \theta_2, \cdots, \theta_m)$ 表示分布列），则总体 X 的 k 阶原点矩为

$$\alpha_k = E(X^k) = \int_{-\infty}^{+\infty} x^k f(x, \theta_1, \theta_2, \cdots, \theta_m) \, dx, \quad k = 1, 2, \cdots.$$

或

$$\alpha_k = E(X^k) = \sum_{i=1}^{+\infty} x_i^k f(x_i, \theta_1, \theta_2, \cdots, \theta_m) \quad k = 1, 2, \cdots.$$

样本的 k 阶原点矩为

$$A_k = \frac{1}{n} \sum_{i=1}^{n} X_i^k, \quad k = 1, 2, \cdots.$$

样本矩不依赖于总体中的未知参数，它们是统计量，而总体矩依赖于分布中的未知参数 $\theta_1, \theta_2, \cdots, \theta_m$. 另一方面，根据**大数定律**，当样本容量 n 较大时，样本 k 阶原点矩 $\frac{1}{n} \sum_{i=1}^{n} X_i^k$ 是总体 k 阶原点矩 $E(X^k)$ $(k = 1, 2, \cdots)$ 一个很好的估计，我们可以用上述想法来估计总体中的未知参数，这就是矩估计法的基本思想.

3.2.2 矩估计的定义和若干例子

矩估计的定义

定义 3.2.1（矩估计） 设 $\mathcal{F} = \{ f(x, \boldsymbol{\theta}) : \boldsymbol{\theta} \in \Theta \}$ 是一个参数分布族，其中 $\boldsymbol{\theta} = (\theta_1, \theta_2, \cdots, \theta_m)$，$\Theta$ 为参数空间，$X_1, X_2, \cdots, X_n$ 是从分布族 $\mathcal{F}$ 中的某总体抽取的样本，假设总体的 k 阶原点矩 α_k 存在，令

$$\alpha_k = \alpha_k(\theta_1, \theta_2, \cdots, \theta_m) \approx A_k = \frac{1}{n} \sum_{i=1}^{n} X_i^k, \quad k = 1, 2, \cdots.$$

取 $k = 1, 2, \cdots, m$，并让上面的近似式改写成等式，得到如下方程组：

$$\begin{cases} \alpha_1(\theta_1, \theta_2, \cdots, \theta_m) = \dfrac{1}{n} \sum_{i=1}^{n} X_i, \\[2mm] \alpha_2(\theta_1, \theta_2, \cdots, \theta_m) = \dfrac{1}{n} \sum_{i=1}^{n} X_i^2, \\[1mm] \qquad\qquad\qquad\vdots \\[1mm] \alpha_m(\theta_1, \theta_2, \cdots, \theta_m) = \dfrac{1}{n} \sum_{i=1}^{n} X_i^m, \end{cases} \tag{3.2.1}$$

解此方程组，其解记为

$$\begin{cases} \hat{\theta}_1 = \hat{\theta}_1(X_1, X_2, \cdots, X_n), \\ \hat{\theta}_2 = \hat{\theta}_2(X_1, X_2, \cdots, X_n), \\ \qquad\qquad \vdots \\ \hat{\theta}_m = \hat{\theta}_m(X_1, X_2, \cdots, X_n). \end{cases} \tag{3.2.2}$$

$\hat{\theta}_i = \hat{\theta}_i(X_1, X_2, \cdots, X_n)$ 分别称为 $\theta_i(i=1,2,\cdots,m)$ 的**矩估计量**, 矩估计量的观察值 $\hat{\theta}_i(x_1, x_2, \cdots, x_n)$ 分别称为 $\theta_i(i=1,2,\cdots,m)$ 的**矩估计值**. 在不引起混淆的情况下, 统称为**矩估计**.

式 (3.2.1) 中, 我们也可以用样本 k 阶中心矩 $m_{nk} = \dfrac{1}{n} \sum_{i=1}^{n} (X_i - \overline{X})^k$, $k = 2,3,\cdots$ 作为总体 k 阶中心矩 $\mu_k = E(X - E(X))^k$ 的估计, 而建立相应的方程组进一步估计未知参数 θ, 由此得到的参数估计也称为矩估计. 这两种方法得到的矩估计可能不同.

若要估计的是参数 $\theta_1, \theta_2, \cdots, \theta_m$ 的某个函数 $g(\theta_1, \theta_2, \cdots, \theta_m)$, 则用

$$\hat{g} = \hat{g}(X_1, X_2, \cdots, X_n) = g(\hat{\theta}_1, \hat{\theta}_2, \cdots, \hat{\theta}_m)$$

去估计, 由此定出的估计量称为 $g(\theta_1, \theta_2, \cdots, \theta_m)$ 的矩估计.

矩估计方法的基本思想是利用样本矩代替总体矩.

下面举几个矩估计法的例子.

矩估计的例子

例 3.2.1 设总体 X 的均值 μ, 方差 σ^2 都存在, 且 $\sigma^2 > 0$, 但 μ 和 σ^2 都未知, 又设 $X_1, X_2, \cdots, X_n$ 是来自总体 X 的一个样本, 求总体均值 μ 和总体方差 σ^2 的矩估计.

解 列方程组

$$\begin{cases} \alpha_1 = E(X) = \mu, \\ \alpha_2 = E(X^2) = D(X) + (E(X))^2 = \sigma^2 + \mu^2, \end{cases}$$

解得

$$\begin{cases} \mu = \alpha_1, \\ \sigma^2 = \alpha_2 - \alpha_1^2, \end{cases}$$

分别以 A_1, A_2 代替 α_1, α_2, 得 μ 和 σ^2 的矩估计分别为

$$\begin{cases} \hat{\mu} = A_1 = \overline{X}, \\ \hat{\sigma}^2 = A_2 - A_1^2 = \dfrac{1}{n} \sum_{i=1}^{n} X_i^2 - \overline{X}^2 = \dfrac{1}{n} \sum_{i=1}^{n} (X_i - \overline{X})^2 = S_n^2. \end{cases}$$

说明 总体均值的矩估计是样本均值, 总体方差 σ^2 的矩估计不是样本方差 S^2 而是样本二阶中心矩 $\hat{\sigma}^2 = \dfrac{n-1}{n} S^2 = S_n^2$.

设 $X_1, X_2, \cdots, X_n$ 是来自总体 X 的一个样本，由例 3.2.1 可以推出如下几个结论：

(1) 设总体 $X \sim B(1, p)$，其中 $p(0 < p < 1)$ 为未知参数，由于 $E(X) = p$，因此 p 的矩估计为

$$\hat{p} = \overline{X}.$$

(2) 设总体 $X \sim B(N, p)$，其中 N，$p(0 < p < 1)$ 为未知参数，因为

$$\begin{cases} E(X) = Np, \\ D(X) = Np(1-p), \end{cases}$$

列方程组

$$\begin{cases} Np = \overline{X}, \\ Np(1-p) = S_n^2, \end{cases}$$

解得 N，p 的矩估计分别为

$$\begin{cases} \hat{N} = \left[\dfrac{\overline{X}^2}{\overline{X} - S_n^2} \right], \\ \hat{p} = 1 - \dfrac{S_n^2}{\overline{X}}. \end{cases}$$

(3) 设总体 $X \sim P(\lambda)$，$\lambda > 0$ 为未知参数，由于 $E(X) = \lambda$，$D(X) = \lambda$，因此 λ 的矩估计为

$$\hat{\lambda} = \overline{X} \quad \text{或者} \quad \hat{\lambda} = S_n^2.$$

说明　此处一个参数 λ 有了两个不同的矩估计，实际中，在用矩估计法求参数估计时一般选用低阶矩. 本例中，选用 $\overline{X}$ 作为参数 λ 的矩估计.

(4) 设总体 $X \sim U[\theta_1, \theta_2]$，$\theta_1 < \theta_2$ 均为未知参数，由于

$$\begin{cases} E(X) = \dfrac{\theta_1 + \theta_2}{2}, \\ D(X) = \dfrac{(\theta_2 - \theta_1)^2}{12}, \end{cases}$$

所以由方程组

$$\begin{cases} \dfrac{\theta_1 + \theta_2}{2} = \overline{X}, \\ \dfrac{(\theta_2 - \theta_1)^2}{12} = S_n^2 \end{cases}$$

得 θ_1，θ_2 的矩估计分别为

$$\begin{cases} \hat{\theta}_1 = \overline{X} - \sqrt{3} S_n, \\ \hat{\theta}_2 = \overline{X} + \sqrt{3} S_n. \end{cases}$$

(5) 设总体 $X \sim N(\mu, \sigma^2)$, $\mu \in \mathbf{R}$, $\sigma > 0$ 为未知参数, 因为 $E(X) = \mu$, $D(X) = \sigma^2$, 因此 μ, σ^2 的矩估计分别为

$$\begin{cases} \hat{\mu} = \overline{X}, \\ \hat{\sigma}^2 = S_n^2. \end{cases}$$

例 3.2.2　设 $X_1, X_2, \cdots, X_n$ 是来自总体 X 的样本, 且总体 X 的密度函数为

$$f(x) = \begin{cases} (\theta+1)x^\theta, & 0 < x < 1, \\ 0, & \text{其他}, \end{cases} \quad \theta > -1 \text{ 是未知参数},$$

求参数 θ 的矩估计.

　　解　总体 X 的一阶矩为

$$\mu_1 = E(X) = \int_{-\infty}^{+\infty} xf(x)\mathrm{d}x = (\theta+1)\int_0^1 x^{\theta+1}\mathrm{d}x = \frac{\theta+1}{\theta+2}.$$

解得 $\theta = \dfrac{2\mu_1 - 1}{1 - \mu_1}$.

　　用 $A_1 = \overline{X} = \dfrac{1}{n}\sum_{i=1}^n X_i$ 代替 μ_1, 得 θ 的矩估计为

$$\hat{\theta} = \frac{2\overline{X} - 1}{1 - \overline{X}}.$$

例 3.2.3　设 $X_1, X_2, \cdots, X_n$ 是来自伽马分布的样本, 其密度函数为

$$f(x, \alpha, \lambda) = \begin{cases} \dfrac{\lambda^\alpha}{\Gamma(\alpha)}x^{\alpha-1}\mathrm{e}^{-\lambda x}, & x > 0, \\ 0, & x \leqslant 0, \end{cases}$$

其中 $\alpha > 0$, $\lambda > 0$ 为未知参数, 求 α 和 λ 的矩估计.

　　解　计算总体均值和总体方差分别为

$$E(X) = \int_0^{+\infty} x \frac{\lambda^\alpha}{\Gamma(\alpha)}x^{\alpha-1}\mathrm{e}^{-\lambda x}\mathrm{d}x = \frac{\lambda^\alpha}{\Gamma(\alpha)}\int_0^{+\infty} x^{(\alpha+1)-1}\mathrm{e}^{-\lambda x}\mathrm{d}x = \frac{\Gamma(\alpha+1)}{\Gamma(\alpha)\lambda} = \frac{\alpha}{\lambda},$$

$$DX = E(X^2) - (E(X))^2 = \int_0^{+\infty} x^2 \frac{\lambda^\alpha}{\Gamma(\alpha)}x^{\alpha-1}\mathrm{e}^{-\lambda x}\mathrm{d}x = \frac{\Gamma(\alpha+2)}{\Gamma(\alpha)\lambda^2} - \left(\frac{\alpha}{\lambda}\right)^2 = \frac{\alpha}{\lambda^2},$$

令

$$\begin{cases} \dfrac{\alpha}{\lambda} = \overline{X}, \\ \dfrac{\alpha}{\lambda^2} = S_n^2, \end{cases}$$

解此方程组, 得 α 和 λ 的矩估计分别为

$$
\begin{cases}
\hat{\alpha} = \dfrac{\overline{X}^2}{S_n^2}, \\[3mm]
\hat{\lambda} = \dfrac{\overline{X}}{S_n^2}.
\end{cases}
$$

例 3.2.4　设 $(X_1, Y_1), (X_2, Y_2), \cdots, (X_n, Y_n)$ 是来自二维总体 (X, Y) 的样本, 求 X 与 Y 的相关系数 ρ_{XY} 的矩估计.

解　记

$$
\overline{X} = \frac{1}{n} \sum_{i=1}^{n} X_i, \quad \overline{Y} = \frac{1}{n} \sum_{i=1}^{n} Y_i,
$$

$$
S_{1n}^2 = \frac{1}{n} \sum_{i=1}^{n} (X_i - \overline{X})^2, \quad S_{2n}^2 = \frac{1}{n} \sum_{i=1}^{n} (Y_i - \overline{Y})^2,
$$

$$
S_{12} = \frac{1}{n} \sum_{i=1}^{n} (X_i - \overline{X})(Y_i - \overline{Y}) = \frac{1}{n} \sum_{i=1}^{n} X_i Y_i - \overline{X}\,\overline{Y},
$$

因为

$$
\rho_{XY} = \frac{\mathrm{Cov}(X, Y)}{\sqrt{D(X)}\sqrt{D(Y)}} = \frac{E(XY) - E(X)E(Y)}{\sqrt{D(X)}\sqrt{D(Y)}},
$$

$$
E\left(\frac{1}{n} \sum_{i=1}^{n} X_i Y_i\right) = E(XY),
$$

且当 $n \to +\infty$ 时, 有

$$
\frac{1}{n} \sum_{i=1}^{n} X_i Y_i \xrightarrow{P} E(XY),
$$

所以 $\dfrac{1}{n} \sum_{i=1}^{n} X_i Y_i$ 可作为 $E(XY)$ 的矩估计. 又因为 $\overline{X}, \overline{Y}, S_{1n}^2, S_{2n}^2$ 分别为 $E(X), E(Y), D(X), D(Y)$ 的矩估计, 因此 ρ_{XY} 的矩估计为

$$
\hat{\rho}_{XY} = \frac{S_{12}}{S_{1n} S_{2n}} = \frac{\displaystyle\sum_{i=1}^{n} (X_i - \overline{X})(Y_i - \overline{Y})}{\sqrt{\displaystyle\sum_{i=1}^{n} (X_i - \overline{X})^2} \sqrt{\displaystyle\sum_{i=1}^{n} (Y_i - \overline{Y})^2}}.
$$

例 3.2.5　甲、乙彼此独立对同一本书的样稿进行校对, 校完后, 甲发现 a 个错字, 乙发现 b 个错字, 其中共同发现的错字有 c 个, 试用矩估计法对如下两个未知参数进行估计.

(1) 该书样稿的总错字个数;

(2) 未被发现的错字数.

解　(1) 设该书样稿中总错字个数为 θ, 甲校对员识别出错字的概率为 p_1, 乙校对员识别出错字的概率为 p_2, 由于甲、乙是彼此独立地进行校对, 则同一错字能被甲、乙同时识别的概率为 $p_1 p_2$.

由频率替换思想，得 $\hat{p}_1 = \dfrac{a}{\theta}$, $\hat{p}_2 = \dfrac{b}{\theta}$, $\widehat{p_1 p_2} = \dfrac{c}{\theta}$.

由独立性，得矩估计方程 $\dfrac{a}{\theta} \times \dfrac{b}{\theta} = \dfrac{c}{\theta}$.

因此 θ 的矩估计为

$$\hat{\theta} = \frac{ab}{c}.$$

（2）未被发现的错字数的估计等于总错字数的估计减去甲、乙发现的错字数，即 $\dfrac{ab}{c} - a - b + c$.

例如：若设 $a = 120$, $b = 124$, $c = 80$，则该书样稿中错字总数的矩估计为

$$\hat{\theta} = \frac{120 \times 124}{80} = 186.$$

未被发现的错字个数的矩估计为

$$186 - 120 - 124 + 80 = 22 \text{ 个.}$$

例 3.2.6 设 $X_1, X_2, \cdots, X_n$ 是来自总体 X 的样本，X 的密度函数为

$$f(x) = \begin{cases} \dfrac{\theta_2}{\Gamma((1+\theta_1)/\theta_2)} x^{\theta_1} \exp\{-x^{\theta_2}\}, & x > 0, \\ 0, & x \leqslant 0. \end{cases}$$

其中 θ_1, θ_2 为未知参数，且 $-1 < \theta_1 < +\infty$，$\theta_2 > 0$. 求 θ_1, θ_2 的矩估计.

解 由于

$$\begin{cases} \alpha_1 = E(X) = \dfrac{\Gamma((2+\theta_1)/\theta_2)}{\Gamma((1+\theta_1)/\theta_2)}, \\ \alpha_2 = E(X^2) = \dfrac{\Gamma((3+\theta_1)/\theta_2)}{\Gamma((1+\theta_1)/\theta_2)}. \end{cases}$$

分别以 A_1, A_2 代替 α_1, α_2，再用 $\hat{\theta}_1$ 和 $\hat{\theta}_2$ 分别代替 θ_1 和 θ_2 得到如下方程组：

$$\begin{cases} A_1 = \dfrac{\Gamma((2+\hat{\theta}_1)/\hat{\theta}_2)}{\Gamma((1+\hat{\theta}_1)/\hat{\theta}_2)}, \\ A_2 = \dfrac{\Gamma((3+\hat{\theta}_1)/\hat{\theta}_2)}{\Gamma((1+\hat{\theta}_1)/\hat{\theta}_2)}. \end{cases}$$

其解就是 $\hat{\theta}_1$ 和 $\hat{\theta}_2$ 的矩估计. 但是此处得不出 $\hat{\theta}_1$ 和 $\hat{\theta}_2$ 的简单解析表达式，而只能用数值方法.

此例说明不是所有的矩估计都有解析表达式.

关于矩估计做如下说明:

(1) 矩估计方法简单、直观,并对总体分布的假定少,只需要总体相应的各阶矩存在,故可视其为非参数方法.

(2) 总体分布的矩有时不存在,此时矩方法就无法应用,这是它的局限性. 柯西分布族中的参数无法用矩估计方法得到参数的估计量.

(3) 矩估计不唯一[如例 3.2.1 的结论(3)泊松分布中参数 λ 的矩估计不唯一].

矩估计方法中,样本矩的表达式同总体分布函数的表达式无关,它常常没有充分利用总体分布对参数所提供的信息. 下一节的极大似然估计法利用了总体分布对参数所提供的信息,是常用的参数点估计方法.

习题 3.2

1. 设 $X_1, X_2, \cdots, X_n$ 是来自总体 X 的一个样本,总体 X 的分布列如下所示,求其中未知参数的矩估计.

(1)

X	-1	0	1
p_k	$\dfrac{\theta}{2}$	$1-\theta$	$\dfrac{\theta}{2}$

其中,$0<\theta<1$ 为未知参数;

(2) $P\{X=k\}=\dfrac{1}{N}$, $k=0,1,2,\cdots,N-1$, 其中 N(正整数)是未知参数;

(3) $P\{X=k\}=(k-1)\theta^2(1-\theta)^{k-2}$, $k=2,3,\cdots$. 其中 $0<\theta<1$ 为未知参数.

2. 设 $X_1, X_2, \cdots, X_n$ 是来自总体 X 的样本,且总体 X 服从二项分布 $B(k,p)$,其中,k 是正整数,$0<p<1$ 都是未知参数,求 k 和 p 的矩估计.

3. 设 $X_1, X_2, \cdots, X_n$ 是来自总体 X 的样本,且 X 的密度函数 $f(x)$ 如下所示,求其中未知参数的矩估计.

(1) $f(x,\theta)=\begin{cases} (\theta+1)x^\theta, & 0<x<1, \\ 0, & \text{其他,} \end{cases}$ 其中 $\theta>-1$ 为未知参数;

(2) $f(x,\theta)=\begin{cases} \theta\exp\{-\theta x\}, & x>0, \\ 0, & x\leq 0, \end{cases}$ 其中 $\theta>0$ 为未知参数;

(3) $f(x,\theta)=\dfrac{1}{2\theta}e^{-\frac{|x|}{\theta}}$, $-\infty<x<+\infty$, 其中 $\theta>0$ 为未知参数;

(4) $f(x,\theta)=\begin{cases} 1, & \theta-0.5\leq x\leq\theta+0.5, \\ 0, & \text{其他,} \end{cases}$ 其中 $\theta\in\mathbf{R}$ 为未知参数;

(5) $f(x,\mu,\sigma^2)=\begin{cases} \dfrac{1}{\sqrt{2\pi}\sigma x}e^{-\frac{(\ln x-\mu)^2}{2\sigma^2}}, & x>0, \\ 0, & x\leq 0, \end{cases}$ 其中 $\mu\in\mathbf{R}$, $\sigma>0$ 为未知参数;

(6) $f(x,\mu,\lambda)=\begin{cases} \lambda\exp\{-\lambda(x-\mu)\}, & x>\mu, \\ 0, & \text{其他,} \end{cases}$ 其中 $\mu\in\mathbf{R}$, $\lambda>0$ 为未知参数.

4. 设 $X_1, X_2, \cdots, X_n$ 是来自总体 X 的样本,且 X 的密度函数为 $f(x,\mu,\lambda)=\dfrac{1}{2}\lambda\exp\{-\lambda|x-\mu|\}$,求 μ,λ 的矩估计.

5. 设 $X_1, X_2, \cdots, X_n$ 是来自正态总体 $N(\mu,\sigma^2)$ 的样本,求 $P\{X>1\}$ 的矩估计.

6. 某工程师为了了解一台天平的精度,用该天平

对一物体的质量做了 n 次测量，该物体的质量 μ 是已知的，设 n 次测量结果 $X_1,X_2,\cdots,X_n$ 相互独立且均服从正态分布 $N(\mu,\sigma^2)$。这里已知该工程师用天平记录的结果是 n 次测量值的绝对误差 $Z_i = |X_i-\mu|(i=1,2,\cdots,n)$，利用 $(Z_1,Z_2,\cdots,Z_n)$ 估计参数 σ。

（1）求 Z_i 的密度函数；

（2）求 σ 的矩估计。

7. 设 $X_1,X_2,\cdots,X_n$ 是来自总体 X 的样本，且 X 的分布函数为

$$F(x,\theta)=\begin{cases}1-x^{-\theta}, & x\geqslant 1,\\ 0, & x<1,\end{cases}$$

其中 $\theta>1$ 为未知参数，求 θ 的矩估计。

3.3 极大似然估计

3.3.1 极大似然估计的基本思想

极大似然估计
的基本思想
和定义

极大似然估计方法是统计中最重要、应用最广泛的方法之一，该方法最初是由德国数学家高斯（Gauss）于 1821 年针对正态分布提出的，之后英国统计学家费希尔于 1922 年提出了一般分布参数的极大似然估计并探讨了它的性质，使之得到广泛的研究和应用。

下面通过一个例子说明用极大似然估计方法估计未知参数的基本想法。

引例 3.3.1 某位同学与一位猎人一起外出打猎，一只野兔从前方窜过。只听一声枪响，野兔应声倒下。如果要你推测，是谁打中的呢？

分析 因为只发一枪便打中，猎人命中的概率一般大于这位同学命中的概率。看来这一枪是猎人射中的。该问题可以表述为如下数学模型：

令 X 为打一枪的中弹数，则 $X\sim B(1,p)$，p 未知。设想事先知道 p 只有两种可能

$$p=0.9 \text{ 或 } p=0.1,$$

即 $p\in\Theta=\{0.9,0.1\}$。两人中有一人打枪，估计这一枪是谁打的，即估计总体参数 p 的值。

当兔子中弹，即 $\{X=1\}$ 发生了，此时，

若 $p=0.9$，则 $P\{X=1\}=0.9$；

若 $p=0.1$，则 $P\{X=1\}=0.1$。

当兔子没有中弹，即 $\{X=0\}$ 发生了，此时，

若 $p=0.9$，则 $P\{X=0\}=0.1$；

若 $p=0.1$，则 $P\{X=0\}=0.9$。

现已经有样本观察值 $x=1$，什么样的参数使该样本观察值出

现的可能性最大呢？即根据样本观察值，选择参数 p 的估计 $\hat{p}$，使得样本在该样本观察值附近出现的可能性最大，此例中 $\hat{p}=0.9$.

这个例子确定 $\hat{p}$ 的基本想法是：当试验中得到一个结果（上例中指兔子被一枪打中）时，哪个 p 值使这个结果的出现具有最大概率就应该取哪个值作为 p 的估计值. 它用到"**概率最大的事件最可能出现**"的直观想法.

这种方法可以推广到一般情形：虽然参数 p 可能取参数空间 Θ 中的所有值，但在给定样本观察值 $x_1,x_2,\cdots,x_n$ 后，不同的 p 值对应样本 $X_1,X_2,\cdots,X_n$ 落入 $x_1,x_2,\cdots,x_n$ 的邻域的概率大小也不同，既然在一次试验中观察到 $X_1,X_2,\cdots,X_n$ 取值 $x_1,x_2,\cdots,x_n$. 因此有理由认为 $X_1,X_2,\cdots,X_n$ 落入 $x_1,x_2,\cdots,x_n$ 的邻域中的概率较其他地方大. 哪一个参数使得 $X_1,X_2,\cdots,X_n$ 落入 $x_1,x_2,\cdots,x_n$ 的邻域中的概率最大，这个参数就是最可能的参数，我们用它作为参数的估计值，这就是**极大似然原理**.

3.3.2 极大似然估计的定义和若干例子

1. 极大似然估计的定义

设总体 X 为离散型，其分布列为

$$P\{X=x\}=f(x,\theta)$$

其中 $\theta\in\Theta$，θ 为待估参数，Θ 是参数空间.

设 $X_1,X_2,\cdots,X_n$ 是来自总体 X 的样本，则样本 $X_1,X_2,\cdots,X_n$ 的联合分布列为

$$\prod_{i=1}^{n}f(x_i,\theta).$$

又设 $x_1,x_2,\cdots,x_n$ 是样本 $X_1,X_2,\cdots,X_n$ 的一个观察值，则样本 $X_1,X_2,\cdots,X_n$ 取 $x_1,x_2,\cdots,x_n$ 的概率，即事件 $\{X_1=x_1,X_2=x_2,\cdots,X_n=x_n\}$ 发生的概率为

$$L(\theta)=L(\theta,x_1,\cdots,x_n)=\prod_{i=1}^{n}f(x_i,\theta),\ \theta\in\Theta.$$

这一概率随 θ 的取值而变化，它是 θ 的函数，$L(\theta)$ 称为样本的**似然函数**.

似然的字面含义是**看起来像**，下面利用样本观察值确定参数看起来最像的值，这就是统计上的**似然原理**.

已经得到了观察值 $(x_1,x_2,\cdots,x_n)$，它是哪一个 θ 所确定的总体（或分布）产生的？**寻找最可能的！**也就是产生这个样本的概率最大的，即求 $\hat{\theta}(x)=\hat{\theta}(x_1,x_2,\cdots,x_n)$ 使

$$L(\hat{\theta},x_1,\cdots,x_n)=\sup_{\theta\in\Theta}L(\theta,x_1,\cdots,x_n).$$

$\hat{\theta}$ 与 $x_1, x_2, \cdots, x_n$ 有关，记为 $\hat{\theta}(x_1, x_2, \cdots, x_n)$，称其为参数 θ 的**极大似然估计值**. $\hat{\theta}(X_1, X_2, \cdots, X_n)$ 称为参数 θ 的**极大似然估计量**.

设总体 X 为连续型，其密度函数为 $f(x, \theta)$，其中 $\theta \in \Theta$，θ 为待估参数，Θ 是参数空间. 设 $X_1, X_2, \cdots, X_n$ 是来自总体 X 的样本，则样本 $X_1, X_2, \cdots, X_n$ 的联合密度函数为

$$\prod_{i=1}^{n} f(x_i, \theta).$$

设 $x_1, x_2 \cdots, x_n$ 是样本 $X_1, X_2, \cdots, X_n$ 的一个观察值，则随机点 $(X_1, X_2, \cdots, X_n)$ 落在 $(x_1, x_2 \cdots, x_n)$ 的邻域（边长分别为 $\mathrm{d}x_1, \mathrm{d}x_2, \cdots, \mathrm{d}x_n$ 的 n 维立方体）内的概率近似为

$$\prod_{i=1}^{n} f(x_i, \theta) \mathrm{d}x_i.$$

这一概率随 θ 的取值而变化，它是 θ 的函数，取 θ 的估计值 $\hat{\theta}$ 使上式达到最大，但是 $\prod_{i=1}^{n} \mathrm{d}x_i$ 不随 θ 取值的变化而改变，故只需考虑

$$L(\theta) = L(\theta, x_1, \cdots, x_n) = \prod_{i=1}^{n} f(x_i, \theta), \quad \theta \in \Theta$$

的极大值，$L(\theta)$ 称为**样本的似然函数**.

若

$$L(\hat{\theta}, x_1, \cdots, x_n) = \sup_{\theta \in \Theta} L(\theta, x_1, \cdots, x_n),$$

则称 $\hat{\theta}(x_1, x_2, \cdots, x_n)$ 为参数 θ 的**极大似然估计值**，称 $\hat{\theta}(X_1, X_2, \cdots, X_n)$ 为参数 θ 的**极大似然估计量**.

下面将离散型和连续型两种情形总结给出似然函数和极大似然估计的定义.

> **定义 3.3.1(似然函数)** 设总体 X 的密度函数（或分布列）为 $f(\boldsymbol{x}, \boldsymbol{\theta})$，其中未知参数 $\boldsymbol{\theta} = (\theta_1, \theta_2, \cdots, \theta_m) \in \Theta \subseteq \mathbf{R}^m$，$X_1, X_2, \cdots, X_n$ 是来自总体 X 的样本，则样本 $X_1, X_2, \cdots, X_n$ 的联合密度函数（或联合分布列）为
>
> $$f(x_1, x_2, \cdots, x_n, \boldsymbol{\theta}) = \prod_{i=1}^{n} f(x_i, \boldsymbol{\theta}).$$

若已知样本观察值 $x_1, x_2, \cdots, x_n$，称

$$L(\boldsymbol{\theta}) = L(\boldsymbol{\theta}, x_1, \cdots, x_n) = \prod_{i=1}^{n} f(x_i, \boldsymbol{\theta}) \qquad (3.3.1)$$

为样本的**似然函数**.

称

$$\ln L(\boldsymbol{\theta}) = \ln L(\boldsymbol{\theta}, x_1, \cdots, x_n) = \ln \prod_{i=1}^{n} f(x_i, \boldsymbol{\theta}) \qquad (3.3.2)$$

为样本的**对数似然函数**.

注 似然函数和样本的联合密度函数(或联合分布列)是同一表达式,但是表示两种不同含意.

(1)当把 $\boldsymbol{\theta}$ 固定时,将其看成定义在样本空间 $\mathcal{X}$ 上的函数时,称为联合密度函数(或联合分布列).

(2)当把 x 固定时,将其看成定义在参数空间 Θ 上的函数时,称为似然函数.

给定数据 $x_1, x_2, \cdots, x_n$ 后,似然函数 $L(\boldsymbol{\theta}, x_1, \cdots, x_n)$ 是以参数 $\boldsymbol{\theta}$ 标记的总体分布产生这个数据的可能性度量. 下面看一个例子:

例 3.3.1 设在一个罐子里有许多黑球和红球,且已知它们的比例是 1:3,但不知道是黑球多还是红球多. 现有放回地从罐子中抽取 n 个球,要根据抽样数据,估计抽到黑球的概率是多少.

解 将此问题建立统计模型. 令 X_i 表示第 i 次抽球的结果,即

$$X_i = \begin{cases} 1, & \text{抽出的球为黑球}, \\ 0, & \text{其他}. \end{cases}$$

记每次抽样中抽到黑球的概率为 p,此处 p 只取可能的两个值 $p_1 = \dfrac{1}{4}$ 和 $p_2 = \dfrac{3}{4}$ 之一. 记 $X = \sum_{i=1}^{n} X_i$,则根据概率论知识得到 $X \sim B(n, p)$. 因此分布族为 $\mathcal{F} = \{B(n, p_1), B(n, p_2)\}$. 根据抽样结果对 p 做出估计,即 p 取值为 1/4 还是 3/4 或者样本来自总体 $B(n, p_1)$ 还是 $B(n, p_2)$.

当样本 X 给定时,似然函数为 $L(p, x) = \dbinom{n}{x} p^x (1-p)^{n-x}$,$x = 0$, $1, 2, \cdots, n$. 我们的目的是通过 X 的大小估计参数 p. 不妨取 $n = 3$,当 $x = 0, 1, 2, 3$ 时似然函数取值如下:

x	0	1	2	3
$L\left(\dfrac{1}{4}, x\right)$	$\dfrac{27}{64}$	$\dfrac{27}{64}$	$\dfrac{9}{64}$	$\dfrac{1}{64}$
$L\left(\dfrac{3}{4}, x\right)$	$\dfrac{1}{64}$	$\dfrac{9}{64}$	$\dfrac{27}{64}$	$\dfrac{27}{64}$

从上面的表可以看出:

当 $x = 0$, 1 时,　　$L\left(\dfrac{1}{4}, x\right) > L\left(\dfrac{3}{4}, x\right)$;

当 $x = 2$, 3 时,　　$L\left(\dfrac{3}{4}, x\right) > L\left(\dfrac{1}{4}, x\right)$.

因此得出如下结论:

当 $x = \sum\limits_{i=1}^{3} x_i$ 取值为 0,1 时,估计抽到的黑球概率为 $\hat{p}_1 = 1/4$;

当 $x = \sum\limits_{i=1}^{3} x_i$ 取值为 2,3 时,估计抽到的黑球概率为 $\hat{p}_2 = 3/4$.

定义 3.3.2(极大似然估计)　如果似然函数 $L(\theta, x_1, \cdots, x_n)$ 在 $\hat{\theta}$ 处达到极大值,即

$$L(\hat{\theta}, x_1, \cdots, x_n) = \sup_{\theta \in \Theta} L(\theta, x_1, \cdots, x_n), \qquad (3.3.3)$$

$\hat{\theta}$ 与 $x_1, x_2, \cdots, x_n$ 有关,记为 $\hat{\theta}(x_1, x_2, \cdots, x_n)$,称 $\hat{\theta}(x_1, x_2, \cdots, x_n)$ 为参数 θ 的**极大似然估计值**;称 $\hat{\theta}(X_1, X_2, \cdots, X_n)$ 为参数 θ 的**极大似然估计量**. 在不引起混淆的情况下,统称为**极大似然估计**(Maximum Likelihood Estimator,MLE).

极大似然估计的求法

2. 极大似然估计的求法

若似然函数 $L(\boldsymbol{\theta}) = L(\boldsymbol{\theta}, x_1, x_2, \cdots, x_n)$ 关于 $\boldsymbol{\theta} = (\theta_1, \theta_2, \cdots, \theta_m)$ 各分量的偏导数都存在,则 $\boldsymbol{\theta}$ 可由下述方程求得:

$$\frac{\partial L(\boldsymbol{\theta})}{\partial \theta_i} = 0, \quad i = 1, 2, \cdots, m. \qquad (3.3.4)$$

该方程称为**似然方程组**.

又因为 $L(\boldsymbol{\theta})$ 与 $\ln L(\boldsymbol{\theta})$ 在同一 $\boldsymbol{\theta}$ 处取得极值,因此 $\boldsymbol{\theta}$ 的极大似然估计也可由下述方程求得:

$$\frac{\partial \ln L(\boldsymbol{\theta})}{\partial \theta_i} = 0, \quad i = 1, 2, \cdots, m. \qquad (3.3.5)$$

该方程组称为**对数似然方程组**.

解对数似然方程组,得到 $\ln L(\boldsymbol{\theta})$ 的驻点,若驻点唯一,又能验证其为极大值点,则它一定是 $\ln L(\boldsymbol{\theta})$ 也是 $L(\boldsymbol{\theta})$ 的极大值点,大多数例子都属于这种情况. 但是在一些情况下,问题比较复杂,对数似然方程组的解不唯一,还需进一步判断哪一个是极大值.

下面给出求极大似然估计的一般步骤.

(1)由总体分布导出样本的联合密度函数(或联合分布列);

(2)把样本的联合密度函数(或联合分布列)中自变量看作已知常数,而把参数 θ 看作自变量,得到似然函数 $L(\boldsymbol{\theta})$;

(3)求似然函数 $L(\boldsymbol{\theta})$ 的极大值点(常常转化为求对数似然函数 $\ln L(\boldsymbol{\theta})$ 的最大值点),得 $\boldsymbol{\theta}$ 的极大似然估计.

求极大似然估计首先求似然函数的解 $\hat{\boldsymbol{\theta}}$,但是,此解是否一

定是 $\boldsymbol{\theta}$ 的极大似然估计？$\hat{\boldsymbol{\theta}}$ 满足似然方程，只是极大似然估计的必要条件，而非充分条件，一般只有满足下列条件：

（1）似然方程的极大值在参数空间 Θ 内部达到；

（2）似然方程只有唯一解，则似然方程的解 $\hat{\boldsymbol{\theta}}$ 必为 $\boldsymbol{\theta}$ 的 MLE.

因此求出似然方程的解后，要验证它为 $\boldsymbol{\theta}$ 的极大似然估计，有时并非易事. 但是对样本分布族是指数族的场合，有非常满意的结果.

设 $X_1, X_2, \cdots, X_n$ 是从指数族中抽取的样本，其中指数族的自然形式为

$$f(x, \boldsymbol{\theta}) = C(\boldsymbol{\theta}) \exp \left\{ \sum_{i=1}^{m} \theta_i T_i(x) \right\} h(x) , \quad \boldsymbol{\theta} \in \Theta.$$

其中 Θ 为自然参数空间，Θ_0 为 Θ 的内点集.

似然函数为

$$L(\boldsymbol{\theta}) = C^n(\boldsymbol{\theta}) \exp \left\{ \sum_{i=1}^{m} \theta_i \sum_{j=1}^{n} T_i(x_j) \right\} h(\boldsymbol{x}) , \quad \boldsymbol{\theta} \in \Theta,$$

$$\text{其中} \ h(\boldsymbol{x}) = \prod_{i=1}^{n} h(x_i).$$

对数似然函数为

$$l(\boldsymbol{\theta}) = \ln L(\boldsymbol{\theta}, x) = n \ln C(\boldsymbol{\theta}) + \sum_{i=1}^{m} \theta_i \sum_{j=1}^{n} T_i(x_j) + \ln h(\boldsymbol{x}).$$

定理 3.3.1 若对任何样本 $X_1, X_2, \cdots, X_n$，方程组 $\dfrac{n}{C(\boldsymbol{\theta})} \dfrac{\partial C(\boldsymbol{\theta})}{\partial \theta_i} = - \sum_{j=1}^{n} T_i(X_j)$，$i = 1, 2, \cdots, m$ 在 Θ_0 内有解，则解必唯一且为 $\boldsymbol{\theta}$ 的极大似然估计.

证明略，参见陈希孺《数理统计引论》.

因此若样本分布族为指数族，只要似然方程的解属于自然参数空间的内点集，则解必为 $\boldsymbol{\theta}$ 的极大似然估计.

常见的分布族如二项分布族，泊松分布族，正态分布族，伽马分布族等都是指数族，定理的条件都成立. 因此似然方程的解就是有关参数的极大似然估计.

注意 当似然函数 $L(\boldsymbol{\theta})$ 不是 $\boldsymbol{\theta}$ 的可微函数，此时需要用定义的方法求极大似然估计，如后面的例 3.3.7.

极大似然估计的不变性：设总体 X 的分布类型已知，其密度函数（或分布列）为 $f(\boldsymbol{x}; \boldsymbol{\theta})$，$\boldsymbol{\theta} = (\theta_1, \theta_2, \cdots, \theta_m) \in \Theta \subseteq \mathbf{R}^k$ 为未知参数，参数 $\boldsymbol{\theta} = (\theta_1, \theta_2, \cdots, \theta_m)$ 的已知函数为 $g(\theta_1, \theta_2, \cdots, \theta_m)$，函数 g 具有单值反函数. 若 $\hat{\theta}_1, \hat{\theta}_2, \cdots, \hat{\theta}_m$ 分别为 $\theta_1, \theta_2, \cdots, \theta_m$ 的极大似然

估计，则 $g(\hat{\theta}_1, \hat{\theta}_2, \cdots, \hat{\theta}_m)$ 是 $g(\theta_1, \theta_2, \cdots, \theta_m)$ 的极大似然估计.

例 3.3.2 设 $X_1, X_2, \cdots, X_n$ 是来自总体 X 的样本，且 $X \sim B(1, p)$，其中 $p(0 < p < 1)$ 是未知参数，$x_1, x_2, \cdots, x_n$ 是样本的一个观察值，求参数 p 的极大似然估计.

极大似然估
计的例子

解 X 的分布列为

$$P\{X = x\} = p^x (1-p)^{1-x}, \quad x = 0, 1.$$

似然函数为

$$L(p) = \prod_{i=1}^{n} p^{x_i} (1-p)^{1-x_i} = p^{\sum_{i=1}^{n} x_i} (1-p)^{n - \sum_{i=1}^{n} x_i}.$$

对数似然函数为

$$\ln L(p) = \sum_{i=1}^{n} x_i \ln(p) + \left(n - \sum_{i=1}^{n} x_i\right) \ln(1-p).$$

对 p 求导并令导数为零，得对数似然方程为

$$\frac{\mathrm{d}\ln L(p)}{\mathrm{d}p} = \frac{1}{p} \sum_{i=1}^{n} x_i - \frac{1}{1-p} \left(n - \sum_{i=1}^{n} x_i\right) = 0,$$

解得 p 的极大似然估计值为

$$\hat{p} = \frac{1}{n} \sum_{i=1}^{n} x_i = \bar{x},$$

p 的极大似然估计量为

$$\hat{p} = \frac{1}{n} \sum_{i=1}^{n} X_i = \bar{X}.$$

注 两点分布中参数 p 的极大似然估计与矩估计一致.

例 3.3.3 设 $X_1, X_2, \cdots, X_n$ 是来自总体 X 的样本，且 $X \sim P(\lambda)$，其中 $\lambda > 0$ 是未知参数，$x_1, x_2, \cdots, x_n$ 是样本的一个观察值，求参数 λ 和 $g(\lambda) = \mathrm{e}^{-\lambda}$ 的极大似然估计.

解 对于泊松分布 $P(\lambda)$，其分布列为

$$P\{X = x\} = \frac{\lambda^x}{x!} \mathrm{e}^{-\lambda}, \quad x = 0, 1, 2, \cdots.$$

似然函数为

$$L(\lambda) = \prod_{i=1}^{n} P\{X = x_i\} = \prod_{i=1}^{n} \frac{\lambda^{x_i}}{x_i!} \mathrm{e}^{-\lambda} = \mathrm{e}^{-n\lambda} \prod_{i=1}^{n} \frac{\lambda^{x_i}}{x_i!}.$$

对数似然函数为

$$\ln L(\lambda) = -n\lambda + \sum_{i=1}^{n} \left[x_i \ln \lambda - \ln(x_i!) \right].$$

对 λ 求导并令导数为零，得对数似然方程为

$$\frac{\mathrm{d}\ln L(\lambda)}{\mathrm{d}\lambda} = -n + \sum_{i=1}^{n} \frac{x_i}{\lambda} = 0.$$

解得 λ 的极大似然估计值为

$$\hat{\lambda} = \frac{1}{n} \sum_{i=1}^{n} x_i = \bar{x}.$$

λ 的极大似然估计量为

$$\hat{\lambda} = \frac{1}{n} \sum_{i=1}^{n} X_i = \bar{X}.$$

$g(\lambda) = e^{-\lambda}$ 的极大似然估计为

$$\hat{g} = e^{-\bar{x}}.$$

注 泊松分布中参数 λ 的极大似然估计与矩估计一致.

例 3.3.4 设 $X_1, X_2, \cdots, X_n$ 是来自总体 X 的样本, 且 X 的密度函数为

$$f(x) = \begin{cases} (\theta+1)x^{\theta}, & 0 < x < 1, \\ 0, & \text{其他}, \end{cases}$$

其中 $\theta > -1$ 是未知参数, $x_1, x_2, \cdots, x_n$ 是样本的一个观察值, 求参数 θ 的极大似然估计.

解 似然函数为

$$L(\theta) = \prod_{i=1}^{n} (\theta+1)x_i^{\theta} = (\theta+1)^n \left(\prod_{i=1}^{n} x_i \right)^{\theta}.$$

对数似然函数为

$$\ln L(\theta) = n\ln(\theta+1) + \theta \sum_{i=1}^{n} \ln x_i.$$

对 θ 求导并令导数为 0, 得对数似然方程为

$$\frac{\mathrm{d}\ln L(\theta)}{\mathrm{d}\theta} = \frac{n}{\theta+1} + \sum_{i=1}^{n} \ln x_i = 0.$$

解上述方程得 θ 的极大似然估计值为

$$\hat{\theta} = -\frac{n}{\displaystyle\sum_{i=1}^{n} \ln x_i} - 1.$$

θ 的极大似然估计量为

$$\hat{\theta} = -\frac{n}{\displaystyle\sum_{i=1}^{n} \ln X_i} - 1.$$

例 3.3.5 设 $X_1, X_2, \cdots, X_n$ 是来自指数分布总体 X 的样本, 且 X 的密度函数为

$$f(x) = \begin{cases} \lambda e^{-\lambda x}, & x > 0, \\ 0, & \text{其他}, \end{cases}$$

其中 $\lambda > 0$ 是未知参数, $x_1, x_2, \cdots, x_n$ 是样本的一个观察值, 求参数 λ 的极大似然估计.

解 似然函数为

$$L(\lambda)=\prod_{i=1}^{n}\lambda\exp\{-\lambda x_i\}=\lambda^n\exp\Big\{-\lambda\sum_{i=1}^{n}x_i\Big\}.$$

对数似然函数为

$$\ln L(\lambda)=n\ln\lambda-\lambda\sum_{i=1}^{n}x_i.$$

对 λ 求导并令导数为零，得对数似然方程为

$$\frac{\mathrm{d}\ln L}{\mathrm{d}\lambda}=\frac{n}{\lambda}-\sum_{i=1}^{n}x_i=0.$$

解得 λ 的极大似然估计值为

$$\hat{\lambda}=\frac{n}{\sum_{i=1}^{n}x_i}=\frac{1}{\bar{x}}.$$

λ 的极大似然估计量为

$$\hat{\lambda}=\frac{n}{\sum_{i=1}^{n}X_i}=\frac{1}{\bar{X}}.$$

例 3.3.6 设 $X_1,X_2,\cdots,X_n$ 是来自总体 X 的样本，且 $X\sim N(\mu,\sigma^2)$，其中 $\mu\in\mathbf{R}$，$\sigma>0$ 是未知参数，$x_1,x_2,\cdots,x_n$ 是样本的一个观察值，求参数 μ,σ^2，μ/σ^2 以及 σ 的极大似然估计.

解 X 的密度函数为

$$f(x)=\frac{1}{\sqrt{2\pi}\,\sigma}\exp\Big\{-\frac{1}{2\sigma^2}(x-\mu)^2\Big\}.$$

似然函数为

$$L(\mu,\sigma^2)=\prod_{i=1}^{n}\frac{1}{\sqrt{2\pi}\,\sigma}\exp\Big\{-\frac{1}{2\sigma^2}(x_i-\mu)^2\Big\}$$

$$=\frac{1}{(2\pi\sigma^2)^{n/2}}\exp\Big\{-\frac{1}{2\sigma^2}\sum_{i=1}^{n}(x_i-\mu)^2\Big\}.$$

对数似然函数为

$$\ln L(\mu,\sigma^2)=-\frac{n}{2}\ln(2\pi)-\frac{n}{2}\ln(\sigma^2)-\frac{1}{2\sigma^2}\sum_{i=1}^{n}(x_i-\mu)^2.$$

对 μ,σ^2 分别求导并令导数为零，得对数似然方程组为

$$\begin{cases}\dfrac{\partial\ln L}{\partial\mu}=\dfrac{1}{\sigma^2}\Big(\sum\limits_{i=1}^{n}x_i-n\mu\Big)=0,\\[3mm]\dfrac{\partial\ln L}{\partial\sigma^2}=-\dfrac{n}{2\sigma^2}+\dfrac{1}{2(\sigma^2)^2}\sum\limits_{i=1}^{n}(x_i-\mu)^2=0.\end{cases}$$

解得 μ,σ^2 的极大似然估计值分别为

$$\begin{cases} \hat{\mu} = \dfrac{1}{n}\displaystyle\sum_{i=1}^{n} x_i = \bar{x}, \\ \hat{\sigma}^2 = \dfrac{1}{n}\displaystyle\sum_{i=1}^{n} (x_i - \bar{x})^2 = s_n^2, \end{cases}$$

μ,σ^2 的极大似然估计量分别为

$$\begin{cases} \hat{\mu} = \dfrac{1}{n}\displaystyle\sum_{i=1}^{n} X_i = \bar{X}, \\ \hat{\sigma}^2 = \dfrac{1}{n}\displaystyle\sum_{i=1}^{n} (X_i - \bar{X})^2 = S_n^2, \end{cases}$$

由极大似然估计的不变性，可得 μ/σ^2 和 σ 的极大似然估计分别为

$$\widehat{\mu/\sigma^2} = \bar{X}/S_n^2,$$

$$\hat{\sigma} = S_n = \sqrt{\dfrac{1}{n}\sum_{i=1}^{n}(X_i - \bar{X})^2}.$$

注 正态分布 $N(\mu,\sigma^2)$ 中参数 μ,σ^2 的极大似然估计与矩估计一致.

例 3.3.7 设 $X_1,X_2,\cdots,X_n$ 是来自总体 X 的样本，且 $X\sim U[\theta_1,\theta_2]$，其中 $\theta_1<\theta_2$ 是未知参数，$x_1,x_2,\cdots,x_n$ 是样本的一个观察值，求参数 θ_1,θ_2 的极大似然估计.

解 总体 X 的密度函数为

$$f(x) = \begin{cases} \dfrac{1}{\theta_2-\theta_1}, & \theta_1\leqslant x\leqslant\theta_2, \\ 0, & 其他. \end{cases}$$

似然函数为

$$L(\theta_1,\theta_2) = \begin{cases} \dfrac{1}{(\theta_2-\theta_1)^n}, & \theta_1\leqslant x_i\leqslant\theta_2,\ i=1,2,\cdots,n, \\ 0, & 其他. \end{cases}$$

因此

$$\ln L(\theta_1,\theta_2) = -n\ln(\theta_2-\theta_1).$$

对数似然方程组为

$$\begin{cases} \dfrac{\partial\ln L(\theta_1,\theta_2)}{\partial\theta_1} = \dfrac{n}{\theta_2-\theta_1} = 0, \\ \dfrac{\partial\ln L(\theta_1,\theta_2)}{\partial\theta_2} = -\dfrac{n}{\theta_2-\theta_1} = 0. \end{cases}$$

显然此方程组解不出 θ_1,θ_2.

我们用定义方法来求 θ_1,θ_2 的极大似然估计.

因为 $\theta_1\leqslant x_1,\cdots,x_n\leqslant\theta_2$ 等价于 $\theta_1\leqslant x_{(1)}\leqslant x_{(n)}\leqslant\theta_2$，其中 $x_{(1)}=$

$\min\{x_1, x_2, \cdots, x_n\}$，$x_{(n)} = \max\{x_1, x_2, \cdots, x_n\}$．因此

$$L(\theta_1, \theta_2) = \begin{cases} \dfrac{1}{(\theta_2 - \theta_1)^n}, & \theta_1 \leqslant x_{(1)}, \ \theta_2 \geqslant x_{(n)}, \\ 0, & \text{其他．} \end{cases}$$

又因为 $\dfrac{1}{(\theta_2 - \theta_1)^n} \leqslant \dfrac{1}{(x_{(n)} - x_{(1)})^n}$，即 $L(\theta_1, \theta_2) \leqslant L(x_{(1)}, x_{(n)})$，

$L(\theta_1, \theta_2)$ 在 $\theta_1 = x_{(1)}$，$\theta_2 = x_{(n)}$ 处取得极大值 $(x_{(n)} - x_{(1)})^{-n}$，因此 θ_1，θ_2 的极大似然估计值分别为

$$\hat{\theta}_1 = x_{(1)} = \min\{x_1, x_2, \cdots, x_n\}, \quad \hat{\theta}_2 = x_{(n)} = \max\{x_1, x_2, \cdots, x_n\},$$

θ_1，θ_2 的极大似然估计量分别为

$$\hat{\theta}_1 = X_{(1)} = \min\{X_1, X_2, \cdots, X_n\}, \quad \hat{\theta}_2 = X_{(n)} = \max\{X_1, X_2, \cdots, X_n\}.$$

注 均匀分布 $U[\theta_1, \theta_2]$ 中参数 θ_1，θ_2 的极大似然估计与矩估计不一致．

例 3.3.8 设 $X_1, X_2, \cdots, X_n$ 是来自总体 X 的样本，且 $X \sim U[0, \theta]$，其中 $\theta > 0$ 是未知参数，$x_1, x_2, \cdots, x_n$ 是样本的一个观察值，求参数 θ 的极大似然估计．

解 设 $x_{(n)} = \max\{x_1, \cdots, x_n\}$．$X$ 的密度函数为

$$f(x) = \begin{cases} \dfrac{1}{\theta}, & 0 \leqslant x \leqslant \theta, \\ 0, & \text{其他．} \end{cases}$$

因为 $0 \leqslant x_1, \cdots, x_n \leqslant \theta$，等价于 $0 \leqslant x_{(n)} \leqslant \theta$，因此似然函数为

$$L(\theta) = \begin{cases} \dfrac{1}{\theta^n}, & \theta \geqslant x_{(n)}, \\ 0, & \text{其他．} \end{cases}$$

对于满足 $0 \leqslant x_{(n)} \leqslant \theta$ 的任意 θ 有 $L(\theta) = \dfrac{1}{\theta^n} \leqslant \dfrac{1}{x_{(n)}^n}$，即 $L(\theta)$ 在 $\theta = x_{(n)}$ 时，取极大值 $[x_{(n)}]^{-n}$．

故 θ 的极大似然估计为

$$\hat{\theta} = X_{(n)} = \max\{X_1, X_2, \cdots, X_n\}.$$

例 3.3.9 设 $X_1, X_2, \cdots, X_n$ 是来自总体 X 的样本，且 $X \sim U[\theta, \theta+1]$，其中 $\theta \in \mathbf{R}$ 是未知参数，$x_1, x_2, \cdots, x_n$ 是样本的一个观察值，求参数 θ 的极大似然估计．

解 设 $x_{(1)} = \min\{x_1, x_2, \cdots, x_n\}$，$x_{(n)} = \max\{x_1, x_2, \cdots, x_n\}$，$X$ 的密度函数为

$$f(x) = \begin{cases} 1, & \theta \leq x \leq \theta + 1, \\ 0, & \text{其他}. \end{cases}$$

因为 $\theta \leq x_1, \cdots, x_n \leq \theta + 1$，等价于 $x_{(n)} - 1 \leq \theta \leq x_{(1)}$，因此似然函数为

$$L(\theta) = \begin{cases} 1, & x_{(n)} - 1 \leq \theta \leq x_{(1)}, \\ 0, & \text{其他}. \end{cases}$$

对于满足 $x_{(n)} - 1 \leq \theta \leq x_{(1)}$ 的任意 θ 都可以使似然函数 L 达到极大值，因此 θ 的极大值不止一个，例如 $\hat{\theta}_1 = X_{(1)}$，$\hat{\theta}_2 = X_{(n)} - 1$ 是 θ 的极大似然估计. 对于任给的 $0 \leq \lambda \leq 1$，$\hat{\theta}^*(X) = \lambda \hat{\theta}_1 + (1 - \lambda) \hat{\theta}_2$ 都是 θ 的极大似然估计. θ 的极大似然估计有无穷个.

例 3.3.10 为估计某湖泊中鱼数 N，自湖中捕出 r 条鱼，做上标记后都放回湖中，经过一段时间后再自湖中同时捕出 s 条鱼，结果发现其中 x 条标有记号，试根据此信息估计鱼数 N 的值.

解 设捕住的 s 条鱼中有标记的鱼数为 X，因为事前无法确定它将取哪个确定的数值，因此 X 是一随机变量，则

$$P\{X = x\} = \frac{\binom{r}{x}\binom{N-r}{s-x}}{\binom{N}{s}}, \ \max\{0, s-(N-r)\} \leq x \leq \min\{r, s\}, \ x \text{ 为整数}.$$

因为该问题只有一个样本观察值，因此似然函数为

$$L(N) = P\{X = x\}.$$

选取使 $L(N)$ 达最大值的 $\hat{N}$ 作为 N 的估计值，但是直接对 $L(N)$ 求导较困难，因此考虑比值

$$\frac{L(N)}{L(N-1)} = \frac{(N-r)(N-s)}{N \times [N-r-(s-x)]} = \frac{N^2 - (r+s)N + rs}{N^2 - (r+s)N + xN}.$$

当 $rs > xN$，即 $N < rs/x$ 时，$L(N) > L(N-1)$，

当 $rs < xN$，即 $N > rs/x$ 时，$L(N) < L(N-1)$.

因此，似然函数 $L(N)$ 在 $N = rs/x$ 附近取得最大值，注意到 N 取整数，N 的极大似然估计为

$$\hat{N} = \left[\frac{rs}{x}\right].$$

矩估计和极大似然估计是两种常用的点估计方法.

矩估计法和极大似然估计法的比较：

（1）矩估计法只要求总体矩存在，对总体分布要求较少.

（2）极大似然估计法要求总体分布已知（分布列或密度函数

已知).

（3）两种方法的结果有时是一样的，有时有差别，极大似然估计相对来说有更多的优良性.

习题 3.3

1. 设一个试验有三种可能结果，发生的概率分别为

$$p_1 = \theta^2, \quad p_2 = 2\theta(1-\theta), \quad p_3 = (1-\theta)^2,$$

现做了 n 次试验，观测到三种结果发生的次数分别为 n_1, n_2, n_3，求 θ 的极大似然估计.

2. 设总体 X 服从泊松分布 $P(\lambda)$，$X_1, X_2, \cdots, X_n$ 是来自总体 X 的样本，现测得样本观察值为 2, 1, 3, 1, 1, 5, 1, 1, 0, 1, 3, 2，求参数 λ 的矩估计值和极大似然估计值.

3. 设 $X_1, X_2, \cdots, X_n$ 是来自总体 X 的样本，且 X 的密度函数 $f(x)$ 如下所示，求其中未知参数的极大似然估计.

（1）$f(x, \theta) = \begin{cases} (\theta+1)x^{\theta}, & 0 < x < 1, \\ 0, & \text{其他,} \end{cases}$ 其中 $\theta > -1$ 为未知参数；

（2）$f(x, \theta) = \begin{cases} \theta\exp\{-\theta x\}, & x > 0, \\ 0, & x \leq 0, \end{cases}$ 其中 $\theta > 0$ 为未知参数；

（3）$f(x, \theta) = \dfrac{1}{2\theta}\mathrm{e}^{-\frac{|x|}{\theta}}$，$-\infty < x < +\infty$，其中 $\theta > 0$ 为未知参数；

（4）$f(x, \theta) = \begin{cases} 1, & \theta-0.5 \leq x \leq \theta+0.5, \\ 0, & \text{其他,} \end{cases}$ 其中 $\theta \in \mathbf{R}$ 为未知参数；

（5）$f(x, \mu, \sigma^2) = \begin{cases} \dfrac{1}{\sqrt{2\pi}\sigma x}\mathrm{e}^{-\frac{(\ln x-\mu)^2}{2\sigma^2}}, & x > 0, \\ 0, & x \leq 0, \end{cases}$ 其中 $\mu \in \mathbf{R}$，$\sigma^2 > 0$ 为未知参数.

4. 设 $X_1, X_2, \cdots, X_n$ 是来自正态总体 $N(\mu, \sigma^2)$ 的样本，其中 $\mu \in \mathbf{R}$，$\sigma > 0$，

（1）若 μ 未知，σ 已知，求 μ 的极大似然估计；

（2）若 μ 已知，σ 未知，求 σ^2 的极大似然估计.

5. 设 $X_1, X_2, \cdots, X_n$ 是来自正态总体 $N(\mu, \sigma^2)$ 的样本，

（1）求 $P\{X \leq t\}$ 的极大似然估计；

（2）假设某种白炽灯泡的使用寿命 X 服从正态分布 $N(\mu, \sigma^2)$，其中 $\mu \in \mathbf{R}$，$\sigma > 0$ 均未知，在某星期生产的该种灯泡中随机抽取 10 只，测得其寿命（单位：kh）为

1.07 0.95 1.20 0.80 1.13 0.98 0.90 1.16 0.92 0.95

试用极大似然估计法估计该星期生产的灯泡能使用 1.2kh 以上的概率.

6. 设 $X_1, X_2, \cdots, X_n$ 是来自双参数指数分布总体的样本，且密度函数为

$$f(x, \mu, \lambda) = \begin{cases} \lambda\exp\{-\lambda(x-\mu)\}, & x > \mu, \\ 0, & \text{其他.} \end{cases}$$

其中 $-\infty < \mu < +\infty$，$\lambda > 0$ 为未知参数，分别求 μ, λ 和 $\alpha = P\{X \geq t\}$ $(t > \mu)$ 的极大似然估计.

7. 为估计湖中的鱼数，从湖中捞出 1000 条鱼，标上记号后放回湖中，然后再捞出 150 条鱼发现其中有 10 条鱼有记号. 问湖中有多少条鱼，才能使 150 条鱼中出现 10 条带记号的鱼的概率最大？

8. 设 $X_1, X_2, \cdots, X_m$ 和 $Y_1, Y_2, \cdots, Y_n$ 是分别来自总体 $N(\mu_1, \sigma^2)$ 和 $N(\mu_2, \sigma^2)$ 的两组样本，且两样本相互独立，求 μ_1, μ_2, σ^2 的极大似然估计.

9.（1）叙述矩估计法和极大似然估计法的基本思想；

（2）简述矩估计和极大似然估计两种估计方法的区别；

（3）对同一个参数进行估计，两种估计方法的结果有时一样，有时有差别，请分别举例说明.

10.（1）矩估计唯一吗？若唯一，请证明；若不唯一，请举例说明.

（2）极大似然估计唯一吗？若唯一，请证明；若不唯一，请举例说明.

3.4 估计量的评价标准

对于同一个未知参数,用不同的估计方法可能得到不同的估计量. 例如对于均匀分布 $U[\theta_1,\theta_2]$ 中的参数 θ_1 和 θ_2,用矩估计法和极大似然估计法所得到的估计就不一样. 那么,究竟采用哪一个估计较好? 用什么标准来评价估计量的优良性? 这一节主要给出评价估计优良性的几个标准.

3.4.1 无偏性

设总体 $X \sim F(x,\theta)$,其中 θ 为未知参数,$X_1,X_2,\cdots,X_n$ 是来自总体 X 的样本. $\hat{\theta}(X_1,\cdots,X_n)$ 为 θ 的一个估计量. 估计量 $\hat{\theta}(X_1,\cdots,X_n)$ 是一个随机变量,当样本 $(X_1,\cdots,X_n)$ 有观察值 $(x_1,\cdots,x_n)$ 时,估计值为 $\hat{\theta}(x_1,\cdots,x_n)$. 而当样本 $(X_1,\cdots,X_n)$ 有观察值 $(y_1,\cdots,y_n)$ 时,估计值为 $\hat{\theta}(y_1,\cdots,y_n)$.

一般来说,**由不同的观测结果,就会求得不同的参数估计值**. 这些估计值对于待估参数 θ 的真值,一般都存在一定的偏差,或者 $\hat{\theta}(x_1,x_2,\cdots,x_n)>\theta$ 或者 $\hat{\theta}(x_1,x_2,\cdots,x_n)<\theta$,前者偏大,后者偏小,若要求不出现偏差是不可能的. 因此评价一个估计量的好坏,不能仅仅依据一次试验的结果来判断,而必须根据估计量的分布从整体上来做评价.

估计量的评价标
准——无偏性

大量重复使用这个估计量 $\hat{\theta}(X_1,X_2,\cdots,X_n)$ 时,当样本值取不同的观察值时,我们希望相应的估计值在未知参数真值附近摆动,而**这些估计值的平均值与未知参数的真值的偏差越小越好**. 当这种偏差为 0 时,就导致无偏性这个标准.

> **定义 3.4.1(无偏估计)** 设 $\mathcal{F}=\{f(x,\theta):\theta\in\Theta\}$ 是一个参数分布族,其中 Θ 为参数空间,$X_1,X_2,\cdots,X_n$ 是从分布族 $\mathcal{F}$ 中的某总体抽取的样本. θ 是总体分布中的未知参数,设 $\hat{\theta}(X_1,X_2,\cdots,X_n)$ 为未知参数 θ 的估计量,若对任意的 $\theta\in\Theta$,都有
> $$E[\hat{\theta}(X_1,X_2,\cdots,X_n)]=\theta,$$
> 则称 $\hat{\theta}$ 为 θ 的无偏估计.

设 $g(\theta)$ 为待估参数,$\hat{g}(X_1,X_2,\cdots,X_n)$ 为 $g(\theta)$ 的估计量,若对任意的 $\theta\in\Theta$,都有

$$E[\hat{g}(X_1, X_2, \cdots, X_n)] = g(\theta),$$

则称 $\hat{g}(X_1, X_2, \cdots, X_n)$ 为 $g(\theta)$ 的无偏估计.

记 $E[\hat{\theta}(X_1, X_2, \cdots, X_n)] - \theta = b_n$, 称 b_n 为估计 $\hat{\theta}(X_1, X_2, \cdots, X_n)$ 的**偏差**, 如果 $b_n \neq 0$, 则称 $\hat{\theta}(X_1, X_2, \cdots, X_n)$ 为参数 θ 的**有偏估计**, 若

$$\lim_{n \to \infty} b_n = \lim_{n \to \infty} \{ E[\hat{\theta}(X_1, X_2, \cdots, X_n)] - \theta \} = 0,$$

则称 $\hat{\theta}(X_1, X_2, \cdots, X_n)$ 为参数 θ 的**渐近无偏估计**. 当样本容量 n 充分大时, 可把渐近无偏估计视作无偏估计.

例 3.4.1　设总体 k 阶原点矩 $E(X^k)$ 存在, 证明: 样本 k 阶原点矩 $\dfrac{1}{n} \sum_{i=1}^{n} X_i^k$ 是相应总体 k 阶原点矩 $E(X^k)$ 的无偏估计.

证明　因为

$$E\left(\frac{1}{n} \sum_{i=1}^{n} X_i^k \right) = \frac{1}{n} \sum_{i=1}^{n} E(X_i^k) = E(X^k).$$

因此样本 k 阶原点矩 $\dfrac{1}{n} \sum_{i=1}^{n} X_i^k$ 是相应总体 k 阶原点矩 $E(X^k)$ 的无偏估计.

当 $k=1$ 时, 得样本均值 $\overline{X}$ 是总体均值 $E(X)$ 的无偏估计.

例 3.4.2　设总体 X 的均值为 $E(X) = \mu$, 方差为 $D(X) = \sigma^2$ 存在, $X_1, X_2, \cdots, X_n$ 是来自总体 X 的一个样本. 则样本均值 $\overline{X} = \dfrac{1}{n} \sum_{i=1}^{n} X_i$ 是总体均值 μ 的无偏估计, 样本方差 $S^2 = \dfrac{1}{n-1} \sum_{i=1}^{n} (X_i - \overline{X})^2$ 是总体方差 σ^2 的无偏估计.

证明　由于

$$E\overline{X} = E\left(\frac{1}{n} \sum_{i=1}^{n} X_i \right) = \frac{1}{n} \sum_{i=1}^{n} E(X_i) = \mu,$$

因此样本均值 $\overline{X} = \dfrac{1}{n} \sum_{i=1}^{n} X_i$ 是总体均值 μ 的无偏估计.

由于

$$S^2 = \frac{1}{n-1} \sum_{i=1}^{n} (X_i - \overline{X})^2 = \frac{1}{n-1} \sum_{i=1}^{n} (X_i - \mu + \mu - \overline{X})^2$$

$$= \frac{1}{n-1} \left[\sum_{i=1}^{n} (X_i - \mu)^2 - n(\overline{X} - \mu)^2 \right].$$

$$E(S^2) = \frac{1}{n-1} \left(\sum_{i=1}^{n} \sigma^2 - n \frac{\sigma^2}{n} \right) = \sigma^2.$$

因此样本方差 $S^2 = \dfrac{1}{n-1} \sum\limits_{i=1}^{n} (X_i - \overline{X})^2$ 是总体方差 σ^2 的无偏估计.

由于样本二阶中心矩 $S_n^2 = \dfrac{1}{n} \sum\limits_{i=1}^{n} (X_i - \overline{X})^2 = \dfrac{n-1}{n} S^2$, 根据上面的

证明可以得到 $E(S_n^2) = \dfrac{n-1}{n} \sigma^2$, 因此样本二阶中心矩是总体方差

σ^2 的有偏估计, 这正是称 S^2 而不是 S_n^2 为样本方差的原因.

例 3.4.3 设 $X_1, X_2, \cdots, X_n$ 是来自正态总体 $N(\mu, \sigma^2)$ 的样本, 其中参数 $\mu \in \mathbf{R}$, $\sigma^2 > 0$ 未知, 试用极大似然估计法求 μ, σ^2 的估计量, 并问是否是无偏估计?

解 根据例 3.3.6 可知 μ 和 σ^2 的极大似然估计分别为

$$\hat{\mu} = \frac{1}{n} \sum_{i=1}^{n} X_i, \quad \hat{\sigma}^2 = \frac{1}{n} \sum_{i=1}^{n} (X_i - \overline{X})^2.$$

又由 $E(\overline{X}) = \mu$, $E(S^2) = \sigma^2$,

得 $E(\hat{\mu}) = \mu$, $E(\hat{\sigma}^2) = \dfrac{n-1}{n} E(S^2) = \dfrac{n-1}{n} \sigma^2$.

因此 $\hat{\mu}$ 是 μ 的无偏估计, $\hat{\sigma}^2$ 不是 σ^2 的无偏估计. 但 $\hat{\sigma}^2$ 是 σ^2 的渐近无偏估计.

例 3.4.4 设 $X_1, X_2, \cdots, X_n$ 是来自指数分布总体 X 的样本, 且 X 的密度函数为

$$f(x) = \begin{cases} \dfrac{1}{\theta} \mathrm{e}^{-\frac{1}{\theta} x}, & x > 0, \\ 0, & x \leqslant 0. \end{cases}$$

其中, $\theta > 0$ 为未知参数. 证明: $\overline{X}$ 和 $nU = n\{\min\{X_1, X_2, \cdots, X_n\}\}$ 都是 θ 的无偏估计.

证明 由 $E(X) = \theta$, 得 $E(\overline{X}) = E(X) = \theta$, 因此 $\overline{X}$ 是 θ 的无偏估计.

由 X 的分布函数为 $F_X(x) = \begin{cases} 1 - \mathrm{e}^{-x/\theta}, & x > 0, \\ 0, & x \leqslant 0, \end{cases}$ 得 $U = \min\{X_1, X_2, \cdots, X_n\}$ 的密度函数为

$$f_U(u) = \begin{cases} \dfrac{n}{\theta} \mathrm{e}^{-\frac{n}{\theta} u}, & u > 0, \\ 0, & u \leqslant 0. \end{cases}$$

此时 U 服从指数分布, 故 $E(nU) = nE(U) = n \dfrac{\theta}{n} = \theta$. 因此, $nU = n\{\min\{X_1, X_2, \cdots, X_n\}\}$ 是 θ 的无偏估计.

例 3.4.5 设 $X_1, X_2, \cdots, X_n$ 是来自总体 X 的样本, 总体均值为 $\mu = E(X)$, 则易见 $\overline{X} = \dfrac{1}{n} \sum\limits_{i=1}^{n} X_i$ 与 $\overline{X}' = \sum\limits_{i=1}^{n} \alpha_i X_i$, 其中 $\sum\limits_{i=1}^{n} \alpha_i = 1$ 都是

μ 的无偏估计.

无偏估计的意义是当这个估计量经常重复使用时, 它给出了在多次重复的平均意义下参数真值的估计. 无偏性的要求只涉及一阶矩, 处理上很方便. 但是仅要求估计具有无偏性是不够的, 无偏性反映估计量所取数值在未知参数真值 θ 周围波动的情况但没有反映出估计值波动的大小程度, 而方差是反映随机变量取值在它的均值邻域内分散或集中程度的一种度量. 因此, 一个好的估计量不仅应该是待估参数 θ 的无偏估计, 而且应该有尽可能小的方差. 这就是下面给出的有效性标准.

3.4.2 有效性

估计量的评价标准——有效性、相合性

一个参数往往有不止一个无偏估计, 若 $\hat{\theta}_1$ 和 $\hat{\theta}_2$ 都是参数 θ 的无偏估计量, 我们可以比较 $D(\hat{\theta}_1)$ 和 $D(\hat{\theta}_2)$ 的大小来决定二者谁更优. 无偏估计以方差小者为好, 下面举个例子说明有效性.

到商店购买电视机, 看中了其中两种品牌, 分别由甲、乙两个工厂生产, 外观、音质和画面都不错. 根据市场调查, 甲、乙两个工厂生产的两种电视机平均使用寿命相同, 都是 20 年. 甲厂生产的电视机质量较稳定, 最低使用寿命 18 年, 最高可以使用 22 年; 乙厂生产的电视机质量稳定性差一些, 最差的使用 10 年就坏了, 但是最好的可以使用 30 年. 选用哪一个厂家生产的电视机呢?

若将电视机的使用寿命视为随机变量, 甲、乙两厂生产的电视机使用寿命均值相等, 但是乙厂的质量不稳定, 即方差较大. 从稳健的角度出发, 显然愿意购买甲厂生产的电视机, 其风险较小, 即方差较小, 质量稳定.

集中或分散程度用方差 $D(X)$ 衡量. 这就引进了下面有效性的概念.

> **定义 3.4.2(有效性)** 设 $\hat{\theta}_1$ 与 $\hat{\theta}_2$ 是未知参数 θ 的两个无偏估计, 且对一切 $\theta \in \Theta$, Θ 为参数空间, 均有
> $$D(\hat{\theta}_1) \leqslant D(\hat{\theta}_2),$$
> 且不等号至少对某个 $\theta \in \Theta$ 成立, 则称估计 $\hat{\theta}_1$ 比估计 $\hat{\theta}_2$ 有效.

例 3.4.6 设 $X_1, X_2, \cdots, X_n$ 是来自总体 X 的样本, 总体均值为 $E(X) = \mu$, 总体方差为 $D(X) = \sigma^2$, 试比较总体均值 μ 的两个估计 $\overline{X} = \dfrac{1}{n} \sum_{i=1}^{n} X_i$ 与 $\overline{X}' = \sum_{i=1}^{n} \alpha_i X_i$ 的有效性, 其中 $\sum_{i=1}^{n} \alpha_i = 1$.

解 由例 3.4.5 知 $\overline{X}$ 与 $\overline{X}'$ 均是 μ 的无偏估计，又由于

$$\sum_{i=1}^{n} \alpha_i^2 = \sum_{i=1}^{n} \left[\left(\alpha_i - \frac{1}{n} \right) + \frac{1}{n} \right]^2 = \sum_{i=1}^{n} \left[\left(\alpha_i - \frac{1}{n} \right)^2 + \frac{1}{n^2} \right]$$

$$= \sum_{i=1}^{n} \left(\alpha_i - \frac{1}{n} \right)^2 + \frac{1}{n} \geqslant \frac{1}{n},$$

因此

$$D(\overline{X}') = \sum_{i=1}^{n} \alpha_i^2 D(X_i) = \sum_{i=1}^{n} \alpha_i^2 \sigma^2 \geqslant \frac{\sigma^2}{n} = D(\overline{X}),$$

等号成立当且仅当 $\alpha_1 = \alpha_2 = \cdots = \alpha_n = \dfrac{1}{n}$，因此 $\overline{X}$ 比 $\overline{X}'$ 有效.

例 3.4.7 设 $X_1, X_2, \cdots, X_n$ 是来自指数分布总体 X 的样本，且 X 的密度函数为

$$f(x) = \begin{cases} \dfrac{1}{\theta} \mathrm{e}^{-\frac{1}{\theta}x}, & x > 0, \\ 0, & x \leqslant 0. \end{cases}$$

比较 $\overline{X}$ 和 $nU = n\{\min\{X_1, X_2, \cdots, X_n\}\}$ 的有效性.

解 由例 3.4.4 知 $\overline{X}$ 和 $nU = n\{\min\{X_1, X_2, \cdots, X_n\}\}$ 都是 θ 的无偏估计.

因为

$$D(\overline{X}) = \frac{1}{n} D(X) = \frac{\theta^2}{n},$$

$$D(nU) = n^2 D(U) = n^2 \cdot \frac{\theta^2}{n^2} = \theta^2.$$

当 $n \geqslant 2$ 时，$D(\overline{X}) < D(nU)$.

因此，$\overline{X}$ 比 $nU = n\{\min\{X_1, X_2, \cdots, X_n\}\}$ 有效.

3.4.3 相合性

总体参数 θ 的估计 $\hat{\theta}(X_1, X_2, \cdots, X_n)$ 与样本容量 n 有关，随着样本容量 n 的增加，估计量 $\hat{\theta}(X_1, X_2, \cdots, X_n)$ 与被估参数 θ 的偏差越来越小. **这是一个良好估计量应该具有的性质.** 若不然，无论做多少次试验，也不能把 θ 估计到任意指定的精度，这样的估计量显然不可取，这就是下面相合性的概念.

定义 3.4.3(相合性) 设对每个自然数 n，$\hat{\theta}_n = \hat{\theta}_n(X_1, X_2, \cdots, X_n)$ 为 θ 的一个估计量，若 $\hat{\theta}_n$ 依概率收敛到 θ，即对任何 $\theta \in \Theta$ 及 $\varepsilon > 0$，有

$$\lim_{n\to+\infty} P\{\,|\hat{\theta}_n-\theta|\geqslant\varepsilon\,\}=0, \qquad \forall\,\theta\in\Theta.$$

则称 $\hat{\theta}_n(X_1,X_2,\cdots,X_n)$ 为 θ 的**弱相合估计**，简称**相合估计**.

若对任何 $\theta\in\Theta$，有 $P\{\lim\limits_{n\to+\infty}\hat{\theta}_n(X_1,X_2,\cdots,X_n)=\theta\}=1$，则称 $\hat{\theta}_n(X_1,X_2,\cdots,X_n)$ 为 θ 的**强相合估计**.

若对 $r>0$ 任何 $\theta\in\Theta$，有 $\lim\limits_{n\to+\infty}E\,|\hat{\theta}_n(X_1,X_2,\cdots,X_n)-\theta|^r=0$，则称 $\hat{\theta}_n(X_1,X_2,\cdots,X_n)$ 为 θ 的 r **阶矩相合估计**. 当 $r=2$ 时，称为**均方相合估计**.

注 估计量的相合性是对大样本提出的要求，是估计量的一种大样本性质.

根据概率论可知上述三种相合性的关系如下：

（1）强相合推出弱相合，反之不一定；

（2）对任何 $r>0$，由 r 阶矩相合推出弱相合，反之不一定；

（3）强相合与 r 阶矩相合之间没有包含关系.

例 3.4.8 设 $X_1,X_2,\cdots,X_n$ 是来自均匀分布总体 $U[0,\theta]$ 的样本，其中 $\theta>0$ 为未知参数，则

（1）θ 的矩估计为 $\hat{\theta}_1=2\overline{X}$，且为 θ 的无偏估计.

（2）θ 的极大似然估计为 $\hat{\theta}_2=X_{(n)}$，$\hat{\theta}_2$ 不是 θ 的无偏估计. 对 $\hat{\theta}_2$ 适当修正获得 θ 的无偏估计 $\hat{\theta}_3$.

（3）将 $\hat{\theta}_1$ 与 $\hat{\theta}_3$ 进行比较，比较哪一个更有效？

（4）θ 的极大似然估计为 $\hat{\theta}_2=X_{(n)}$，且 $\hat{\theta}_2$ 是 θ 的相合估计.

解 根据例 3.2.1 知 θ 的矩估计为

$$\hat{\theta}_1=2\overline{X},$$

（1）由于 $E(\hat{\theta}_1)=2E(\overline{X})=2\dfrac{\theta}{2}=\theta$，

因此 $\hat{\theta}_1=2\overline{X}$ 为 θ 的无偏估计.

（2）根据例 3.3.8 知 θ 的极大似然估计为 $\hat{\theta}_2=X_{(n)}$.

下面讨论 $\hat{\theta}_2=X_{(n)}$ 的无偏性.

$X_{(n)}$ 的密度函数为

$$g(x)=\begin{cases} \dfrac{nx^{n-1}}{\theta^n}, & 0\leqslant x\leqslant\theta, \\ 0, & \text{其他}. \end{cases}$$

故

$$E(X_{(n)}) = \int_{-\infty}^{+\infty} xg(x,\theta)\,\mathrm{d}x = \int_0^\theta x\frac{nx^{n-1}}{\theta^n}\,\mathrm{d}x = \frac{n}{n+1}\theta.$$

因此极大似然估计 $\hat{\theta}_2 = X_{(n)}$ 不是 θ 的无偏估计，但是 θ 的渐近无偏估计. 修正为 $\hat{\theta}_3 = \dfrac{n+1}{n}\hat{\theta}_2 = \dfrac{n+1}{n}X_{(n)}$，$\hat{\theta}_3$ 是 θ 的无偏估计.

（3）由于

$$D(\hat{\theta}_1) = D(2\bar{X}) = 4D(\bar{X}) = \frac{4}{n}D(X) = \frac{4}{n}\cdot\frac{\theta^2}{12} = \frac{\theta^2}{3n},$$

$$D(\hat{\theta}_3) = D\left(\frac{n+1}{n}\right) = \frac{(n+1)^2}{n^2}D(X_{(n)}) = \frac{(n+1)^2}{n^2}\left\{E(X_{(n)}^2) - \left[E(X_{(n)})\right]^2\right\}$$

$$= \frac{(n+1)^2}{n^2}\left[\frac{n}{n+2}\theta^2 - \frac{n^2}{(n+1)^2}\theta^2\right] = \frac{1}{n(n+2)}\theta^2.$$

因此当 $n>1$ 时，　　　$D(\hat{\theta}_3) = \dfrac{\theta^2}{n(n+2)} < \dfrac{\theta^2}{3n} = D\hat{\theta}_1.$

当 $n=1$ 时，两个估计相同，即修正的极大似然估计 $\hat{\theta}_3$ 比矩估计 $\hat{\theta}_1$ 有效.

（4）对于任给 $\varepsilon>0$，有

$$\lim_{n\to+\infty}P\{|\hat{\theta}_2 - \theta| \geq \varepsilon\} = \lim_{n\to+\infty}P\{|X_{(n)} - \theta| \geq \varepsilon\}$$

$$= \lim_{n\to+\infty}P\{X_{(n)} \geq \theta+\varepsilon \ \text{或} \ X_{(n)} \leq \theta-\varepsilon\}$$

$$= \lim_{n\to+\infty}P\{X_{(n)} \leq \theta-\varepsilon\}$$

$$= \lim_{n\to+\infty}\int_0^{\theta-\varepsilon}\frac{n}{\theta^n}x^{n-1}\,\mathrm{d}x$$

$$= \lim_{n\to+\infty}\left(\frac{\theta-\varepsilon}{\theta}\right)^n = 0,$$

因此 θ 的极大似然估计 $\hat{\theta}_2 = X_{(n)}$ 是 θ 的相合估计.

关于矩估计和极大似然估计的性质有如下的结论.

1. 矩估计的无偏性

（1）例3.4.1说明样本 k 阶原点矩是总体 k 阶原点矩的无偏估计.

（2）例3.4.2说明，对于 $k\geq2$，样本 k 阶中心矩不是总体 k 阶中心矩的无偏估计.

2. 矩估计的相合性

（1）由大数定律可知，样本 k 阶原点矩是相应总体 k 阶原点矩的相合估计（假定被估计的总体 k 阶原点矩存在）.

（2）样本 k 阶中心矩是相应总体 k 阶中心矩的相合估计（假定被估计的总体 k 阶中心矩存在）. 特别地，样本均值 $\bar{X}$ 与样本二阶中心矩 S_n^2 分别是总体均值 $E(X)$ 与总体方差 $D(X)$ 的相合估计.

3. 极大似然估计的性质

（1）极大似然估计不一定是无偏估计.

（2）极大似然估计可以表示为充分统计量的函数.

（3）极大似然估计不一定是相合估计.

习题 3.4

1. 设 $X_1, X_2, \cdots, X_n$ 是来自正态总体 $N(\mu, \sigma^2)$ 的样本，求 c 使得 $c\sum_{i=1}^{n-1}(X_{i+1}-X_i)^2$ 是 σ^2 的无偏估计.

2. 设 $X_1, X_2, \cdots, X_n$ 是来自均匀分布 $U[\theta-0.5, \theta+0.5]$，$-\infty < \theta < +\infty$ 的样本.

（1）证明：样本均值 $\overline{X}$ 和 $\frac{1}{2}(X_{(1)}+X_{(n)})$ 都是 θ 的无偏估计；

（2）问 $\overline{X}$ 和 $\frac{1}{2}(X_{(1)}+X_{(n)})$ 哪一个有效？

3. 设 $X_1, X_2, \cdots, X_n$ 是来自二项分布总体 $B(m, p)$，$0 < p < 1$ 的样本，证明 $g(p) = \frac{1}{1+p^2}$ 不存在无偏估计.

4. 设 $X_1, X_2, \cdots, X_n$ 是来自泊松分布总体 $P(\lambda)$，$\lambda > 0$ 的样本，求 $g(\lambda) = e^{-2\lambda}$ 的无偏估计，并说明该估计的不合理性.

5. 设 $X_1, X_2, \cdots, X_n$ 是来自总体 X 的样本，且 X 的密度函数为

$$f(x, \theta) = \begin{cases} e^{-(x-\theta)}, & x > \theta, \\ 0, & \text{其他.} \end{cases}$$

（1）求参数 θ 的矩估计 $\hat{\theta}_1$，并判断 $\hat{\theta}_1$ 是否是 θ 的无偏估计？

（2）求参数 θ 的极大似然估计 $\hat{\theta}_2$，并判断 $\hat{\theta}_2$ 是否是 θ 的无偏估计？

6. 设 X_1, X_2 是来自总体 X 的样本，且 X 的密度函数为

$$f(x, \theta) = \begin{cases} 3x^2/\theta^3, & 0 < x < \theta, \\ 0, & \text{其他,} \end{cases}$$

其中 $\theta > 0$ 为未知参数.

（1）证明 $T_1 = \frac{2}{3}(X_1+X_2)$ 和 $T_2 = \frac{7}{6}\max\{X_1, X_2\}$ 都是 θ 的无偏估计；

（2）指出 T_1 和 T_2 哪一个有效.

7. 设 X_1, X_2 是来自总体 X 的样本，且 X 的密度函数为

$$f(x, \theta) = \begin{cases} k\theta^k x^{-(k+1)}, & x > \theta, \\ 0, & \text{其他,} \end{cases} \quad k > 2 \text{ 已知,}$$

其中 $\theta > 0$ 为未知参数.

（1）证明 $T_1 = \frac{k-1}{2k}(X_1+X_2)$ 和 $T_2 = \frac{2k-1}{2k}\min\{X_1, X_2\}$ 都是 θ 的无偏估计；

（2）指出 T_1 和 T_2 哪一个有效.

8. 设 X_1, X_2, X_3, X_4 是来自均值为 θ 的指数分布总体的样本，其中 $\theta > 0$ 未知. 设有估计量

$$T_1 = \frac{1}{6}(X_1+X_2) + \frac{1}{3}(X_3+X_4),$$

$$T_2 = \frac{X_1+2X_2+3X_3+4X_4}{5},$$

$$T_3 = \frac{X_1+X_2+X_3+X_4}{4}.$$

（1）指出 T_1, T_2, T_3 中哪几个是 θ 的无偏估计量；

（2）在上述 θ 的无偏估计中指出哪一个较为有效.

9. 设 $X_1, X_2, \cdots, X_n$ 是来自均匀分布总体 $U[0, \theta]$，$\theta > 0$ 的样本，证明：$\hat{\theta}_1 = \frac{n+1}{n}X_{(n)}$ 和 $\hat{\theta}_2 = (n+1)X_{(1)}$ 都是参数 θ 的无偏估计，并指出哪个估计更有效.

10. 设 $\hat{\theta}_n$ 是 θ 的估计量，证明：若 $n \to +\infty$ 时，$E(\hat{\theta}_n) \to \theta$，$D(\hat{\theta}_n) \to 0$，则 $\hat{\theta}_n$ 是 θ 的相合估计.

11. 设 $X_1, X_2, \cdots, X_n$ 是来自泊松分布总体 $P(\lambda)$，$\lambda > 0$ 的样本，且 $\overline{X} = \frac{1}{n}\sum_{i=1}^{n}X_i$ 和 $S^2 = \frac{1}{n-1}\sum_{i=1}^{n}(X_i-\overline{X})^2$ 分别为样本均值和样本方差，证明 $\overline{X}$ 和 S^2 都是 λ 的相合估计.

12. 设 $X_1, X_2, \cdots, X_n$ 是来自均匀分布 $U[0, \theta]$，$\theta > 0$ 的样本，证明 $\sqrt[n]{X_1 X_2 \cdots X_n}$ 为 θ/e 的相合估计.

13. 设 $X_1, X_2, \cdots, X_n$ 是来自总体 X 的样本，且

$E(X)=\mu$，$D(X)=\sigma^2<+\infty$，证明 $\hat{\mu}=\dfrac{2}{n(n+1)}\sum\limits_{i=1}^{n}iX_i$ 是总体均值 μ 的无偏估计和相合估计.

14. 相合估计一定是无偏估计吗? 若是请证明，若不是请举例说明.

15. 矩估计一定是无偏估计吗? 若是请证明，若不是请举例说明.

16. 极大似然估计一定是无偏估计吗? 若是请证明，若不是请举例说明.

3.5　一致最小方差无偏估计

> **定义 3.5.1(均方误差)**　设 $\hat{g}(X_1,X_2,\cdots,X_n)$ 为 $g(\theta)$ 的估计，则称 $E[\hat{g}(X_1,X_2,\cdots,X_n)-g(\theta)]^2$ 为 $\hat{g}(X_1,X_2,\cdots,X_n)$ 的均方误差(Mean Square Error，MSE)，即 $\mathrm{MSE}(\hat{g}(X_1,X_2,\cdots,X_n))=E[\hat{g}(X_1,X_2,\cdots,X_n)-g(\theta)]^2$.

> **定义 3.5.2(一致最小均方误差估计)**　设 $\hat{g}_1(X_1,X_2,\cdots,X_n)$ 和 $\hat{g}_2(X_1,X_2,\cdots,X_n)$ 为 $g(\theta)$ 的两个不同的估计，若对任意 $\theta\in\Theta$，有
> $$E[\hat{g}_1(X_1,X_2,\cdots,X_n)-g(\theta)]^2\leqslant E[\hat{g}_2(X_1,X_2,\cdots,X_n)-g(\theta)]^2$$
> 成立，且不等号至少对某个 $\theta\in\Theta$ 成立，则称在均方误差准则下 $\hat{g}_1(X_1,X_2,\cdots,X_n)$ 优于 $\hat{g}_2(X_1,X_2,\cdots,X_n)$. 若存在 $\hat{g}^*(X_1,X_2,\cdots,X_n)$，使得对 $g(\theta)$ 的任一估计量 $\hat{g}(X_1,X_2,\cdots,X_n)$，对于任意 $\theta\in\Theta$，都有
> $$E[\hat{g}^*(X_1,X_2,\cdots,X_n)-g(\theta)]^2\leqslant E[\hat{g}(X_1,X_2,\cdots,X_n)-g(\theta)]^2$$
> 成立，则称 $\hat{g}^*(X_1,X_2,\cdots,X_n)$ 为 $g(\theta)$ **一致最小均方误差估计**.

但是，一致最小均方误差估计常不存在. 此时，可以把最优性准则放宽些，使得适合这种最优性的估计一般存在. 在一个大的估计类中，一致最优估计量不存在，把估计类缩小，就有可能存在一致最优的估计量. 我们通过把估计类缩小为无偏估计类来考虑. 对无偏估计做如下两点说明.

1. 无偏估计不一定存在

例 3.5.1　设 $X\sim B(n,p)$，n 已知，$0<p<1$ 为未知参数，则 $g(p)=\dfrac{1}{p}$.

解　设 $\hat{g}(X_1)$ 是 $g(p)=\dfrac{1}{p}$ 的无偏估计，则
$$E[\hat{g}(X_1)]=g(p)，\qquad\forall\,0<p<1.$$

即

$$\sum_{k=0}^{n} \hat{g}(k) \binom{n}{k} p^{k}(1-p)^{n-k} = \frac{1}{p}, \qquad \forall \, 0 < p < 1.$$

因此

$$\sum_{k=0}^{n} \hat{g}(k) \binom{n}{k} p^{k+1}(1-p)^{n-k} - 1 = 0, \qquad \forall \, 0 < p < 1.$$

上式左端是 p 的 $n+1$ 次多项式，它至多在 $(0, 1)$ 区间有 $n+1$ 个实根，但无偏性要求对 $(0, 1)$ 区间中的任一实数 p，上式都成立，导致矛盾. 因此，$g(p) = \dfrac{1}{p}$ 的无偏估计不存在.

2. 对同一个参数，无偏估计一般不唯一

例 3.4.4 和例 3.4.5 说明对于同一个参数，无偏估计并不唯一.

在无偏估计类中，估计量的均方误差就是其方差，即当 $\hat{g}(X_1, X_2, \cdots, X_n)$ 为 $g(\theta)$ 的无偏估计时，$\mathrm{MSE}\big[\hat{g}(X_1, X_2, \cdots, X_n)\big] = D\big[\hat{g}(X_1, X_2, \cdots, X_n)\big]$.

把不存在无偏估计的参数除外. 若参数的无偏估计存在，则称此参数为**可估参数**. 若参数函数的无偏估计存在，则称此函数为**可估函数**. 一个无偏估计的方差越小越好，有没有最好的无偏估计量？为此引入如下一致最小方差无偏估计的定义.

3.5.1 一致最小方差无偏估计的定义

> **定义 3.5.3（一致最小方差无偏估计）** 设 $\mathcal{F} = \{f(x, \theta) : \theta \in \Theta\}$ 是一个参数分布族，其中 Θ 为参数空间，$X_1, X_2, \cdots, X_n$ 是从分布族 $\mathcal{F}$ 中的某总体抽取的样本，$g(\theta)$ 为定义在 Θ 上的可估函数. 设 $\hat{g}^{*}(X_1, X_2, \cdots, X_n)$ 为 $g(\theta)$ 的无偏估计，若对 $g(\theta)$ 的任一无偏估计 $\hat{g}(X_1, X_2, \cdots, X_n)$ 都有
> $$D\big[\hat{g}^{*}(X_1, X_2, \cdots, X_n)\big] \leqslant D\big[\hat{g}(X_1, X_2, \cdots, X_n)\big]$$
> 成立，则称 $\hat{g}^{*}(X_1, X_2, \cdots, X_n)$ 是 $g(\theta)$ 的**一致最小方差无偏估计**（Uniformly Minimum Variance Unbiased Estimator，UMVUE）.

特殊地，取 $g(\theta) = \theta$. 设 $\mathcal{F} = \{f(x, \theta) : \theta \in \Theta\}$ 是一个参数分布族，其中 Θ 为参数空间，$X_1, X_2, \cdots, X_n$ 是从分布族 $\mathcal{F}$ 中的某总体抽取的样本. 设 $\hat{\theta}^{*}(X_1, X_2, \cdots, X_n)$ 为 θ 的无偏估计，若对 θ 的任一无偏估计 $\hat{\theta}(X_1, X_2, \cdots, X_n)$，对任意 $\theta \in \Theta$，都有

$$D\big[\hat{\theta}^{*}(X_1, X_2, \cdots, X_n)\big] \leqslant D\big[\hat{\theta}(X_1, X_2, \cdots, X_n)\big]$$

一致最小方差
无偏估计的定义

成立，则称 $\hat{\theta}^*(X_1, X_2, \cdots, X_n)$ 是 θ 的**一致最小方差无偏估计**.

3.5.2 一致最小方差无偏估计的求法

对给定参数分布族，寻找可估参数的一致最小方差无偏估计的方法有下面介绍的充分完备统计量法和 3.6 节介绍的 Cramer-Rao 不等式法等.

下面的引理提供了一个改进无偏估计的方法.

引理 3.5.1 设 $T = T(X_1, X_2, \cdots, X_n)$ 是一个充分统计量，而 $\hat{g}^*(X_1, X_2, \cdots, X_n)$ 是 $g(\theta)$ 的一个无偏估计，则 $h(T) = E[\hat{g}(X_1, X_2, \cdots, X_n) | T]$ 是 $g(\theta)$ 的无偏估计，且对于任意 $\theta \in \Theta$，有
$$D[h(T)] \leqslant D[\hat{g}(X_1, X_2, \cdots, X_n)],$$
其中等号成立当且仅当 $P\{\hat{g}(X_1, X_2, \cdots, X_n) = h(T)\} = 1$，即 $\hat{g}(X_1, X_2, \cdots, X_n) = h(T)$, a.s..

证明 首先，证明 $h(T)$ 是 $g(\theta)$ 的无偏估计.

由于 $T(X_1, X_2, \cdots, X_n)$ 是充分统计量，根据充分统计量的定义，给定 T 时样本 $X_1, X_2, \cdots, X_n$ 的条件分布与 θ 无关，可以得到 $h(T) = E[\hat{g}(X_1, X_2, \cdots, X_n) | T]$ 与 θ 无关，因此 $h(T)$ 是统计量，可以作为 $g(\theta)$ 的估计量，且

一致最小方差
无偏估计的
求法及例子

$$E[h(T)] = E\{E[\hat{g}(X_1, X_2, \cdots, X_n) | T]\}$$
$$= E[\hat{g}(X_1, X_2, \cdots, X_n)] = g(\theta).$$

因此，$h(T)$ 是 $g(\theta)$ 的无偏估计.

其次，证明对于任意 $\theta \in \Theta$，有 $D[h(T)] \leqslant D[\hat{g}(X_1, X_2, \cdots, X_n)]$.

$$D[\hat{g}(X_1, X_2, \cdots, X_n)]$$
$$= E[\hat{g}(X_1, X_2, \cdots, X_n) - h(T) + h(T) - g(\theta)]^2$$
$$= E[\hat{g}(X_1, X_2, \cdots, X_n) - h(T)]^2 + D[h(T)] + 2E\{[h(T) - g(\theta)]$$
$$[\hat{g}(X_1, X_2, \cdots, X_n) - h(T)]\},$$

由于 $E[\hat{g}(X_1, X_2, \cdots, X_n) | T] - h(T) = 0$，可知

$$E\{[h(T) - g(\theta)][\hat{g}(X_1, X_2, \cdots, X_n) - h(T)]\}$$
$$= E\{E[(h(T) - g(\theta))(\hat{g}(X_1, X_2, \cdots, X_n) - h(T)) | T]\}$$
$$= E\{[h(T) - g(\theta)]E[(\hat{g}(X_1, X_2, \cdots, X_n) - h(T)) | T]\}$$
$$= E\{[h(T) - g(\theta)]E[(\hat{g}(X_1, X_2, \cdots, X_n) | T) - h(T)]\} = 0.$$

因此，对于任意 $\theta \in \Theta$，有

$$D[\hat{g}(X_1, X_2, \cdots, X_n)] = E[\hat{g}(X_1, X_2, \cdots, X_n) - h(T)]^2 +$$

$$D[h(T)] \geqslant D[h(T)],$$

且等号成立的条件是

$$E[\hat{g}(X_1, X_2, \cdots, X_n) - h(T)]^2 = 0, \ \text{即} \ \hat{g}(X_1, X_2, \cdots, X_n) = h(T), \ \text{a. s.}.$$

注 1   该引理提供了一个改进无偏估计的方法，即一个无偏估计 $\hat{g}(X) = \hat{g}(X_1, X_2, \cdots, X_n)$ 对充分统计量 $T = T(X_1, X_2, \cdots, X_n)$ 的条件期望 $E[\hat{g}(X_1, X_2, \cdots, X_n) | T]$ 能导出一个新的无偏估计，且新估计的方差不会超过原来估计量 $\hat{g}(X_1, X_2, \cdots, X_n)$ 的方差.

注 2   一致最小方差无偏估计一定是充分统计量的函数，否则可以通过充分统计量，按照引理的方法构造一个具有更小方差的无偏估计.

例 3.5.2   设 $X_1, X_2, \cdots, X_n$ 是来自两点分布 $B(1, p)$，$0 < p < 1$ 的样本，显然 X_1 是 p 的一个无偏估计，$T = T(X) = \sum_{i=1}^{n} X_i$ 是充分统计量，利用 $T = T(X)$ 构造一个有比 X_1 方差更小的无偏估计.

解   由引理 3.5.1 可构造 p 的一个无偏估计 $h(T) = E(X_1 | T)$. 由于 $T = T(X) = \sum_{i=1}^{n} X_i \sim B(n, p)$，因此

$$
\begin{aligned}
h(t) &= E[\hat{g}(X_1, X_2, \cdots, X_n) | T = t] = E[X_1 | T = t] \\
&= 1 \cdot P\{X_1 = 1 | T = t\} + 0 \cdot P\{X_1 = 0 | T = t\} \\
&= \frac{P\{X_1 = 1, T = t\}}{P\{T = t\}} = \frac{P\{X_1 = 1, X_2 + \cdots + X_n = t - 1\}}{P\{T = t\}} \\
&= \frac{p \binom{n-1}{t-1} p^{t-1} (1-p)^{n-t}}{\binom{n}{t} p^t (1-p)^{n-t}} = \frac{t}{n} = \bar{x}.
\end{aligned}
$$

样本均值 $\bar{X}$ 的方差为 $D(\bar{X}) = p(1-p)/n$，而 X_1 的方差为 $D(X_1) = p(1-p)$.

因此当 $n \geqslant 2$ 时，$\bar{X}$ 的方差更小.

下面的定理给出了求一致最小方差无偏估计的方法，即充分完备统计量法，由 E. L. Lemann 和 H. Scheffe 提出，完备统计量的概念也是由他们在 1950 年提出的.

定理 3.5.1（Lemann-Scheffe 定理，简称 L-S 定理）   设 $T(X) = T(X_1, X_2, \cdots, X_n)$ 是充分完备统计量，若 $\hat{g}(T(X))$ 是 $g(\theta)$ 的一个无偏估计，则 $\hat{g}(T(X))$ 是 $g(\theta)$ 唯一的一致最小方差无偏估计.

唯一性的意义：若 $\hat{g}(X_1, X_2, \cdots, X_n)$ 和 $\hat{g}_1(X_1, X_2, \cdots, X_n)$ 都是 $g(\theta)$ 的 UMVUE，则 $P\{\hat{g}(X_1, X_2, \cdots, X_n) \neq \hat{g}_1(X_1, X_2, \cdots, X_n)\} = 0$，对一切 $\theta \in \Theta$.

证明　首先，证明唯一性.

设 $\hat{g}_1(T(X))$ 为 $g(\theta)$ 的任一无偏估计. 令 $\delta(T(X)) = \hat{g}(T(X)) - \hat{g}_1(T(X))$，则 $E\delta(T(X)) = E\hat{g}(T(X)) - E\hat{g}_1(T(X)) = 0$，$\theta \in \Theta$. 由于 $T(X)$ 为完备统计量，可知 $\delta(T(X)) = 0$，a. s. 即 $\hat{g}(T(X)) - \hat{g}_1(T(X)) = 0$，a. s..

唯一性成立.

其次，证明一致最小方差性.

设 $\varphi(X)$ 为 $g(\theta)$ 的任一无偏估计，令 $h(T(X)) = E[\varphi(X) | T]$，由于 $T(X)$ 为充分统计量，因此 $h(T(X))$ 与 θ 无关，$h(T(X))$ 是统计量. 根据引理 3.5.1 得对任意 $\theta \in \Theta$，有

$$E[h(T(X))] = g(\theta),$$
$$E[h(T(X))] \leqslant D[\varphi(X)].$$

由唯一性得 $\hat{g}(T(X)) = h(T(X))$，a. s..

因此，对任意 $\theta \in \Theta$，有

$$D[\hat{g}(T(X))] \leqslant D[\varphi(X)].$$

所以 $\hat{g}(T(X))$ 为 $g(\theta)$ 的一致最小方差无偏估计，且唯一.

推论 3.5.1　设样本 $X_1, X_2, \cdots, X_n$ 的分布为如下指数族的自然形式：

$$f(x, \boldsymbol{\theta}) = C(\boldsymbol{\theta}) \exp\left\{ \sum_{j=1}^{k} \theta_j T_j(x) \right\} h(x)，其中 \boldsymbol{\theta} = (\theta_1, \cdots, \theta_k) \in \boldsymbol{\Theta}^*.$$

令 $T(X) = T(X_1, X_2, \cdots, X_n) = (T_1(X), T_2(X), \cdots, T_k(X))$，若自然参数空间 $\boldsymbol{\Theta}^*$ 作为 $\mathbf{R}^k$ 的子集有内点，且 $h(T(X))$ 是 $g(\boldsymbol{\theta})$ 的无偏估计，则 $h(T(X))$ 是 $g(\boldsymbol{\theta})$ 唯一的一致最小方差无偏估计.

证明

第一步：由指数族的性质可知 $T(X) = (T_1(X), T_2(X), \cdots, T_k(X))$ 为充分完备统计量.

第二步：由于 $h(T(X))$ 是 $g(\boldsymbol{\theta})$ 的无偏估计，根据 L-S 定理可知 $h(T(X))$ 是 $g(\boldsymbol{\theta})$ 唯一的一致最小方差无偏估计.

例 3.5.3　设 $X_1, X_2, \cdots, X_n$ 是来自两点分布 $B(1, p)$，$0 < p < 1$ 的样本. 证明：$\hat{p} = \overline{X}$ 为 p 的一致最小方差无偏估计.

证明

第一步：找充分统计量.

由第 2 章 2.5 节例 2.5.1 可知 $T(X_1, X_2, \cdots, X_n) = \sum_{i=1}^{n} X_i$ 是充分统计量，由第 2 章 2.6 节例 2.6.1 或例 2.6.2 可知 $T(X_1, X_2, \cdots, X_n) =$

$\sum_{i=1}^{n} X_i$ 是完备统计量.

第二步：找无偏估计.

对任意 $0 < p < 1$，有 $E(\hat{p}) = E(\overline{X}) = p$.

由于 $\hat{p} = \overline{X} = \dfrac{T}{n}$ 既是充分完备统计量 $T(X_1, X_2, \cdots, X_n) = \sum_{i=1}^{n} X_i$

的函数，又是无偏估计，因此根据定理 3.5.1（L-S 定理）知 $\hat{p} = \overline{X}$ 为 p 的唯一的一致最小方差无偏估计.

说明　获得可估函数 $g(\theta)$ 的一致最小方差无偏估计的方法如下：

第一步：找到一个充分完备统计量 $T(\boldsymbol{X}) = T(X_1, X_2, \cdots, X_n)$；

第二步：找到充分完备统计量 $T(\boldsymbol{X})$ 的函数 $g(T(\boldsymbol{X}))$，使得
$$E[g(T(\boldsymbol{X}))] = g(\theta),$$
即 $g(T(\boldsymbol{X}))$ 为 $g(\theta)$ 的一致最小方差无偏估计.

例 3.5.4　在例 3.5.2 中，已知 $T = T(\boldsymbol{X}) = \sum_{i=1}^{n} X_i$ 服从二项分布 $B(n, p)$，且 $T(\boldsymbol{X})$ 为充分完备统计量. 求 $g(p) = p(1-p)$ 的一致最小方差无偏估计.

解　设 $\delta(T)$ 为 $g(p) = p(1-p)$ 的一个无偏估计，由无偏估计的定义以及 $T = T(\boldsymbol{X}) \sim B(n, p)$，可得对任意 $0 < p < 1$，有
$$\sum_{t=0}^{n} \binom{n}{t} \delta(t) p^t (1-p)^{n-t} = p(1-p).$$

令 $\rho = p / (1-p)$，得
$$p = \rho / (1+\rho), \quad 1-p = 1 / (1+\rho).$$

进一步，对任意 $0 < \rho < +\infty$，有
$$\sum_{t=0}^{n} \binom{n}{t} \delta(t) \rho^t = \rho (1+\rho)^{n-2},$$

将 $\rho (1+\rho)^{n-2}$ 展开得
$$\rho (1+\rho)^{n-2} = \sum_{l=0}^{n-2} \binom{n-2}{l} \rho^{l+1} = \sum_{t=1}^{n-1} \binom{n-2}{t-1} \rho^t,$$

因此
$$\sum_{t=0}^{n} \binom{n}{t} \delta(t) \rho^t = \sum_{t=1}^{n-1} \binom{n-2}{t-1} \rho^t, \quad \text{任意 } 0 < \rho < +\infty.$$

上式两边为 ρ 的多项式，比较其系数得到
$$\delta(t) = 0, \quad \text{当 } t = 0, \ n \text{ 时}；$$
$$\delta(t) = \frac{\binom{n-2}{t-1}}{\binom{n}{t}} = \frac{t(n-t)}{n(n-1)}, \quad \text{当 } t = 1, 2, \cdots, n-1 \text{ 时}.$$

综合上述两式，得

$$\delta(T) = \frac{T(n-T)}{n(n-1)}, \qquad 当\ T = 0, 1, 2, \cdots, n.$$

由于

$$\delta(T) = \frac{T(n-T)}{n(n-1)}, \quad T = 0, 1, 2, \cdots, n$$

是 $g(p) = p(1-p)$ 的无偏估计，又是充分完备统计量 $T(X) = \sum\limits_{i=1}^{n} X_i$ 的函数，因此根据定理 3.5.1（L-S 定理）知 $\delta(T) = \dfrac{T(n-T)}{n(n-1)}$ 是 $g(p) = p(1-p)$ 的唯一的一致最小方差无偏估计.

说明　如果一个参数或参数函数没有显然的无偏估计，可以构造充分完备统计量的函数，并利用无偏性的定义，用待定系数（比较系数）法求出依赖于充分完备统计量的一个无偏估计即可得到可估函数 $g(\theta)$ 的一致最小方差无偏估计.

例 3.5.5　设 $X_1, X_2, \cdots, X_n$ 是来自泊松分布 $P(\lambda)$，$\lambda > 0$ 的样本. 分别求：

（1）λ 的一致最小方差无偏估计；

（2）λ^r，$r > 0$ 为自然数的一致最小方差无偏估计；

（3）$P\{X_1 = x\}$ 的一致最小方差无偏估计.

解

第一步：找充分完备统计量.

由指数族的性质可知 $T(X) = \sum\limits_{i=1}^{n} X_i$ 是充分完备统计量.

第二步：找无偏估计.

（1）令 $g_1(T) = T(X)/n$，则 $E[\hat{g}_1(T)] = E(\overline{X}) = \lambda$，由此可知 $\hat{g}_1(T)$ 不仅是充分完备统计量 $T(X)$ 的函数，且是 λ 的无偏估计，因此根据定理 3.5.1（L-S 定理）知 $\hat{g}_1(T)$ 为 λ 的唯一的一致最小方差无偏估计.

（2）由于 $T(X) = \sum\limits_{i=1}^{n} X_i \sim P(n\lambda)$，令 $g_2(T)$ 为 λ^r 的无偏估计，于是有 $E[g_2(T)] = \lambda^r$，即

$$\sum_{t=0}^{\infty} g_2(t) \frac{e^{-n\lambda}(n\lambda)^t}{t!} = \lambda^r,$$

等价于

$$\sum_{t=0}^{\infty} g_2(t) \frac{n^t \lambda^t}{t!} = \lambda^r e^{n\lambda},$$

将上式右边展开得

$$\lambda^r e^{n\lambda} = \sum_{l=0}^{\infty} \frac{n^l \lambda^{l+r}}{l!} = \sum_{t=r}^{\infty} \frac{n^{t-r} \lambda^t}{(t-r)!},$$

代入得到

$$\sum_{t=0}^{\infty} g_2(t) \frac{n^t}{t!} \lambda^t = \sum_{t=r}^{\infty} \frac{n^{t-r}}{(t-r)!} \lambda^t,$$

上述等式两边是 λ 的幂级数，比较其系数得

$$g_2(t) = 0, \quad \text{当 } t=0,1,\cdots,r-1 \text{ 时,}$$

$$g_2(t) = \frac{t! \, n^{t-r}}{(t-r)! \, n^t} = \frac{t(t-1)\cdots(t-r+1)}{n^r}, \quad \text{当 } t=r, \ r+1, \ \cdots \text{时,}$$

综合上述两式得

$$g_2(T) = \frac{T(T-1)\cdots(T-r+1)}{n^r}, \quad \text{当 } T=0,1,2,\cdots \text{时.}$$

可见上式不仅是 λ^r 的无偏估计，又是充分完备统计量 $T(X) = \sum_{i=1}^{n} X_i$ 的函数，因此根据定理 3.5.1（L-S 定理）知 $g_2(T)$ 是 λ^r 的唯一的一致最小方差无偏估计.

（3）由于 $P\{X_1 = x\} = \dfrac{e^{-\lambda} \lambda^x}{x!}$ 是参数 λ 的函数，此处用 $\delta(\lambda)$ 来表示.

令 $\varphi(X_1) = I_{[X_1=x]}$，则 $E\varphi(X_1) = P\{X_1=x\}$. 易得 $\varphi(X_1) = I_{[X_1=x]}$ 为 $\delta(\lambda)$ 的无偏估计.

注意 $T(X) = \sum_{i=1}^{n} X_i \sim P(n\lambda)$ 和 $\sum_{i=2}^{n} X_i \sim P((n-1)\lambda)$，因此，有

$$g_3(t) = E[\varphi(X_1) \mid T=t] = \frac{P\{X_1=x, T=t\}}{P\{T=t\}}$$

$$= \frac{P\{X_1=x\} P\{X_2+\cdots+X_n=t-x\}}{P\{X_1+\cdots+X_n=t\}}$$

$$= \frac{(n-1)^{t-x} t!}{n^t (t-x)! \, x!} = \binom{t}{x} \frac{(n-1)^{t-x}}{n^t}$$

$$= \binom{t}{x} \left(\frac{1}{n}\right)^x \left(1-\frac{1}{n}\right)^{t-x}, \quad t \geqslant x.$$

可见，$g_3(T)$ 为 $P\{X_1=x\} = \dfrac{e^{-\lambda} \lambda^x}{x!}$ 的无偏估计，又是充分完备统计量 $T(X)$ 的函数，因此

$$g_3(T) = \binom{T}{x} \left(\frac{1}{n}\right)^x \left(1-\frac{1}{n}\right)^{T-x}$$

为 $P\{X_1=x\} = \dfrac{e^{-\lambda} \lambda^x}{x!}$ 的唯一的一致最小方差无偏估计.

说明　本例第三种情况，存在一个显然的无偏估计，然后对这个无偏估计关于充分完备统计量求条件期望可以得到一致最小方差无偏估计.

例 3.5.6　设 $X_1, X_2, \cdots, X_n$ 是来自指数分布总体 $E(\lambda)$，$\lambda > 0$ 的样本，分别求：

（1）$\dfrac{1}{\lambda}$ 的一致最小方差无偏估计；

（2）λ 的一致最小方差无偏估计.

解

第一步：找充分完备统计量.

由指数族的性质可知 $T(\boldsymbol{X}) = \displaystyle\sum_{i=1}^{n} X_i$ 是充分完备统计量.

第二步：找无偏估计.

（1）由于 $\overline{X}$ 是 $\dfrac{1}{\lambda}$ 的无偏估计，又是充分完备统计量 $T(\boldsymbol{X}) = \displaystyle\sum_{i=1}^{n} X_i$ 的函数. 因此根据定理 3.5.1（L-S 定理）知 $\overline{X}$ 是 $\dfrac{1}{\lambda}$ 的一致最小方差无偏估计.

（2）由伽马分布的性质知

$$T(\boldsymbol{X}) = \sum_{i=1}^{n} X_i \sim Ga(n, \lambda),$$

于是 $E\left(\dfrac{1}{T}\right) = \displaystyle\int_{0}^{+\infty} \dfrac{1}{t} \dfrac{\lambda^n}{(n-1)!} t^{n-1} \mathrm{e}^{-\lambda t} \mathrm{d}t = \dfrac{\lambda}{n-1}$. 因此 $\hat{g}(T(\boldsymbol{X})) = \dfrac{n-1}{T(\boldsymbol{X})}$ 是 λ 的无偏估计，又是充分完备统计量 $T(\boldsymbol{X}) = \displaystyle\sum_{i=1}^{n} X_i$ 的函数.

根据定理 3.5.1（L-S 定理）知 $\hat{g}(T(\boldsymbol{X})) = \dfrac{n-1}{T(\boldsymbol{X})}$ 是 λ 的一致最小方差无偏估计.

例 3.5.7　设 $X_1, X_2, \cdots, X_n$ 是来自正态总体 $N(\mu, \sigma^2)$，$\mu \in \mathbf{R}$，$\sigma^2 > 0$ 的样本，记 $\boldsymbol{\theta} = (\mu, \sigma^2)$.

（1）求 μ 和 σ^2 的一致最小方差无偏估计.

（2）求 $g(\boldsymbol{\theta}) = \sigma^r$ 的一致最小方差无偏估计.

解

第一步：找充分完备统计量.

由第 2 章 2.5 节例 2.5.7 和 2.6 节例 2.6.3 可知：

$T(\boldsymbol{X}) = T(X_1, X_2, \cdots, X_n) = (T_1(\boldsymbol{X}), T_2(\boldsymbol{X}))$ 是充分完备统计量，

其中 $T_1(\boldsymbol{X}) = \overline{X}$，$T_2(\boldsymbol{X}) = \displaystyle\sum_{i=1}^{n} (X_i - \overline{X})^2$.

第二步：找无偏估计.

（1）由于 $\overline{X} = T_1(\boldsymbol{X})$ 和 $\dfrac{1}{n-1}\sum_{i=1}^{n}(X_i - \overline{X})^2 = \dfrac{1}{n-1}T_2(\boldsymbol{X}) = S^2$ 分别是 μ 和 σ^2 的无偏估计，它们又是充分完备统计量 $T(\boldsymbol{X}) = T(X_1, X_2, \cdots, X_n) = (T_1(\boldsymbol{X}), T_2(\boldsymbol{X}))$ 的函数. 因此根据定理 3.5.1（L-S 定理）知 $\overline{X}$ 和 S^2 分别是 μ 和 σ^2 的一致最小方差无偏估计.

（2）由于 $Y = \dfrac{T_2}{\sigma^2} = \dfrac{(n-1)S^2}{\sigma^2} \sim \chi^2(n-1)$，因此

$$E(Y^k) = 2^k \frac{\Gamma(k + (n-1)/2)}{\Gamma((n-1)/2)},$$

即

$$E(T_2/\sigma^2)^k = 2^k \frac{\Gamma(k + (n-1)/2)}{\Gamma((n-1)/2)}.$$

化简为

$$E\left(\frac{\Gamma((n-1)/2)}{2^k \Gamma(k + (n-1)/2)} T_2^k\right) = \sigma^{2k},$$

令 $k = \dfrac{r}{2}$，上式转化为

$$E\left(\frac{\Gamma((n-1)/2)}{2^{r/2}\Gamma((n+r-1)/2)} T_2^{r/2}\right) = \sigma^r,$$

因此 $\dfrac{\Gamma((n-1)/2)}{2^{r/2}\Gamma((n+r-1)/2)} T_2^{r/2}$ 是 σ^r 的无偏估计，又是充分完备统计量 $T(\boldsymbol{X}) = (T_1(\boldsymbol{X}), T_2(\boldsymbol{X}))$ 的函数，因此根据定理 3.5.1（L-S 定理）知

$$\frac{\Gamma((n-1)/2)}{2^{r/2}\Gamma((n+r-1)/2)} T_2^{r/2}$$

是 σ^r 的唯一的一致最小方差无偏估计.

例 3.5.8 设 $X_1, X_2, \cdots, X_n$ 是来自均匀分布 $U[0, \theta]$，$\theta > 0$ 的样本，求 θ 的一致最小方差无偏估计.

解

第一步：找充分完备统计量.

由第 2 章 2.5 节例 2.5.8 和 2.6 节的内容可知 $X_{(n)} = \max\{X_1, \cdots, X_n\}$ 是充分完备统计量.

第二步：找无偏估计.

由例 3.4.10 可知 $\dfrac{n+1}{n} X_{(n)}$ 是 θ 的无偏估计，它又是充分完备统计量 $X_{(n)}$ 的函数. 因此根据定理 3.5.1（L-S 定理）知 $\dfrac{n+1}{n} X_{(n)}$ 是 θ 唯一的一致最小方差无偏估计.

习题 3.5

1. 设 $\hat{g}_1(X_1,X_2,\cdots,X_n)$ 和 $\hat{g}_2(X_1,X_2,\cdots,X_n)$ 分别是 $g_1(\theta)$ 和 $g_2(\theta)$ 的一致最小方差无偏估计，证明对任意非零常数 a，b，$a\hat{g}_1(X_1,X_2,\cdots,X_n)+b\hat{g}_2(X_1,X_2,\cdots,X_n)$ 是 $ag_1(\theta)+bg_2(\theta)$ 的一致最小方差无偏估计.

2. 设 $\hat{g}=\hat{g}(X_1,X_2,\cdots,X_n)$ 是 $g(\theta)$ 的一个无偏估计，且 $D(\hat{g}(X_1,X_2,\cdots,X_n))<+\infty$，如果对任意一个满足条件 " $E(T(X_1,X_2,\cdots,X_n))=0$ 和 $D(T(X_1,X_2,\cdots,X_n))<+\infty$ "的统计量 $T=T(X_1,X_2,\cdots,X_n)$，都有
$$\mathrm{Cov}(\hat{g},T)=E[\hat{g}\cdot T]=0, \text{对一切}\ \theta\in\Theta.$$
则 $\hat{g}(X_1,X_2,\cdots,X_n)$ 是 $g(\theta)$ 的一致最小方差无偏估计.

3. 设 $X_1,X_2,\cdots,X_n$ 是来自正态总体 $N(\mu,\sigma^2)$ 的样本，其中 $\mu\in\mathbf{R}$，$\sigma>0$ 都是未知参数，利用上述习题2证明 $\overline{X}=\dfrac{1}{n}\sum\limits_{i=1}^{n}X_i$ 和 $S^2=\dfrac{1}{n-1}\sum\limits_{i=1}^{n}(X_i-\overline{X})^2$ 分别为 μ 和 σ^2 的一致最小方差无偏估计.

4. 设 $X_1,X_2,\cdots,X_n$ 是来自两点分布总体 $B(1,p)$ 的样本，其中 $0<p<1$ 为未知参数.

（1）求 p^m 的一致最小方差无偏估计，其中 $m>0$ 为自然数.

（2）求 $p(1-p)$ 的一致最小方差无偏估计.

5. 设 $X_1,X_2,\cdots,X_n$ 是来自几何分布总体 $G(\theta)$，$\theta>0$ 的样本，分布列为 $P\{X=k\}=\theta(1-\theta)^{k-1}$，$k=1,2,\cdots$，其中 $0<\theta<1$ 为未知参数，求 θ 的一致最小方差无偏估计.

6. 设 $X_1,X_2,\cdots,X_n$ 是来自正态总体 $N(0,\sigma^2)$ 的样本，其中 $\sigma>0$ 为未知参数，分别求 σ 和 σ^4 的一致最小方差无偏估计.

7. 设 $X_1,X_2,\cdots,X_n$ 是来自正态总体 $N(\mu,\sigma^2)$ 的样本，其中 $\mu\in\mathbf{R}$，$\sigma>0$ 都是未知参数.

（1）分别求 $\mu+\sigma^2$ 和 μ^2/σ^2 的一致最小方差无偏估计；

（2）证明 $\hat{\mu}^2=\overline{X}^2-\dfrac{1}{n}S^2$ 是 μ^2 的一致最小方差无偏估计.

*3.6　C-R 不等式

C-R 不等式是判别一个无偏估计是否为一致最小方差无偏估计的方法之一. 其基本思想如下：

设 U_g 是 $g(\theta)$ 的一切无偏估计构成的类. U_g 中估计量的方差有一下界，这个下界称为 C-R 下界. 如果 $g(\theta)$ 的一个无偏估计 $\hat{g}$ 的方差达到这个下界，则 $\hat{g}$ 是 $g(\theta)$ 的一个一致最小方差无偏估计.

C-R 不等式是由拉奥（C. R. Rao）和克拉默（H. Cramer）在 1945 年和 1946 年分别证明的.

C-R 不等式成立需要样本分布族满足一些正则条件，适合这些条件的分布族称为 C-R 正则族.

定义 3.6.1（正则分布族）　若单参数分布族 $\mathcal{F}=\{f(x,\theta):\theta\in\Theta\}$ 满足下列条件：

（1）参数空间 Θ 是直线上的开区间；

（2）对任意 $\theta\in\Theta$，$f(x,\theta)>0$，即分布的支撑与参数无关；

（3）对任意 $\theta \in \Theta$，$\dfrac{\partial f(x,\theta)}{\partial \theta}$ 存在；

（4）$f(x,\theta)$ 的积分与微分运算可以交换，即

$$\frac{\partial}{\partial \theta} \int_{-\infty}^{+\infty} f(x,\theta) \mathrm{d}x = \int_{-\infty}^{+\infty} \frac{\partial}{\partial \theta} f(x,\theta) \mathrm{d}x;$$

若 $f(x,\theta)$ 为离散型随机变量的分布列，上述条件改为无穷级数和微分运算可以交换；

（5）下列数学期望存在，且

$$0 < I(\theta) = E\left[\frac{\partial \ln f(X,\theta)}{\partial \theta}\right]^2 < +\infty,$$

则该分布族称为 C-R 正则分布族，其中条件（1）~条件（5）称为 C-R 正则条件. $I(\theta)$ 称为该分布族的费希尔信息量（或称为费希尔信息函数）.

定理 3.6.1（单参数 C-R 不等式） 设分布族 $\mathcal{F} = \{f(x,\theta) : \theta \in \Theta\}$ 是 C-R 正则分布族，可估函数 $g(\theta)$ 在参数空间 Θ 上可微. $X_1, X_2, \cdots, X_n$ 是从分布族 $\mathcal{F}$ 中的某总体抽取的样本，$\hat{g}(X) = \hat{g}(X_1, X_2, \cdots, X_n)$ 是 $g(\theta)$ 的任一无偏估计，且满足下列条件：

（6）下列积分可在积分号下对 θ 求导数，此处 $\mathrm{d}x = \mathrm{d}x_1 \cdots \mathrm{d}x_n$，

$$\int \cdots \int \hat{g}(x) f(x,\theta) \mathrm{d}x,$$

则有

$$D[\hat{g}(X)] \geqslant \frac{[g'(\theta)]^2}{nI(\theta)}, \quad \forall \theta \in \Theta. \qquad (3.6.1)$$

特别地，当 $g(\theta) = \theta$ 时，式（3.6.1）变为

$$D[\hat{g}(X)] \geqslant \frac{1}{nI(\theta)}, \quad \forall \theta \in \Theta. \qquad (3.6.2)$$

当 $f(x,\theta)$ 为离散型随机变量的分布列时，有

$$D[\hat{g}(X)] \geqslant \frac{[g'(\theta)]^2}{n \sum\limits_i \left\{ \left[\dfrac{\partial \ln f(x_i,\theta)}{\partial \theta}\right]^2 f(x_i,\theta) \right\}}, \quad \forall \theta \in \Theta.$$

Cramer-Rao

不等式

证明 若 $D[\hat{g}(X)] = +\infty$ 或 $I(\theta) = +\infty$，则式（3.6.1）显然成立，下面假设 $D[\hat{g}(X)] < +\infty$，$I(\theta) < +\infty$.

样本 $X_1, X_2, \cdots, X_n$ 的联合密度函数为

$$f(x,\theta) = \prod_{i=1}^{n} f(x_i,\theta),$$

其中 $\boldsymbol{x} = (x_1, x_2, \cdots, x_n)$.

记

$$S(\boldsymbol{x}, \theta) = \frac{\partial \ln f(\boldsymbol{x}, \theta)}{\partial \theta} = \sum_{i=1}^{n} \frac{\partial \ln f(x_i, \theta)}{\partial \theta},$$

根据正则条件(3)和(4)得到

$$E[S(\boldsymbol{X}, \theta)] = \sum_{i=1}^{n} E\left\{\frac{\partial \ln f(X_i, \theta)}{\partial \theta}\right\} = \sum_{i=1}^{n} \int \frac{1}{f(x_i, \theta)} \frac{\partial f(x_i, \theta)}{\partial \theta} f(x_i, \theta) \mathrm{d}x_i$$

$$= \sum_{i=1}^{n} \int \frac{\partial f(x_i, \theta)}{\partial \theta} \mathrm{d}x_i = \sum_{i=1}^{n} \frac{\partial}{\partial \theta} \int f(x_i, \theta) \mathrm{d}x_i = 0,$$

因此

$$\mathrm{Cov}(\hat{g}(\boldsymbol{X}), S(\boldsymbol{X}, \theta)) = E[\hat{g}(\boldsymbol{X}) \cdot S(\boldsymbol{X}, \theta)] = \int \cdots \int \hat{g}(\boldsymbol{x}) \frac{\partial f(\boldsymbol{x}, \theta)}{\partial \theta} \mathrm{d}\boldsymbol{x}$$

$$= \frac{\partial}{\partial \theta} \int \cdots \int \hat{g}(\boldsymbol{x}) f(\boldsymbol{x}, \theta) \mathrm{d}\boldsymbol{x} = \frac{\partial}{\partial \theta} E[\hat{g}(\boldsymbol{X})]$$

$$= g'(\theta),$$

又由于

$$D[S(\boldsymbol{X}, \theta)] = \sum_{i=1}^{n} D\left[\frac{\partial \ln f(X_i, \theta)}{\partial \theta}\right] = \sum_{i=1}^{n} E\left[\frac{\partial \log f(X_i, \theta)}{\partial \theta}\right]^2 = nI(\theta),$$

由柯西-施瓦茨不等式 $|\mathrm{Cov}(X, Y)| \leqslant \sqrt{DX \cdot DY}$, 得

$$D[\hat{g}(\boldsymbol{X})] D[S(\boldsymbol{X}, \theta)] \geqslant \{\mathrm{Cov}(\hat{g}(\boldsymbol{X}), S(\boldsymbol{X}, \theta))\}^2 = [g'(\theta)]^2,$$

因此

$$D[\hat{g}(\boldsymbol{X})] D[S(\boldsymbol{X}, \theta)] \geqslant [g'(\theta)]^2,$$

即

$$D[\hat{g}(\boldsymbol{X})] \geqslant \frac{[g'(\theta)]^2}{nI(\theta)}, \quad \forall \theta \in \Theta.$$

不等式 $D[\hat{g}(\boldsymbol{X})] \geqslant \dfrac{[g'(\theta)]^2}{nI(\theta)}$, $\forall \theta \in \Theta$ 称为 **Cramer-Rao 不**

等式, 简称 **C-R 不等式**, 不等式右端的值称为 **C-R 下界**.

关于该定理做如下说明:

(1) C-R 不等式的成立是有条件的.

(2) 对满足正则条件的分布族, 如果存在一个无偏估计达到方差的下界, 则它一定是一致最小方差无偏估计. 因此 C-R 不等式可以作为验证某一无偏估计是否为一致最小方差无偏估计的方法.

用 C-R 不等式寻找 $g(\theta)$ 的一致最小方差无偏估计的方法如下:

第一步: 验证样本分布族满足正则条件(1)~(5)和(6). 对于指数族条件(1)~(5)和(6)均成立.

第二步: 计算费希尔信息 $I(\theta)$ 和无偏估计 $\hat{g}(\boldsymbol{X})$ 的方差

$D[\hat{g}(\boldsymbol{X})]$.

第三步：计算 $D[\hat{g}(\boldsymbol{X})]$ 是否达到了 C-R 下界 $\dfrac{[g'(\theta)]^2}{nI(\theta)}$，若其

达到了下界，即 $D[\hat{g}(\boldsymbol{X})] = \dfrac{[g'(\theta)]^2}{nI(\theta)}$，则 $\hat{g}(\boldsymbol{X})$ 是 $g(\theta)$ 的一致最

小方差无偏估计.

注意 若 $D[\hat{g}(\boldsymbol{X})]$ 达不到 C-R 下界 $\dfrac{[g'(\theta)]^2}{nI(\theta)}$，并不能得出这

样的结论：$g(\theta)$ 的一致最小方差无偏估计不存在. 存在这样的例
子，$\hat{g}(\boldsymbol{X})$ 是 $g(\theta)$ 的一致最小方差无偏估计，但是其方差
$D[\hat{g}(\boldsymbol{X})]$ 大于 C-R 下界.

下面看几个例子.

**Cramer-Rao
不等式的使
用案例**

例 3.6.1 设 $X_1, X_2, \cdots, X_n$ 是从两点分布族 $\{B(1,p):0<p<1\}$ 中
抽取的样本. 证明 $\hat{p} = \overline{X}$ 为 p 的一致最小方差无偏估计.

证明 设 $X \sim B(1,p)$，其分布列为 $f(x,p) = p^x(1-p)^{1-x}$，$x = 0$,
1，$0<p<1$.

两点分布族是指数族，很容易验证 C-R 正则条件成立.

由于费希尔信息量为

$$
\begin{aligned}
I(p) &= E\left[\frac{\partial \ln f(X,p)}{\partial p}\right]^2 \\
&= E\left[\frac{X-p}{p(1-p)}\right]^2 \\
&= \frac{DX}{p^2(1-p)^2} = \frac{1}{p(1-p)}.
\end{aligned}
$$

故 C-R 下界为

$$
\frac{1}{nI(p)} = \frac{p(1-p)}{n}.
$$

由于 $\overline{X}$ 是 p 的无偏估计且其方差为 $D(\overline{X}) = \dfrac{p(1-p)}{n}$，达到了

C-R 下界. 因此，$\hat{p} = \overline{X}$ 为 p 的一致最小方差无偏估计.

这与前面的例 3.5.2 的结果一样.

例 3.6.2 设 $X_1, X_2, \cdots, X_n$ 是从二项分布族 $\{B(m,p):0<p<1, m$
已知$\}$ 中抽取的样本. 证明：$\hat{p} = \overline{X}/m$ 为 p 的一致最小方差无偏估计.

证明 设 $X \sim B(m,p)$，其分布列为 $f(x,p) = \binom{m}{x} p^x(1-p)^{m-x}$,
$x = 0, 1, \cdots, m$，$0<p<1$.

二项分布族是指数族，很容易验证 C-R 正则条件成立.

由于费希尔信息量为

$$I(p)=E\left[\frac{\partial \ln f(X,p)}{\partial p}\right]^2$$

$$=E\left[\frac{X-mp}{p(1-p)}\right]^2$$

$$=\frac{DX}{p^2(1-p)^2}=\frac{m}{p(1-p)}.$$

故 C-R 下界为

$$\frac{1}{nI(p)}=\frac{p(1-p)}{mn}.$$

由于 $\bar{X}/m$ 为 p 的无偏估计且其方差为 $D\left(\frac{\bar{X}}{m}\right)=\frac{p(1-p)}{mn}$ 达到了 C-R下界. 因此, $\hat{p}=\bar{X}/m$ 为 p 的一致最小方差无偏估计.

例 3.6.3 设 $X_1,X_2,\cdots,X_n$ 是从泊松分布族 $\{P(\lambda):\lambda>0\}$ 中抽取的样本, 证明: $\bar{X}$ 为 λ 的一致最小方差无偏估计.

证明 设 $X\sim P(\lambda)$, 其分布列为 $f(x,\lambda)=\frac{\lambda^x e^{-\lambda}}{x!}$, $x=0,1,2,\cdots$.

泊松分布族是指数族, 很容易验证 C-R 正则条件成立.

由于费希尔信息量为

$$I(\lambda)=E\left[\frac{\partial \ln f(X,\lambda)}{\partial \lambda}\right]^2$$

$$=E\left(\frac{X-\lambda}{\lambda}\right)^2$$

$$=\frac{DX}{\lambda^2}=\frac{1}{\lambda},$$

故 C-R 下界为

$$\frac{1}{nI(\lambda)}=\frac{\lambda}{n}.$$

由于 $\bar{X}$ 为 λ 的无偏估计且其方差为 $D(\bar{X})=\frac{\lambda}{n}$ 达到了 C-R 下界. 因此, $\bar{X}$ 为 λ 的一致最小方差无偏估计.

这与前面的例 3.5.4 的结果一样.

例 3.6.4 设 $X_1,X_2,\cdots,X_n$ 是从指数分布族 $\{E(\lambda):\lambda>0\}$ 中抽取的样本. 证明: $\bar{X}$ 为 $g(\lambda)=\frac{1}{\lambda}$ 的一致最小方差无偏估计.

证明 设 $X\sim E(\lambda)$, 其密度函数为

$$f(x,\lambda) = \begin{cases} \lambda e^{-\lambda x}, & x>0, \\ 0, & x \leqslant 0. \end{cases}$$

指数分布族是指数族, 很容易验证 C-R 正则条件成立. 由于费希尔信息量为

$$I(\lambda) = E\left[\frac{\partial \ln f(X,\lambda)}{\partial \lambda}\right]^2$$

$$= E\left(\frac{1}{\lambda} - X\right)^2 = D(X) = \frac{1}{\lambda^2},$$

故 C-R 下界为

$$\frac{[g'(\lambda)]^2}{nI(\lambda)} = \frac{1}{n\lambda^2}.$$

由于 $\overline{X}$ 为 $1/\lambda$ 的无偏估计且其方差为 $D(\overline{X}) = \dfrac{\lambda}{n}$ 达到了 C-R 下界. 因此, $\hat{\lambda} = \overline{X}$ 为 $g(\lambda) = \dfrac{1}{\lambda}$ 的一致最小方差无偏估计.

这与前面的例 3.5.5 的结果一样.

例 3.6.5　设 $X_1, X_2, \cdots, X_n$ 是从正态分布族 $\{N(\mu, \sigma^2): \mu \in \mathbf{R}$ 未知, $\sigma>0$ 已知$\}$ 中抽取的样本. 证明: $\overline{X}$ 为 μ 的一致最小方差无偏估计.

证明　设 $X \sim N(\mu, \sigma^2)$, 其密度函数为

$$f(x,\mu) = \frac{1}{\sqrt{2\pi}\,\sigma} \exp\left\{-\frac{1}{2\sigma^2}(x-\mu)^2\right\},$$

其中 $\mu \in \mathbf{R}$ 未知, $\sigma^2>0$ 已知.

正态分布族是指数族, 很容易验证 C-R 正则条件成立.

由于费希尔信息量为

$$I(\mu) = E\left[\frac{\partial \ln f(X,\mu)}{\partial \mu}\right]^2$$

$$= E\left(\frac{X-\mu}{\sigma^2}\right)^2 = \frac{D(X)}{\sigma^4} = \frac{1}{\sigma^2},$$

故 C-R 下界为

$$\frac{1}{nI(\mu)} = \frac{\sigma^2}{n}.$$

由于 $\overline{X}$ 为 μ 的无偏估计且其方差为 $D(\overline{X}) = \dfrac{\sigma^2}{n}$ 达到了 C-R 下界. 因此, $\overline{X}$ 为 μ 的一致最小方差无偏估计.

关于费希尔信息量 $I(\theta) = E\left[\dfrac{\partial \ln f(X,\theta)}{\partial \theta}\right]^2$, 做如下说明:

（1）衡量总体模型中包含的信息量.

（2）单个样本提供的信息量. 对于简单随机样本，样本信息量是总体信息量的 n 倍. 当样本容量 $n=1$ 时，样本的费希尔信息量称为总体的费希尔信息量.

（3）C-R 不等式表明，样本包含参数的信息越多，无偏估计的方差下界越小.

（4）充分统计量与样本包含参数的信息量相同.

定义 3.6.2（效率） 设 $\hat{g}(X)=\hat{g}(X_1,X_2,\cdots,X_n)$ 为 $g(\theta)$ 的无偏估计，则比值

$$e_n(\theta)=\frac{[g'(\theta)]^2/nI(\theta)}{D[\hat{g}(X)]}$$

称为无偏估计 $\hat{g}(X)$ 的**效率**，其中 $0<e_n(\theta)\leq 1$.

定义 3.6.3（有效估计） 当 $e_n(\theta)=1$ 时，称 $\hat{g}(X)$ 为 $g(\theta)$ 的**有效估计**.

定义 3.6.4（渐近有效估计） 若 $\hat{g}(X)$ 不是 $g(\theta)$ 的有效估计，但是 $\lim\limits_{n\to+\infty}e_n(\theta)=1$，则称 $\hat{g}(X)$ 为 $g(\theta)$ 的**渐近有效估计**.

对有效估计做如下几点说明：

（1）有效估计是无偏估计类中最好的估计.

（2）有效估计不多，但是渐近有效估计多.

（3）有效估计一定是一致最小方差无偏估计，但是很多一致最小方差无偏估计不是有效估计. 此时 C-R 下界偏小，在很多场合一致最小方差无偏估计的方差达不到 C-R 下界. C-R 不等式的成立有条件（C-R 正则条件），若条件不成立，此时再利用 C-R 下界去定义估计的效率或求有效估计就不合理.

下面看几个例子.

例 3.6.6 例 3.6.1～例 3.6.5 给出的有关参数的无偏估计，其方差都能达到 C-R 下界，因此它们都是相应参数的有效估计.

* 例 3.6.7 设 $X_1,X_2,\cdots,X_n$ 是从正态分布族 $\{N(\mu,\sigma^2):\mu\in\mathbf{R},\sigma>0\}$ 中抽取的样本.

（1）当 μ 未知时，证明：样本方差 S^2 不是 σ^2 的有效估计，但是它的渐近有效估计.

（2）当 μ 已知时，求 σ^2 的有效估计.

证明

（1）由于 $D(S^2)=\dfrac{2}{n-1}\sigma^4$ 达不到 C-R 下界 $\dfrac{2}{n}\sigma^4$，估计的效率

为 $\dfrac{n-1}{n}<1$，因此 S^2 不是 σ^2 的有效估计，但是 $\lim\limits_{n\to+\infty}\dfrac{n-1}{n}=1$，因此 S^2

是 σ^2 的渐近有效估计.

（2）由于 μ 已知，令 $S_\mu^2=\dfrac{1}{n}\sum\limits_{i=1}^{n}(X_i-\mu)^2$ 且 $\dfrac{nS_\mu^2}{\sigma^2}\sim\chi^2(n)$，因此

$D(S_\mu^2)=\dfrac{2}{n}\sigma^4$ 达到了 C-R 下界，因此 S_μ^2 是 σ^2 的有效估计.

习题 3.6

1. 设总体 X 的密度函数或分布列为 $f(x,\theta)$，且费希尔信息量 $I(\theta)$ 存在，如果二阶导数 $\dfrac{\partial^2 f(x,\theta)}{\partial\theta^2}$ 对一切 $\theta\in\Theta$ 存在，证明费希尔信息量为

$$I(\theta)=-E\left[\dfrac{\partial^2\ln f(X,\theta)}{\partial\theta^2}\right].$$

2. 设总体 X 的分布列为

$$P\{X=x\}=(x-1)\theta^2(1-\theta)^{x-2},\ x=2,3,\cdots,$$

其中 $0<\theta<1$，求费希尔信息量 $I(\theta)$.

3. 设总体 X 的密度函数为

$$f(x,\theta)=\begin{cases}\dfrac{2\theta}{x^3}\mathrm{e}^{-\frac{\theta}{x^2}}, & x>0,\\[2mm] 0, & \text{其他},\end{cases}$$

其中，$\theta>0$，求费希尔信息量 $I(\theta)$.

4. 设 $X_1,X_2,\cdots,X_n$ 是来自总体 X 的样本，且 X 的密度函数为

$$f(x,\theta)=\begin{cases}\dfrac{1}{\theta}\mathrm{e}^{-\frac{1}{\theta}x}, & x>0,\\[2mm] 0, & x\leqslant 0,\end{cases}$$

其中，$\theta>0$ 为未知参数，求 θ 的一致最小方差无偏估计，并证明其方差等于 C-R 下界，即它是有效估计.

5. 设 $X_1,X_2,\cdots,X_n$ 是来自总体 X 的样本，且 X 的密度函数为

$$f(x,\theta)=\begin{cases}\mathrm{e}^{-(x-\theta)}, & x>\theta,\\[2mm] 0, & \text{其他},\end{cases}$$

其中，$-\infty<\theta<+\infty$ 为未知参数.

（1）证明 $\hat\theta=X_{(1)}-\dfrac{1}{n}$ 是 θ 的一致最小方差无偏估计；

（2）求 $D(\hat\theta)$.

6. 设 $X_1,X_2,\cdots,X_n$ 是来自正态总体 $N(\mu,1)$ 的样本，其中 $\mu\in\mathbf{R}$ 是未知参数，证明：

（1）$\overline{X}^2-\dfrac{1}{n}$ 是 μ^2 的一致最小方差无偏估计；

（2）$\overline{X}^2-\dfrac{1}{n}$ 的方差大于 C-R 下界，即它不是有效估计.

7. 设 $X_1,X_2,\cdots,X_n$ 是来自正态总体 $N(0,\sigma^2)$ 的样本，其中 $\sigma>0$ 为未知参数，求 σ^2 的一致最小方差无偏估计，并证明其方差等于 C-R 下界，即它是有效估计.

8. 设 $X_1,X_2,\cdots,X_n$ 是来自伽马分布 $Ga(\alpha,\lambda)$ 的样本，其中 $\alpha>0$ 已知，$\lambda>0$ 是未知参数，证明：$\overline{X}/\alpha$ 是 $1/\lambda$ 的有效估计，从而它也是 $1/\lambda$ 的一致最小方差无偏估计.

9. 设总体 X 的均值为 μ，方差为 σ^2，$X_1,X_2,\cdots,X_n$ 是来自该总体的一个样本，$T(X_1,X_2,\cdots,X_n)$ 为 μ 的任一线性无偏估计量. 证明：样本均值 $\overline{X}$ 与 $T=T(X_1,X_2,\cdots,X_n)$ 的相关系数为 $\sqrt{D(\overline{X})/D(T)}$.

10. 设 $X_1,X_2,\cdots,X_n$ 是来自总体 X 的样本，且 X 的密度函数为

$$f(x,\theta)=\begin{cases}\theta x^{\theta-1}, & 0<x<1,\\[2mm] 0, & \text{其他},\end{cases}$$

其中 $\theta>0$ 为未知参数，证明 $-\dfrac{1}{n}\sum\limits_{i=1}^{n}\ln X_i$ 是 $\dfrac{1}{\theta}$ 的有效

估计.

11. 设 $X_1,X_2,\cdots,X_m$ 是来自正态总体 $N(\mu,1)$ 的样本，$Y_1,Y_2,\cdots,Y_n$ 是来自正态总体 $N(2\mu,1)$ 的样本，其中 $\mu\in\mathbf{R}$ 是未知参数，且两样本独立. 将两样本合并成样本容量为 $m+n$ 的样本 $X_1,X_2,\cdots,X_m,Y_1,Y_2,\cdots,Y_n$.

（1）求 μ 的一致最小方差无偏估计 $\hat{\mu}$；

（2）证明 $\hat{\mu}$ 是 μ 的有效估计.

12. 一致最小方差无偏估计和有效估计是在一定意义下的最优估计，叙述这两个估计的定义并指出它们的区别.

第4章
区间估计

第 3 章介绍了参数的点估计，给出了评价估计量好坏的一般准则，包括：无偏性、有效性以及相合性等. 点估计是用一个点去估计未知参数，其最大的不足是单从估计值上看不出估计的精确程度. 在实际应用中，我们很多时候希望给出参数以一定程度落在某个区间的结果. 例如，某型号功率控制器（SSPC）寿命有 95% 的可能在 10 年到 15 年之间；某品牌果汁每 100mL 的蛋白质含量有 90% 的可能在 0.6g 到 0.7g 之间. 再比如，火箭中某个部件的可靠度（在可靠性理论中，可靠度指部件能够正常工作的概率）估计为 0.95，由于可靠度对于火箭发射成功的重要性，仅有这样一个点估计是不够的，但如果说"有 98% 的把握相信该部件的可靠度在 0.93~0.97 之间"，就稳妥得多. 如果大家仔细观察会发现在很多商品上都会出现 $X \pm d(X)$ 的标记. 要给出类似这样的范围估计，就需要构造参数的区间估计. 通过上面的例子不难发现，和点估计不同，区间估计在给出包含参数真值的范围的同时也给出了相应的可靠程度.

本章主要介绍区间估计的定义、基于枢轴量的区间估计法、单个正态总体均值和方差的置信区间、两个正态总体均值差和方差比的置信区间、非正态总体参数的置信区间.

4.1 区间估计的基本概念

区间估计的定义

定义 4.1.1（区间估计） 设 $\mathcal{F} = \{f(x, \theta) : \theta \in \Theta\}$ 是一个参数分布族，其中 Θ 为参数空间，$g(\theta)$ 是定义在 Θ 上的一个已知函数，$X_1, X_2, \cdots, X_n$ 是从分布族 $\mathcal{F}$ 中的某总体抽取的样本. 令 $\hat{g}_1(X_1, X_2, \cdots, X_n)$ 和 $\hat{g}_2(X_1, X_2, \cdots, X_n)$ 是定义在样本空间 $\mathcal{X}$ 上的函数，并且满足 $\hat{g}_1(X_1, X_2, \cdots, X_n) \leqslant \hat{g}_2(X_1, X_2, \cdots, X_n)$，则称随机区间 $[\hat{g}_1(X_1, X_2, \cdots, X_n), \hat{g}_2(X_1, X_2, \cdots, X_n)]$ 是 $g(\theta)$ 的一个**区间估计**（interval estimation）.

根据定义 4.1.1，任何满足 $\hat{g}_1(X_1, X_2, \cdots, X_n) \leqslant \hat{g}_2(X_1, X_2, \cdots, X_n)$ 的统计量 $\hat{g}_1(X_1, X_2, \cdots, X_n)$ 和 $\hat{g}_2(X_1, X_2, \cdots, X_n)$ 都可以构成 $g(\theta)$ 的一个区间估计. 从这成千上万的区间估计里面确定一个好的区间估计是一个重要的问题. 要解决这个问题就需要给出刻画区间估计优劣的准则. 通常，衡量一个区间估计优劣的要素有两个：可靠度和精度. 可靠度用来刻画待估参数 $g(\theta)$ 落在区间 $[\hat{g}_1(X_1, X_2, \cdots, X_n)$，$\hat{g}_2(X_1, X_2, \cdots, X_n)]$ 里面的可能性，可能性越大，区间估计的可靠度就越高. 精度一般用区间的平均长度来衡量，长度越大，精度越低. 理想的情况是区间估计的可靠度和精度都很高，但是这两者往往存在一定的矛盾. 对于一个区间估计来说，当样本容量固定的时候，提高可靠度就要降低精度，提高精度就得降低可靠度. 应该如何在可靠度和精度之间进行取舍？著名的统计学家奈曼（Neyman）给出了一种妥协的方案，即在保证一定可靠度的条件下，尽可能地提高精度.

不失一般性，我们假设待估参数就是 θ 本身，即 $g(\theta) = \theta$. 假设 $X_1, X_2, \cdots, X_n$ 是来自参数为 θ 的总体分布的样本，$[\hat{\theta}_1(X_1, X_2, \cdots, X_n), \hat{\theta}_2(X_1, X_2, \cdots, X_n)]$ 是参数 θ 的一个区间估计. 参数 θ 未知，样本 $X_1, X_2, \cdots, X_n$ 是随机的，因此区间 $[\hat{\theta}_1(X_1, X_2, \cdots, X_n), \hat{\theta}_2(X_1, X_2, \cdots, X_n)]$ 也是随机的，只能以一定的概率包含参数 θ. 统计学上将区间包含真实参数 θ 的概率 $P_\theta\{\hat{\theta}_1(X_1, X_2, \cdots, X_n) \leqslant \theta \leqslant \hat{\theta}_2(X_1, X_2, \cdots, X_n)\}$ 称为置信度或者置信水平，也就是我们前面提到的区间估计的可靠度. 不难发现，区间估计的置信度依赖于参数 θ. 如果一个区间估计只是对于参数空间的某些 θ 来说置信度高，对于其他 θ 的置信度低，则认为这个区间估计的适用性差. 相反，如果一个区间估计对参数空间中任意的 θ 都有较高的置信度，则认为这个区间估计的适用性强. 抽样分布在参数区间估计问题中发挥着非常重要的作用，这是因为基于抽样分布可以推导统计量的精确分布或者渐近分布，从而可以计算置信水平或者置信系数.

区间估计的评价

定义 4.1.2(置信水平)　设随机区间 $[\hat{\theta}_1(X_1, X_2, \cdots, X_n), \hat{\theta}_2(X_1, X_2, \cdots, X_n)]$ 是参数 θ 的一个区间估计，称 $[\hat{\theta}_1(X_1, X_2, \cdots, X_n), \hat{\theta}_2(X_1, X_2, \cdots, X_n)]$ 包含 θ 的概率 $P_\theta\{\hat{\theta}_1(X_1, X_2, \cdots, X_n) \leqslant \theta \leqslant \hat{\theta}_2(X_1, X_2, \cdots, X_n)\}$ 为该区间估计的**置信水平**（confidence level）或置信度.

定义 4.1.3（置信系数）   置信水平在参数空间 Θ 上的下确界 $\inf\limits_{\theta \in \Theta} P_\theta \{\hat{\theta}_1(X_1, X_2, \cdots, X_n) \leqslant \theta \leqslant \hat{\theta}_2(X_1, X_2, \cdots, X_n)\}$ 称为该区间估计的**置信系数**（confidence coefficient）．

衡量区间估计精度的标准有很多，这里我们介绍最常用的一种，即随机区间 $[\hat{\theta}_1(X_1, X_2, \cdots, X_n), \hat{\theta}_2(X_1, X_2, \cdots, X_n)]$ 的平均长度，平均长度越短，区间估计的精度越高．

例 4.1.1   设 $X_1, X_2, \cdots, X_n$ 是来自正态总体 $N(\mu, \sigma^2)$ 的样本，其中 $\mu \in \mathbf{R}$，$\sigma > 0$ 是未知参数．通常用 $[\overline{X} - kS/\sqrt{n}, \overline{X} + kS/\sqrt{n}]$ 来构造参数 μ 的区间估计，其中 $\overline{X} = \dfrac{1}{n}\sum\limits_{i=1}^{n} X_i$ 为样本均值，$S^2 = \dfrac{1}{n-1}\sum\limits_{i=1}^{n}(X_i - \overline{X})^2$ 为样本方差．试分析这个区间估计的置信水平和估计精度之间的关系．

解   令 $\boldsymbol{\theta} = (\mu, \sigma^2)$，则题中所给的区间估计的置信水平为

$$P_\theta\{\overline{X} - kS/\sqrt{n} \leqslant \mu \leqslant \overline{X} + kS/\sqrt{n}\}$$
$$= P_\theta\{|\sqrt{n}(\overline{X} - \mu)/S| \leqslant k\}$$
$$= P_\theta\{|T| \leqslant k\}, \tag{4.1.1}$$

其中，$T = \sqrt{n}(\overline{X} - \mu)/S \sim t(n-1)$，该分布与参数 θ 无关．因此，区间估计的置信水平为 $P\{|T| \leqslant k\}$．显然，k 越大，该区间估计的置信水平越高，区间估计越可靠．

上述区间估计的平均长度为 $l_k = E(2kS/\sqrt{n})$．由于 $(n-1)S^2/\sigma^2 \sim \chi^2(n-1)$，因此

$$l_k = E\left(\frac{2kS}{\sqrt{n}}\right) = \frac{2k\sigma}{\sqrt{n(n-1)}} E\left(\frac{\sqrt{n-1}\,S}{\sigma}\right)$$

$$= \frac{2k\sigma}{\sqrt{n(n-1)}} \frac{\sqrt{2}\,\Gamma(n/2)}{\Gamma((n-1)/2)}. \tag{4.1.2}$$

从式（4.1.2）可以发现，k 越大，区间平均长度越大，区间估计的精度越低．

从上面的例子可以看到，在样本容量 n 给定的情况下，增加 k 值可以提高区间估计的置信水平，但是同时降低了区间估计的精度．反过来，较小 k 值可以提高区间估计的精度，但是同时降低了区间估计的置信水平．区间估计的置信水平和精度相互制约．当然我们也会发现，k 给定的情况下，增加样本容量 n 可以同时增加区间估计的精度和置信水平．在样本容量 n 给定的情况下，如何

选择区间估计? 著名的统计学家奈曼给出了一种妥协方案:**先保证置信水平达到指定要求的前提下,再尽可能地提高精度.** 由于是奈曼建议的,通常也称置信区间为奈曼置信区间.

> **定义 4.1.4(置信区间)** 设 $[\hat{\theta}_1(X_1, X_2, \cdots, X_n), \hat{\theta}_2(X_1, X_2, \cdots, X_n)]$ 是参数 θ 的一个区间估计. 对给定 $0 < \alpha < 1$,如果对于任意的 $\theta \in \Theta$,都有
>
> $$P_\theta\{\hat{\theta}_1(X_1, X_2, \cdots, X_n) \leqslant \theta \leqslant \hat{\theta}_2(X_1, X_2, \cdots, X_n)\} \geqslant 1 - \alpha \quad (4.1.3)$$
>
> 成立,则称 $[\hat{\theta}_1(X_1, X_2, \cdots, X_n), \hat{\theta}_2(X_1, X_2, \cdots, X_n)]$ 是参数 θ 的**置信水平为 1−α 的置信区间**,称 $\inf\limits_{\theta \in \Theta} P_\theta\{\hat{\theta}_1(X_1, X_2, \cdots, X_n) \leqslant \theta \leqslant \hat{\theta}_2(X_1, X_2, \cdots, X_n)\}$ 为相应的**置信系数**.

关于置信区间做如下说明.

说明 1   虽然式(4.1.3)要求置信水平不小于 $1 - \alpha$,但是在实际问题中我们常常要求取满足

$$P_\theta\{\hat{\theta}_1(X_1, X_2, \cdots, X_n) \leqslant \theta \leqslant \hat{\theta}_2(X_1, X_2, \cdots, X_n)\} = 1 - \alpha, \quad \forall \theta \in \Theta$$
$$(4.1.4)$$

的置信区间.

说明 2   置信区间 $[\hat{\theta}_1(X_1, X_2, \cdots, X_n), \hat{\theta}_2(X_1, X_2, \cdots, X_n)]$ 是一个随机区间. 对于每一次的随机抽样来说,置信区间的具体值都是不同的,有时候包含真实的参数 θ,有时候不包含 θ. 对于置信水平为 95% 的置信区间来说,进行 100 次抽样所获得的 100 个区间里面,大概有 95% 的区间包含真实参数值.

说明 3   区间估计有时用开区间或半开半闭区间,但从置信水平角度考虑,这几种区间估计没有本质的区别.

说明 4   实际应用中,经常取 α 为 0.01,0.05,0.1 等.

在实际应用中,我们经常会碰到某种电子寿命不低于多少或者某生产线的废品率不高于多少的问题. 这种也是一种区间估计,称之为置信上限或者置信下限.

> **定义 4.1.5(置信限)** 设 $\hat{\theta}_L(X_1, X_2, \cdots, X_n)$ 和 $\hat{\theta}_U(X_1, X_2, \cdots, X_n)$ 是定义在样本空间 χ 上取值在参数空间 Θ 的统计量,给定 $0 < \alpha < 1$,对任意的 $\theta \in \Theta$ 都有
>
> $$P_\theta\{\theta \geqslant \hat{\theta}_L(X_1, X_2, \cdots, X_n)\} \geqslant 1 - \alpha, \quad (4.1.5)$$
>
> $$P_\theta\{\theta \leqslant \hat{\theta}_U(X_1, X_2, \cdots, X_n)\} \geqslant 1 - \alpha \quad (4.1.6)$$

成立，则称 $\hat{\theta}_L(X_1, X_2, \cdots, X_n)$ 和 $\hat{\theta}_U(X_1, X_2, \cdots, X_n)$ 是参数 θ 的置信水平为 $1-\alpha$ 的单侧置信下限（lower confidence limit）和单侧置信上限（upper confidence limit）. 相应的 $\inf\limits_{\theta \in \Theta} P_\theta \{\theta \geqslant \hat{\theta}_L(X_1, X_2, \cdots, X_n)\}$ 和 $\inf\limits_{\theta \in \Theta} P_\theta \{\theta \leqslant \hat{\theta}_U(X_1, X_2, \cdots, X_n)\}$ 称为置信下、上限的置信系数.

说明   在实际应用中，式（4.1.5）和式（4.1.6）的右端取等号.

对于置信下限而言，$E[\hat{\theta}_L(X_1, X_2, \cdots, X_n)]$ 越大，精度越高. 对于置信上限而言，$E[\hat{\theta}_U(X_1, X_2, \cdots, X_n)]$ 越小，精度越高. 单侧置信限是双侧置信区间的一个特例，因此，寻找置信区间的方法也可以用来寻找单侧置信限. 并且，单侧置信限和双侧置信区间之间存在一定的联系.

下面的引理说明，通过单侧置信限可以很方便地构造双侧置信区间.

引理 4.1.1   设 $\hat{\theta}_L(X_1, X_2, \cdots, X_n)$ 和 $\hat{\theta}_U(X_1, X_2, \cdots, X_n)$ 分别是参数 θ 的置信水平为 $1-\alpha_1$ 和 $1-\alpha_2$ 的单侧置信下限和单侧置信上限，并且对样本 $X_1, X_2, \cdots, X_n$ 都满足 $\hat{\theta}_L(X_1, X_2, \cdots, X_n) \leqslant \hat{\theta}_U(X_1, X_2, \cdots, X_n)$，则 $[\hat{\theta}_L(X_1, X_2, \cdots, X_n), \hat{\theta}_U(X_1, X_2, \cdots, X_n)]$ 是参数 θ 的置信水平为 $1-\alpha_1-\alpha_2$ 的置信区间.

证明   由于 $\{\hat{\theta}_L(X_1, X_2, \cdots, X_n) \leqslant \theta \leqslant \hat{\theta}_U(X_1, X_2, \cdots, X_n)\}$，$\{\theta < \hat{\theta}_L(X_1, X_2, \cdots, X_n)\}$ 和 $\{\theta > \hat{\theta}_U(X_1, X_2, \cdots, X_n)\}$ 是三个互不相容的事件，并且这三个事件的并是必然事件，则

$$P_\theta\{\hat{\theta}_L(X_1, X_2, \cdots, X_n) \leqslant \theta \leqslant \hat{\theta}_U(X_1, X_2, \cdots, X_n)\}$$
$$= 1 - P_\theta\{\theta < \hat{\theta}_L(X_1, X_2, \cdots, X_n)\} - P_\theta\{\theta > \hat{\theta}_U(X_1, X_2, \cdots, X_n)\}.$$

由置信限的定义，有

$$P_\theta\{\theta < \hat{\theta}_L(X_1, X_2, \cdots, X_n)\} < \alpha_1,$$
$$P_\theta\{\theta > \hat{\theta}_U(X_1, X_2, \cdots, X_n)\} < \alpha_2.$$

因此

$$P_\theta\{\hat{\theta}_L(X_1, X_2, \cdots, X_n) \leqslant \theta \leqslant \hat{\theta}_U(X_1, X_2, \cdots, X_n)\} \geqslant 1 - \alpha_1 - \alpha_2.$$

引理证毕.

上面的置信区间和置信限都是针对单参数的情况，如果将其推广到 $k(k \geqslant 2)$ 维参数的情况，则有如下定义.

定义 4.1.6(置信域)　设 $\mathcal{F}=\{f(x,\theta):\theta\in\Theta\}$ 是一个参数分布族, Θ 是参数空间, $\theta=(\theta_1,\theta_2,\cdots,\theta_k)\in\Theta\subseteq\mathbf{R}^k$. $X_1,X_2,\cdots,X_n$ 是来自分布族 $\mathcal{F}$ 中某个总体 $f(x,\theta)$ 的样本. 如果统计量 $S(X_1,X_2,\cdots,X_n)$ 满足:

(1) 对于任意的一个样本 $X_1,X_2,\cdots,X_n$, $S(X_1,X_2,\cdots,X_n)$ 都是 Θ 的子集;

(2) 给定 $0<\alpha<1$, 对于任意的 $\theta\in\Theta$ 均有 $P_\theta\{\theta\in S(X_1,X_2,\cdots,X_n)\}\geqslant 1-\alpha$ 成立, 则称 $S(X_1,X_2,\cdots,X_n)$ 是参数 θ 的置信水平为 $1-\alpha$ 的置信域, 称 $\inf\limits_{\theta\in\Theta}P_\theta\{\theta\in S(X_1,X_2,\cdots,X_n)\}$ 为相应的置信系数.

对于参数 $\boldsymbol{\theta}$ 是多维的情况, 置信域的形状可以是各种各样的. 但是, 在实际应用中, 我们通常只关注于一些规则的几何图形, 如其各面与坐标平面平行的长方体、球、椭球等. 特别地, 当置信域是长方体(其面与坐标平面平行)时, 又称为**联合区间估计**. 构造置信区间的方法主要有如下两种方法, 一是枢轴量法; 二是利用假设检验来构造置信区间.

本章我们主要介绍利用枢轴变量构造置信区间的方法, 而利用假设检验构造置信区间的方法将在第 5 章中介绍.

习题 4.1

1. 叙述置信区间的概念, 并说明置信水平的含义.

2. 一个未知参数的点估计和区间估计有什么区别? 有了点估计为什么要引入区间估计?

3. 在给定置信水平 $1-\alpha$ 下, 未知参数的置信区间是否唯一, 若唯一请证明, 若不唯一请举例说明.

4. 设 $X_1,X_2,\cdots,X_n$ 是来自正态总体 $N(\mu,\sigma^2)$ 的样本, 其中 $\mu\in\mathbf{R}$ 为未知参数, $\sigma>0$ 已知, 记 $\overline{X}=\dfrac{1}{n}\sum\limits_{i=1}^n X_i$, 则当 μ 的置信区间为 $\left[\overline{X}-\dfrac{\sigma}{\sqrt{n}}u_{0.05},\overline{X}+\dfrac{\sigma}{\sqrt{n}}u_{0.05}\right]$ 时, 求置信水平.

5. 设 $X_1,X_2,\cdots,X_n$ 是来自正态总体 $N(\mu,\sigma^2)$ 的样本, 其中 $\mu\in\mathbf{R}$, $\sigma>0$ 为未知参数, 记 $\overline{X}=\dfrac{1}{n}\sum\limits_{i=1}^n X_i$, $S^2=\dfrac{1}{n-1}\sum\limits_{i=1}^n(X_i-\overline{X})^2$, 则当 μ 的置信上限为 $\overline{X}+\dfrac{S}{\sqrt{n}}t_{0.05}(n-1)$ 时, 求置信水平.

4.2　正态总体参数的置信区间

4.2.1　枢轴量法

枢轴量法是在点估计的基础上构造参数的置信区间, 其主要思想是：点估计是基于样本获得的最可能接近参数真值的估计量，围绕点估计值构造的区间估计包含参数真实值的可能性会大一些. 下面通过一个例子来说明基于点估计构造置信区间的方法.

枢轴量法和单个正态
总体均值的区间估计

例 4.2.1   设 $X_1, X_2, \cdots, X_n$ 是来自正态总体 $N(\mu, \sigma^2)$ 的样本，其中 μ 是未知参数，$\sigma > 0$ 已知. 求参数 μ 的置信水平为 $1-\alpha$ 的置信区间.

解   在第 3 章我们介绍了参数 μ 的一个好的点估计（一致最小方差无偏估计）为 $\overline{X} = \dfrac{1}{n} \sum\limits_{i=1}^{n} X_i$，且 $\overline{X} \sim N(\mu, \sigma^2/n)$，将其标准化，得

$$U = \frac{\sqrt{n}\,(\overline{X} - \mu)}{\sigma} \sim N(0, 1).$$

随机变量 U 的分布与参数 μ 无关，由正态分布的对称性，有

$$P_\mu \left\{ \left| \frac{\sqrt{n}\,(\overline{X} - \mu)}{\sigma} \right| \leqslant u_{\alpha/2} \right\} = 1 - \alpha,$$

其中 $u_{\alpha/2}$ 表示标准正态分布的上 $\alpha/2$ 分位数. 经过变换，可得

$$P_\mu \left\{ \overline{X} - \frac{\sigma}{\sqrt{n}} u_{\alpha/2} \leqslant \mu \leqslant \overline{X} + \frac{\sigma}{\sqrt{n}} u_{\alpha/2} \right\} = 1 - \alpha.$$

这说明 $\left[\overline{X} - \dfrac{\sigma}{\sqrt{n}} u_{\alpha/2}, \overline{X} + \dfrac{\sigma}{\sqrt{n}} u_{\alpha/2} \right]$ 是参数 μ 的置信水平为 $1-\alpha$ 的置信区间.

通过上面的例子，我们可以总结构造参数 θ 的置信区间的步骤如下：

（1）寻找参数 θ 的一个好的点估计 $T(X_1, X_2, \cdots, X_n)$，如例 4.2.1 中的 $\overline{X} = \dfrac{1}{n} \sum\limits_{i=1}^{n} X_i$.

（2）构造一个关于 $T(X_1, X_2, \cdots, X_n)$ 和参数 θ 的函数 $G(T(X_1, X_2, \cdots, X_n), \theta)$ 满足：

1）$G(T(X_1, X_2, \cdots, X_n), \theta)$ 的表达式与参数 θ 有关；

2）$G(T(X_1, X_2, \cdots, X_n), \theta)$ 的分布与参数 θ 无关.

（3）找到一个区间 $[a, b]$，使得 $P\{ a \leqslant G(T(X_1, X_2, \cdots, X_n), \theta) \leqslant b \} = 1 - \alpha$. 通过变换，获得

$$P\{ \hat{\theta}_1(X_1, X_2, \cdots, X_n) \leqslant \theta \leqslant \hat{\theta}_2(X_1, X_2, \cdots, X_n) \} = 1 - \alpha.$$

这说明 $[\hat{\theta}_1(X_1, X_2, \cdots, X_n), \hat{\theta}_2(X_1, X_2, \cdots, X_n)]$ 是参数 θ 的置信水平为 $1-\alpha$ 的置信区间.

在步骤（2）中构造的函数 $G(T(X_1, X_2, \cdots, X_n), \theta)$ 被称为枢轴

量,其定义如下.

> **定义 4.2.1(枢轴量)** 令 $G(X_1,X_2,\cdots,X_n,\theta)$ 是样本 $(X_1,X_2,\cdots,X_n)$ 和参数 θ 的一个可测函数,当且仅当 $G(X_1,X_2,\cdots,X_n,\theta)$ 的分布不依赖于参数 θ 时,$G(X_1,X_2,\cdots,X_n,\theta)$ 被称为**枢轴量**(pivotal variable).

使用枢轴量法构造置信区间需注意以下几点.

(1)枢轴量通常不是一个统计量,但是其分布已知.

(2)如果被估计量为参数 θ 的函数 $g(\theta)$,$g(\theta)$ 是定义在参数空间 Θ 上的单调增函数,假设已知参数 θ 的置信区间为 $[\hat{\theta}_1,\hat{\theta}_2]$,则 $g(\theta)$ 的置信区间为 $[g(\hat{\theta}_1),g(\hat{\theta}_2)]$. 如果 $g(\theta)$ 是定义在参数空间 Θ 上的单调减函数,则 $g(\theta)$ 的置信区间为 $[g(\hat{\theta}_2),g(\hat{\theta}_1)]$.

(3)上述枢轴量方法中,关键在于构造枢轴量. 由于一个"好"的点估计量落在被估计量附近处的概率比较大,尽量用好的估计量构造置信区间,使得置信区间有更好的精度.

(4)经常选取 a,b 满足

$$P\{G(T,\theta)<a\}=\alpha/2,\quad P\{G(T,\theta)>b\}=\alpha/2.$$

这是一种习惯做法,此时,置信区间不一定是最短的.

(5)上面的方法对于置信上限和置信下限也适用. 选取常数 a(或 b),使得

$$P\{a\leqslant G(T,g(\theta))\}=1-\alpha,\quad \forall\theta\in\Theta,$$

或

$$P\{G(T,g(\theta))\leqslant b\}=1-\alpha,\quad \forall\theta\in\Theta.$$

由此可以构造参数 θ 的函数 $g(\theta)$ 的置信上限或置信下限.

4.2.2 单个正态总体均值的置信区间

在实际应用中,正态分布的应用非常广泛. 因此,寻找正态分布两个参数 μ 和 σ^2 的区间估计是经常会碰到的问题. 设 $X_1,X_2,\cdots,X_n$ 是来自正态总体 $N(\mu,\sigma^2)$ 的样本,样本均值和样本方差分别为

$$\overline{X}=\frac{1}{n}\sum_{i=1}^{n}X_i,$$

$$S^2=\frac{1}{n-1}\sum_{i=1}^{n}(X_i-\overline{X})^2.$$

下面,我们分两种情况来讨论正态总体均值参数置信区间的构造方法.

1. σ^2 已知，求参数 μ 的置信区间

这个问题已经在例 4.2.1 进行了讨论. 根据例 4.2.1 的分析，我们知道在 σ^2 已知的情况下，参数 μ 的置信水平为 $1-\alpha$ 的置信区间为

$$\left[\overline{X}-\frac{\sigma}{\sqrt{n}}u_{\alpha/2},\overline{X}+\frac{\sigma}{\sqrt{n}}u_{\alpha/2}\right], \qquad (4.2.1)$$

对应的区间长度为 $l_n=2\sigma u_{\alpha/2}/\sqrt{n}$，关于区间长度做如下解释说明.

（1）l_n 越小，置信区间提供的信息越精确.

（2）置信区间的中心是样本均值.

（3）在样本容量 n 给定的情况下，如果 σ^2 变大，则区间长度变长，精度变低. 这是因为总体方差变大，参数 μ 的估计变得不容易了.

（4）减小 α 的值，标准正态分布的分位数 $u_{\alpha/2}$ 增大，区间的置信水平 $1-\alpha$ 增加，但是区间长度 l_n 也随之增加，区间精度降低. 因此，置信区间长度越长，精度越低.

（5）样本容量 n 越大，置信区间越短，精度越高.

（6）给定置信水平 $1-\alpha$，可以利用上述关系来确定合适的样本容量.

例 4.2.2 假设某流水线生产的某型号电容元器件的容量服从正态分布 $N(\mu,0.05^2)$，通过简单随机采样获得下面一组样本的观察值（单位：μF）

0.993,0.877,1.043,1.057,1.073,0.875.

试求均值 μ 的置信水平为 95% 的置信区间. 如果希望获得的区间估计的长度不超过 0.05，还应该增加多少样本观察值？

解 基于题目条件和样本数据可以知道 $n=6$，$\sigma=0.05$，通过计算获得样本均值为 0.986. 通过查表或者利用Python、R 可以计算 $u_{0.025}=1.96$. 代入式（4.2.1），可以获得均值 μ 的置信水平为 95% 的置信区间为 $[0.946,1.026]$.

上述区间估计的长度为 $0.08>0.05$. 要达到区间长度不大于 0.05 的要求，就需要增加样本容量，即

$$l_n=\frac{2\sigma}{\sqrt{n}}u_{\alpha/2}\leqslant 0.05$$

$$\Rightarrow n\geqslant\left(\frac{2\sigma}{0.05}u_{\alpha/2}\right)^2$$

$$\Rightarrow n=\left\lceil\left(\frac{2\sigma}{0.05}u_{\alpha/2}\right)^2\right\rceil.$$

通过计算，获得 $n=16$，即如果让区间估计长度不超过 0.05 就需

要再增加 10 个观察值.

2. σ^2 未知，求参数 μ 的置信区间

当 σ^2 未知时，参数 μ 的一个好的点估计依然是 $\overline{X}$. 但是，$\dfrac{\sqrt{n}(\overline{X}-\mu)}{\sigma}$ 表达式除了跟 μ 有关外还依赖于未知参数 σ，因此不能用作构造 μ 的置信区间的枢轴量. 一个比较自然的想法是用一个统计量将 σ 替换掉. 前面我们提到过，样本标准差 S 是参数 σ 的一个好的估计. 因此，用 S 替换 σ，有

$$T=\frac{\sqrt{n}(\overline{X}-\mu)}{S}.$$

根据第 2 章的定理 2.3.5，可知 $T\sim t(n-1)$. T 的表达式只跟参数 μ 有关，并且分布跟 μ 无关. 因此，T 是一个枢轴量. 因为 $t(n-1)$ 是对称分布，令

$$P\{|T|>c\}=1-\alpha,$$

求解得 $c=t_{\alpha/2}(n-1)$，其中 $t_{\alpha/2}(n-1)$ 表示自由度为 $n-1$ 的 t 分布的上 $\alpha/2$ 分位数. 通过变换，可以得到在 σ 未知的情况下，参数 μ 的置信水平为 $1-\alpha$ 的置信区间为

$$\left[\overline{X}-\frac{S}{\sqrt{n}}t_{\alpha/2}(n-1),\overline{X}+\frac{S}{\sqrt{n}}t_{\alpha/2}(n-1)\right]. \tag{4.2.2}$$

例 4.2.3 假设某流水线生产的某型号电容元器件的容量服从正态分布 $N(\mu,\sigma^2)$，其中 μ 和 σ^2 均未知，通过简单随机采样获得下面一组样本的观察值（单位：μF）

$$0.993,0.877,1.043,1.057,1.073,0.875.$$

试求参数 μ 的置信水平为 95% 的置信区间.

解 首先，基于题目条件和样本数据可以知道 $n=6$，通过计算获得样本均值为 0.986，样本标准差为 $S=0.09$. 通过查表或者利用 Python、R 可以计算 $t_{0.025}(5)=2.5706\approx2.571$. 代入式（4.2.2），可以获得参数 μ 的置信水平为 95% 的置信区间为 $[0.892,1.081]$.

例 4.2.4 根据长期经验知道某式枪弹底火壳二台高 X（如果对具体问题不熟悉，只需理解 X 是长度指标即可）服从正态分布 $N(\mu,\sigma^2)$，现在随机抽取底火壳 20 个，测得二台高 X 的结果（单位：mm）为

4.96，4.95，4.92，4.94，4.96，4.94，4.97，4.96，4.97，4.97，

5.01，4.97，4.98，5.01，4.97，4.98，4.99，4.98，5.00，5.00.

（1）当 $\sigma^2=(0.017)^2$ 已知时，求底火壳二台高 X 的均值 $E(X)=\mu$ 的置信水平为 95% 的置信区间.

（2）当 σ^2 未知时，求底火壳二台高 X 的均值 $E(X)=\mu$ 的置信水平为 95% 的置信区间.

解 （1）因为 σ^2 已知，因此底火壳二台高 X 的均值 μ 的置信区间形式为

$$\left[\overline{X}-\frac{\sigma}{\sqrt{n}}u_{\alpha/2},\overline{X}+\frac{\sigma}{\sqrt{n}}u_{\alpha/2}\right],$$

查表得 $u_{\alpha/2}=u_{0.025}=1.96$，计算得 $\overline{X}=4.9715$，$n=20$，代入上式得到 μ 的置信区间为 $[4.964,4.979]$. 这就是说，我们有 95% 的把握断定区间 $[4.964,4.979]$ 包含底火壳二台高 X 的均值 $E(X)$.

（2）因为 σ^2 未知，因此底火壳二台高 X 的均值 μ 的置信区间形式为

$$\left[\overline{X}-\frac{S}{\sqrt{n}}t_{\alpha/2}(n-1),\overline{X}+\frac{S}{\sqrt{n}}t_{\alpha/2}(n-1)\right],$$

查表得 $t_{\alpha/2}(n-1)=t_{0.025}(19)=2.093$，计算得 $\overline{X}=4.9715$，$S^2=0.0237^2$，$n=20$，代入上式得到 μ 的置信区间为 $[4.96,4.983]$.

从上面两个例子可以看出，当 σ^2 未知时，参数 μ 的区间估计相对会变长，精度会降低.

4.2.3 单个正态总体方差的置信区间

下面，我们分两种情况来讨论正态总体方差的区间估计.

1. μ 已知，求参数 σ^2 的置信区间

根据前面章节的介绍，我们知道在 μ 已知的情况下，参数 σ^2 的一个好的估计为

单个正态总体
方差的区间估计

$$S_\mu^2=\frac{1}{n}\sum_{i=1}^{n}(X_i-\mu)^2,$$

并且 $\frac{nS_\mu^2}{\sigma^2}\sim\chi^2(n)$，其表达式与 σ^2 有关，但分布与参数 σ^2 无关. 因此，我们可以选取 $T=\frac{nS_\mu^2}{\sigma^2}$ 作为构造置信区间的枢轴量. 假设存在一对常数 c_1 和 c_2，使得 $P\{c_1\leqslant T\leqslant c_2\}=1-\alpha$. 然后再通过反解获得参数 σ^2 的置信水平为 $1-\alpha$ 的置信区间为

$$\left[\frac{nS_\mu^2}{c_2},\frac{nS_\mu^2}{c_1}\right].$$

接下来的问题就是如何选择合适的 c_1 和 c_2. 按照奈曼准则，应该寻找 c_1 和 c_2，使得 $P\{c_1\leqslant T\leqslant c_2\}=1-\alpha$ 并且区间长度最短. 在计算机技术和科学计算方法飞速发展之前，求解上述有限制的优化问题不是一件容易的事情. 实际应用过程中经常使用满足下面条

件的 c_1 和 c_2：

$$P\{nS_\mu^2/\sigma^2 < c_1\} = \alpha/2,$$

$$P\{nS_\mu^2/\sigma^2 > c_2\} = \alpha/2.$$

根据 $\chi^2(n)$ 分布的特征有 $c_1 = \chi_{1-\alpha/2}^2(n)$ 及 $c_2 = \chi_{\alpha/2}^2(n)$. 由此可以获得参数 σ^2 的置信水平为 $1-\alpha$ 的置信区间为

$$\left[\frac{nS_\mu^2}{\chi_{\alpha/2}^2(n)}, \frac{nS_\mu^2}{\chi_{1-\alpha/2}^2(n)}\right]. \tag{4.2.3}$$

当然，随着科学技术的发展，我们也可以利用 Python 和 R 编写程序求解最优(区间长度最短)的 c_1 和 c_2. 关于编程求解最优区间的内容本书不做过多的讨论.

例 4.2.5 假设某流水线生产某品牌的罐装橙汁，按照要求罐装橙汁量的均值为 350mL 并且服从正态分布，为了评估该流水线生产的产品的一致性，通过简单随机抽样获得下面的观察值(单位：mL)：

$$348.04, 354.59, 354.46, 348.03, 351.54,$$

$$352.04, 345.93, 347.68, 351.60, 349.67.$$

试求该流水线生产产品方差 σ^2 的置信水平为 95% 的置信区间.

解 基于观察值可以知道 $n = 10$，通过计算可以获得 $S_\mu^2 = 7.98$，通过查表或者利用 Python、R 可以获得 $\chi_{0.025}^2(10) = 20.483$ 以及 $\chi_{0.975}^2(10) = 3.247$，代入式(4.2.3)可以获得该生产线上生产橙汁的方差的置信水平为 95% 的置信区间为 $[3.90, 24.59]$.

2. μ 未知，求参数 σ^2 的置信区间

当 μ 未知的时候，参数 σ^2 的一个好的估计(一致最小方差无偏估计)是 $S^2 = \dfrac{1}{n-1}\sum_{i=1}^n (X_i - \overline{X})^2$. 并且，由定理 2.3.3 可知 $\dfrac{(n-1)S^2}{\sigma^2} \sim \chi^2(n-1)$，其表达式依赖于 σ^2 但是分布与 σ^2 无关. 因此，我们可以取 $T = \dfrac{(n-1)S^2}{\sigma^2}$ 作为枢轴量. 与参数 μ 已知的情况类似，我们可以推导出在 μ 未知的情形下，参数 σ^2 的置信水平为 $1-\alpha$ 的置信区间为

$$\left[\frac{(n-1)S^2}{\chi_{\alpha/2}^2(n-1)}, \frac{(n-1)S^2}{\chi_{1-\alpha/2}^2(n-1)}\right]. \tag{4.2.4}$$

例 4.2.6 假设某流水线生产某品牌的罐装橙汁，按照要求罐装橙汁量服从正态分布，但是均值未知，为了评估该流水线生产的产品的一致性，通过简单随机抽样获得下面的观察值

$$348.04, 354.59, 354.46, 348.03, 351.54,$$
$$352.04, 345.93, 347.68, 351.60, 349.67.$$

试求该流水线生产产品方差 σ^2 的置信水平为 95% 的置信区间.

解　基于观察值，计算获得 $S^2 = 8.73$，通过查表或者利用 Python、R 可以获得 $\chi^2_{0.025}(9) = 19.023$ 以及 $\chi^2_{0.975}(9) = 2.70$，代入式 (4.2.4) 可以获得该生产线上生产橙汁的方差的置信水平为 95% 的置信区间为 $[4.13, 29.09]$.

上面我们讨论了在参数 μ 已知或者未知情况下，参数 σ^2 的置信区间的构造方法. 对于参数 σ，相对应的置信水平为 $1-\alpha$ 的置信区间为

$$\left[\left(\frac{nS_\mu^2}{\chi^2_{\alpha/2}(n)} \right)^{1/2}, \left(\frac{nS_\mu^2}{\chi^2_{1-\alpha/2}(n)} \right)^{1/2} \right],$$

$$\left[\left(\frac{(n-1)S^2}{\chi^2_{\alpha/2}(n-1)} \right)^{1/2}, \left(\frac{(n-1)S^2}{\chi^2_{1-\alpha/2}(n-1)} \right)^{1/2} \right].$$

单个正态总体未知参数的置信区间（置信水平为 $1-\alpha$）见表 4.2.1.

表 4.2.1　单个正态总体未知参数的置信区间（置信水平为 $1-\alpha$）

待估参数	其他参数	枢轴量	分布	置信区间
μ	σ^2 已知	$\dfrac{\overline{X}-\mu}{\sigma/\sqrt{n}}$	$N(0,1)$	$\left[\overline{X} - \dfrac{\sigma}{\sqrt{n}} u_{\alpha/2}, \overline{X} + \dfrac{\sigma}{\sqrt{n}} u_{\alpha/2} \right]$
	σ^2 未知	$\dfrac{\overline{X}-\mu}{S/\sqrt{n}}$	$t(n-1)$	$\left[\overline{X} - \dfrac{S}{\sqrt{n}} t_{\alpha/2}(n-1), \overline{X} + \dfrac{S}{\sqrt{n}} t_{\alpha/2}(n-1) \right]$
σ^2	μ 已知	$\dfrac{nS_\mu^2}{\sigma^2}$	$\chi^2(n)$	$\left[\dfrac{\sum\limits_{i=1}^{n}(X_i-\mu)^2}{\chi^2_{\alpha/2}(n)}, \dfrac{\sum\limits_{i=1}^{n}(X_i-\mu)^2}{\chi^2_{1-\alpha/2}(n)} \right]$
	μ 未知	$\dfrac{(n-1)S^2}{\sigma^2}$	$\chi^2(n-1)$	$\left[\dfrac{\sum\limits_{i=1}^{n}(X_i-\overline{X})^2}{\chi^2_{\alpha/2}(n-1)}, \dfrac{\sum\limits_{i=1}^{n}(X_i-\overline{X})^2}{\chi^2_{1-\alpha/2}(n-1)} \right]$

其中 $\overline{X} = \dfrac{1}{n} \sum\limits_{i=1}^{n} X_i$，$S^2 = \dfrac{1}{n-1} \sum\limits_{i=1}^{n} (X_i - \overline{X})^2$，$S_\mu^2 = \dfrac{1}{n} \sum\limits_{i=1}^{n} (X_i - \mu)^2$.

4.2.4　两个正态总体均值差的置信区间

在实际应用中，我们经常会碰到对两个正态总体的均值或者方差进行比较的问题. 比如，比较工艺改进之后生产线的产量是否有提升（均值比较），或者比较两个流水线生产的产品质量波动大小（方差比较）. 假设 $X_1, X_2, \cdots, X_m$ 是来自正态总体 $N(\mu_1, \sigma_1^2)$ 的

两个正态总体均值差的区间估计

样本，$Y_1, Y_2, \cdots, Y_n$ 是来自正态总体 $N(\mu_2, \sigma_2^2)$ 的样本，并且两个样本相互独立. 记

$$\overline{X} = \frac{1}{m} \sum_{i=1}^{m} X_i, \qquad S_1^2 = \frac{1}{m-1} \sum_{i=1}^{m} (X_i - \overline{X})^2,$$

$$\overline{Y} = \frac{1}{n} \sum_{i=1}^{n} Y_i, \qquad S_2^2 = \frac{1}{n-1} \sum_{i=1}^{n} (Y_i - \overline{Y})^2.$$

我们分四种情况讨论均值差 $\mu_2 - \mu_1$ 的置信水平为 $1-\alpha$ 的置信区间.

1. σ_1^2 和 σ_2^2 均已知，求 $\mu_2 - \mu_1$ 的置信区间

首先，我们考虑最简单的一种情况，就是两个正态总体的方差 σ_1^2 和 σ_2^2 均已知的情形. 此时，$\overline{Y} - \overline{X}$ 是 $\mu_2 - \mu_1$ 的一个好的估计(一致最小方差无偏估计)，并且服从均值为 $\mu_2 - \mu_1$、方差为 $\sigma_1^2/m + \sigma_2^2/n$ 的正态分布，即 $\overline{Y} - \overline{X} \sim N(\mu_2 - \mu_1, \sigma_1^2/m + \sigma_2^2/n)$. 经过标准化，有

$$T = \frac{(\overline{Y} - \overline{X}) - (\mu_2 - \mu_1)}{\sqrt{\sigma_1^2/m + \sigma_2^2/n}} \sim N(0,1).$$

由于 T 的表达式依赖于 $\mu_2 - \mu_1$，但是分布与 $\mu_2 - \mu_1$ 无关，可以作为枢轴量来构造 $\mu_2 - \mu_1$ 的置信区间. 类似于式(4.2.1)的推导，可以获得参数 $\mu_2 - \mu_1$ 的置信水平为 $1-\alpha$ 的置信区间为

$$\left[\overline{Y} - \overline{X} - u_{\alpha/2} \sqrt{\sigma_1^2/m + \sigma_2^2/n}, \overline{Y} - \overline{X} + u_{\alpha/2} \sqrt{\sigma_1^2/m + \sigma_2^2/n} \right]. \qquad (4.2.5)$$

2. $\sigma_1^2 = \sigma_2^2 = \sigma^2$ 未知，求 $\mu_2 - \mu_1$ 的置信区间

当 $\sigma_1^2 = \sigma_2^2 = \sigma^2$ 未知时，我们需要找一个合适的估计量将式(4.2.5)中的 σ_1^2 和 σ_2^2 替换掉. 令

$$S_\omega^2 = \frac{(m-1)S_1^2 + (n-1)S_2^2}{m+n-2} = \frac{\sum\limits_{i=1}^{m} (X_i - \overline{X})^2 + \sum\limits_{i=1}^{n} (Y_i - \overline{Y})^2}{m + n - 2}.$$

根据定理 2.3.6 可知，

$$T_\omega = \frac{(\overline{Y} - \overline{X}) - (\mu_2 - \mu_1)}{S_\omega \sqrt{1/m + 1/n}} \sim t(m+n-2).$$

由于 T_ω 的表达式依赖于 $\mu_2 - \mu_1$ 但是分布与 $\mu_2 - \mu_1$ 无关，可以作为枢轴量来构造 $\mu_2 - \mu_1$ 的置信区间. 类似于式(4.2.2)的推导，可以获得参数 $\mu_2 - \mu_1$ 的置信水平为 $1-\alpha$ 的置信区间为

$$\left[\overline{Y} - \overline{X} - S_\omega t_{\alpha/2}(m+n-2) \sqrt{1/m + 1/n}, \overline{Y} - \overline{X} + S_\omega t_{\alpha/2}(m+n-2) \sqrt{1/m + 1/n} \right].$$

$$(4.2.6)$$

3. $\sigma_1^2 \neq \sigma_2^2$ 未知且 $m = n$，求 $\mu_2 - \mu_1$ 的置信区间

当 $m = n$ 时，令 $Z_i = Y_i - X_i$. 由于 $X_1, X_2, \cdots, X_m$ 和 $Y_1, Y_2, \cdots, Y_n$

相互独立，则 $Z_1, Z_2, \cdots, Z_n$ 是来自正态总体 $N(\mu_2-\mu_1, \sigma_1^2+\sigma_2^2)$ 的样本. 令 $\tilde{\mu} = \mu_2-\mu_1$ 及 $\tilde{\sigma}^2 = \sigma_1^2+\sigma_2^2$, 有 $Z_i \sim N(\tilde{\mu}, \tilde{\sigma}^2)$. 两个正态总体均值差 $\mu_2-\mu_1$ 的置信区间构造问题就转化为单个正态总体均值 $\tilde{\mu}$ 的置信区间构造问题. 根据单个正态总体置信区间的构造方法可以获得, $\tilde{\mu} = \mu_2-\mu_1$ 的置信水平为 $1-\alpha$ 的置信区间为

$$\left[\bar{Z} - \frac{S_Z}{\sqrt{n}} t_{\alpha/2}(n-1), \bar{Z} + \frac{S_Z}{\sqrt{n}} t_{\alpha/2}(n-1) \right], \qquad (4.2.7)$$

其中 $\bar{Z} = \dfrac{1}{n} \sum\limits_{i=1}^{n} (Y_i - X_i) = \bar{Y} - \bar{X}$, $S_Z = \sqrt{\dfrac{1}{n-1} \sum\limits_{i=1}^{n} (Z_i - \bar{Z})^2}$.

4. $\sigma_1^2 \neq \sigma_2^2$ 未知且 $m \neq n$, 求 $\mu_2-\mu_1$ 的置信区间

参数 $\mu_2-\mu_1$ 的置信区间构造问题是贝伦斯(Behrens)在 1929 年从实际应用中提出的. 但是, 这种更一般情况下的区间估计构造问题至今依然有学者开展相关研究. 费希尔首先对一般情况给出近似解法. 随后许多著名统计学家, 如雪费(Scheffe)和韦尔奇(Welch)等也研究过这个问题. 但至今还没有简单、精确的解法, 只提出一些近似的解法. 下面给出两种近似结果. 我们知道

$$T = \frac{(\bar{Y} - \bar{X}) - (\mu_2-\mu_1)}{\sqrt{\sigma_1^2/m + \sigma_2^2/n}} \sim N(0,1).$$

但是, T 的表达式除了依赖于 $\mu_2-\mu_1$ 还依赖于未知参数 σ_1^2 和 σ_2^2, 因此不能作为枢轴量. 令 $S_*^2 = S_1^2/m + S_2^2/n$, 并用 S_* 替代上式中的 $\sqrt{\sigma_1^2/m + \sigma_2^2/n}$, 则有

$$T_* = \frac{(\bar{Y} - \bar{X}) - (\mu_2-\mu_1)}{\sqrt{S_1^2/m + S_2^2/n}}.$$

当 m 和 n 均非常大时, 根据样本方差估计的相合性有 $S_1^2 \xrightarrow{P} \sigma_1^2$ 和 $S_2^2 \xrightarrow{P} \sigma_2^2$. 利用斯卢茨基(Slutsky)引理进一步得到 T_* 渐近服从标准正态分布 $N(0,1)$. 此时, 参数 $\mu_2-\mu_1$ 的置信水平为 $1-\alpha$ 的置信区间为

$$\left[\bar{Y} - \bar{X} - u_{\alpha/2}\sqrt{S_1^2/m + S_2^2/n}, \bar{Y} - \bar{X} + u_{\alpha/2}\sqrt{S_1^2/m + S_2^2/n} \right]. \qquad (4.2.8)$$

而当 m 和 n 不是非常大时, 根据韦尔奇在 1938 年给出的 Behrens-Fisher 问题的近似解, 可以用自由度为 r_* 的 t 分布来近似 T_* 的分布, 其中

$$r_* = S_*^4 \left/ \left(\frac{S_1^4}{m^2(m-1)} + \frac{S_2^4}{n^2(n-1)} \right) \right..$$

根据上式求得的 r_* 通常不为整数, 在实际应用中, 我们取与之最接近的整数. 此时, 参数 $\mu_2-\mu_1$ 的置信水平为 $1-\alpha$ 的置信区间为

$$\left[\overline{Y} - \overline{X} - S_* t_{\alpha/2}(r_*), \overline{Y} - \overline{X} + S_* t_{\alpha/2}(r_*) \right]. \tag{4.2.9}$$

例 4.2.7　　在某电子产品的试验过程中,工程师们需要了解两个路线上的电压差. 因此,用相同精度的仪器对两个路线上的电压进行 5 次重复测量,获得的数据为

　　第一条路线:40.059　39.921　39.692　40.101　40.123

　　第二条路线:61.189　61.317　61.445　61.099　61.391

仪器设备的测量方差为 $\sigma^2 = 0.0225$ 已知. 试分析两个路线上的电压差的置信水平为 95% 的置信区间.

　　解　这个问题是一个方差已知的均值差置信区间的构造问题. 两个样本的样本容量 $n = m = 5$. 令 $X_1, X_2, \cdots, X_5$ 表示第一条路线的样本来自正态分布 $N(\mu_1, 0.15^2)$, $Y_1, Y_2, \cdots, Y_5$ 表示第二条路线的样本来自正态分布 $N(\mu_2, 0.15^2)$. 通过计算可以获得 $\overline{X} = 39.979$ 和 $\overline{Y} = 61.288$. 查表或者利用 Python、R 计算获得 $u_{\alpha/2} = 1.96$,代入式 (4.2.5) 可以获得两条路线上电压差 $\mu_2 - \mu_1$ 的置信水平为 95% 的置信区间为 $[21.123, 21.495]$.

例 4.2.8　　假设上例中测量仪器的方差 σ^2 未知,试分析两个路线上的电压差的置信水平为 95% 的置信区间.

　　解　此时问题就转化为 $\sigma_1^2 = \sigma_2^2 = \sigma^2$ 未知的情况下均值差的置信区间构造问题. 通过计算可以获得 $S_\omega^2 = 0.026$,查表或者利用 Python、R 计算获得 $t_{\alpha/2}(8) = 2.306$,代入式 (4.2.6) 可以获得两条路线上电压差 $\mu_2 - \mu_1$ 的置信水平为 95% 的置信区间为 $[21.074, 21.544]$.

4.2.5 两个正态总体方差比的置信区间

　　在实际中,我们也经常会碰到比较两个总体方差的问题. 例如,流水线设备进行升级换代以后,生产的产品指标的一致性之间的差异比较问题. 同样,在方差比置信区间的构造问题中,均值是讨厌参数,我们也需要分情况来进行讨论.

　　设总体 $X \sim N(\mu_1, \sigma_1^2)$,总体 $Y \sim N(\mu_2, \sigma_2^2)$,且 X 与 Y 相互独立,$X_1, X_2, \cdots, X_m$ 是来自总体 X 的样本,$Y_1, Y_2, \cdots, Y_n$ 是来自总体 Y 的样本. 记

$$\overline{X} = \frac{1}{m} \sum_{i=1}^{m} X_i, \qquad S_1^2 = \frac{1}{m-1} \sum_{i=1}^{m} (X_i - \overline{X})^2,$$

$$\overline{Y} = \frac{1}{n} \sum_{i=1}^{n} Y_i, \qquad S_2^2 = \frac{1}{n-1} \sum_{i=1}^{n} (Y_i - \overline{Y})^2.$$

我们分两种情形求 σ_1^2/σ_2^2 的置信水平为 $1 - \alpha$ 的置信区间.

1. 均值 μ_1 和 μ_2 已知，求 σ_1^2/σ_2^2 的置信区间

如果均值 μ_1 和 μ_2 已知，根据定理 2.3.4，得

$$\frac{mS_{\mu_1}^2}{\sigma_1^2} \sim \chi^2(m),$$

$$\frac{nS_{\mu_2}^2}{\sigma_2^2} \sim \chi^2(n),$$

两个正态总体方差比的区间估计

其中 $S_{\mu_1}^2 = \dfrac{1}{m}\sum\limits_{i=1}^{m}(X_i-\mu_1)^2$，$S_{\mu_2}^2 = \dfrac{1}{n}\sum\limits_{i=1}^{n}(Y_i-\mu_2)^2$. 由于 $\dfrac{mS_{\mu_1}^2}{\sigma_1^2}$ 和 $\dfrac{nS_{\mu_2}^2}{\sigma_2^2}$ 相互独立，所以

$$F = \frac{\dfrac{mS_{\mu_1}^2}{\sigma_1^2}\bigg/ m}{\dfrac{nS_{\mu_2}^2}{\sigma_2^2}\bigg/ n} = \frac{S_{\mu_1}^2/S_{\mu_2}^2}{\sigma_1^2/\sigma_2^2} \sim F(m,n).$$

F 的表达式依赖于 σ_1^2/σ_2^2 但是分布与 σ_1^2/σ_2^2 无关，因此可以作为枢轴量构造方差比的置信区间. 假设存在 c_1 和 c_2 使得 $P\{c_1 \leqslant F \leqslant c_2\} = 1-\alpha$，则

$$P\left\{\frac{1}{c_2}\frac{S_{\mu_1}^2}{S_{\mu_2}^2} \leqslant \frac{\sigma_1^2}{\sigma_2^2} \leqslant \frac{1}{c_1}\frac{S_{\mu_1}^2}{S_{\mu_2}^2}\right\} = 1-\alpha.$$

那么，两个正态总体方差比 σ_1^2/σ_2^2 的置信水平为 $1-\alpha$ 的置信区间为

$$\left[\frac{1}{c_2}\frac{S_{\mu_1}^2}{S_{\mu_2}^2}, \frac{1}{c_1}\frac{S_{\mu_1}^2}{S_{\mu_2}^2}\right].$$

理论上，最优的 c_1 和 c_2 应该使得区间的平均长度达到最短且满足

$$P\{c_1 \leqslant F \leqslant c_2\} = 1-\alpha.$$

在科学计算方法快速发展之前，解上述问题不是一件容易的事情. 通常取 $c_1 = F_{1-\alpha/2}(m,n)$ 以及 $c_2 = F_{\alpha/2}(m,n)$，这样找到的 c_1 和 c_2 虽然不能使置信区间的精度最高，但是表达式简单便于实际应用计算.

注 借助 Python 或者 R 进行编程可以求解上述优化问题，获得最优的 c_1 和 c_2.

因此，两个正态总体方差比 σ_1^2/σ_2^2 的置信水平为 $1-\alpha$ 的置信区间为

$$\left[\frac{1}{F_{\alpha/2}(m,n)}\frac{S_{\mu_1}^2}{S_{\mu_2}^2}, \frac{1}{F_{1-\alpha/2}(m,n)}\frac{S_{\mu_1}^2}{S_{\mu_2}^2}\right]. \tag{4.2.10}$$

2. 均值 μ_1 和 μ_2 未知，求 σ_1^2/σ_2^2 的置信区间

当总体均值 μ_1 和 μ_2 未知的时候，我们需要将上面 F 中的讨厌

参数用估计替换掉. 而根据定理 2.3.3 可知, $\dfrac{(m-1)S_1^2}{\sigma_1^2} \sim \chi^2(m-1)$ 以

及 $\dfrac{(n-1)S_2^2}{\sigma_2^2} \sim \chi^2(n-1)$,并且相互独立. 因此,我们可以构造

$$F = \frac{S_1^2/S_2^2}{\sigma_1^2/\sigma_2^2} \sim F(m-1, n-1)$$

作为枢轴量. 类似于式(4.2.10)的推导,两个正态总体方差比 σ_1^2/σ_2^2 的置信水平为 $1-\alpha$ 的置信区间为

$$\left[\frac{1}{F_{\alpha/2}(m-1, n-1)} \frac{S_1^2}{S_2^2}, \frac{1}{F_{1-\alpha/2}(m-1, n-1)} \frac{S_1^2}{S_2^2} \right]. \quad (4.2.11)$$

例 4.2.9 某工厂生产固态功率控制器中的关键元器件 MOS 管,其质量一致性对航天航空飞行器的可靠性提升具有非常重要的作用. 为了提升产品一致性,该工厂对生产流程进行了优化升级. 为了分析生产流程改进前后产品一致性的变化,工程师们从改进前和改进后的产品中分别随机抽取了 10 个样品并对其导通电阻进行测量,获得的数据为

改进前: 349.35 348.71 351.99 352.08 350.29
 350.16 350.63 348.68 351.62 348.22

改进后: 354.31 354.14 353.19 353.01 352.65
 351.18 352.94 353.35 354.25 352.75

试分析生产流程改进前后产品导通电阻方差比的置信水平为 95% 的置信区间.

解 通过计算可以获得 $S_1^2 = 2.013$ 以及 $S_2^2 = 0.881$,查表或者利用 Python、R 计算获得 $F_{\alpha/2}(9,9) = 4.026$ 和 $F_{1-\alpha/2}(9,9) = 0.248$,代入式(4.2.11)可以计算得到生产流程改进前后产品导通电阻方差比的置信水平为 95% 的置信区间为 $[0.568, 9.203]$.

两个正态总体均值差和方差比的置信区间(置信水平为 $1-\alpha$) 见表 4.2.2.

表 4.2.2 两个正态总体均值差和方差比的置信区间

待估参数	其他参数	枢轴量	分布	置信区间
$\mu_2 - \mu_1$	σ_1^2, σ_2^2 均已知	$\dfrac{\overline{Y} - \overline{X} - (\mu_2 - \mu_1)}{\sqrt{\sigma_1^2/m + \sigma_2^2/n}}$	$N(0,1)$	$\left[\overline{Y} - \overline{X} - u_{\alpha/2}\sqrt{\sigma_1^2/m + \sigma_2^2/n}, \right.$ $\left. \overline{Y} - \overline{X} + u_{\alpha/2}\sqrt{\sigma_1^2/m + \sigma_2^2/n} \right]$
	$\sigma_1^2 = \sigma_2^2 = \sigma^2$ 但 σ^2 未知	$\dfrac{\overline{Y} - \overline{X} - (\mu_2 - \mu_1)}{S_\omega \sqrt{\dfrac{1}{m} + \dfrac{1}{n}}}$	$t(m+n-2)$	$\left[\overline{Y} - \overline{X} - t_{\alpha/2}(m+n-2) S_\omega \sqrt{\dfrac{1}{m} + \dfrac{1}{n}}, \right.$ $\left. \overline{Y} - \overline{X} + t_{\alpha/2}(m+n-2) S_\omega \sqrt{\dfrac{1}{m} + \dfrac{1}{n}} \right]$

（续）

待估参数	其他参数	枢轴量	分布	置信区间
$\mu_2-\mu_1$	σ_1^2,σ_2^2 均未知，但 $m=n$	$\dfrac{\overline{Z}-(\mu_1-\mu_2)}{S_z/\sqrt{n}}$	$t(n-1)$	$\left[\overline{Y}-\overline{X}-\dfrac{S_z}{\sqrt{n}}t_{\alpha/2}(n-1)\right.$ $\left.\overline{Y}-\overline{X}+\dfrac{S_z}{\sqrt{n}}t_{\alpha/2}(n-1)\right]$
$\dfrac{\sigma_1^2}{\sigma_2^2}$	μ_1,μ_2 均已知	$\dfrac{S_{\mu_1}^2/S_{\mu_2}^2}{\sigma_1^2/\sigma_2^2}$	$F(m,n)$	$\left[\dfrac{S_{\mu_1}^2}{S_{\mu_2}^2}\dfrac{1}{F_{\alpha/2}(m,n)},\right.$ $\left.\dfrac{S_{\mu_1}^2}{S_{\mu_2}^2}\dfrac{1}{F_{1-\alpha/2}(m,n)}\right]$
	μ_1,μ_2 均未知	$\dfrac{S_1^2/S_2^2}{\sigma_1^2/\sigma_2^2}$	$F(m-1,n-1)$	$\left[\dfrac{S_1^2}{S_2^2}\dfrac{1}{F_{\alpha/2}(m-1,n-1)},\right.$ $\left.\dfrac{S_1^2}{S_2^2}\dfrac{1}{F_{1-\alpha/2}(m-1,n-1)}\right]$

习题 4.2

1. 设 $X_1,X_2,\cdots,X_n$ 是来自正态总体 $N(\mu,16)$ 的样本，为使 $[\overline{X}-1,\overline{X}+1]$ 是 μ 的置信水平为 $1-\alpha$ 的置信区间，样本容量 n 至少应为多少？

2. 设轴承内环的锻压零件的高度服从正态分布 $N(\mu,\sigma^2)$，其中 $\sigma^2=0.4^2$. 现从中随机抽取 20 只内环，测得高度（单位：mm）为

32.27,32.56,32.73,32.98,31.94,32.50,32.09,

32.33,32.43,32.13,32.72,32.41,32.05,32.19,

32.15,32.55,31.51,32.16,31.92,32.28.

求内环平均高度的置信水平为 95% 的置信区间.

3. 设在上题中 σ 未知，求内环平均高度的置信水平分别为 95% 和 99% 的置信区间.

4. 某厂生产的化纤强度服从正态分布 $N(\mu,\sigma^2)$，长期以来其标准差稳定在 $\sigma=0.85$，现随机抽取一个容量为 $n=25$ 的样本，测定其强度，计算得样本均值为 $\overline{x}=2.25$，求这批化纤平均强度的置信水平为 95% 的置信区间.

5. 设 $X_1,X_2,\cdots,X_n$ 是来自正态总体 $N(\mu,\sigma^2)$ 的样本，$\sigma^2=\sigma_0^2$ 已知，问样本容量 n 取多大时才能保证 μ 的置信水平为 $1-\alpha(0<\alpha<1)$ 的置信区间的长度不大于 k？

6. 设 $X_1,X_2,\cdots,X_n$ 是来自正态总体 $N(\mu,1)$ 的样本，为使 μ 的置信水平为 95% 的置信区间长度不超过 1.2，样本容量应为多大？

7. 用一架天平重复称量一个重为 μ 的物品 n 次，设各次称量结果相互独立且都服从正态分布 $N(\mu,0.04)$. n 次称量结果的算术平均值为 $\overline{X}$，求使得 $P\{|\overline{X}-\mu|\le0.1\}\ge0.95$ 的 n 的最小值.

8. 设 0.50，1.25，0.80，2.00 是来自总体 X 的样本，已知 $Y=\ln X$ 服从正态分布 $N(\mu,1)$.

（1）求 X 的数学期望 $E(X)$；

（2）求 μ 的置信水平为 95% 的置信区间；

（3）求 $E(X)$ 的置信水平为 95% 的置信区间.

9. 为了解一台测量长度的仪器的精度，对一根长 30mm 的标准金属棒进行了 6 次测量，结果（单位：mm）是

30.1,29.9,29.8,30.3,30.2,29.6.

假如测量值服从正态分布 $N(30,\sigma^2)$，求 σ^2 的置信水平为 95% 的置信区间.

10. 设 $X_1,X_2,\cdots,X_n$ 是来自正态总体 $N(\mu,\sigma^2)$ 的样本，a，b 为常数，且 $0<a<b$，求随机区间 $\left[\sum_{i=1}^{n}\dfrac{(X_i-\mu)^2}{b},\sum_{i=1}^{n}\dfrac{(X_i-\mu)^2}{a}\right]$ 的长度 L 的数学期望和方差.

11. 设 $X_1, X_2, \cdots, X_n$ 是来自正态总体 $N(\mu, \sigma^2)$ 的样本，a, b 为常数，且 $0 < a < b$，求随机区间 $\left[\sum_{i=1}^{n} \frac{(X_i - \bar{X})^2}{b}, \sum_{i=1}^{n} \frac{(X_i - \bar{X})^2}{a} \right]$ 的长度 L 的数学期望和方差.

12. 设某种白炽灯泡的使用寿命服从正态分布 $N(\mu, \sigma^2)$，测试 10 只灯泡的寿命的均值为 $\bar{x} = 1500(h)$，标准差为 $s = 20(h)$，分别求 μ, σ^2 的置信水平为 95% 的置信区间.

13. 随机地从一批零件中抽取 16 个进行测量，测得其长度（单位：cm）为

2. 14, 2. 10, 2. 13, 2. 15, 2. 13, 2. 12, 2. 13, 2. 10,

2. 15, 2. 12, 2. 14, 2. 10, 2. 13, 2. 11, 2. 14, 2. 11.

假定该零件长度服从正态分布 $N(\mu, \sigma^2)$.

（1）若 $\sigma^2 = 0.01^2$，求 μ 的置信水平为 95% 的置信区间；

（2）若 σ^2 未知，求 μ 的置信水平为 95% 的置信区间；

（3）求 σ^2 的置信水平为 95% 的置信区间.

14. 随机选取 9 发炮弹，测得炮弹的炮口速度的样本标准差 $s = 11 \text{m/s}$，若炮弹的炮口速度服从正态分布 $N(\mu, \sigma^2)$，其中 μ, σ^2 未知，求标准差 σ 的置信水平为 95% 的单侧置信上限.

15. 为研究某型号汽车轮胎的磨耗，随机选择 16 只轮胎，每只轮胎行驶到磨坏为止，记录所行驶路程（单位：km）如下：

41250, 40187, 43175, 41010, 39265, 41872, 42654, 41287,

38970, 40200, 42550, 41095, 40680, 43500, 39775, 40400.

设这些数据来自正态总体 $N(\mu, \sigma^2)$，其中 μ, σ^2 未知，求 μ 的置信水平为 95% 的单侧置信下限.

16. 设 $X_1, X_2, \cdots, X_n$ 是来自正态总体 $N(\mu, \sigma^2)$ 的样本，若要使 $\frac{1}{4} \left[\sum_{i=1}^{n} (X_i - \bar{X})^2 \right]^{1/2}$ 为 σ 的置信水平为 95% 的单侧置信下限，样本容量 n 至少应取多少？

17. 从某地区随机抽取成人男、女各 100 名，测量并计算得男子身高的平均值为 $\bar{x} = 1.71 \text{m}$，标准差为 $s_1 = 0.035 \text{m}$，女子身高的平均值为 $\bar{y} = 1.67 \text{m}$，标准差为 $s_2 = 0.038 \text{m}$. 设男、女身高分别服从正态分布 $N(\mu_1, \sigma^2)$ 和 $N(\mu_2, \sigma^2)$，求男女平均身高之差 $\mu_1 - \mu_2$ 的置信水平为 95% 的置信区间.

18. 某公司利用两条自动化流水线灌装矿泉水. 设这两条流水线所装的矿泉水的体积分别服从正态分布 $N(\mu_1, \sigma^2)$ 和 $N(\mu_2, \sigma^2)$. 现从生产线上抽取样本 $X_1, X_2, \cdots, X_{12}$ 和 $Y_1, Y_2, \cdots, Y_{17}$，它们是每瓶矿泉水的体积（单位：mL）. 计算得样本均值分别为 $\bar{x} = 501.1$ 和 $\bar{y} = 499.7$，样本方差分别为 $s_1^2 = 2.4$，$s_2^2 = 4.7$. 求 $\mu_1 - \mu_2$ 的置信水平为 95% 的置信区间.

19. 枪弹的速度（单位：m/s）服从正态分布，为了比较两种枪弹的速度，在相同的条件下进行速度测定. 算得数据如下：

枪弹甲：$m = 110$，$\bar{x} = 2805$，$s_1 = 120.41$，

枪弹乙：$n = 100$，$\bar{y} = 2680$，$s_2 = 105.00$.

求这两种枪弹的平均速度之差的置信水平近似为 95% 的置信区间.

20. 两台机床加工同一种零件，分别抽取 6 个和 9 个零件，测量其长度并算得样本方差分别为 $s_1^2 = 0.245$，$s_2^2 = 0.357$. 假定两台机床加工零件的长度分别服从正态分布 $N(\mu_1, \sigma_1^2)$ 和 $N(\mu_2, \sigma_2^2)$. 求两总体标准差之比 σ_1 / σ_2 的置信水平为 95% 的置信区间.

21. 设从总体 $X \sim N(\mu_1, \sigma_1^2)$ 和总体 $Y \sim N(\mu_2, \sigma_2^2)$ 中分别抽取容量为 $m = 10$，$n = 15$ 的样本，计算得样本均值分别为 $\bar{x} = 82$，$\bar{y} = 76$，样本方差分别为 $s_X^2 = 56.5$，$s_Y^2 = 52.4$.

（1）若已知 $\sigma_1^2 = 64$，$\sigma_2^2 = 49$，求 $\mu_1 - \mu_2$ 的置信水平为 95% 的置信区间；

（2）若 $\sigma_1^2 = \sigma_2^2$ 未知，求 $\mu_1 - \mu_2$ 的置信水平为 95% 的置信区间；

（3）若对 σ_1^2，σ_2^2 一无所知，求 $\mu_1 - \mu_2$ 的置信水平近似为 95% 的置信区间；

（4）求 σ_1^2 / σ_2^2 的置信水平为 95% 的置信区间.

22. 假设人体身高服从正态分布，现抽测甲、乙两地区 18~25 岁女青年身高的数据如下：甲地区抽取 10 名，样本均值 1.64m，样本标准差 0.2m，乙地区抽取 10 名，样本均值 1.62m，样本标准差 0.4m.

（1）求两正态总体方差比的置信水平为 95% 的置信区间；

（2）求两正态总体均值差的置信水平为 95% 的置信区间.

23. 有两位化验员 A 与 B 独立地对一批聚合物

含氯量用同样方法各进行 10 次重复测定，其样本方差分别为 $s_A^2 = 0.5419$ 与 $s_B^2 = 0.6065$，若 A 与 B 的测量值分别服从正态分布 $N(\mu_A, \sigma_A^2)$，$N(\mu_B, \sigma_B^2)$，求总体方差比 σ_A^2/σ_B^2 的置信水平为 95% 的单侧置信上限.

24. 设 $X_1, X_2, \cdots, X_m$ 是来自正态总体 $N(\mu, \sigma_1^2)$ 的样本，$Y_1, Y_2, \cdots, Y_n$ 是来自正态总体 $N(c\mu, \sigma_2^2)$ 的样本，其中 $c, \sigma_1^2, \sigma_2^2$ 已知，μ 未知，$c \neq 0$. 且两组样本 $X_1, X_2, \cdots, X_m, Y_1, Y_2, \cdots, Y_n$ 独立.

（1）求 μ 的一致最小方差无偏估计（UMVUE）$\hat{\mu}$；

（2）基于 $\hat{\mu}$ 构造 μ 的一个置信水平为 $1-\alpha$ 的置信区间.

25. 设有 3 个同方差的正态总体，现从中各取一个样本，样本容量 n 和 $Q^2 = \sum_{i=1}^{n} (X_i - \overline{X})^2$ 的值分别为

n	6	3	8
Q^2	40	20	50

求共同方差 σ^2 的置信水平为 0.95 的单侧置信上限.

26. 设 $X_1, X_2, \cdots, X_m$ 是来自正态总体 $N(\mu_1, \sigma_1^2)$ 的样本，$Y_1, Y_2, \cdots, Y_n$ 是来自正态总体 $N(\mu_2, \sigma_2^2)$ 的样本，且两组样本 $X_1, X_2, \cdots, X_m, Y_1, Y_2, \cdots, Y_n$ 独立. 当 $\sigma_2^2/\sigma_1^2 = \lambda$ 且 λ 已知时，求 $\mu_2 - \mu_1$ 的置信水平为 $1-\alpha$ 的置信区间.

4.3　非正态总体参数的置信区间

4.2 节介绍了针对正态总体，包括单个正态总体和两个正态总体的参数置信区间的构造方法. 本节继续讨论利用枢轴量法构造其他非正态总体参数置信区间的问题. 枢轴量的分布有时容易求得，有时并不容易求得. 当枢轴量的精确分布不容易获得的时候，就需要利用大样本理论来获得枢轴量的渐近分布，并基于渐近分布构造参数的置信区间. 下面，我们来介绍非正态总体参数置信区间的构造方法：一是小样本方法，即枢轴量的精确分布已知；二是大样本方法，即枢轴量的精确分布不容易获得.

4.3.1　小样本方法

1. 指数分布参数的置信区间

指数分布参数的置信区间在实际工程和科学研究中，特别是在可靠性分析中有非常广泛的应用. 设 $X_1, X_2, \cdots, X_n$ 是来自于指数分布 $E(\lambda)$ 的样本，其密度函数为

$$f(x) = \begin{cases} \lambda e^{-\lambda x}, & x > 0, \\ 0, & x \leqslant 0, \end{cases}$$

其中 $\lambda > 0$ 是未知参数. 通常关心的问题是参数 λ 或者 $1/\lambda$ 的置信水平为 $1-\alpha$ 的置信区间.

在参数的点估计部分介绍了 $\overline{X}$ 是参数 $1/\lambda$ 的一致最小方差无偏估计. 根据指数分布和卡方分布之间的关系（定理 2.3.8）可知 $T = 2\lambda n \overline{X} \sim \chi^2(2n)$. T 的表达式依赖于参数 λ 但是分布与 λ 无关，因此可以作为枢轴量来构造参数 λ 的置信区间. 假设 c_1 和 c_2 满足

非正态总体参数
的置信区间——
小样本方法

$P\{c_1 \leqslant T \leqslant c_2\} = 1-\alpha$ 成立，则参数 λ 的置信水平为 $1-\alpha$ 的置信区间为

$$\left[\frac{c_1}{2n\overline{X}}, \frac{c_2}{2n\overline{X}}\right].$$

剩下的问题就是如何确定 c_1 和 c_2. 同样，最优的 c_1 和 c_2 应该使得区间的平均长度达到最短且满足

$$P\{c_1 \leqslant T \leqslant c_2\} = 1-\alpha.$$

解上述优化问题不是一件容易的事情. 通常取 $c_1 = \chi^2_{1-\alpha/2}(2n)$ 和 $c_2 = \chi^2_{\alpha/2}(2n)$，这样找到的 c_1 和 c_2 虽然不能使置信区间的精度最高，但是表达式简单便于实际应用. 由此获得参数 λ 的置信水平为 $1-\alpha$ 的置信区间为

$$\left[\frac{\chi^2_{1-\alpha/2}(2n)}{2n\overline{X}}, \frac{\chi^2_{\alpha/2}(2n)}{2n\overline{X}}\right]. \tag{4.3.1}$$

总体均值 $E(X) = \dfrac{1}{\lambda}$ 的一个置信水平为 $1-\alpha$ 的置信区间为

$$\left[\frac{2n\overline{X}}{\chi^2_{\alpha/2}(2n)}, \frac{2n\overline{X}}{\chi^2_{1-\alpha/2}(2n)}\right]. \tag{4.3.2}$$

例 4.3.1 某工厂生产某种电子元器件，为了解该电子元器件的寿命，工程师从生产的产品中随机抽取了 10 个样品进行测试并获得其寿命数据为（单位：kh）

$$51.198, 29.092, 154.949, 94.141, 54.775,$$
$$225.471, 79.341, 38.891, 205.883, 195.727.$$

已知这种电子元器件的寿命分布为指数分布 $E(\lambda)$，试根据上述试验数据分析该电子元器件平均寿命的置信水平为 95% 的置信区间.

解 指数分布的均值为 $\theta = 1/\lambda$，工程师们关心的是参数 θ 的置信区间. 因为 θ 是参数 λ 的单调函数，所以我们可以先构造参数 λ 的置信区间，再经过变换获得参数 θ 的置信区间. 基于上述观察值，通过计算可以获得 $\overline{X} = 112.947$，查表或者利用 Python、R 计算获得 $\chi^2_{0.975}(20) = 9.591$ 和 $\chi^2_{0.025}(20) = 34.170$. 根据式 (4.3.2) 可以获得参数 θ 的置信水平为 95% 的置信区间为

$$\left[\frac{2n\overline{X}}{\chi^2_{\alpha/2}(2n)}, \frac{2n\overline{X}}{\chi^2_{1-\alpha/2}(2n)}\right] = [66.109, 235.527].$$

2. 均匀分布参数的置信区间

设 $X_1, X_2, \cdots, X_n$ 是来自均匀分布 $U[0, \theta]$ 的样本，关心的是参数 θ 的置信区间. 在参数的点估计部分介绍了 $X_{(n)} = \max\{X_1, X_2, \cdots, X_n\}$ 是充分统计量，并且 $(n+1)X_{(n)}/n$ 是参数 θ 的一致最小

方差无偏估计. 由于 $X_i \sim U[0,\theta]$, $i=1,2,\cdots,n$, 所以有 $X_i/\theta \sim U[0,1]$, $i=1,2,\cdots,n$, 则 $X_{(n)}/\theta$ 的密度函数为

$$f(y) = \begin{cases} ny^{n-1}, & 0 \leqslant y \leqslant 1, \\ 0, & \text{其他}. \end{cases}$$

$X_{(n)}/\theta$ 的表达式依赖于 θ 但是分布与 θ 无关, 因此构造枢轴量为

$$G(X_{(n)}, \theta) = \frac{X_{(n)}}{\theta}.$$

对给定 $\alpha(0<\alpha<1)$, 只要取 c_1 和 $c_2(c_1<c_2)$ 满足

$$1-\alpha = P\{c_1 \leqslant G(X_{(n)}, \theta) \leqslant c_2\} = \int_{c_1}^{c_2} ny^{n-1}\mathrm{d}y = c_2^n - c_1^n,$$

即

$$c_2^n - c_1^n = 1-\alpha.$$

而 $c_1 \leqslant \dfrac{X_{(n)}}{\theta} \leqslant c_2$ 可以等价变形为 $\dfrac{X_{(n)}}{c_2} \leqslant \theta \leqslant \dfrac{X_{(n)}}{c_1}$. 考虑区间平均长度最短的精度要求, 得到 $c_2=1$, $c_1 = \sqrt[n]{\alpha}$, 从而在形如 $\left[\dfrac{X_{(n)}}{c_2}, \dfrac{X_{(n)}}{c_1}\right]$ 的置信水平 $1-\alpha$ 的置信区间中, 区间

$$\left[X_{(n)}, \frac{X_{(n)}}{\sqrt[n]{\alpha}}\right]$$

的平均长度最短.

　　从上述区间估计的求法可以看出, 在枢轴量法中, 枢轴量起到了轴心的作用, 只要求出一个区间, 使得枢轴量落在这个区间中的概率为 $1-\alpha$, 就可以转化为参数的置信水平为 $1-\alpha$ 的置信区间, 这就是枢轴量这个名称的由来.

　　上面的例子都是针对连续型总体的, 而枢轴量法对于离散型随机变量不容易操作, 原因是对于给定的 $1-\alpha$, 一般不存在确定的分位数. 下面我们利用大样本方法来讨论两点分布和泊松分布等的置信区间.

4.3.2 大样本方法

1. 两点分布参数的置信区间

　　两点分布在实际应用和科学研究中的应用也比较广泛. 比如, 工程师经常用两点分布来描述生产线上产品的状态. 令 X 表示产品的状态, 取值为 $\{0(正品), 1(次品)\}$, 则 X 的分布为两点分布 $B(1,p)$. 工程师关心的是次品率 p 的置信区间.

　　设 $X_1, X_2, \cdots, X_n$ 是来自两点分布 $B(1,p)$ 的样本, 即

$$P\{X=x\} = \begin{cases} p, & x=1, \\ 1-p, & x=0. \end{cases}$$

非正态总体参数
的置信区间——
大样本方法

由于 $S_n = \sum_{i=1}^{n} X_i$ 服从二项分布 $B(n,p)$，并且 S_n 的均值和方差分别为 np 和 $np(1-p)$．根据中心极限定理可以获得

$$\frac{S_n - np}{\sqrt{np(1-p)}} = \frac{\overline{X} - p}{\sqrt{p(1-p)/n}} \xrightarrow{\mathcal{L}} N(0,1), \quad n \to +\infty.$$

因此可以选取 $T = \dfrac{S_n - np}{\sqrt{np(1-p)}}$ 为枢轴量来构造参数 p 的置信区间．

由分位数定义，$P\{|T| \leqslant u_{\alpha/2}\} \approx 1-\alpha$，其中 $|T| \leqslant u_{\alpha/2}$ 等价于 $(n+u_{\alpha/2}^2)p^2 - (2n\overline{X} + u_{\alpha/2}^2)p + n\overline{X}^2 \leqslant 0$．求解获得参数 p 的置信水平近似为 $1-\alpha$ 的置信区间为

$$\left[\frac{n}{n+u_{\alpha/2}^2} \left(\overline{X} + \frac{1}{2n} u_{\alpha/2}^2 \pm u_{\alpha/2} \sqrt{\frac{\overline{X}(1-\overline{X})}{n} + \frac{u_{\alpha/2}^2}{4n^2}} \right) \right].$$

令 $\hat{p} = \overline{X}$，根据参数估计的相合性 $\hat{p} \xrightarrow{P} p$，则 $\sqrt{\dfrac{p(1-p)}{\hat{p}(1-\hat{p})}} \xrightarrow{P} 1$．对 T 乘以 $\sqrt{\dfrac{p(1-p)}{\hat{p}(1-\hat{p})}}$ 可以获得 $\dfrac{\hat{p} - p}{\sqrt{\hat{p}(1-\hat{p})/n}} \xrightarrow{\mathcal{L}} N(0,1)$．由此获得参数 p 的置信水平近似为 $1-\alpha$ 的置信区间为

$$\left[\overline{X} - u_{\alpha/2} \sqrt{\hat{p}(1-\hat{p})/n}, \overline{X} + u_{\alpha/2} \sqrt{\hat{p}(1-\hat{p})/n} \right]. \tag{4.3.3}$$

因为式(4.3.3)的计算更为简单，在实际应用中有非常广泛的应用．

例 4.3.2　某地区随机调查了七岁以下的儿童 2452 名，发现患有肥胖病的有 56 名，试以 98% 的置信水平给出该地区全部七岁以下儿童的肥胖发病率的区间估计．

解　$n = 2452$，$\hat{p} = \overline{X} = 56/2452 \approx 0.023$．$\alpha/2 = 0.01$，$u_{0.01} = 2.33$．$p$ 的 98% 近似置信区间为 $[0.023 - 2.33 \times 0.003, 0.023 + 2.33 \times 0.003]$，即 $[0.016, 0.03]$．

例 4.3.3　设来自一大批产品的 100 件样品中，有一级品 60 件，求这批产品的一级品率的 95% 置信区间．

解　$n = 100$，$\hat{p} = \overline{X} = 0.6$．$\alpha/2 = 0.025$，$u_{0.025} = 1.96$．$p$ 的近似 95% 置信区间为 $[0.6 - 1.96 \times 0.049, 0.6 + 1.96 \times 0.049]$，即 $[0.504, 0.696]$．因此，在这批产品中以 95% 的可靠度估计一级品率在 50.4% 至 69.6% 之间．

例 4.3.4　在某电视节目收视率的调查中，随机抽取了 500 户家庭，其中有 200 户家庭收看该电视节目．试求收视率 p 的 95% 置信区间．

解　收视率 p 是两点分布的参数．$n = 500$，$\hat{p} = \overline{X} = 200/500 =$

0.4. $\alpha/2 = 0.025$，$u_{0.025} = 1.96$．p 的 95% 近似置信区间为 $[0.36, 0.44]$．

2. 泊松分布参数的置信区间

设 $X_1, X_2, \cdots, X_n$ 是来自泊松分布 $P(\lambda)$ 的样本，其分布列为

$$P\{X = k\} = \frac{\lambda^k e^{-\lambda}}{k!}, k = 0, 1, 2, \cdots.$$

关心参数 λ 的置信区间．利用泊松分布的可加性可知 $S_n = \sum_{i=1}^{n} X_i$ 服从参数为 $n\lambda$ 的泊松分布，其均值和方差均为 $n\lambda$．由中心极限定理有

$$\frac{S_n - n\lambda}{\sqrt{n\lambda}} \xrightarrow{\mathcal{L}} N(0, 1), n \rightarrow +\infty.$$

用 $T = \dfrac{S_n - n\lambda}{\sqrt{n\lambda}}$ 作为枢轴量来构造参数 λ 的置信区间．当 n 比较大的时候，$P\{|T| \leqslant u_{\alpha/2}\} \approx 1 - \alpha$，因此，参数 λ 的置信水平近似为 $1 - \alpha$ 的置信区间为

$$\left[\frac{S_n}{n} + \frac{u_{\alpha/2}^2}{2n} - u_{\alpha/2} \sqrt{\frac{u_{\alpha/2}^2}{4n^2} + \frac{S_n}{n^2}}, \frac{S_n}{n} + \frac{u_{\alpha/2}^2}{2n} + u_{\alpha/2} \sqrt{\frac{u_{\alpha/2}^2}{4n^2} + \frac{S_n}{n^2}} \right].$$

同样的思路，令 $\hat{\lambda} = \overline{X}$，根据矩估计的相合性有 $\hat{\lambda} \xrightarrow{P} \lambda$．因此，

$$\frac{\sqrt{n}(\hat{\lambda} - \lambda)}{\hat{\lambda}} \xrightarrow{\mathcal{L}} N(0, 1), n \rightarrow +\infty.$$

由此获得参数 λ 的置信水平近似为 $1 - \alpha$ 的置信区间为

$$\left[\hat{\lambda} - u_{\alpha/2} \sqrt{\frac{\hat{\lambda}}{n}}, \hat{\lambda} + u_{\alpha/2} \sqrt{\frac{\hat{\lambda}}{n}} \right]. \tag{4.3.4}$$

同样，在实际应用中多应用式（4.3.4）来构造泊松分布参数 λ 的置信区间．

*3. 利用极大似然估计构造参数的置信区间

对于更一般的分布，依然可以利用渐近分布来构造参数的置信区间．在参数点估计部分介绍了极大似然估计以及极大似然估计的渐近正态性．设 $X_1, X_2, \cdots, X_n$ 是来自某个总体 $f(x, \theta)$ 的样本，$\hat{\theta} = \hat{\theta}(X_1, X_2, \cdots, X_n)$ 是参数 θ 的极大似然估计，且有如下结论：

$$\sqrt{n}(\hat{\theta} - \theta) \xrightarrow{\mathcal{L}} N(0, I^{-1}(\theta)), n \rightarrow +\infty,$$

其中，$I(\theta) = E_\theta \left(\dfrac{\partial \log f(x, \theta)}{\partial \theta} \right)^2$ 是参数的费希尔信息量．根据极大

似然估计的相合性有 $I(\hat{\theta}) \xrightarrow{P} I(\theta)$，利用 $I(\hat{\theta})$ 代替 $I(\theta)$ 则有

$$T=\frac{\sqrt{n}\,(\hat{\theta}-\theta)}{1/\sqrt{I(\hat{\theta})}} \xrightarrow{\mathcal{L}} N(0,1),\ n\rightarrow+\infty.$$

T 的表达式依赖于参数 θ 但是渐近分布为标准正态分布，因此可以作为枢轴量来构造参数 θ 的置信区间. 根据 $P\{|T|\leqslant u_{\alpha/2}\} \approx 1-\alpha$ 可以获得参数 θ 的置信水平近似为 $1-\alpha$ 的置信区间为

$$\left[\hat{\theta}-\frac{u_{\alpha/2}}{\sqrt{nI(\hat{\theta})}},\hat{\theta}+\frac{u_{\alpha/2}}{\sqrt{nI(\hat{\theta})}}\right]. \tag{4.3.5}$$

习题 4.3

1. 设某电子产品的寿命服从指数分布 $E(\lambda)$，其密度函数为

$$f(x)=\begin{cases}\lambda e^{-\lambda x}, & x>0,\\ 0, & \text{其他},\end{cases}\ \text{其中} \lambda>0,$$

现从该分布的一批产品中抽取容量为 9 的样本，测得寿命为(单位：kh)

$$15,45,50,53,60,65,70,83,90.$$

求平均寿命 $1/\lambda$ 的置信水平为 90% 的置信区间和置信上、下限.

2. 设 $X_1,X_2,\cdots,X_n$ 是来自总体 X 的样本，且 X 的分布函数为 $F(x,\theta)$，$F(x,\theta)$ 是 x 的连续函数，且是 θ 的严格单调函数.

(1) 证明 $-2\sum_{i=1}^{n}\ln F(X_i,\theta)\sim \chi^2(2n)$；

(2) 取 $F(x,\theta)=\begin{cases}x^\theta, & 0<x<1,\\ 0, & \text{其他},\end{cases}$ 求参数 θ 的置信水平为 $1-\alpha$ 的置信区间.

3. 设 $X_1,X_2,\cdots,X_n$ 是来自总体 X 的样本，且 X 的密度函数为

$$f(x,\theta)=\begin{cases}\dfrac{\theta}{x^2}, & x>\theta,\\ 0, & \text{其他},\end{cases}\ \text{其中} \theta>0.$$

求参数 θ 的置信水平为 $1-\alpha$ 的置信区间.

4. 设 $X_1,X_2,\cdots,X_n$ 是来自总体 X 的样本，且 X 的密度函数为

$$f(x)=\begin{cases}2\lambda x e^{-\lambda x^2}, & x>0,\\ 0, & \text{其他},\end{cases}\ \text{其中} \lambda>0.$$

求参数 λ 的置信水平为 $1-\alpha$ 的置信区间.

5. 设 $X_1,X_2,\cdots,X_n$ 是来自总体 X 的样本，且 X 的密度函数为

$$f(x)=\begin{cases}e^{-(x-\theta)}, & x>\theta,\\ 0, & \text{其他},\end{cases}\ \text{其中} \theta\in\mathbf{R}.$$

求参数 θ 的置信水平为 $1-\alpha$ 的置信区间.

6. 设 $X_1,X_2,\cdots,X_n$ 是来自均匀分布总体 $U[\theta-1/2,\theta+1/2]$ 的样本，其中 $\theta\in\mathbf{R}$，记 $X_{(1)}\leqslant X_{(2)}\leqslant\cdots\leqslant X_{(n)}$ 为其顺序统计量. 求参数 θ 的置信水平为 $1-\alpha$ 的置信区间.

7. 设 $X_1,X_2,\cdots,X_n$ 是来自均匀分布总体 $U[\theta_1,\theta_2]$，$\theta_1<\theta_2$ 的样本，记 $X_{(1)}\leqslant X_{(2)}\leqslant\cdots\leqslant X_{(n)}$ 为其顺序统计量. 求参数 $(\theta_1+\theta_2)/2$ 的置信水平为 $1-\alpha$ 的置信区间.

8. 设 $X_1,X_2,\cdots,X_m$ 是来自指数分布总体 X 的样本，且 X 的密度函数为

$$f(x)=\begin{cases}\lambda_1 e^{-\lambda_1 x}, & x>0,\\ 0, & \text{其他},\end{cases}\ \text{其中} \lambda_1>0,$$

设 $Y_1,Y_2,\cdots,Y_n$ 是来自指数分布总体 Y 的样本，且 Y 的密度函数为

$$f(y)=\begin{cases}\lambda_2 e^{-\lambda_2 y}, & y>0,\\ 0, & \text{其他},\end{cases}\ \text{其中} \lambda_2>0,$$

且样本 $X_1,X_2,\cdots,X_m$ 与 $Y_1,Y_2,\cdots,Y_n$ 独立，求 λ_2/λ_1 的置信水平为 $1-\alpha$ 的置信区间.

9. 设 $X_1,X_2,\cdots,X_n$ 是来自总体 X 的样本，且 X 的密度函数为

$$f(x,\theta)=\frac{1}{\pi\left[1+(x-\theta)^2\right]}, \quad -\infty<x<+\infty, -\infty<\theta<+\infty,$$

求位置参数 θ 的置信水平近似为 $1-\alpha$ 的置信区间.

10. 在一批货物中随机抽取 100 件，发现有 16 件不合格品，求这批货物的不合格品率的置信水平近似为 95% 的置信区间.

11. 设 $X_1,X_2,\cdots,X_n$ 是来自总体 X 的样本，且 X 的分布函数为 $F(x)$，且 $F(x)$ 是未知分布函数，求当 n 充分大时，总体均值 $E(X)$（假定存在）的置信水平近似为 $1-\alpha$ 的置信区间.

12. 设 $X_1,X_2,\cdots,X_n$ 是来自两点分布 $B(1,p)$ 的样本，求参数 p 的置信水平近似为 $1-\alpha$ 的单侧置信上限和下限.

参数估计和假设检验是数理统计的两个主要内容. 在前述的章节中, 我们已经探讨了关于参数估计的主要方法, 包括点估计和区间估计. 在现实中, 除去估计问题外, 还有很多问题涉及判断假设是否正确. 假设检验问题通过从有关总体中抽取一定量的样本, 利用样本去检验总体分布是否具有某种特征. 本章我们将介绍假设检验, 包括正态总体和非正态总体参数假设检验; 一致最优检验、无偏检验和似然比检验, 以及非参数假设检验.

在统计学中, 假设检验主要分为以下两类:

参数假设检验: 总体的分布类型已知, 对总体分布中的未知参数提出某种假设, 然后利用样本(即数据)对假设进行检验, 最后根据检验的结果对所提出的假设做出成立与否的判断.

非参数假设检验: 总体的分布类型未知, 利用样本对总体的分布、分布的特性或总体的数字特征提出假设, 并进行检验.

5.1 假设检验的基本概念

为了说明假设检验问题, 首先看几个具体例子.

例 5.1.1 某车间生产的钢管直径 X 服从正态分布 $N(\mu, 0.5^2)$, 其中 μ 未知. 按照规定, 为确保该批钢管能够与其他零件匹配, 生产的钢管平均直径应为 100mm. 现从一批钢管中随机抽取 10 根, 测得其直径的平均值为 $\bar{x} = 100.15$mm, 问该批生产的钢管是否符合规定?

例 5.1.2 假设电视节目的收视人数服从伯努利分布. 有人断言某电视节目的收视率 p 超过 30%. 为判断该断言正确与否, 通过调查问卷的方式随机调查了 50 人, 调查结果显示有 10 人观看过该节目, 问该断言是否合适?

例 5.1.3 根据以往经验, 某建筑材料的抗断强度指标 X 服从正态分布, 现在改变了该材料的生产配方并进行新的生产流程,

假设检验的
基本概念(1)

从新材料中随机抽取 100 件测其抗断强度, 问新材料的抗断强度指标 Y 是否仍服从正态分布?

根据前述结论, 例 5.1.1 和例 5.1.2 都是需要对总体分布的参数做出检验, 因此它们是参数假设检验. 而例 5.1.3 是对总体分布的检验, 是非参数假设检验. 结合这几个例子, 在本节中, 我们将介绍假设检验的基本概念, 并给出求解假设检验的步骤.

5.1.1 假设检验问题的提出

我们以例 5.1.1 为例, 介绍假设检验的基本概念.

根据题意知, $X \sim N(\mu, 0.5^2)$, 记 $\mu_0 = 100$. 因此钢管是否符合要求是指平均直径是 $\mu = \mu_0$ 还是 $\mu \neq \mu_0$. 若相等就表示符合要求, 否则就要进行停产检查. 根据以往经验, 我们可先假设该批钢管符合要求, 即 $\mu = 100$, 记作

$$H_0 : \mu = 100.$$

由于这种假设是人为加上的, 不一定成立. 当 H_0 不成立时, 另一种推断为该批钢管直径的均值已经不再是 100, 记作

$$H_1 : \mu \neq 100.$$

称 H_0 为**原假设**或**零假设**, 称 H_1 为**备择假设**或**对立假设**.

综上所述, 该问题转化为接受 H_0 还是接受 H_1, 在数学上我们记为

$$H_0 : \mu = 100; \ H_1 : \mu \neq 100.$$

事实上, 上述问题可以推广到一般假设检验问题的模型中, 现陈述如下.

设 $\mathcal{F} = \{f(x, \theta) : \theta \in \Theta\}$ 是一个参数分布族, 其中 Θ 是参数空间. $X_1, X_2, \cdots, X_n$ 是从分布族 $\mathcal{F}$ 中的某总体抽取的样本. 我们关心的是参数 θ 是否属于一个特定的非空真子集 Θ_0, 因而 H_0 可以写为 $H_0 : \theta \in \Theta_0$, 并称 H_0 为**原假设**. 记 $\Theta_1 \subseteq \Theta - \Theta_0$, 则命题 $H_1 : \theta \in \Theta_1$ 称为 H_0 的**对立假设**或**备择假设**.

注意, 在该提法中原假设被置于中心位置, 两种假设位置不可更换, 这是因为我们关心的是 $\theta \in \Theta_0$ 是否成立. 在假设检验问题中, 我们需要利用样本提供的信息 (即数据) 来检验原假设 H_0 成立还是备择假设 H_1 成立.

在上述定义中, 若 Θ_0 或 Θ_1 只包含参数空间 Θ 中的一个点, 则称为**简单假设**, 否则称为**复合假设**. 例如, 例 5.1.1 中 Θ_0 取为 $\{100\}$, Θ_1 取为 $\mathbf{R} - \{100\}$, H_0 是简单假设, H_1 是复合假设; 例 5.1.2 中原假设中取 $\Theta_0 = [0.3, 1]$, 备择假设中取 $\Theta_1 = [0, 0.3)$, 因而 H_0 和 H_1 均是复合假设.

5.1.2 拒绝域、检验函数和随机化检验

在例 5.1.1 中，给定假设检验问题 $H_0: \mu = 100$；$H_1: \mu \neq 100$ 后，一个基本的问题是接受 H_0 还是接受 H_1. 根据点估计的相关知识，我们知道样本均值 $\overline{X} = \dfrac{1}{n} \sum\limits_{i=1}^{n} X_i$ 是总体均值 μ 的无偏估计，但由于样本的随机性，该批钢管的直径均值几乎不可能正好等于 100，因此一个自然的想法是当 $|\overline{x} - 100|$ 较小时认为在原假设下该样本出现的概率较大，很有可能总体分布仍然服从原假设，而当 $|\overline{x} - 100|$ 较大时认为总体分布已经发生了变化，原假设已经不再成立. 因此，可以事先确定一个值 C，若 $|\overline{x} - \mu_0| > C$ 成立，则接受 H_1，否则接受 H_0. 称由样本构造的判断原假设真伪的统计量 $|\overline{X} - \mu_0|$ 为检验统计量，称 C 为临界值，称

$$D = \{ X = (X_1, X_2, \cdots, X_n) \in \mathcal{X} : |\overline{X} - \mu_0| \geqslant C \}$$

为该假设检验问题的**否定域**或**拒绝域**，其中 $\mathcal{X}$ 为样本空间. 对于一般的假设检验问题，借助拒绝域 D，可以将整个样本空间分为 D 和 $\overline{D} = D^c = \mathcal{X} - D$. 当样本落入 $\overline{D}$ 中，我们倾向于认为原假设 H_0 成立，此时称 $\overline{D}$ 为**接受域**. 称用于分割出 D 和 $\overline{D}$ 的数值为假设检验的**临界值**. 只要 C 定下来，拒绝域（即否定域）也就确定了. 因此，此问题中的检验可视为如下一种法则，即

$$T: \begin{cases} \text{当 } |\overline{X} - \mu_0| \geqslant C, & \text{拒绝 } H_0, \\ \text{当 } |\overline{X} - \mu_0| < C, & \text{接受 } H_0. \end{cases}$$

T 给出了一种法则，一旦有了样本，就可以在拒绝 H_0 或接受 H_0 这两个结论中选择一个. 称这样一种法则 T 为检验问题

$$H_0: \mu = \mu_0; \quad H_1: \mu \neq \mu_0$$

的一个检验.

为方便数学上的处理，对于原假设的判断 T，我们引入**检验函数** $\varphi(x)$，该函数表示样本落入特定子空间下拒绝原假设的概率，取值介于 $[0,1]$ 之间. 检验函数 $\varphi(x)$ 与检验 T 一一对应，对于例 5.1.1，我们有

$$\varphi(x) = \begin{cases} 1, & \text{当 } |\overline{x} - \mu_0| \geqslant C \text{ 时}, \\ 0, & \text{当 } |\overline{x} - \mu_0| < C \text{ 时}. \end{cases}$$

在例 5.1.1 的检验函数中，若 $\varphi(x) = 1$，则以概率 1 拒绝原假设；若 $\varphi(x) = 0$，则以概率 0 拒绝原假设，因而检验函数取值仅为 0 或 1，称这类检验为**非随机化检验**. 若存在样本点 x 使得检验函数 $0 < \varphi(x) < 1$，则称 $\varphi(x)$ 为**随机化检验**.

随机化检验在可靠性统计中常涉及. 具体来说, 在例 5.1.1 中, 如果样本正好落在拒绝域与接受域的边界上, 而买方以此为由拒绝购买该批钢管, 此时厂方被拒绝的可能性大了, 厂方觉得吃亏; 如果厂方认为该批钢管没有问题, 则买方收到不合格产品的可能性大了, 买方觉得吃亏. 此时, 可以事先规定一个概率 $0 < p_0 < 1$, 使得该批钢管以概率 p_0 被接受. 当概率 p_0 给定后, 可以借助装着小球的盒子或者均匀的骰子等来确定是否接受该批产品. 此时检验函数为

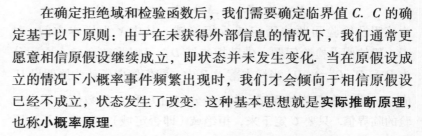

$$\varphi(\boldsymbol{x}) = \begin{cases} 1, & \text{当} |x - \mu_0| > C \text{ 时}, \\ p_0, & \text{当} |x - \mu_0| = C \text{ 时}, \\ 0, & \text{当} |x - \mu_0| < C \text{ 时}. \end{cases}$$

5.1.3 两类错误和功效函数

假设检验的
基本概念(2)

在确定拒绝域和检验函数后, 我们需要确定临界值 C. C 的确定基于以下原则: 由于在未获得外部信息的情况下, 我们通常更愿意相信原假设继续成立, 即状态并未发生变化. 当在原假设成立的情况下小概率事件频繁出现时, 我们才会倾向于相信原假设已经不成立, 状态发生了改变. 这种基本思想就是**实际推断原理**, 也称**小概率原理**.

我们先假定原假设 H_0 成立, 然后在其成立的前提下, 检查样本空间 $\{X_1, X_2, \cdots, X_n\}$ 中小概率事件是否出现. 若在一次具体抽样中这个小概率事件发生了, 此时与小概率原理相矛盾, 说明原假设 H_0 成立的假定是错误的; 若小概率事件没有发生, 则无法拒绝原假设 H_0. 此时, 需要根据实际问题做进一步的研究. 具体到 C 的确定, 借助原假设下统计量的分布, 我们可以令样本落入拒绝域中的概率控制在较小的范围, 从而在样本落入拒绝域中时根据小概率原理拒绝原假设.

综上所述, 拒绝原假设 H_0 的依据是小概率事件 $\{|\bar{X} - \mu_0| > C\}$ 的发生. 尽管如此, 注意到在 H_0 事实上成立时, 虽然小概率事件在一次试验中以极大的概率不发生, 但并非绝对不发生. 因此, 在借助样本值做出决策时, 可能出现即使 H_0 成立, 但由于样本的随机性, 导致小概率事件发生, 从而放弃真命题 H_0 的情况. 例如, 在上述例 5.1.1 中, 我们可以选取 $C = 0.3$, 则在原假设 $H_0: \mu = 100$ 成立的情况下, 事件 $\{|\bar{X} - 100| \geqslant 0.3\}$ 仍以概率 $p = 0.058$ 成立. 当该小概率事件成立时, 根据实际推断原理, 我们理应拒绝原假设 H_0, 显然这一决策会导致抛弃原假设 H_0. 同理, 当原假设 H_0 不成立

时, 例如 $\mu = 100.5$ 时, 仍选取 $C = 0.03$, 样本以概率 $p = 0.1038$ 落入接受域 $\overline{D}$ 中, 此时我们会错误地接受原假设, 这显然与实际情况不符. 综上所述, 在假设检验中, 我们可能会犯如下两种错误.

(1) 当原假设成立时拒绝原假设, 称这类错误为**第一类错误(或弃真错误)**, 其发生的概率称为**犯第一类错误的概率(或弃真概率)**, 即

$$P\{犯第一类错误\} = P\{当 H_0 为真时拒绝 H_0\}.$$

(2) 当原假设 H_0 本来不正确, 但却接受了 H_0, 称这类错误为**第二类错误(或取伪错误)**, 其发生的概率称为**犯第二类错误的概率(或取伪概率)**, 即

$$P\{犯第二类错误\} = P\{当 H_0 不为真时接受 H_0\}.$$

在确定了两类错误的概念后, 我们希望进一步用函数来刻画这两种概率. 为此, 需要引进功效函数的概念.

> **定义 5.1.1(功效函数)** 设 $\varphi(x)$ 是假设检验问题 $H_0: \theta \in \Theta_0$; $H_1: \theta \in \Theta_1$ 的一个检验函数, 则函数
>
> $$\gamma_\varphi(\theta) = P_\theta\{检验函数 \varphi 拒绝原假设 H_0\} = E_\theta(\varphi(X)), \theta \in \Theta$$
>
> 称为 φ 的**功效函数**, 也称为**效函数**或**势函数**.

对于非随机化检验 $\varphi(x)$, 功效函数 $\gamma_\varphi(\theta)$ 是当总体分布的参数 θ 固定时样本落入拒绝域的概率, 也即拒绝原假设 H_0 的概率. 而对于随机化检验, 除去拒绝域, 还需要考虑到样本落在临界值上的概率, 此时探讨相对复杂, 因此除非特别声明, 本章仅探讨非随机化检验的情况.

根据功效函数的定义, 若以 $\alpha_\varphi(\theta)$ 和 $\beta_\varphi(\theta)$ 分别记为犯第一类错误和犯第二类错误的概率, 则犯第一类错误的概率为

$$\alpha_\varphi(\theta) = \begin{cases} \gamma_\varphi(\theta), & 当 \theta \in \Theta_0 时, \\ 0, & 当 \theta \in \Theta_1 时. \end{cases}$$

犯第二类错误的概率为

$$\beta_\varphi(\theta) = \begin{cases} 0, & 当 \theta \in \Theta_0 时, \\ 1 - \gamma_\varphi(\theta), & 当 \theta \in \Theta_1 时. \end{cases}$$

根据上式, 犯两类错误的概率完全被功效函数所决定, 并且可以看到, 若降低犯两类错误的概率, 应当令功效函数 $\gamma_\varphi(\theta)$ 在 Θ_0 中尽可能小, 而在 Θ_1 中尽可能大. 然而, 在非随机化假设检验中, $\gamma_\varphi(\theta)$ 在参数空间 Θ 上是连续的, 这意味着很难做到同时降低两类错误的概率.

5.1.4 显著性检验

通常来说，我们希望犯两类错误的概率能够同时越小越好.
但是，当样本容量 n 固定时，犯两类错误的概率很难同时变小，
而是出现只要降低犯其中一个错误的概率，犯另一个错误的概率
就会增大. 一般来说，可以通过增大样本容量 n 来减少犯两类错
误的概率. 然而，在实际取样时，由于取样的成本存在上限，或
者其他诸多限制性条件，这一做法通常难以实现.

因此，一种解决方法是在控制犯第一类错误的概率的同时使
犯第二类错误的概率最低，这种准则被称为 Neyman-Pearson 原则.
记 $S_\alpha = \{\varphi : \gamma_\varphi(\theta) \leq \alpha, \theta \in \Theta_0\}$，$S_\alpha$ 表示由所有犯第一类错误的概
率都不超过 α 的检验函数构成的类. 只考虑 S_α 中的检验，在 S_α 中
挑选"犯第二类错误的概率尽可能小的检验". 这种做法称为控制
犯第一类错误概率的法则.

相较于犯第一类错误的概率，另一个概念是检验水平，其定
义如下.

> **定义 5.1.2(显著性检验)** 设 $\varphi(\boldsymbol{x})$ 是检验问题 $H_0 : \theta \in \Theta_0$；
> $H_1 : \theta \in \Theta_1$ 的一个检验函数，而 $0 \leq \alpha \leq 1$. 如果检验 $\varphi(\boldsymbol{x})$ 犯第一
> 类错误的概率总不超过 α，或者等价地：检验 φ 满足 $\gamma_\varphi(\theta) \leq$
> α，一切 $\theta \in \Theta_0$，则称 α 是检验 $\varphi(\boldsymbol{x})$ 的一个水平，而 $\varphi(\boldsymbol{x})$ 称为
> **显著性**水平为 α 的检验，简称水平为 α 的检验.

按照上述定义，检验的水平不唯一. 若 α 为检验 $\varphi(\boldsymbol{x})$ 的水
平，而 $\alpha < \alpha' < 1$，则 α' 也是检验 $\varphi(\boldsymbol{x})$ 的水平. 为避免这一问题，
有时称一个检验的最小水平为其真实水平，即

$$\text{检验 } \varphi \text{ 的真实水平} = \sup\{\gamma_\varphi(\theta), \theta \in \Theta_0\}.$$

习惯上把水平 α 取得比较小如 $\alpha = 0.01$，0.05，或 0.10. 水平
的选取，对检验的性质有很大影响. 若水平选得低，那么容许犯
第一类错误的概率很小. 而为了达到这一点势必大大缩小否定域，
使接受域扩大，从而增加了犯第二类错误的概率. 反之，若水平
选得高，那么容许犯第一类错误的概率很大. 而为了达到这一点
势必扩大否定域，使接受域缩小，从而犯第二类错误的概率相应
降低.

根据显著性检验，在原假设 H_0 为真时，做出错误决定(即拒
绝 H_0)的概率受到了控制. 在控制犯第一类错误的概率不超过 α 的
原则下，取拒绝 H_0 的决策变得较慎重，即 H_0 得到特别的保护，

不轻易被否定. 因而, 通常把有把握的、有经验、不能轻易否定的命题作为原假设, 或者尽可能使后果严重的错误成为第一类错误. 把没把握的、不能轻易肯定的命题作为备择假设.

当一个检验涉及双方利益时, 水平的选定常常是双方协议的结果. 犯两类错误的后果一般在性质上有很大不同. 如果犯第一类错误的后果在性质上很严重, 就力求在合理的范围内尽量减少犯这种错误的可能性, 此时相应的水平取得更低一些. 一般来说, 试验者在试验前对问题的情况总不是一无所知. 他对问题的了解使他对原假设是否能成立就有了一定的看法, 这种看法可能影响他对水平的选择. 值得指出的是, 当水平 α 很小时, 如果样本落入接受域, 做出"接受原假设"的结论未必可靠.

注意 显著性检验中拒绝原假设 H_0 是在概率意义下进行严格推理得到的结论, 因此拒绝原假设意味着有充分的证据表明 H_0 不成立, 而接受原假设并不意味着 H_0 充分成立, 只能说明在当前的样本下没有充分的证据拒绝 H_0 的成立.

回到例 5.1.1, 当原假设 H_0 成立时, 由于 $\overline{X} \sim N(\mu_0, \sigma_0^2/n)$, 从而有

$$\frac{\overline{X}-\mu_0}{\sigma_0/\sqrt{n}}$$

服从标准正态分布. 对于给定的显著性水平 α, 可以通过以下方法来选取 C:

$$\alpha = P\{ 当 H_0 为真时拒绝 H_0 \} = P\{ |\overline{X}-\mu_0| \geqslant C \}$$
$$= P\left\{ \frac{|\overline{X}-\mu_0|}{\sigma_0/\sqrt{n}} \geqslant \frac{C}{\sigma_0/\sqrt{n}} \right\} = 2\left[1 - \Phi\left(\frac{C}{\sigma_0/\sqrt{n}} \right) \right].$$

由标准正态分布分位数的定义, 有

$$C = u_{\alpha/2} \sigma_0/\sqrt{n},$$

其中 u_α 是标准正态分布函数的上 α 分位数.

当原假设 H_0 成立时, $\left\{ \dfrac{|\overline{X}-\mu_0|}{\sigma_0/\sqrt{n}} \geqslant u_{\alpha/2} \right\}$ 是概率为 α 的小概率事件, 而小概率事件在一次试验中几乎不可能发生. 若在一次试验中出现了 $\dfrac{|\overline{x}-\mu_0|}{\sigma_0/\sqrt{n}} \geqslant u_{\alpha/2}$, 则有充分的证据表明"原假设 H_0 成立"是错误的, 因而拒绝 H_0; 反之, 若在一次抽样中, 有 $\dfrac{|\overline{x}-\mu_0|}{\sigma_0/\sqrt{n}} < u_{\alpha/2}$, 就没有充分的理由拒绝原假设 H_0, 从而承认 H_0 成立. 因此, 借助显著性水平的概念, 由样本观察值计算得 $\overline{X}$ 的观察值 $\overline{x}$ 时, 可以

将判断准则 T 改写为

$$T: \begin{cases} 若\dfrac{|\bar{x}-\mu_0|}{\sigma_0/\sqrt{n}} \geq u_{\alpha/2}, & 则拒绝原假设 H_0, \\[3mm] 若\dfrac{|\bar{x}-\mu_0|}{\sigma_0/\sqrt{n}} < u_{\alpha/2}, & 则不拒绝原假设 H_0. \end{cases}$$

在例 5.1.1 中，根据题目条件可得 $\bar{x} = 100.15$，$\mu_0 = 100$，$\sigma_0^2 = 0.5^2$，$n = 10$. 若取 $\alpha = 0.05$，查表得 $u_{\alpha/2} = u_{0.025} = 1.96$，且有

$$\frac{|\bar{x}-\mu_0|}{\sigma_0/\sqrt{n}} = \frac{|100.15-100|}{0.5/\sqrt{10}} \approx 0.95,$$

而 $0.95 < 1.96$，因此不能拒绝原假设 H_0，可以认为该批生产的钢管符合要求.

从假设检验的基本思想和例 5.1.1 中可看出，在做显著性检验时，拒绝原假设 H_0 是因为找到了矛盾，结论较为有利；而另一方面，由于没有对犯第二类错误的概率加以控制，所以接受原假设 H_0 并没有充分理由，判断的可靠度难以给出，而我们之所以接受原假设 H_0 是因为没有充分的理由拒绝 H_0.

在假设检验中，原假设处于被保护的地位. 这种保护是符合实际需求的. 这是因为检查钢管直径是否符合要求将会产生多余的成本. 如果没有充分的理由来支持钢管直径不符合要求，我们倾向于认为这批钢管是符合要求的. 鉴于原假设 H_0 的特殊地位，在建立假设检验问题时，我们通常选择有把握的、不能轻易改变的或存在已久的状态作为原假设. 除去该准则外，另一个选取原假设 H_0 的准则是选取违反该条件后将产生严重后果的准则作为原假设，从而可以将出现重大错误的可能性控制在较小的范围内. 当然，在实际问题中，情况将更为复杂.

因此，关于如何选取原假设和备择假设没有一个绝对的标准，只能在实践工作中积累经验，根据实际情况去判断如何选取.

*5.1.5 检验的 p 值

根据上述分析，尽管可能由于样本落在接受域内而导致接受原假设，但是，我们并不清楚做出这一判断的理由究竟有多充分，这是由于假设检验的粗糙性. 当获得一组样本并计算统计量后，该统计量在原假设成立的情况下达到或大于统计量的观察值的偏离程度的概率称为**样本的 p 值**. 根据这个定义，p 值也可以解释为在原假设成立的情况下，以统计量的观察值作为临界值，其他样本落入拒绝域的概率.

例如，对于例 5.1.1，我们将 $\bar{x}$ 记为样本均值 $\overline{X}$ 的观察值. 假设检验问题 $H_0 : \mu = \mu_0$; $H_1 : \mu \neq \mu_0$ 的 p 值为

$$p = P\{\, |\overline{X} - \mu| > |\bar{x} - \mu| \,\,|\, \mu = 100 \,\}.$$

而单边假设检验问题 $H_0 : \mu \geqslant \mu_0$; $H_1 : \mu < \mu_0$ 的 p 值为

$$p = P\{\, \overline{X} < \bar{x} \,\,|\, \mu = \mu_0 \,\}.$$

假设检验问题 $H_0 : \mu \leqslant \mu_0$; $H_1 : \mu > \mu_0$ 的 p 值为

$$p = P\{\, \overline{X} > \bar{x} \,\,|\, \mu = \mu_0 \,\}.$$

采用 p 值的一个好处是能够避免对检验水平 α 的探讨. 在显著性检验中，我们需要首先确定 α 的取值. 然而，我们很难说明为什么一定要选取 $\alpha = 0.1$ 而不是 $\alpha = 0.05$，即没有办法对所需的检验精度进行量化，此时就会面临建立模型时的困难，而 p 值就可以避免这种探讨而直接对样本进行刻画. 另一个好处是 p 值能够对借助样本接受或拒绝原假设究竟有多少把握进行刻画. 例如，在例 5.1.1 中，检验水平 $\alpha = 0.1$ 下样本均值为 $\bar{x} = 100.2601\text{mm}$ 或 $\bar{x} = 100.3099\text{mm}$ 的两个样本均能接受原假设，但是却不能说明两个样本对原假设接受性之间的差别，而借助 p 值的概念，我们知道前者的 p 值等于 0.10，而后者等于 0.05，显然前者相比后者接受原假设的可靠性更大. 最后，p 值可以替代显著性检验. 如果 p 值很大，则表明有充足的理由说明该原假设成立，统计量的偏差是可以接受的；如果 p 值很小，则说明在原假设成立的情况下样本统计量很难达到如此的偏差，无法充分证明原假设；当 p 值小于 α 时，统计量的观察值落入拒绝域中，此时拒绝原假设，接受备择假设.

5.1.6　假设检验的基本步骤

本节列出假设检验的基本步骤，并以例题 5.1.1 为例进行说明，图 5.1.1 给出了假设检验步骤的具体流程.

1. 建立假设检验问题

根据实际问题的要求和已知信息提出原假设 H_0 和备择假设 H_1.

例 5.1.1 中，$H_0 : \mu = 100$; $H_1 : \mu \neq 100$.

2. 构造检验统计量

设密度函数 $f(x, \theta)$ 的表达式已知，通常是基于参数 θ 的极大似然估计 $\hat{\theta}$ 构造一个检验统计量 $T = T(X_1, X_2, \cdots, X_n)$，并在原假设 H_0 成立下，确定 T 的精确分布或渐近分布.

例 5.1.1 中，检验统计量为 $T = \dfrac{\overline{X} - \mu_0}{\sigma_0 / \sqrt{n}}$.

3. 确定拒绝域的形式

根据原假设 H_0 和备择假设 H_1 的形式,分析并提出拒绝域的形式.

例 5.1.1 中,拒绝域的形式为 $D=\left\{\dfrac{|\bar{x}-\mu_0|}{\sigma_0/\sqrt{n}}\geqslant k\right\}$,其中 k 称为临界值,是一个待定的值.

4. 给定显著性水平 α 的值,确定临界值 k

由 $P\{$当 H_0 为真时拒绝 $H_0\}\leqslant\alpha$ 出发,以此确定临界值 k,从而确定拒绝域.

例 5.1.1 中,临界值为 $k=u_{\alpha/2}$,因此拒绝域为

$$D=\left\{(x_1,x_2,\cdots,x_n):\frac{|\bar{x}-\mu_0|}{\sigma_0/\sqrt{n}}\geqslant u_{\alpha/2}\right\}.$$

5. 根据样本观察值做出是否拒绝 H_0 的判断

若样本观察值 $x_1,x_2,\cdots,x_n$ 落入拒绝域,即 $(x_1,x_2,\cdots,x_n)\in D$,则拒绝 H_0;否则无法拒绝 H_0. 判断的基本原理是**实际推断原理即小概率原理**.

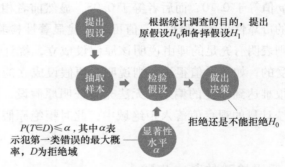

图 5.1.1   假设检验问题的一般步骤

在结束本节前,我们将关于假设检验的基本概念总结如下.

假设:建立假设检验问题中的两个假设,所要检验的假设称为**原假设或零假设**,记为 H_0. 与 H_0 不相容的假设称为**备择假设或对立假设**,记为 H_1.

例 5.1.1 中,$H_0:\mu=100$; $H_1:\mu\neq100$.

例 5.1.2 中,$H_0:p=0.30$; $H_1:p\neq0.30$.

例 5.1.3 中,$H_0:Y\sim N(\mu,\sigma^2)$;$H_1:Y$ 不服从正态分布.

检验:根据从总体中抽取的样本,汇集样本中的有关信息,对原假设 H_0 的真伪进行判断. 针对不同的检验,主要分为以下两类:

参数假设检验:在许多问题中,总体分布的类型已知,其中一个或几个参数未知,只要对这一个或几个参数的值做出假设

并进行检验即可, 这种仅涉及总体分布中未知参数的假设检验称
为**参数假设检验**. 如: 例 5.1.1 和例 5.1.2.

非参数假设检验: 总体的分布类型未知, 假设是针对总体的
分布或分布的数字特征而提出的, 并进行检验, 这类问题的检验
不依赖于总体的分布, 称为**非参数假设检验**. 如: 例 5.1.3.

给定 H_0 和 H_1 就等于给定一个检验问题, 记为检验问题
(H_0, H_1).

检验法则: 在检验问题 (H_0, H_1) 中, 检验法则(简称检验法或
检验)是设法把样本取值的空间 χ 划分为两个互不相交的子集 D 和
$\overline{D}$, $\chi = D + \overline{D}$, 这种划分不依赖未知参数. 当样本 $(X_1, X_2, \cdots, X_n)$ 的
观察值 $(x_1, x_2, \cdots, x_n) \in D$ 时, 拒绝原假设 H_0; 当样本 $(X_1,
X_2, \cdots, X_n)$ 的观察值 $(x_1, x_2, \cdots, x_n) \notin D$ 时, 不拒绝原假设 H_0.
D 称为检验的**拒绝域**(或否定域).

两类错误: 用样本推断总体, 实际上是用部分推断总体, 因
此可能做出正确或错误的判断. 正确的判断是原假设 H_0 成立时接
受 H_0 或原假设 H_0 不成立时拒绝 H_0. 而错误的判断则分为两类:
当原假设 H_0 为真时, 由于样本落入拒绝域 D 中从而拒绝了 H_0 所
产生的第一类错误; 当原假设 H_0 不为真时, 由于样本落入接受域
$\overline{D}$ 中从而接受了 H_0 的第二类错误.

犯两类错误的可能情况见表 5.1.1.

表 5.1.1　假设检验的两类错误

判断	真实情况	
	H_0 为真	H_0 不为真
拒绝 H_0	第一类错误(弃真错误)	判断正确
不拒绝 H_0	判断正确	第二类错误(取伪错误)

习题 5.1

1. 在假设检验问题中, 分析假设检验的结果时
拒绝原假设 H_0 的结果比较可靠还是接受原假设 H_0
的结果比较可靠, 并说明理由.

2. 假设检验中, 不管得到什么结论都可能犯错
误, 会犯什么错误? 请详细说明.

3. 样本容量的大小与假设检验的结果有什么关
系? 请详细说明.

4. 一项研究表明, 因为闯红灯而发生交通事故
的比例 p 超过 30%, 用来检验这一结论的原假设和

备择假设是 $H_0: p < 30\%$; $H_1: p \geqslant 30\%$, 所提出的这
个假设是否正确, 并说明原因.

5. 设 $X_1, X_2, \cdots, X_n$ 是来自正态总体 $N(\mu, 1)$ 的
样本, 其中 $\mu \in \mathbf{R}$ 为未知参数, 设检验问题 $H_0: \mu = 0$;
$H_1: \mu = 1$ 的拒绝域为

$$D = \{\overline{X} \geqslant 0.98\}.$$

(1) 若 $n = 4$, 求该检验犯第一类错误的概率和
犯第二类错误的概率;

(2) 若要使该检验犯第一类错误的概率不超过

0.01, 样本容量 n 最少取多少?

6. 设 $X_1, X_2, \cdots, X_n$ 是来自正态总体 $N(\mu, 9)$ 的样本, 其中 $\mu \in \mathbf{R}$ 为未知参数, 设检验问题 $H_0: \mu = \mu_0$; $H_1: \mu \neq \mu_0$ 的拒绝域为

$$D = \{(X_1, X_2, \cdots, X_n): |\overline{X} - \mu_0| \geq c\}.$$

(1) 求常数 c, 使检验水平为 $\alpha = 0.05$;

(2) 求此检验的功效函数;

(3) 若 $n = 25$, 分析犯第一类错误的概率 α 和第二类错误的概率 β 之间的关系.

7. 设样本 X(容量为 1) 取自具有密度函数 $f(x)$ 的总体, 关于总体的两个假设如下:

$$H_0: f(x) = \begin{cases} 1, & 0 < x < 1, \\ 0, & \text{其他}; \end{cases} \quad H_1: f(x) = \begin{cases} 2x, & 0 < x < 1, \\ 0, & \text{其他}. \end{cases}$$

设该检验的拒绝域为 $D = \left\{ X > \dfrac{2}{3} \right\}$. 求该检验犯第一类错误的概率和犯第二类错误的概率.

8. 设 $X_1, X_2, \cdots, X_{10}$ 是来自均匀分布总体 $U[0, \theta]$ 的样本, 其中 $\theta > 0$ 为未知参数, 设检验问题 $H_0: \theta = 1$; $H_1: \theta > 1$ 的拒绝域为

$$D = \{X_1, X_2, \cdots, X_n : X_{(10)} \geq 0.95\}.$$

其中 $X_{(10)} = \max\{X_1, X_2, \cdots, X_{10}\}$.

(1) 求该检验的显著性水平;

(2) 求该检验的功效函数.

5.2 正态总体参数的假设检验

正态分布是概率统计中最常用的分布, 关于它的两个参数的假设检验在实际中经常遇到. 例如, 要考察某食品包装生产线工作是否正常时, 需要检查包装食品的平均重量是否达到标准要求, 同时也要检查生产食品的生产线工作状态是否稳定. 前者是均值的检验问题, 后者是方差的检验问题.

本节将分以下 4 种情况来讨论正态总体均值 μ 和方差 σ^2 的假设检验问题: 单个正态总体均值的假设检验、单个正态总体方差的假设检验、两个正态总体均值差的假设检验和两个正态总体方差比的假设检验.

5.2.1 单个正态总体均值的假设检验

单个正态总体
均值的假设检验

设 $X_1, X_2, \cdots, X_n$ 是来自正态总体 $N(\mu, \sigma^2)$ 的样本. 样本均值为 $\overline{X} = \dfrac{1}{n} \sum\limits_{i=1}^{n} X_i$, 样本方差为 $S^2 = \dfrac{1}{n-1} \sum\limits_{i=1}^{n} (X_i - \overline{X})^2$. 由于正态总体包含两个参数总体均值 μ 和总体方差 σ^2, 方差 σ^2 已知与否对均值 μ 的检验是有影响的, 因此在**方差 σ^2 已知和未知**两种情形下, 对单个正态总体均值 μ 的假设检验问题进行分别讨论.

1. 单个正态总体方差已知, 均值的假设检验

当 $\sigma^2 = \sigma_0^2$ 已知时, 对给定显著性水平 α, 关于正态总体均值 μ 可提出如下几个假设检验问题:

(1) $H_0: \mu = \mu_0$; $H_1: \mu \neq \mu_0$.

(2) $H_0: \mu \leq \mu_0$; $H_1: \mu > \mu_0$.

（3）$H_0 : \mu \geqslant \mu_0$；　　$H_1 : \mu < \mu_0$.

其中 μ_0 为已知常数.

首先讨论检验问题（1）　$H_0 : \mu = \mu_0$；$H_1 : \mu \neq \mu_0$.

由于要检验的假设关于总体均值 μ，故我们考虑用样本均值 $\overline{X}$ 来判断. 如果原假设 $H_0 : \mu = \mu_0$ 成立，则 $\overline{X}$ 的观察值 $\overline{x}$ 与 μ_0 应很靠近，即 $|\overline{x} - \mu_0|$ 通常应很小. 若 $|\overline{x} - \mu_0|$ 较大，我们怀疑原假设 $H_0 : \mu = \mu_0$ 这个假定的正确性而拒绝原假设 H_0.

综上所述，在原假设 $H_0 : \mu = \mu_0$ 成立条件下，$\{(X_1, X_2, \cdots, X_n) : |\overline{X} - \mu_0| \geqslant C\}$ 是一个小概率事件，这里 C 是一个待选定的常数. 若小概率事件在一次试验中发生了，我们就有理由怀疑 H_0 的正确性而拒绝 H_0. 因此在对 H_0 做判定时，若 $\overline{X}$ 的观察值 $\overline{x}$ 使 $|\overline{x} - \mu_0| \geqslant C$ 成立，则拒绝 H_0，否则无法拒绝 H_0.

由于当原假设 H_0 成立时，$\overline{X} \sim N(\mu_0, \sigma_0^2 / n)$，从而有

$$\frac{\overline{X} - \mu_0}{\sigma_0 / \sqrt{n}} \sim N(0, 1).$$

对于给定的显著性水平 α，设犯第一类错误的概率为 α，即

$$\alpha = P\{\text{当 } H_0 \text{ 为真时拒绝 } H_0\} = P\{|\overline{X} - \mu_0| \geqslant C\}$$

$$= P\left\{\frac{|\overline{X} - \mu_0|}{\sigma_0 / \sqrt{n}} \geqslant \frac{C}{\sigma_0 / \sqrt{n}}\right\} = P\left\{\frac{|\overline{X} - \mu_0|}{\sigma_0 / \sqrt{n}} \geqslant k\right\}, k = \frac{C}{\sigma_0 / \sqrt{n}}.$$

由标准正态分布分位数的定义，将 k 取为

$$k = u_{\alpha/2}.$$

当原假设 H_0 成立时，$\left\{(X_1, X_2, \cdots, X_n) : \dfrac{|\overline{X} - \mu_0|}{\sigma_0 / \sqrt{n}} \geqslant u_{\alpha/2}\right\}$ 是概率为 α 的小概率事件，而小概率事件在一次试验中几乎不可能发生. 若在一次试验中出现了 $\dfrac{|\overline{x} - \mu_0|}{\sigma_0 / \sqrt{n}} \geqslant u_{\alpha/2}$，则表明"原假设 H_0 成立"错误，因而拒绝 H_0；反之，若在一次抽样中，得 $\dfrac{|\overline{x} - \mu_0|}{\sigma_0 / \sqrt{n}} < u_{\alpha/2}$，就没有理由拒绝原假设 H_0.

因此，由样本观察值计算得 $\overline{X}$ 的观察值 $\overline{x}$ 时，得到检验问题（1）$H_0 : \mu = \mu_0$；$H_1 : \mu \neq \mu_0$ 的检验为：

若 $\dfrac{|\overline{x} - \mu_0|}{\sigma_0 / \sqrt{n}} \geqslant u_{\alpha/2}$，则拒绝原假设 H_0；

若 $\dfrac{|\overline{x} - \mu_0|}{\sigma_0 / \sqrt{n}} < u_{\alpha/2}$，则不拒绝原假设 H_0.

对于检验问题(2) $H_0: \mu \leq \mu_0$; $H_1: \mu > \mu_0$.

对于正态总体, 由于 $\overline{X}$ 是 μ 的无偏估计. 因此, 当 H_0 为真, 并考虑到备择假设 H_1, 当 $\overline{X} - \mu_0$ 的观察值 $\bar{x} - \mu_0$ 比较大, 即 $\bar{x} - \mu_0 \geq C$ 时, 应当拒绝原假设 H_0.

对于给定的显著性水平 α, 有

$$P\{当 H_0 为真时拒绝 H_0\} \leq \alpha.$$

由于当原假设 $H_0: \mu \leq \mu_0$ 成立时, 有

$$\frac{\overline{X} - \mu}{\sigma_0/\sqrt{n}} \geq \frac{\overline{X} - \mu_0}{\sigma_0/\sqrt{n}}.$$

于是

$$\frac{\overline{X} - \mu_0}{\sigma_0/\sqrt{n}} \geq u_\alpha \Rightarrow \frac{\overline{X} - \mu}{\sigma_0/\sqrt{n}} \geq u_\alpha.$$

由于总体 $X \sim N(\mu, \sigma^2)$, 且 $\sigma^2 = \sigma_0^2$, 故

$$U = \frac{\overline{X} - \mu}{\sigma_0/\sqrt{n}} \sim N(0,1).$$

从而

$$P\left\{\frac{\overline{X} - \mu_0}{\sigma_0/\sqrt{n}} \geq u_\alpha\right\} \leq P\left\{\frac{\overline{X} - \mu}{\sigma_0/\sqrt{n}} \geq u_\alpha\right\} = \alpha,$$

即在 $H_0: \mu \leq \mu_0$ 为真时, $\left\{(X_1, X_2, \cdots, X_n): \frac{\overline{X} - \mu_0}{\sigma_0/\sqrt{n}} \geq u_\alpha\right\}$ 是一个小概率事件(概率不超过 α), 所以得到检验问题(2)的拒绝域为

$$D = \left\{(x_1, x_2, \cdots, x_n): \frac{\bar{x} - \mu_0}{\sigma_0/\sqrt{n}} \geq u_\alpha\right\}.$$

因此, 在给定显著性水平 α 下, 检验问题(2) $H_0: \mu \leq \mu_0$; $H_1: \mu > \mu_0$ 的检验为:

若 $\frac{\bar{x} - \mu_0}{\sigma_0/\sqrt{n}} \geq u_\alpha$, 则拒绝原假设 H_0;

若 $\frac{\bar{x} - \mu_0}{\sigma_0/\sqrt{n}} < u_\alpha$, 则不拒绝原假设 H_0.

对于检验问题(3) $H_0: \mu \geq \mu_0$; $H_1: \mu < \mu_0$.

类似检验问题(2)的讨论可得到检验的拒绝域为

$$D = \left\{(x_1, x_2, \cdots, x_n): \frac{\bar{x} - \mu_0}{\sigma_0/\sqrt{n}} \leq -u_\alpha\right\}.$$

根据备择假设 H_1 的不同, 我们将假设检验问题分为双边检验和单边检验, 其中检验问题(1)为双边检验, 检验问题(2)与检验

问题(3)为单边检验. 此外，根据备择假设不等号的不同，单边检验又可分为右边检验和左边检验，其中检验问题(2)为右边检验，检验问题(3)为左边检验.

单个正态总体均值的假设检验中，当方差 σ^2 已知时，无论是双边检验还是单边检验，所选检验统计量的分布都与标准正态分布有关，上述假设检验方法称为 **U 检验法**.

下面看几个具体例子.

例 5.2.1　一台方差是 $0.8g^2$ 的自动包装机在流水线上包装袋装白糖，假定包装机包装的袋装白糖的重量 $X \sim N(\mu, \sigma^2)$. 按规定袋装白糖重量的均值应为 500g. 现随机抽取了 9 袋，测得其平均净重为 $\bar{x} = 499.41g$，在显著性水平 $\alpha = 0.05$ 下，问包装机包装的袋装白糖是否符合规定？

解　提出假设

$$H_0: \mu = 500; \quad H_1: \mu \neq 500.$$

检验统计量为

$$U = \frac{\bar{X} - \mu_0}{\sigma_0 / \sqrt{n}}.$$

确定拒绝域：查表得 $u_{0.025} = 1.96$，拒绝域为

$$D = \left\{ (x_1, x_2, \cdots, x_n) : \frac{|\bar{x} - \mu_0|}{\sigma_0 / \sqrt{n}} \geq 1.96 \right\}.$$

单个正态总体
均值假设检验
的例子

由已知数据可计算得

$$\left| \frac{\bar{x} - \mu_0}{\sigma_0 / \sqrt{n}} \right| = \left| \frac{499.41 - 500}{\sqrt{0.8} / \sqrt{9}} \right| = 1.98.$$

由于 1.98>1.96，因此拒绝原假设，即在显著性水平 $\alpha = 0.05$ 下，认为包装机包装的袋装白糖不符合规定.

例 5.2.2　某织物强力指标 X 的均值为 21kg. 改进工艺后生产一批织物，今从中取 30 件，测得均值为 $\bar{x} = 21.55kg$. 假设强力指标服从正态分布 $N(\mu, \sigma^2)$，且已知 $\sigma = 1.2kg$，在显著性水平 $\alpha = 0.01$ 下，问新生产织物比过去的织物强力是否有提高？

解　因为 $\bar{x} = 21.55 > 21$，我们怀疑新生产织物比过去的织物强力提高，即 $\mu > 21$ 的正确性，希望通过数据信息进行严格推理证实 $\mu > 21$，因此对织物强力提出如下假设

$$H_0: \mu \leq 21; \quad H_1: \mu > 21$$

进行检验.

检验统计量为

$$U = \frac{\overline{X} - \mu_0}{\sigma_0 / \sqrt{n}}.$$

确定拒绝域：查表得 $u_{0.01} = 2.33$，拒绝域为

$$D = \left\{ (x_1, x_2, \cdots, x_n) : \frac{\overline{x} - \mu_0}{\sigma_0 / \sqrt{n}} \geqslant 2.33 \right\}.$$

由已知数据可计算得

$$\frac{\overline{x} - \mu_0}{\sigma_0 / \sqrt{n}} = \frac{21.55 - 21}{1.2 / \sqrt{30}} = 2.51.$$

由于 2.51>2.33，因此拒绝原假设，即在显著性水平 $\alpha = 0.01$ 下，认为新生产织物比过去的织物强力有提高.

例 5.2.3　设某种元件的寿命 X 服从正态分布 $N(\mu, 100^2)$，要求该种元件的平均寿命不得低于 1000h. 生产者从一批该种元件中随机抽取 25 件，测得平均寿命为 950h，在显著性水平 $\alpha = 0.05$ 下，判断这批元件是否合格？

解　由于 $\overline{x} = 950 < 1000$，利用数据信息进行推理提出假设的方法，提出如下假设：

$$H_0 : \mu \geqslant 1000 ; \quad H_1 : \mu < 1000.$$

检验统计量为

$$U = \frac{\overline{X} - \mu_0}{\sigma_0 / \sqrt{n}}.$$

确定拒绝域：查表得 $u_{0.05} = 1.645$，拒绝域为

$$D = \left\{ (x_1, x_2, \cdots, x_n) : \frac{\overline{x} - \mu_0}{\sigma_0 / \sqrt{n}} \leqslant -1.645 \right\}.$$

由已知数据可计算得

$$\frac{\overline{x} - \mu_0}{\sigma_0 / \sqrt{n}} = \frac{950 - 1000}{100 / \sqrt{25}} = -2.5.$$

由于 -2.5<-1.645，因此拒绝原假设，即在显著性水平 $\alpha = 0.05$ 下，认为这批元件不合格.

综上，关于**方差 σ^2 已知**，单个正态总体均值 μ 的检验可汇总成表 5.2.1.

表 5.2.1　方差 σ^2 已知，单个正态总体均值 μ 的检验（显著性水平 α）

原假设 H_0	备择假设 H_1	检验统计量	拒绝域
$\mu = \mu_0$	$\mu \neq \mu_0$	$U = \dfrac{\overline{X} - \mu_0}{\sigma_0 / \sqrt{n}}$	$\lvert U \rvert \geqslant u_{\alpha/2}$
$\mu \geqslant \mu_0$	$\mu < \mu_0$		$U \leqslant -u_\alpha$
$\mu \leqslant \mu_0$	$\mu > \mu_0$		$U \geqslant -u_\alpha$

注意 拒绝域 $\{U\leqslant -u_\alpha\}$ 的不等号"$\leqslant$"的方向和备择假设 "$H_1:\mu<\mu_0$"的不等号"$<$"的方向一致;拒绝域 $\{U\geqslant u_\alpha\}$ 的不等号 "$\geqslant$"的方向和备择假设"$H_1:\mu>\mu_0$"的不等号"$>$"的方向一致.

2. 单个正态总体方差未知,均值的假设检验

在实际问题中,方差 σ^2 已知的情形比较少见,一般只知 $X\sim N(\mu,\sigma^2)$,而其中 σ^2 未知. 当 σ^2 **未知**时,对给定显著性水平 α,关于正态总体均值 μ 的常见假设检验问题有

(1) $H_0:\mu=\mu_0$; $H_1:\mu\neq\mu_0$. (双边检验)

(2) $H_0:\mu\leqslant\mu_0$; $H_1:\mu>\mu_0$. (右边检验)

(3) $H_0:\mu\geqslant\mu_0$; $H_1:\mu<\mu_0$. (左边检验)

其中 μ_0 为已知常数.

由于上述三种检验问题推导方法与单个正态总体方差未知,均值的假设检验类似,故在此我们仅讨论问题(3) $H_0:\mu\geqslant\mu_0$; $H_1:\mu<\mu_0$ 的检验,其余留作习题.

对于正态总体 $N(\mu,\sigma^2)$,由于 $\bar{X}$ 是 μ 的无偏估计. 因此,当 H_0 成立时并考虑到备择假设 H_1,当 $\bar{X}-\mu_0$ 的观察值 $\bar{x}-\mu_0$ 比较小即 $\bar{x}-\mu_0\leqslant C$ 时,应当拒绝原假设 H_0. 对于给定显著性水平 α,有

$$P\{当 H_0 为真时拒绝 H_0\}\leqslant\alpha.$$

当原假设 $H_0:\mu\geqslant\mu_0$ 成立时,检验统计量 $U=\dfrac{\bar{X}-\mu_0}{\sigma/\sqrt{n}}$ 已经不能用. 因为 U 中含有未知参数 σ^2,它已经不是一个统计量,所以此时要选取一个不含未知参数 σ^2 的统计量. 一个自然的想法是用样本方差 $S^2=\dfrac{1}{n-1}\sum_{i=1}^{n}(X_i-\bar{X})^2$ 来代替总体方差 σ^2,因此采用

$$\frac{\bar{X}-\mu_0}{S/\sqrt{n}}$$

作为检验统计量.

当原假设 $H_0:\mu\geqslant\mu_0$ 成立时,有

$$\frac{\bar{X}-\mu}{S/\sqrt{n}}\leqslant\frac{\bar{X}-\mu_0}{S/\sqrt{n}},$$

于是有

$$\frac{\bar{X}-\mu_0}{S/\sqrt{n}}\leqslant -t_\alpha(n-1)\Rightarrow\frac{\bar{X}-\mu}{S/\sqrt{n}}\leqslant -t_\alpha(n-1).$$

从而,有

$$P\left\{\frac{\bar{X}-\mu_0}{S/\sqrt{n}}\leqslant -t_\alpha(n-1)\right\}\leqslant P\left\{\frac{\bar{X}-\mu}{S/\sqrt{n}}\leqslant -t_\alpha(n-1)\right\}=\alpha.$$

即在 $H_0: \mu \geqslant \mu_0$ 为真时，$\left\{ (X_1, X_2, \cdots, X_n): \dfrac{\overline{X} - \mu_0}{S/\sqrt{n}} \leqslant -t_\alpha(n-1) \right\}$ 是一个小概率事件（概率不超过 α），所以得到检验问题（3）的拒绝域为

$$D = \left\{ (x_1, x_2, \cdots, x_n): \dfrac{\overline{x} - \mu_0}{s/\sqrt{n}} \leqslant -t_\alpha(n-1) \right\}.$$

因此，在给定显著性水平 α 下，检验问题（3）$H_0: \mu \geqslant \mu_0$；$H_1: \mu < \mu_0$ 的检验为

若 $\dfrac{\overline{x} - \mu_0}{s/\sqrt{n}} \leqslant -t_\alpha(n-1)$，则拒绝原假设 H_0；

若 $\dfrac{\overline{x} - \mu_0}{s/\sqrt{n}} > -t_\alpha(n-1)$，则不拒绝原假设 H_0.

单个正态总体均值的假设检验中，当方差 σ^2 未知时，无论是双边检验还是单边检验，所选统计量的分布都与 t 分布有关，上述假设检验方法称为 t **检验法**.

例 5.2.4　某工厂生产的一种螺钉的长度 X 服从正态分布 $N(\mu, \sigma^2)$，σ^2 未知，规定其长度的均值是 32.5mm. 现从该厂生产的一批产品中抽取 6 件，得平均长度为 31.13mm，标准差为 1.12mm. 在显著性水平 $\alpha = 0.01$ 下，问该工厂生产的这批螺钉的长度是否合格？

解　提出假设

$$H_0: \mu = 32.5; \quad H_1: \mu \neq 32.5.$$

检验统计量为

$$T = \dfrac{\overline{X} - \mu_0}{S/\sqrt{n}}.$$

确定拒绝域：查表得 $t_{\alpha/2}(n-1) = t_{0.005}(5) = 4.0321$，拒绝域为

$$D = \left\{ (x_1, x_2, \cdots, x_n): \dfrac{|\overline{x} - \mu_0|}{s/\sqrt{n}} \geqslant 4.0321 \right\}.$$

由已知数据可计算得

$$\left| \dfrac{\overline{x} - \mu_0}{x/\sqrt{6}} \right| = 2.996.$$

由于 2.996<4.0321，因此不能拒绝原假设，即在显著性水平 $\alpha = 0.01$ 下，认为工厂生产的这批螺钉的长度合格.

例 5.2.5　设某车间生产的钢管直径 X 服从正态分布 $N(\mu, \sigma^2)$. 现从一批钢管中随机抽取 10 根，测得其平均直径为 100.15mm，方差为 0.5783mm². 给定显著性水平 $\alpha = 0.05$，检验假设 $H_0: \mu =$

100；$H_1：\mu>100.$

解 检验统计量

$$T=\frac{\overline{X}-\mu_0}{S/\sqrt{n}}.$$

确定拒绝域：查表得到 $t_{0.05}(9)=1.8331$，拒绝域为

$$D=\left\{(x_1,x_2,\cdots,x_n)：\frac{\overline{x}-\mu_0}{s/\sqrt{n}}\geqslant1.8331\right\}.$$

由已知条件知 $\overline{x}=100.15$，$s^2=0.5783$，因此

$$\frac{\overline{x}-\mu_0}{s/\sqrt{n}}=0.6238.$$

由于 $0.6238<1.8331$，因此在显著性水平 $\alpha=0.05$ 下，不能拒绝原假设.

例 5.2.6 某厂生产小型电动机，其说明书上写着：这种小型电动机在正常负载下平均消耗电流不会超过 $0.8A$. 现随机抽取 16 台电动机试验，算得平均消耗电流为 $0.92A$，消耗电流的标准差为 $0.32A$. 假设电动机所消耗的电流服从正态分布 $N(\mu,\sigma^2)$，σ^2 未知，在显著性水平 $\alpha=0.05$ 下，对下面的假设进行检验.

（1）H_0：平均电流不超过 $0.8A$；　　H_1：平均电流超过 $0.8A$.

（2）H_0：平均电流不低于 $0.8A$；　　H_1：平均电流低于 $0.8A$.

解　（1）假设 $H_0：\mu\leqslant\mu_0=0.8$；$H_1：\mu>\mu_0=0.8$.

检验统计量为

$$T=\frac{\overline{X}-\mu_0}{S/\sqrt{n}}.$$

确定拒绝域：查表得到 $t_{0.05}(15)=1.7531$，拒绝域为

$$D=\left\{(x_1,x_2,\cdots,x_n)：\frac{\overline{x}-\mu_0}{s/\sqrt{n}}\geqslant1.7531\right\}.$$

由已知数据可计算得 $\dfrac{\overline{x}-\mu_0}{s/\sqrt{n}}=1.5.$

由于 $1.5<1.7531$，因此不能拒绝原假设，即在显著性水平 $\alpha=0.05$ 下，认为平均电流不超过 $0.8A$.

（2）假设 $H_0：\mu\geqslant\mu_0=0.8$；$H_1：\mu<\mu_0=0.8$.

检验统计量为

$$T=\frac{\overline{X}-\mu_0}{S/\sqrt{n}}.$$

确定拒绝域：查表得到 $t_{0.05}(15)=1.7531$，拒绝域为

$$D = \left\{ (x_1, x_2, \cdots, x_n) : \frac{\bar{x} - \mu_0}{s/\sqrt{n}} \leqslant -1.7531 \right\}.$$

由已知数据可计算得 $\dfrac{\bar{x} - \mu_0}{s/\sqrt{n}} = 1.5.$

由于 1.5>-1.7531，因此不能拒绝原假设，即在显著性水平 $\alpha = 0.05$ 下，认为平均电流不低于 0.8A。

在例 5.2.6 中，对问题的提法不同(把哪个假设作为原假设)，统计检验的结果也会不同. 第一种原假设的设置方法是不轻易否定厂方的结论，即把平均电流不超过 0.8A 设为原假设，此时厂方说的是真的而被拒绝这种错误的概率很小(不超过 0.05)；第二种原假设的设置方法是不轻易相信厂方的结论，属于把厂方的断言反过来设为原假设，即把平均电流超过 0.8A 设为原假设，此时厂方说的是假的而被拒绝的概率很小(不超过 0.05). 由于假设检验是控制犯第一类错误的概率，因此拒绝原假设 H_0 的决策也是有道理的. 在这个例子中，接受原假设 H_0 是因为没有找到矛盾，而不是没有其他问题，只是根据目前的数据没有理由拒绝原假设.

例 5.2.4~例 5.2.6 都没有拒绝原假设 H_0，用当前的数据信息无法证实我们的怀疑，但这时仍不能轻易接受 H_0，因为犯第二类错误的概率会很大. 通常在实际问题中，我们需要通过增加样本容量的方法继续收集数据信息来进一步检验，此时犯第二类错误的概率会减小.

综上，关于**方差 σ^2 未知**，单个正态总体均值 μ 的检验可汇总成表 5.2.2.

表 5.2.2   方差 σ^2 未知，单个正态总体均值 μ 的检验(显著性水平为 α)

原假设 H_0	备择假设 H_1	检验统计量	拒绝域
$\mu = \mu_0$	$\mu \neq \mu_0$		$\|T\| \geqslant t_{\alpha/2}(n-1)$
$\mu \geqslant \mu_0$	$\mu < \mu_0$	$U = \dfrac{\bar{X} - \mu_0}{S/\sqrt{n}}$	$T \leqslant -t_{\alpha}(n-1)$
$\mu \leqslant \mu_0$	$\mu > \mu_0$		$T \geqslant t_{\alpha}(n-1)$

5.2.2 单个正态总体方差的假设检验

下面讨论均值 μ 已知和未知两种情形下，方差 σ^2 的假设检验问题. 实际问题中常见的是**均值 μ 未知**情形下方差 σ^2 的检验问题，首先讨论这种情形.

1. 单个正态总体均值未知，方差的假设检验

当均值 μ 未知时，对给定显著性水平 α，关于正态总体方差 σ^2 的常见假设检验问题有：

单个正态总体
方差的假设检验

（1）$H_0 : \sigma^2 = \sigma_0^2$；$H_1 : \sigma^2 \neq \sigma_0^2$.（双边检验）

（2）$H_0 : \sigma^2 \leqslant \sigma_0^2$；$H_1 : \sigma^2 > \sigma_0^2$.（右边检验）

（3）$H_0 : \sigma^2 \geqslant \sigma_0^2$；$H_1 : \sigma^2 < \sigma_0^2$.（左边检验）

其中 σ_0^2 为已知常数.

对于检验问题（1） $H_0 : \sigma^2 = \sigma_0^2$；$H_1 : \sigma^2 \neq \sigma_0^2$.

由于均值 μ 未知时，样本方差 S^2 是总体方差 σ^2 的无偏估计，故当 $H_0 : \sigma^2 = \sigma_0^2$ 成立时，S^2 的观察值 s^2 与 σ_0^2 的比值 s^2 / σ_0^2 应当接近于 1. 因此如果 s^2 / σ_0^2 较大或者较小，应当拒绝原假设 H_0.

于是，取检验拒绝域的形式为

$$D = \left\{ \frac{s^2}{\sigma_0^2} \leqslant C_1 \text{ 或 } \frac{s^2}{\sigma_0^2} \geqslant C_2 \right\} = \left\{ \frac{(n-1)s^2}{\sigma_0^2} \leqslant k_1 \text{ 或 } (n-1)\frac{s^2}{\sigma_0^2} \geqslant k_2 \right\}.$$

其中 $k_1 = (n-1)C_1$ 为适当小的正数，$k_2 = (n-1)C_2$ 为适当大的正数，且 $k_1 < k_2$.

当 $H_0 : \sigma^2 = \sigma_0^2$ 成立时，有

$$\chi^2 = \frac{(n-1)S^2}{\sigma_0^2} \sim \chi^2(n-1),$$

故取检验统计量为 $\chi^2 = \frac{(n-1)S^2}{\sigma_0^2}$.

对于给定的显著性水平 α，有

$$P\left\{ \text{当 } H_0 \text{ 为真时} \frac{(n-1)S^2}{\sigma_0^2} \leqslant k_1 \text{ 或} \frac{(n-1)S^2}{\sigma_0^2} \geqslant k_2 \right\}$$

$$= P\left\{ \text{当 } H_0 \text{ 为真时} \frac{(n-1)S^2}{\sigma_0^2} \leqslant k_1 \right\} + P\left\{ \text{当 } H_0 \text{ 为真时} \frac{(n-1)S^2}{\sigma_0^2} \geqslant k_2 \right\}$$

$$= \alpha.$$

为方便，取

$$P\left\{ \frac{(n-1)S^2}{\sigma_0^2} \leqslant k_1 \right\} = P\left\{ \frac{(n-1)S^2}{\sigma_0^2} \geqslant k_2 \right\} = \frac{\alpha}{2},$$

根据 χ^2 分布的上 α 分位数定义，有

$$P\{\chi^2 \leqslant \chi_{1-\alpha/2}^2(n-1)\} = P\{\chi^2 \geqslant \chi_{\alpha/2}^2(n-1)\} = \frac{\alpha}{2}.$$

于是

$$k_1 = \chi_{1-\alpha/2}^2(n-1), \quad k_2 = \chi_{\alpha/2}^2(n-1).$$

由此得到检验问题（1）的拒绝域为

$$D = \left\{ (x_1, x_2, \cdots, x_n) : \frac{(n-1)s^2}{\sigma_0^2} \leqslant \chi_{1-\alpha/2}^2(n-1) \text{ 或 } \frac{(n-1)s^2}{\sigma_0^2} \geqslant \chi_{\alpha/2}^2(n-1) \right\}.$$

因此，在给定显著性水平 α 下，检验问题（1）$H_0 : \sigma^2 = \sigma_0^2$；$H_1 : \sigma^2 \neq \sigma_0^2$ 的检验为

若 $\dfrac{(n-1)s^2}{\sigma_0^2} \leqslant \chi_{1-\alpha/2}^2(n-1)$ 或 $\dfrac{(n-1)s^2}{\sigma_0^2} \geqslant \chi_{\alpha/2}^2(n-1)$，则拒绝原假设 H_0；

若 $\chi_{1-\alpha/2}^2(n-1) < \dfrac{(n-1)s^2}{\sigma_0^2} < \chi_{\alpha/2}^2(n-1)$，则不拒绝原假设 H_0.

对于检验问题(2) $H_0: \sigma^2 \leqslant \sigma_0^2$；$H_1: \sigma^2 > \sigma_0^2$.

当 H_0 成立时并考虑到备择假设，S^2 的观察值 s^2 与 σ_0^2 的比值 s^2/σ_0^2 应当偏大. 于是，检验拒绝域的形式为

$$D = \left\{ \frac{s^2}{\sigma_0^2} \geqslant C \right\} = \left\{ \frac{(n-1)s^2}{\sigma_0^2} \geqslant k \right\}.$$

其中 $k = (n-1)C$ 为正数，待定.

当 $H_0: \sigma^2 \leqslant \sigma_0^2$ 成立时，有

$$\frac{(n-1)S^2}{\sigma_0^2} \leqslant \frac{(n-1)S^2}{\sigma^2}.$$

由此得到

$$\frac{(n-1)S^2}{\sigma_0^2} \geqslant \chi_\alpha^2(n-1) \Rightarrow \frac{(n-1)S^2}{\sigma^2} \geqslant \chi_\alpha^2(n-1).$$

由于总体 $X \sim N(\mu, \sigma^2)$，故

$$\frac{(n-1)S^2}{\sigma^2} \sim \chi^2(n-1).$$

从而，有

$$P\left\{ \frac{(n-1)S^2}{\sigma^2} \geqslant \chi_\alpha^2(n-1) \right\} = \alpha.$$

当 H_0 成立时，有

$$P\left\{ \frac{(n-1)S^2}{\sigma_0^2} \geqslant \chi_\alpha^2(n-1) \right\} \leqslant P\left\{ \frac{(n-1)S^2}{\sigma^2} \geqslant \chi_\alpha^2(n-1) \right\} = \alpha.$$

由此得到检验问题(2)的拒绝域为

$$D = \left\{ (x_1, x_2, \cdots, x_n) : \frac{(n-1)s^2}{\sigma_0^2} \geqslant \chi_\alpha^2(n-1) \right\}.$$

因此，在给定显著性水平 α 下，检验问题(2) $H_0: \sigma^2 \leqslant \sigma_0^2$；$H_1: \sigma^2 > \sigma_0^2$ 的检验为：

若 $\dfrac{(n-1)s^2}{\sigma_0^2} \geqslant \chi_\alpha^2(n-1)$，则拒绝原假设 H_0；

若 $\dfrac{(n-1)s^2}{\sigma_0^2} < \chi_\alpha^2(n-1)$，则不拒绝原假设 H_0.

关于检验问题(3) $H_0: \sigma^2 \geqslant \sigma_0^2$；$H_1: \sigma^2 < \sigma_0^2$，与检验问题(2)

的讨论类似，在此不做推导，详细结果展示在表 5.2.3 中.

例 5.2.7　某纺织车间生产的细纱支数服从正态分布，规定标准差是 1.2. 从某日生产的细纱中随机抽取 16 根，测量其支数，得其标准差为 2.1. 给定显著性水平 $\alpha = 0.05$，问细纱的均匀度是否符合规定?

单个正态总体
方差假设检验
的例子

　　解　提出假设
$$H_0 : \sigma^2 = 1.2^2 ; \quad H_1 : \sigma^2 \neq 1.2^2.$$
检验统计量为
$$\chi^2 = \frac{(n-1)S^2}{1.2^2}.$$
　　确定拒绝域：查表得 $\chi^2_{0.025}(15) = 27.488$，$\chi^2_{0.975}(15) = 6.262$，拒绝域为
$$D = \left\{ \frac{(n-1)s^2}{\sigma_0^2} \leq 6.262 \text{ 或} \frac{(n-1)s^2}{\sigma_0^2} \geq 27.488 \right\}.$$
　　由已知数据可计算得
$$\frac{(n-1)s^2}{\sigma_0^2} = \frac{15 \times 2.1^2}{1.2^2} = 45.94.$$
　　由于 45.94>27.488，因此在显著性水平 $\alpha = 0.05$ 下拒绝原假设，认为细纱的均匀度不符合规定.

例 5.2.8　某种零件的长度服从正态分布，按规定其方差不得超过 0.016. 现从一批零件中随机抽取 25 件测量其长度，得样本方差为 0.025. 问能否由此判断这批零件合格?（取显著性水平 $\alpha = 0.01$，$\alpha = 0.05$）

　　解　提出假设
$$H_0 : \sigma^2 \leq 0.016 ; \quad H_1 : \sigma^2 > 0.016.$$
检验统计量为
$$\chi^2 = \frac{(n-1)S^2}{\sigma_0^2}.$$
　　确定拒绝域：查表得 $\chi^2_{0.01}(24) = 42.98$，拒绝域为
$$D = \left\{ \frac{(n-1)s^2}{\sigma_0^2} \geq 42.98 \right\}.$$
　　由已知数据可计算得
$$\frac{(n-1)s^2}{\sigma_0^2} = \frac{24 \times 0.025}{0.016} = 37.5.$$
　　由于 37.5<42.98，因此在显著性水平 $\alpha = 0.01$ 下不能拒绝原

假设，可以认为这批零件合格.

对于 $\alpha = 0.05$，查表得 $\chi^2_{0.05}(24) = 36.415$，拒绝域

$$D = \left\{ \frac{(n-1)s^2}{\sigma_0^2} \geqslant 36.415 \right\}.$$

由于 37.5>36.415，因此在显著性水平 $\alpha = 0.05$ 下拒绝原假设，认为这批零件不合格.

根据例 5.2.8，我们可以看到：在不同的显著性水平下，假设检验的结果是不同的. 这是因为降低犯第一类错误的概率，就会使得拒绝域减小，从而在原假设 H_0 成立时拒绝原假设事件发生的概率会减小. 因此对原假设 H_0 所作的判断，与所取显著性水平 α 的大小有关，α 越小越不容易拒绝原假设 H_0.

例 5.2.9 某汽车配件厂在新工艺下对加工好的 25 个活塞的直径进行测量，得样本方差 $S^2 = 0.00066$. 已知老工艺生产的活塞直径的方差为 0.00040. 给定显著性水平 $\alpha = 0.05$，问进一步改革的方向应如何？

解 一般进行工艺改革时，若指标的方差显著增大，则改革需朝相反方向进行以减少方差；若方差变化不显著，则需试行别的改革方案.

设测量值 $X \sim N(\mu, \sigma^2)$，$\sigma^2 = 0.00040$. 需考察改革后活塞直径的方差是否不大于改革前的方差？故待检验假设可设为

$$H_0: \sigma^2 \leqslant 0.00040; \quad H_1: \sigma^2 > 0.00040.$$

检验统计量为

$$\chi^2 = \frac{(n-1)S^2}{\sigma_0^2}.$$

确定拒绝域：查表得 $\chi^2_{0.05}(24) = 36.415$，拒绝域为

$$D = \left\{ \frac{(n-1)s^2}{\sigma_0^2} \geqslant 36.415 \right\}.$$

由已知数据可计算得

$$\frac{(n-1)s^2}{\sigma_0^2} = \frac{24 \times 0.00066}{0.00040} = 39.6.$$

由于 39.6>36.415，因此在显著性水平 $\alpha = 0.05$ 下拒绝原假设，即改革后的方差显著大于改革前的方差，因此下一步的改革应朝相反方向进行.

综上，关于**均值 μ 未知，单个正态总体方差 σ^2 的检验**可汇总成表 5.2.3.

表 5.2.3 均值 μ 未知，单个正态总体方差 σ^2 的检验(显著性水平为 α)

原假设 H_0	备择假设 H_1	检验统计量	拒绝域
$\sigma^2 = \sigma_0^2$	$\sigma^2 \neq \sigma_0^2$		$\chi^2 \leqslant \chi_{1-\alpha/2}^2(n-1)$ 或 $\chi^2 \geqslant \chi_{\alpha/2}^2(n-1)$
$\sigma^2 \leqslant \sigma_0^2$	$\sigma^2 > \sigma_0^2$	$\chi^2 = \dfrac{(n-1)S^2}{\sigma_0^2}$	$\chi^2 \geqslant \chi_{\alpha}^2(n-1)$
$\sigma^2 \geqslant \sigma_0^2$	$\sigma^2 < \sigma_0^2$		$\chi^2 \leqslant \chi_{1-\alpha}^2(n-1)$

2. 单个正态总体均值已知，方差的假设检验

当 μ 未知时，检验统计量为 $\chi^2 = \dfrac{(n-1)S^2}{\sigma_0^2} = \dfrac{\sum\limits_{i=1}^{n}(X_i - \bar{X})^2}{\sigma_0^2}$，当

$\mu = \mu_0$ 已知时，自然用 μ_0 替换 $\bar{X}$ 得检验统计量 $\dfrac{\sum\limits_{i=1}^{n}(X_i - \mu_0)^2}{\sigma_0^2}$，该

统计量服从 $\chi^2(n)$ 分布. 类似前面均值 μ 未知情形下的讨论方法，可得检验问题(1)~(3)的水平为 α 的拒绝域，仅注意在拒绝域中将 χ^2 分布的自由度由 $n-1$ 改成 n 即可，故在此不做具体推导. 详细结果见表 5.2.4.

表 5.2.4 均值 μ 已知，单个正态总体方差 σ^2 的检验(显著性水平为 α)

原假设 H_0	备择假设 H_1	检验统计量	拒绝域
$\sigma^2 = \sigma_0^2$	$\sigma^2 \neq \sigma_0^2$		$\chi^2 \leqslant \chi_{1-\alpha/2}^2(n)$ 或 $\chi^2 \geqslant \chi_{\alpha/2}^2(n)$
$\sigma^2 \leqslant \sigma_0^2$	$\sigma^2 > \sigma_0^2$	$\chi^2 = \dfrac{\sum\limits_{i=1}^{n}(x_i - \mu_0)^2}{\sigma_0^2}$	$\chi^2 \geqslant \chi_{\alpha}^2(n)$
$\sigma^2 \geqslant \sigma_0^2$	$\sigma^2 < \sigma_0^2$		$\chi^2 \leqslant \chi_{1-\alpha}^2(n)$

在单个正态总体方差的假设检验中，不论均值 μ 已知还是未知，不论是双边检验还是单边检验，所选统计量的分布都与 χ^2 分布有关. 上述检假设验方法称为 χ^2 **检验法**.

5.2.3　两个正态总体均值差的假设检验

实际中，经常会遇到比较两个总体的问题，本节我们将以两个正态总体为例，介绍均值比较的假设检验问题. 设总体 $X \sim N(\mu_1, \sigma_1^2)$，$X_1, X_2, \cdots, X_m$ 是来自总体 X 的样本，总体 $Y \sim N(\mu_2, \sigma_2^2)$，$Y_1, Y_2, \cdots, Y_n$ 是来自总体 Y 的样本，且两个样本相互独立，记

第一组样本的均值为 $\bar{X} = \dfrac{1}{m}\sum\limits_{i=1}^{m}X_i$，样本方差为 $S_1^2 = \dfrac{1}{m-1}\sum\limits_{i=1}^{m}$

$(X_i - \bar{X})^2$；

第二组样本的均值为 $\bar{Y} = \dfrac{1}{n}\sum\limits_{i=1}^{n}Y_i$，样本方差为 $S_2^2 = \dfrac{1}{n-1}\sum\limits_{i=1}^{n}$

$(Y_i - \overline{Y})^2$.

关于 μ_1 和 μ_2，我们讨论如下几个假设检验问题：

（1）$H_0 : \mu_1 = \mu_2$；　　$H_1 : \mu_1 \neq \mu_2$.

（2）$H_0 : \mu_1 \leqslant \mu_2$；　　$H_1 : \mu_1 > \mu_2$.

（3）$H_0 : \mu_1 \geqslant \mu_2$；　　$H_1 : \mu_1 < \mu_2$.

下面分别对方差 σ_1^2 和 σ_2^2 常用的三种情形进行讨论，首先介绍**方差 σ_1^2 和 σ_2^2 均已知**，两个正态总体均值差的假设检验.

1. 方差 σ_1^2，σ_2^2 均已知，两个正态总体均值差的假设检验

首先讨论检验问题（1）$H_0 : \mu_1 = \mu_2$；　$H_1 : \mu_1 \neq \mu_2$.

由于 $\overline{X} - \overline{Y}$ 是 $\mu_1 - \mu_2$ 的无偏估计. 因此，当原假设 H_0 成立时，$|\overline{X} - \overline{Y}|$ 的观察值 $|\bar{x} - \bar{y}|$ 通常应该比较小，若 $|\bar{x} - \bar{y}|$ 较大，即 $|\bar{x} - \bar{y}| \geqslant C$ 时，则应当拒绝原假设 H_0.

由于当 H_0 成立时，有

$$U = \frac{\overline{X} - \overline{Y}}{\sqrt{\sigma_1^2/m + \sigma_2^2/n}} \sim N(0,1).$$

从而对给定显著性水平 α，有

$$\alpha = P\{\text{当 } H_0 \text{ 为真时} |\overline{X} - \overline{Y}| \geqslant C|\} = P\left\{\frac{|\overline{X} - \overline{Y}|}{\sqrt{\sigma_1^2/m + \sigma_2^2/n}} \geqslant \frac{C}{\sqrt{\sigma_1^2/m + \sigma_2^2/n}}\right\}$$

$$= P\left\{\frac{|\overline{X} - \overline{Y}|}{\sqrt{\sigma_1^2/m + \sigma_2^2/n}} \geqslant k\right\},$$

其中 $k = \dfrac{C}{\sqrt{\sigma_1^2/m + \sigma_2^2/n}}$.

由标准正态分布 α 分位数的定义，可得

$$k = u_{\alpha/2}.$$

于是，在方差 σ_1^2, σ_2^2 均已知的情形下，检验问题（1）的拒绝域为

$$D = \left\{\frac{|\bar{x} - \bar{y}|}{\sqrt{\sigma_1^2/m + \sigma_2^2/n}} \geqslant u_{\alpha/2}\right\}.$$

因此，在给定显著性水平 α 下，检验问题（1）的检验为

若 $\dfrac{|\bar{x} - \bar{y}|}{\sqrt{\sigma_1^2/m + \sigma_2^2/n}} \geqslant u_{\alpha/2}$，则拒绝原假设 H_0；

若 $\dfrac{|\bar{x} - \bar{y}|}{\sqrt{\sigma_1^2/m + \sigma_2^2/n}} < u_{\alpha/2}$，则不拒绝原假设 H_0.

类似检验问题（1）的讨论方法，可得在**方差 σ_1^2，σ_2^2 均已知的情况**下，检验问题（2）和（3）的方法，详细结果可见表 5.2.5.

例 5.2.10　设甲、乙两厂生产同样的灯泡，其寿命分别服从正态分布 $N(\mu_1,90^2)$ 与 $N(\mu_2,96^2)$，现从两厂生产的灯泡中随机地各取 60 只，测得平均寿命甲厂为 1150h，乙厂为 1100h，在显著性水平 $\alpha=0.05$ 下，能否认为两厂生产的灯泡寿命无显著差异？

解　提出假设

$$H_0:\mu_1=\mu_2;\quad H_1:\mu_1\neq\mu_2.$$

检验统计量为

$$U=\frac{\overline{X}-\overline{Y}}{\sqrt{\sigma_1^2/m+\sigma_2^2/n}}.$$

确定拒绝域：查表得到 $u_{0.025}=1.96$，拒绝域为

$$D=\left\{(x_1,x_2,\cdots,x_m;y_1,y_2,\cdots,y_n):\frac{|\overline{x}-\overline{y}|}{\sqrt{\sigma_1^2/m+\sigma_2^2/n}}\geq1.96\right\}.$$

由已知数据可计算得

$$\frac{|\overline{x}-\overline{y}|}{\sqrt{\sigma_1^2/m+\sigma_2^2/n}}=\frac{|1150-1100|}{\sqrt{90^2/60+96^2/60}}=2.94.$$

由于 $2.94>1.96$，因此拒绝原假设，即在显著性水平 $\alpha=0.05$ 下，认为两厂生产的灯泡寿命有显著差异.

2. 方差 $\sigma_1^2=\sigma_2^2=\sigma^2$ 未知，两个正态总体均值差的假设检验

首先考虑检验问题(1)，当 H_0 成立时，有

$$\frac{\overline{X}-\overline{Y}}{S_\omega\sqrt{1/m+1/n}}\sim t(m+n-2),$$

其中，$S_\omega^2=\dfrac{(m-1)S_1^2+(n-1)S_2^2}{m+n-2}$，$S_\omega=\sqrt{S_\omega^2}$.

类似于前面 t 检验方法的推导，可得在方差 $\sigma_1^2=\sigma_2^2=\sigma^2$ 未知情形下，检验问题(1)的拒绝域为

$$D=\left\{(x_1,x_2,\cdots,x_m;y_1,y_2,\cdots,y_n):\frac{|\overline{x}-\overline{y}|}{s_\omega\sqrt{1/m+1/n}}\geq t_{\alpha/2}(m+n-2)\right\}.$$

于是，在给定显著性水平 α 下，检验问题(1)的检验为

若 $\dfrac{\overline{x}-\overline{y}}{s_\omega\sqrt{1/m+1/n}}\geq t_{\alpha/2}(m+n-2)$，则拒绝原假设 H_0；

若 $\dfrac{\overline{x}-\overline{y}}{s_\omega\sqrt{1/m+1/n}}<t_{\alpha/2}(m+n-2)$，则不拒绝原假设 H_0.

类似检验问题(1)的讨论方法，可得方差 $\sigma_1^2=\sigma_2^2=\sigma^2$ 未知的情况下，检验问题(2)和(3)的检验方法，我们将其留作习题.

例 5.2.11   为研究正常成年男女血液红细胞平均数的差别,检验某地正常成年男子 156 人,女子 74 人,计算男女红细胞的样本均值和样本标准差分别为

男:$\overline{X}=465.13$ 万$/\mathrm{mm}^3$,$S_1=54.80$ 万$/\mathrm{mm}^3$;

女:$\overline{Y}=422.16$ 万$/\mathrm{mm}^3$,$S_2=49.20$ 万$/\mathrm{mm}^3$.

假定正常成年男女红细胞数分别服从正态分布 $N(\mu_1,\sigma^2)$ 和 $N(\mu_2,\sigma^2)$,且相互独立. 在显著性水平 $\alpha=0.01$ 下检验正常成年人红细胞数是否与性别有关.

解   检验问题为

$$H_0:\mu_1=\mu_2;\quad H_1:\mu_1\neq\mu_2.$$

检验统计量为

$$T=\frac{\overline{X}-\overline{Y}}{S_\omega\sqrt{1/m+1/n}}.$$

确定拒绝域:查表得到 $t_{0.005}(228)=2.576$,拒绝域为

$$D=\left\{(x_1,x_2,\cdots,x_{156};y_1,y_2,\cdots,y_{74}):\frac{|\bar{x}-\bar{y}|}{s_\omega\sqrt{1/m+1/n}}\geq 2.576\right\}.$$

由已知数据可计算得

$$S_\omega^2=\frac{(m-1)S_1^2+(n-1)S_2^2}{m+n-2}=\frac{(156-1)54.80^2+(74-1)49.20^2}{156+74-2}=2816.6,$$

$$\frac{|\bar{x}-\bar{y}|}{s_\omega\sqrt{1/m+1/n}}=\frac{|465.13-422.16|}{\sqrt{2816.6}\sqrt{1/156+1/74}}=5.74.$$

由于 $5.74>2.576$,因此拒绝原假设,即在显著性水平 $\alpha=0.01$ 下,认为正常成年人红细胞数与性别有关.

例 5.2.12   某物质在处理前和处理后分别独立抽样分析其含脂率如下:

处理前(X):0.19,0.18,0.21,0.30,0.41,0.12,0.27;

处理后(Y):0.15,0.13,0.07,0.24,0.19,0.06,0.08,0.12.

假定处理前后的含脂率都服从正态分布,且方差相同. 在显著性水平 $\alpha=0.05$ 下,处理前后的含脂率的平均值是否有显著变化?

解   检验问题为

$$H_0:\mu_1=\mu_2;\quad H_1:\mu_1\neq\mu_2,$$

检验统计量为

$$T=\frac{\overline{X}-\overline{Y}}{S_\omega\sqrt{1/m+1/n}}\sim t(m+n-2).$$

确定拒绝域：查表得到 $t_{0.025}(13) = 2.1604$，拒绝域为

$$D = \left\{ (x_1, x_2, \cdots, x_7; y_1, y_2, \cdots, y_8) : \frac{|\bar{x} - \bar{y}|}{s_\omega \sqrt{1/m + 1/n}} \geqslant 2.1604 \right\}.$$

由已知数据可计算得 T 的观测值 t 为 $|t| = 2.678 > 2.1604$. 故在显著性水平 $\alpha = 0.05$ 下拒绝 H_0，即认为处理前后含脂率的平均值有显著变化.

注意 假设条件要求两正态总体方差相等，对于两正态总体方差均未知，且不相等的情形，我们只考虑满足 $m = n$ 的配对试验问题.

3. σ_1^2, σ_2^2 均未知，且 $m = n$ 时，两个正态总体均值差的假设检验

前面两种情况讨论的用于两个正态总体均值差的检验中，假定了这两个正态总体中的样本是独立的. 但在实际问题中，有时候情况不总是这样. 可能这两个正态总体的样本是来自同一个总体上的重复观察，它们是成对出现的，而且是相关的. 下面讨论在这种情况下的假设检验问题.

首先讨论检验问题(1).

令 $Z = X - Y$，$\mu = \mu_1 - \mu_2$，$\sigma^2 = \sigma_1^2 + \sigma_2^2$，$Z_i = X_i - Y_i$，$i = 1, 2, \cdots, n$，则 $Z_1, Z_2, \cdots, Z_n$ 是来自正态总体 $Z \sim N(\mu, \sigma^2)$ 的样本. 此时检验问题(1)归结为检验假设

$$H_0: \mu = 0; \quad H_1: \mu \neq 0.$$

而且方差未知. 当原假设 $H_0: \mu = 0$ 成立时，

$$T = \frac{\bar{Z}}{S_z / \sqrt{n}} \sim t(n-1),$$

其中，

$$\bar{Z} = \frac{1}{n} \sum_{i=1}^{n} Z_i = \frac{1}{n} \sum_{i=1}^{n} (X_i - Y_i) = \bar{X} - \bar{Y},$$

$$S_z^2 = \frac{1}{n-1} \sum_{i=1}^{n} (Z_i - \bar{Z})^2 = \frac{1}{n-1} \sum_{i=1}^{n} (X_i - \bar{X})^2 + \frac{1}{n-1} \sum_{i=1}^{n} (Y_i - \bar{Y})^2 -$$

$$\frac{2}{n-1} \sum_{i=1}^{n} (X_i - \bar{X})(Y_i - \bar{Y})$$

$$= S_1^2 + S_2^2 - 2S_{12}.$$

从而，对给定的显著性水平 α，检验的拒绝域为

$$D = \left\{ \frac{|\bar{x} - \bar{y}|}{s_z / \sqrt{n}} \geqslant t_{\alpha/2}(n-1) \right\}.$$

于是，当 $m=n$ 且 σ_1^2，σ_2^2 均未知时，检验问题（1）的检验为

若 $\dfrac{|\bar{x}-\bar{y}|}{s_z/\sqrt{n}} \geq t_{\alpha/2}(n-1)$，则拒绝原假设 H_0；

若 $\dfrac{|\bar{x}-\bar{y}|}{s_z/\sqrt{n}} < t_{\alpha/2}(n-1)$，则不拒绝原假设 H_0.

关于检验问题（2）和（3），与检验问题（1）的讨论方法类似，详细结果可见表 5.2.5.

例 5.2.13　今有两台测量材料中某种金属含量的光谱仪 A 和 B，为鉴定它们的质量有无显著差异，对金属含量不同的 9 件材料样品进行测量，得到 9 对观察值为

u：0.20, 0.30, 0.40, 0.50, 0.60, 0.70, 0.80, 0.90, 1.00；

v：0.10, 0.21, 0.52, 0.32, 0.78, 0.59, 0.68, 0.77, 0.89.

根据实验结果，在显著性水平 $\alpha=0.01$ 下，判断这两台光谱仪的质量有无显著差异？

解　将光谱仪 A 和 B 对 9 件样品的测定值记为 $X_1, X_2, \cdots, X_9$ 和 $Y_1, Y_2, \cdots, Y_9$. 由于这 9 件样品金属含量不同，所以 $X_1, X_2, \cdots, X_9$ 不能看成来自同一总体，$Y_1, Y_2, \cdots, Y_9$ 也一样；每个配对样本 (X_i, Y_i) 中 X_i 和 Y_i 不独立，故需用配对比较. 记

$$Z_i = X_i - Y_i, \quad i = 1, 2, \cdots, 9.$$

若这两台光谱仪质量一样，测量得到的每对数据的差异仅由随机误差引起. 随机误差可认为服从正态分布 $N(0, \sigma^2)$. 故可假定 $Z_1, Z_2, \cdots, Z_9$ 为从 $N(\mu, \sigma^2)$ 抽取的独立同分布样本. 检验问题为

$$H_0: \mu = 0; \quad H_1: \mu \neq 0.$$

检验统计量为

$$T = \frac{\bar{Z}}{S_z/\sqrt{n}}.$$

确定拒绝域：查表得到 $t_{0.005}(8) = 3.3554$，拒绝域为

$$D = \left\{ (x_1, x_2, \cdots, x_9; y_1, y_2, \cdots, y_9): \frac{|\bar{x}-\bar{y}|}{s_z/\sqrt{n}} \geq 3.3554 \right\}.$$

由已知数据可计算得

$$\bar{Z} = \frac{1}{n} \sum_{i=1}^{n} (X_i - Y_i) = 0.06, \quad S_z^2 = \frac{1}{n-1} \sum_{i=1}^{n} (Z_i - \bar{Z})^2 = 0.01505,$$

$$\frac{|\bar{x}-\bar{y}|}{s_z/\sqrt{n}} = \frac{3 \times 0.06}{0.12268} = 1.47.$$

由于 1.47 < 3.3554，因此接受原假设，即在显著性水平 $\alpha =$

0.01 下，认为这两台光谱仪的质量无显著差异.

综上，关于**两正态总体均值差的检验**可汇总成表 5.2.5.

表 5.2.5　两正态总体均值差的检验（显著性水平为 α）

原假设 H_0	备择假设 H_1	σ_1^2, σ_2^2 均已知	$\sigma_1^2 = \sigma_2^2 = \sigma^2$ 未知	$m=n$ σ_1^2, σ_2^2 均未知
		在显著性水平 α 下拒绝 H_0，若		
$\mu_1 = \mu_2$	$\mu_1 \neq \mu_2$	$\dfrac{\|\bar{x}-\bar{y}\|}{\sqrt{\sigma_1^2/m+\sigma_2^2/n}} \geq u_{\alpha/2}$	$\dfrac{\|\bar{x}-\bar{y}\|}{s_\omega\sqrt{1/m+1/n}}$ $\geq t_{\alpha/2}(m+n-2)$	$\dfrac{\|\bar{x}-\bar{y}\|}{s_z/\sqrt{n}} \geq t_{\alpha/2}(n-1)$
$\mu_1 \leq \mu_2$	$\mu_1 > \mu_2$	$\dfrac{\bar{x}-\bar{y}}{\sqrt{\sigma_1^2/m+\sigma_2^2/n}} \geq u_{\alpha}$	$\dfrac{\bar{x}-\bar{y}}{s_\omega\sqrt{1/m+1/n}}$ $\geq t_{\alpha}(m+n-2)$	$\dfrac{\bar{x}-\bar{y}}{s_z/\sqrt{n}} \geq t_{\alpha}(n-1)$
$\mu_1 \geq \mu_2$	$\mu_1 < \mu_2$	$\dfrac{\bar{x}-\bar{y}}{\sqrt{\sigma_1^2/m+\sigma_2^2/n}} \leq -u_{\alpha}$	$\dfrac{\bar{x}-\bar{y}}{s_\omega\sqrt{1/m+1/n}}$ $\leq -t_{\alpha}(m+n-2)$	$\dfrac{\bar{x}-\bar{y}}{s_z/\sqrt{n}} \leq -t_{\alpha}(n-1)$

一般来说，两个正态总体均值差的显著性检验，其实际意义是一种选优的统计方法，至于多个正态总体均值之间差异的显著性检验暂不讨论.

5.2.4　两个正态总体方差比的假设检验

对给定的显著性水平 α，关于两个正态总体的方差 σ_1^2 与 σ_2^2，常见的假设检验问题有：

（1） $H_0: \sigma_1^2 = \sigma_2^2$；　　$H_1: \sigma_1^2 \neq \sigma_2^2$.

（2） $H_0: \sigma_1^2 \leq \sigma_2^2$；　　$H_1: \sigma_1^2 > \sigma_2^2$.

（3） $H_0: \sigma_1^2 \geq \sigma_2^2$；　　$H_1: \sigma_1^2 < \sigma_2^2$.

我们分下面两种情形分别讨论上述假设检验问题.

1. 均值 μ_1, μ_2 均未知，两个正态总体方差比的假设检验

对于检验问题（1）. 因为当 $H_0: \sigma_1^2 = \sigma_2^2$ 成立时，即 $\sigma_1^2/\sigma_2^2 = 1$ 时，由于样本方差 S_1^2，S_2^2 分别为总体方差 σ_1^2，σ_2^2 的无偏估计，因此比值 S_1^2/S_2^2 的观察值 s_1^2/s_2^2 应该接近 1. 若比值 s_1^2/s_2^2 偏大或者偏小，则应该拒绝 H_0. 于是，检验问题（1）的拒绝域形式为

$$D = \left\{ \frac{s_1^2}{s_2^2} \leq C_1 \text{ 或 } \frac{s_1^2}{s_2^2} \geq C_2 \right\}.$$

其中常数 C_1 为适当小的正数，C_2 为适当大的正数，且 $C_1 < C_2$，由显著性水平 α 确定. 于是

$$P\left\{ \text{当 } H_0 \text{ 为真时} \frac{S_1^2}{S_2^2} \leq C_1 \text{ 或 } \frac{S_1^2}{S_2^2} \geq C_2 \right\} = \alpha.$$

即

$$P\left\{ 当\ H_0\ 为真时\frac{S_1^2}{S_2^2} \leqslant C_1 \right\} + P\left\{ 当\ H_0\ 为真时\frac{S_1^2}{S_2^2} \geqslant C_2 \right\} = \alpha.$$

为方便，常取

$$P\left\{ 当\ H_0\ 为真时\frac{S_1^2}{S_2^2} \leqslant C_1 \right\} = P\left\{ 当\ H_0\ 为真时\frac{S_1^2}{S_2^2} \geqslant C_2 \right\} = \frac{\alpha}{2}.$$

可得

$$\frac{S_1^2/S_2^2}{\sigma_1^2/\sigma_2^2} \sim F(m-1,n-1).$$

当 $H_0: \sigma_1^2 = \sigma_2^2$ 成立时，有

$$\frac{S_1^2}{S_2^2} \sim F(m-1,n-1).$$

由 F 分布的上 α 分位数的定义，可得

$$P\left\{ \frac{S_1^2}{S_2^2} \leqslant F_{1-\alpha/2}(m-1,n-1) \right\} = P\left\{ \frac{S_1^2}{S_2^2} \geqslant F_{\alpha/2}(m-1,n-1) \right\} = \frac{\alpha}{2}.$$

检验问题(1)的拒绝域为

$$D = \left\{ \frac{s_1^2}{s_2^2} \leqslant F_{1-\alpha/2}(m-1,n-1) \text{或} \frac{s_1^2}{s_2^2} \geqslant F_{\alpha/2}(m-1,n-1) \right\}.$$

于是，对给定的显著性水平 α，检验问题(1)的检验：

若 $\frac{s_1^2}{s_2^2} \leqslant F_{1-\alpha/2}(m-1,n-1)$ 或 $\frac{s_1^2}{s_2^2} \geqslant F_{\alpha/2}(m-1,n-1)$，则拒绝原假设 H_0；

若 $F_{1-\alpha/2}(m-1,n-1) < \frac{s_1^2}{s_2^2} < F_{\alpha/2}(m-1,n-1)$，则不拒绝原假设 H_0.

关于检验问题(2)和(3)的检验，与检验问题(1)的讨论方法类似，我们将其留作习题.

例 5.2.14　甲、乙两台机器加工同种零件，分别从两台机器加工的零件中随机抽取 8 个和 9 个测量其直径，得样本均值分别为 $\bar{x} = 14.5$，$\bar{y} = 15$，样本方差分别为 $s_1^2 = 0.345$，$s_2^2 = 0.375$. 假定零件直径分别服从正态分布 $N(\mu_1, \sigma_1^2)$，$N(\mu_2, \sigma_2^2)$. 问这两台机器生产的零件直径

（1）方差是否相等？（显著性水平 $\alpha = 0.10$）

（2）均值是否相等？（显著性水平 $\alpha = 0.10$）

解　（1）提出假设

$$H_0: \sigma_1^2 = \sigma_2^2; \quad H_1: \sigma_1^2 \neq \sigma_2^2.$$

检验统计量为

$$\frac{S_1^2}{S_2^2}.$$

确定拒绝域：查表得到 $F_{0.05}(7,8)=3.50$，$F_{0.95}(7,8)=$
$\dfrac{1}{F_{0.05}(8,7)}=\dfrac{1}{3.73}=0.27$，拒绝域为

$$D=\left\{\frac{s_1^2}{s_2^2}\geqslant 3.50\ \text{或}\ \frac{s_1^2}{s_2^2}\leqslant 0.27\right\}.$$

由已知数据可计算得

$$\frac{s_1^2}{s_2^2}=\frac{0.345}{0.375}=0.92.$$

由于 0.27<0.92<3.50，因此不能拒绝原假设，即在显著性水平 $\alpha=0.10$ 下，可以认为两台机器生产的零件直径的方差相等.

（2）提出假设

$$H_0:\mu_1=\mu_2;\quad H_1:\mu_1\neq\mu_2.$$

根据问题（1）假设检验结果可得两台机器生产的零件直径的方差相等，故取检验统计量为

$$\frac{\overline{X}-\overline{Y}}{S_\omega\sqrt{1/m+1/n}}.$$

确定拒绝域：查表得到 $t_{0.05}(15)=1.7531$，以及 $s_\omega^2=$
$\dfrac{(m-1)s_1^2+(n-1)s_2^2}{m+n-2}=0.361$，拒绝域为

$$D=\left\{\frac{|\bar{x}-\bar{y}|}{s_\omega\sqrt{1/m+1/n}}\geqslant 1.7531\right\}.$$

由已知数据可计算得

$$\frac{|\bar{x}-\bar{y}|}{s_\omega\sqrt{1/m+1/n}}=\frac{|14.5-15|}{\sqrt{0.361}\sqrt{1/8+1/9}}=1.71.$$

由于 1.71<1.7631，因此不能拒绝原假设，即在显著性水平 $\alpha=0.10$ 下，可以认为两台机器生产的零件直径的均值相等.

例 5.2.15　分别用国产测量仪器和进口同类测量仪器测量某物体 11 次，分别得 11 个数据. 计算得两组数据的样本方差分别为 $s_1^2=1.15$，$s_2^2=3.90$. 假定国产和进口测量仪器的测量值分别服从正态分布 $N(\mu_1,\sigma_1^2)$，$N(\mu_2,\sigma_2^2)$. 在显著性水平 $\alpha=0.05$ 下，问国产测量仪器是否比进口的同类测量仪器好？

解　初步认为 $\sigma_1^2<\sigma_2^2$，即国产的测量仪器比进口同类测量仪器好，但是做出判断要谨慎，需要通过数据信息进行严格逻辑推理从而做出判断.

提出假设

$$H_0:\sigma_1^2\geqslant\sigma_2^2;\quad H_1:\sigma_1^2<\sigma_2^2.$$

检验统计量为

$$\frac{S_1^2}{S_2^2}.$$

确定拒绝域为：查表得 $F_{0.95}(10,10) = \dfrac{1}{F_{0.05}(10,10)} = \dfrac{1}{2.98} =$

0.336，拒绝域为

$$D = \left\{ \frac{s_1^2}{s_2^2} \leqslant 0.336 \right\}.$$

由已知数据可计算得

$$\frac{s_1^2}{s_2^2} = \frac{1.15}{3.90} = 0.295.$$

由于 $0.295 < 0.336$，因此拒绝原假设，即在显著性水平 $\alpha = 0.05$ 下，认为国产测量仪器比进口的同类测量仪器好.

2. 均值 μ_1，μ_2 已知，两个正态总体方差比的假设检验

当 μ_1，μ_2 已知时，采用检验统计量

$$\frac{\dfrac{1}{m\sigma_1^2} \displaystyle\sum_{i=1}^{m} (X_i - \mu_1)^2}{\dfrac{1}{n\sigma_2^2} \displaystyle\sum_{i=1}^{n} (Y_i - \mu_2)^2} \sim F(m,n),$$

3 个检验问题的讨论方法与 μ_1，μ_2 未知时完全类似，这里就不再重复. 在实际应用上，μ_1，μ_2 未知情形相对常见，而已知情形很少见.

综上，关于**两正态总体方差比的检验**可汇总成表 5.2.6.

表 5.2.6 两正态总体方差比的检验（显著性水平为 α）

原假设 H_0	备择假设 H_1	μ_1，μ_2 均已知	μ_1，μ_2 均未知
		在显著性水平 α 下拒绝 H_0，若	
$\sigma_1^2 = \sigma_2^2$	$\sigma_1^2 \neq \sigma_2^2$	$\dfrac{\dfrac{1}{m}\sum_{i=1}^{m}(X_i - \mu_1)^2}{\dfrac{1}{n}\sum_{i=1}^{n}(Y_i - \mu_2)^2} \geqslant F_{\alpha/2}(m,n)$ 或 $\dfrac{\dfrac{1}{m}\sum_{i=1}^{m}(X_i - \mu_1)^2}{\dfrac{1}{n}\sum_{i=1}^{n}(Y_i - \mu_2)^2} \leqslant F_{1-\alpha/2}(m,n)$	$\dfrac{s_1^2}{s_2^2} \geqslant F_{\alpha/2}(m-1,n-1)$ 或 $\dfrac{s_1^2}{s_2^2} \leqslant F_{1-\alpha/2}(m-1,n-1)$
$\sigma_1^2 \leqslant \sigma_2^2$	$\sigma_1^2 > \sigma_2^2$	$\dfrac{\dfrac{1}{m}\sum_{i=1}^{m}(X_i - \mu_1)^2}{\dfrac{1}{n}\sum_{i=1}^{n}(Y_i - \mu_2)^2} \geqslant F_{\alpha}(m,n)$	$\dfrac{s_1^2}{s_2^2} \geqslant F_{\alpha}(m-1,n-1)$
$\sigma_1^2 \geqslant \sigma_2^2$	$\sigma_1^2 < \sigma_2^2$	$\dfrac{\dfrac{1}{m}\sum_{i=1}^{m}(X_i - \mu_1)^2}{\dfrac{1}{n}\sum_{i=1}^{n}(Y_i - \mu_2)^2} \leqslant F_{1-\alpha}(m,n)$	$\dfrac{s_1^2}{s_2^2} \leqslant F_{1-\alpha}(m-1,n-1)$

两个正态总体方差比的假设检验中,不论均值 μ_1,μ_2 是已知还是未知,不论是双边检验还是单边检验,所用检验统计量的分布都与 F 分布有关.上述假设检验方法称为 **F 检验法**.

习题 5.2

1. 类似 5.2.1 节 2 中检验问题(3)的推导方法,讨论相同条件下检验问题(1)和(2)的检验方法.

2. 类似 5.2.2 节 1 中检验问题(1)~(3)的推导方法,讨论在均值已知条件下检验问题(1)~(3)的检验方法.

3. 类似 5.2.3 节 1 中检验问题(1)~(3)的推导方法,讨论在方差 $\sigma_1^2=\sigma_2^2=\sigma^2$ 未知条件下检验问题(1)~(3)的检验方法.

4. 类似 5.2.4 节 1 中检验问题(1)~(3)的推导方法,讨论在均值 μ_1,μ_2 都已知条件下检验问题(1)~(3)的检验方法.

5. 从标准差为 $\sigma=5.2$ 的正态总体 $N(\mu,\sigma^2)$ 中随机抽取容量为 16 的样本,计算得样本均值为 $\bar{x}=27.56$,在显著性水平 $\alpha=0.05$ 下,能否认为总体均值 $\mu=26$?

6. 正常生产情况下某种零件的重量服从正态分布 $N(54,0.75)$.在某日生产的零件中随机抽取 10 件测得重量(单位:kg)如下:

54.2,52.1,55.0,55.8,55.3,
54.2,55.1,54.0,55.1,53.8.

如果标准差不变,在显著性水平 $\alpha=0.05$ 下,问该日生产的零件的平均重量较正常情况是否有显著差异?

7. 要求一种元件的平均使用寿命不得低于 1000h,生产者从这种元件中随机抽取 25 件,测得其寿命的平均值为 950h.已知该种元件寿命服从标准差为 $\sigma=100h$ 的正态分布,在显著性水平 $\alpha=0.05$ 下,判断这批元件是否合格?

8. 设某批矿砂的镍含量的测定值总体 X 服从正态分布,从中随机地抽取 5 个样品,测定镍含量为 3.25%,3.27%,3.24%,3.26%,3.24%.在显著性水平 $\alpha=0.05$ 下,能否认为这批矿砂的均值为 3.25%?

9. 设 $X_1,X_2,\cdots,X_{25}$ 是来自正态总体 $N(\mu,3^2)$ 的一个样本,其中 $\mu\in\mathbf{R}$ 为未知参数.设检验问题 $H_0:\mu=\mu_0$;$H_1:\mu\neq\mu_0$(μ_0 已知)的拒绝域为 $\{|\bar{X}-\mu_0|\geqslant c\}$.

(1) 在显著性水平 $\alpha=0.05$ 下,求常数 c;

(2) 求 $\mu=\mu_1$($\mu_1\neq\mu_0$)时犯第二类错误的概率(用标准正态分布函数 $\Phi(\cdot)$ 表示).

10. 某厂生产某种型号的电动机,其寿命长期以来服从方差为 $\sigma^2=2500(h^2)$ 的正态分布 $N(\mu,\sigma^2)$,现有一批这种电动机,从它的生产情况来看寿命的波动性有所改变.现随机抽取 26 台电动机,测得其寿命的样本方差为 $s^2=4600(h^2)$.在显著性水平 $\alpha=0.05$ 下,根据这一数据能否推断这批电动机寿命的波动性较以往有显著变化?

11. 某电工器材公司生产一种保险丝,测量其熔化时间,依通常情况方差为 400.现从某天生产的产品中任取容量为 25 的样本,计算得熔化时间的平均值为 $\bar{x}=62.24$,样本方差为 $s^2=476.22$.假定熔化时间服从正态分布 $N(\mu,\sigma^2)$,在显著性水平 $\alpha=0.01$ 下,问这天生产的保险丝熔化时间的分散度与通常情况有无显著差异?

12. 已知维尼纶纤度在正常情况下服从正态分布 $N(\mu,\sigma^2)$,且 $\sigma=0.048$.从某天的产品中任取 5 根纤维,测得其纤度为 1.32,1.55,1.36,1.40,1.44,在显著性水平 $\alpha=0.05$ 下,问这天的标准差是否正常?

13. 测定某种溶液的水分,由它的 10 个测量值算得样本均值为 $\bar{x}=0.452\%$,样本标准差为 $s=0.037\%$.设测量值的总体服从正态分布 $N(\mu,\sigma^2)$,在显著性水平 $\alpha=0.05$ 下,分别检验下列假设:

(1) $H_0:\mu\geqslant 0.5\%$,$H_1:\mu<0.5\%$;

(2) $H_0:\sigma\geqslant 0.04\%$,$H_1:\sigma<0.04\%$.

14. 随机从一批零件中抽取 16 个进行测量,测

得其长度(单位:cm)为

2.14, 2.10, 2.13, 2.15, 2.13, 2.12, 2.13, 2.10,
2.15, 2.12, 2.14, 2.10, 2.13, 2.11, 2.14, 2.11.

假定该零件长度服从正态分布 $N(\mu, \sigma^2)$.

(1) 若 $\sigma^2 = 0.01^2$, 在显著性水平 $\alpha = 0.05$ 下, 检验 $H_0: \mu = 2.15$; $H_1: \mu \neq 2.15$;

(2) 若 σ^2 未知, 在显著性水平 $\alpha = 0.05$ 下, 检验 $H_0: \mu = 2.15$; $H_1: \mu \neq 2.15$;

(3) 在显著性水平 $\alpha = 0.05$ 下, 检验 $H_0: \sigma^2 = 0.01^2$; $H_1: \sigma^2 \neq 0.01^2$.

15. 测量某物体的重量 10 次, 得样本均值为 $\bar{x} = 10.05$, 样本方差为 $s^2 = 0.0576$. 假定该物体的重量服从正态分布 $N(\mu, \sigma^2)$.

(1) 若 $\sigma^2 = 0.2^2$, 在显著性水平 $\alpha = 0.05$ 下, 检验 $H_0: \mu = 10$; $H_1: \mu > 10$;

(2) 若 σ^2 未知, 在显著性水平 $\alpha = 0.05$ 下, 检验 $H_0: \mu = 10$; $H_1: \mu > 10$;

(3) 在显著性水平 $\alpha = 0.05$ 下, 检验 $H_0: \sigma^2 \geq 0.25^2$; $H_1: \sigma^2 < 0.25^2$.

16. 甲、乙两组生产同种导线, 随机地从甲、乙两组中分别抽取 4 根和 5 根, 测得它们的电阻值(单位:Ω)分别为

甲组导线: 0.143, 0.142, 0.143, 0.137;

乙组导线: 0.140, 0.142, 0.136, 0.138, 0.140.

设甲、乙两组生产的导线电阻值分别服从正态分布 $N(\mu_1, \sigma^2)$ 和 $N(\mu_2, \sigma^2)$, 其中 μ_1, μ_2, σ^2 均未知, 且它们相互独立, 在显著性水平 $\alpha = 0.05$ 下, 检验 $H_0: \mu_1 = \mu_2$; $H_1: \mu_1 \neq \mu_2$.

17. 比较甲、乙两种棉花品种的优劣, 假设用它们纺出的棉纱强度分别服从正态分布 $N(\mu_1, \sigma_1^2)$, $N(\mu_2, \sigma_2^2)$, 试验者分别从这两种棉纱中抽取样本 $X_1, X_2, \cdots, X_{100}$, $Y_1, Y_2, \cdots, Y_{50}$, 得样本均值和样本方差分别为 $\bar{x} = 5.6$, $\bar{y} = 5.2$, $s_1^2 = 4$, $s_2^2 = 2.56$.

(1) 若 $\sigma_1^2 = 2.2^2$, $\sigma_2^2 = 1.8^2$, 在显著性水平 $\alpha = 0.05$ 下, 检验 $H_0: \mu_1 \leq \mu_2$; $H_1: \mu_1 > \mu_2$;

(2) 若 $\sigma_1^2 = \sigma_2^2$ 未知, 在显著性水平 $\alpha = 0.05$ 下, 检验 $H_0: \mu_1 \leq \mu_2$; $H_1: \mu_1 > \mu_2$.

18. 某化工厂为提高某种化工产品的得率, 提出两种方案, 为研究哪一种方案更能提高得率, 分别用两种工艺各进行 10 次试验, 获得数据如下:

甲方案得率: 68.1%, 62.4%, 64.3%, 65.5%, 66.7%, 67.3%, 64.7%, 68.4%, 66.0%, 66.2%;

乙方案得率: 69.1%, 71.0%, 69.1%, 70.0%, 67.3%, 70.2%, 69.1%, 69.1%, 72.1%, 67.3%.

假设两种方案的得率分别服从正态分布 $N(\mu_1, \sigma_1^2)$, $N(\mu_2, \sigma_2^2)$ 且相互独立, 在显著性水平 $\alpha = 0.01$ 下, 问乙方案是否比甲方案显著提高得率?

19. 比较甲、乙两种橡胶轮胎的耐磨性, 假定甲、乙两种轮胎的磨损量分别服从正态分布 $N(\mu_1, \sigma_1^2)$, $N(\mu_2, \sigma_2^2)$ 且相互独立. 现从甲、乙两种轮胎中各抽取 8 个, 各取一个组成一对, 再随机抽取 8 架飞机, 将 8 对轮胎随机配给 8 架飞机做耐磨试验, 进行了一定时间的起落飞行后, 测得轮胎磨损量数据如下:

甲: 4900, 5220, 5500, 6020, 6340, 7660, 8650, 4870;

乙: 4930, 4900, 5140, 5700, 6110, 6880, 7930, 5010.

在显著性水平 $\alpha = 0.05$ 下, 问这两种轮胎的耐磨性能有无显著差异?

20. 甲、乙两位化验员独立地对某种聚合物的含氯量用相同的方法各测量 10 次, 得样本方差分别为 $s_1^2 = 0.5419$, $s_2^2 = 0.6065$. 设甲、乙测量数据分别服从正态分布 $N(\mu_1, \sigma_1^2)$, $N(\mu_2, \sigma_2^2)$. 在显著性水平 $\alpha = 0.10$ 下, 检验 $H_0: \sigma_1^2 = \sigma_2^2$; $H_1: \sigma_1^2 \neq \sigma_2^2$.

21. 对两批同类电子元件的电阻(单位:Ω)进行测试, 各抽取 6 件测得结果如下:

第一批: 0.140, 0.138, 0.143, 0.142, 0.144, 0.137;

第二批: 0.135, 0.140, 0.142, 0.136, 0.138, 0.140.

已知两批元件的电阻分别服从正态分布 $N(\mu_1, \sigma_1^2)$ 和 $N(\mu_2, \sigma_2^2)$, 在显著性水平 $\alpha = 0.05$ 下, 分别检验:

(1) 两批元件电阻的方差是否相等;

(2) 两批元件的平均电阻有无显著差异.

5.3 非正态总体参数的假设检验

在上一节中，我们已经介绍了正态总体参数假设检验问题的有关方法. 然而，现实中许多分布并非正态分布，因此需要借助其他分布下的假设检验问题来进行判断. 本节我们将探讨非正态总体分布的参数假设检验问题.

5.3.1 小样本方法

首先，我们将探讨当样本容量较小时，在指数分布和二项分布下进行假设检验的方法. 针对不同的假设检验问题，我们将给出相关的拒绝域和检验.

1. 指数分布参数的假设

设总体 X 服从指数分布检验 $E(\lambda)$，其密度函数为

$$f(x) = \begin{cases} \lambda e^{-\lambda x}, & x > 0, \\ 0, & x \leq 0. \end{cases}$$

非正态总体参数
的假设检验

其中 $\lambda > 0$ 为未知参数，$X_1, X_2, \cdots, X_n$ 是来自总体 X 的样本. 此时对参数 λ 可提出如下几种假设检验问题：

（1）$H_0 : \lambda = \lambda_0$； $H_1 : \lambda \neq \lambda_0$.

（2）$H_0 : \lambda \leq \lambda_0$； $H_1 : \lambda > \lambda_0$.

（3）$H_0 : \lambda \geq \lambda_0$； $H_1 : \lambda < \lambda_0$.

其中 λ_0 为已知常数.

对于检验问题（1） $H_0 : \lambda = \lambda_0$； $H_1 : \lambda \neq \lambda_0$.

由于 $\overline{X}$ 是 $1/\lambda$ 的无偏估计，因此 $\dfrac{\overline{X}}{1/\lambda} = \lambda \overline{X}$ 应当接近 1. 当原假设 $H_0 : \lambda = \lambda_0$ 成立时，$\lambda_0 \overline{X}$ 接近 1 既不太大也不太小，于是检验拒绝域的形式为

$$D = \{\lambda_0 \overline{X} \leq A_1 \text{ 或 } \lambda_0 \overline{X} \geq A_2\},$$

其中 A_1 为适当小的正数，A_2 为适当大的正数，且 $A_1 < A_2$，均由显著性水平 α 确定.

根据定理 2.3.8，有

$$2n\lambda \overline{X} \sim \chi^2(2n),$$

因此当 $H_0 : \lambda = \lambda_0$ 成立时有

$$2n\lambda_0 \overline{X} \sim \chi^2(2n).$$

拒绝域的等价形式为

$$D = \{2n\lambda_0 \overline{X} \leq C_1 \text{ 或 } 2n\lambda_0 \overline{X} \geq C_2\},$$

其中 C_1 和 C_2 为待定常数，待定.

对于给定的显著性水平 α,

$$\alpha = P\{2n\lambda_0\overline{X} \leqslant C_1 \text{ 或 } 2n\lambda_0\overline{X} \geqslant C_2 \mid H_0 \text{ 为真}\},$$

$$\alpha = P\{\text{当 } H_0 \text{ 为真时 } \lambda_0\overline{X} \leqslant A_1 \text{ 或 } \lambda_0\overline{X} \geqslant A_2\}$$

$$= P\{\text{当 } H_0 \text{ 为真时 } 2n\lambda_0\overline{X} \leqslant C_1\} + P\{\text{当 } H_0 \text{ 为真时 } 2n\lambda_0\overline{X} \geqslant C_2\},$$

为方便计算,常取

$$\frac{\alpha}{2} = P\{\text{当 } H_0 \text{ 为真时 } 2n\lambda_0\overline{X} \leqslant C_1\} = P\{\text{当 } H_0 \text{ 为真时 } 2n\lambda_0\overline{X} \geqslant C_2\},$$

根据 χ^2 分布上 α 分位数的定义,得到

$$C_1 = \chi^2_{1-\alpha/2}(2n), \qquad C_2 = \chi^2_{\alpha/2}(2n).$$

因此检验问题(1)的拒绝域为

$$D = \{2n\lambda_0\overline{x} \leqslant \chi^2_{1-\alpha/2}(2n) \text{ 或 } 2n\lambda_0\overline{x} \geqslant \chi^2_{\alpha/2}(2n)\}.$$

于是,检验问题(1)的检验法为

$$\begin{cases} \text{若 } 2n\lambda_0\overline{x} \leqslant \chi^2_{1-\alpha/2}(2n) \text{ 或 } 2n\lambda_0\overline{x} \geqslant \chi^2_{\alpha/2}(2n), & \text{则拒绝原假设}, \\ \text{若 } \chi^2_{1-\alpha/2}(2n) < 2n\lambda_0\overline{x} < \chi^2_{\alpha/2}(2n), & \text{则不拒绝原假设}. \end{cases}$$

对于检验问题(2) $H_0 : \lambda \leqslant \lambda_0 ; H_1 : \lambda > \lambda_0.$

由于 $\overline{X}$ 是 $1/\lambda$ 的无偏估计,当 $H_0 : \lambda \leqslant \lambda_0$ 成立时并考虑备择假设 H_1,检验问题(2)的拒绝域形式应该为

$$D = \{\lambda_0\overline{x} \leqslant C\} = \{2n\lambda_0\overline{x} \leqslant k\},$$

其中 $k = 2nC$ 为常数,由显著性水平 α 确定.

当 $H_0 : \lambda \leqslant \lambda_0$ 成立时,

$$2n\lambda_0\overline{X} \geqslant 2n\lambda\overline{X} \sim \chi^2(2n),$$

且

$$P\{\text{当 } H_0 \text{ 为真时 } 2n\lambda_0\overline{X} \leqslant k\} \leqslant P\{\text{当 } H_0 \text{ 为真时 } 2n\lambda\overline{X} \leqslant k\},$$

令

$$P\{\text{当 } H_0 \text{ 为真时 } 2n\lambda\overline{X} \leqslant C\} = \alpha,$$

根据 χ^2 分布上 α 分位数的定义,得到 $k = \chi^2_{1-\alpha}(2n)$,因此当 H_0 成立时,

$$P\{\text{当 } H_0 \text{ 为真时 } 2n\lambda_0\overline{X} \leqslant \chi^2_{1-\alpha}(2n)\} \leqslant \alpha,$$

从而检验问题(2)的拒绝域为

$$D = \{2n\lambda_0\overline{x} \leqslant \chi^2_{1-\alpha}(2n)\}.$$

对于检验问题(3) $H_0 : \lambda \geqslant \lambda_0 ; H_1 : \lambda < \lambda_0.$

类似于检验问题(2)的讨论,得检验问题(3)的拒绝域为

$$D = \{2n\lambda_0\overline{x} \geqslant \chi^2_{\alpha}(2n)\}.$$

*2. 二项分布参数的假设检验

设 $X_1, X_2, \cdots, X_n$ 是来自两点分布总体 $B(1, p)$ 的样本. 需要检验的假设为

（1）$H_0: p \geqslant p_0$；$H_1: p < p_0$.

（2）$H_0: p \leqslant p_0$；$H_1: p > p_0$.

（3）$H_0: p = p_0$；$H_1: p \neq p_0$.

对于检验问题（1）　$H_0: p \geqslant p_0$；$H_1: p < p_0$.

令 $S_n = n\overline{X} = \sum_{i=1}^{n} X_i$，则 $S_n \sim B(n, p)$，此时拒绝域 D 可表示为

$$D = \{s_n \leqslant c\}.$$

当 n 固定时，概率 $P\{S_n \leqslant C\}$ 关于 p 是一个递减函数，因此，

$$P\{当 H_0 成立时, S_n \leqslant c\} = P\{当 p \geqslant p_0 时,$$

$$S_n \leqslant c\} \leqslant P\{当 p = p_0 时, S_n \leqslant c\} \leqslant \alpha.$$

若存在 c 使得上式成立，则所有小于 c 的正整数都能够使上式成立，这就满足了拒绝域 D 的形式，从而确定了拒绝域.

查询二项分布的分布函数表，令 $F(x) = P\{B(n, p_0) \leqslant x\}$ 为 $B(n, p_0)$ 的分布函数，寻找 c 使得 $c = \underset{C}{\arg\max} F(C)$，s.t. $F(C) \leqslant \alpha$，则拒绝域 D 最终可得.

关于检验问题（2），同理可得拒绝域 $D = \{(x_1, x_2, \cdots, x_n): s_n \geqslant c\}$，其中 $c = \underset{C}{\arg\max}[1 - F(C)]$, s.t. $F(C) \geqslant 1 - \alpha$.

关于检验问题（3），由于 S_n 是 np 的无偏估计，因此估计值 s_n 应当相当接近 np. 故当原假设 H_0 成立时，s_n 应当接近于 np_0，从而拒绝域 D 的形式为

$$D = \{(x_1, x_2, \cdots, x_n): s_n \leqslant c_1 \text{ 或 } s_n \geqslant c_2\}.$$

为方便计算，取 $c_1 = \underset{C}{\arg\max} F(C)$, s.t. $F(C) \leqslant \alpha/2$；$c_2 = \underset{C}{\arg\max}[1 - F(C)]$, s.t. $F(C) \geqslant 1 - \alpha/2$，则拒绝域 D 最终可得.

注意到当 n 较大时，二项分布的概率可能难以计算，可借助恒等式

$$\sum_{i=c+1}^{n} \binom{n}{i} \theta_0^i (1 - \theta_0)^{n-i} = \frac{n!}{c!(n-c-1)!} \int_0^{\theta_0} t^c (1-t)^{n-c-1} dt$$

来进行估计. 此时，关于组合数的计算已经非常复杂，因此，一种替代的解决方法是借助大样本下的中心极限定理来进行检验.

5.3.2　大样本方法

前面讨论的小样本情况下的假设检验问题，利用有关分布的特性构造了各种检验统计量，并利用与检验统计量有关随机变量的精确分布，求出了具有指定水平的检验. 然而，检验总体参数的统计量的精确分布，通常很难找到或者很复杂不便于使用.

此时，往往借助当样本容量 n 充分大时统计量的极限分布来

对总体参数做近似检验. 一般地, n 越大, 近似检验效果就越好. 在实际应用中, 至少要求 n 不能小于 30, 且最好大于 50 或者 100.

本章开始曾以电视节目收视率的问题引入了假设检验的基本概念. 事实上, 此类问题是关于两点分布和二项分布中参数 p 的假设检验问题. 在上一节中我们介绍了在小样本情况下二项分布的假设检验问题. 当样本容量 n 增大时, 可以通过极限分布来对参数进行检验. 在本节中我们仍以二项分布为例来介绍大样本情况下利用中心极限定理进行假设检验的方法.

设总体 X 服从两点分布, 即 $X \sim B(1, p)$, $0 < p < 1$, $X_1, X_2, \cdots,$ X_n 是来自总体 X 的样本, 对给定的显著性水平 α, 检验假设

$$H_0: p = p_0; \quad H_1: p \neq p_0,$$

其中 p_0 是已知常数, 且 $0 < p_0 < 1$.

统计量 $\sum\limits_{i=1}^{n} X_i$ 服从二项分布 $B(n, p)$, 由中心极限定理, 当原假设 $H_0: p = p_0$ 成立时, 统计量

$$U = \frac{\sum\limits_{i=1}^{n} X_i - np_0}{\sqrt{np_0(1 - p_0)}} = \frac{\overline{X} - p_0}{\sqrt{p_0(1 - p_0)/n}}$$

的极限分布为标准正态分布, 即当 $n \to +\infty$ 时, 有

$$U = \frac{\overline{X} - p_0}{\sqrt{p_0(1 - p_0)/n}} \overset{\mathcal{L}}{\sim} N(0, 1).$$

于是当 H_0 成立且 n 充分大 (一般要求 $n \geq 30$) 时, 有

$$P\left\{ \frac{|\overline{X} - p_0|}{\sqrt{p_0(1 - p_0)/n}} \geq u_{\alpha/2} \right\} \approx \alpha.$$

因此检验问题 $H_0: p = p_0$; $H_1: p \neq p_0$ 的检验法为

$$\begin{cases} 若 \dfrac{|\overline{x} - p_0|}{\sqrt{p_0(1 - p_0)/n}} \geq u_{\alpha/2}, & 则拒绝原假设; \\[4mm] 若 \dfrac{|\overline{x} - p_0|}{\sqrt{p_0(1 - p_0)/n}} < u_{\alpha/2}, & 则不拒绝原假设. \end{cases}$$

对于检验问题 $H_0: p \leq p_0$; $H_1: p > p_0$ 的检验法为

$$\begin{cases} 若 \dfrac{\overline{x} - p_0}{\sqrt{p_0(1 - p_0)/n}} \geq u_{\alpha}, & 则拒绝原假设; \\[4mm] 若 \dfrac{\overline{x} - p_0}{\sqrt{p_0(1 - p_0)/n}} < u_{\alpha}, & 则不拒绝原假设. \end{cases}$$

对于检验问题 $H_0: p \geq p_0$; $H_1: p < p_0$ 的检验法为

$$\begin{cases} \dfrac{\overline{x}-p_0}{\sqrt{p_0(1-p_0)/n}} \leqslant -u_\alpha, \text{则拒绝原假设}; \\[4mm] \dfrac{\overline{x}-p_0}{\sqrt{p_0(1-p_0)/n}} > -u_\alpha, \text{则不拒绝原假设}. \end{cases}$$

例 5.3.1 有人断言某电视节目的收视率 p 为 30%，为判断该断言正确与否，随机抽取了 50 人，调查结果显示有 10 人观看过该节目，在显著性水平 $\alpha=0.05$ 下，问该断言是否合适？

解 提出假设

$$H_0: p=0.30; \quad H_1: p\neq 0.30.$$

检验统计量为

$$U=\frac{\overline{X}-p_0}{\sqrt{p_0(1-p_0)/n}},$$

确定拒绝域：$D=\left\{(x_1,x_2,\cdots,x_n): \dfrac{|\overline{x}-p_0|}{\sqrt{p_0(1-p_0)/n}} \geqslant u_{\alpha/2}\right\}.$

这里 $n=50$，$\overline{x}=10/50=0.2$，$u_{\alpha/2}=u_{0.025}=1.96$，计算得

$$\frac{|\overline{x}-p_0|}{\sqrt{p_0(1-p_0)/n}}=1.54.$$

由于 $1.54<1.96$，没有落入拒绝域，可以认为电视节目的收视率是 30%.

类似于二项分布，设 $X_1,X_2,\cdots,X_n$ 是来自泊松分布总体 $P(\lambda)$ 的样本，由泊松分布的性质可知 $S=\sum\limits_{i=1}^{n} X_i \sim P(n\lambda)$，则 $E(S)=n\lambda$，$D(S)=n\lambda$. 当假设检验问题为 $H_0: \lambda=\lambda_0; \ H_0: \lambda\neq\lambda_0$ 时，若原假设成立，则

$$V_0=\frac{S-n\lambda_0}{\sqrt{n\lambda_0}} \xrightarrow{\mathcal{L}} N(0,1), \text{当} n\to+\infty \text{时}.$$

我们将泊松分布的双边和单边检验的否定域记录如下：

$H_0: \lambda=\lambda_0, \ H_1: \lambda\neq\lambda_0, \ D=\{(X_1,X_2,\cdots,X_n): |V_0|\geqslant u_{\alpha/2}\},$

$H_0: \lambda\leqslant\lambda_0, \ H_1: \lambda>\lambda_0, \ D=\{(X_1,X_2,\cdots,X_n): V_0\geqslant u_\alpha\},$

$H_0: \lambda\geqslant\lambda_0, \ H_1: \lambda<\lambda_0, \ D=\{(X_1,X_2,\cdots,X_n): V_0\leqslant -u_\alpha\}.$

对于两样本下二项分布的假设检验问题，可仿照正态分布假设检验下的解决方法.

设 $X_1,X_2,\cdots,X_m$ 是来自两点分布 $B(1,p_1)$ 的样本，$Y_1,Y_2,\cdots,Y_n$ 是来自两点分布 $B(1,p_2)$ 的样本. 根据中心极限定理，有

$$V_0 = \frac{\overline{Y} - \overline{X} - (p_2 - p_1)}{\sqrt{(1-p_1)p_1/m + (1-p_2)p_2/n}} \xrightarrow{\mathcal{L}} N(0,1), \quad \text{当 } n, m \rightarrow +\infty \text{ 时.}$$

对于假设检验问题 $H_0: p_1 = p_2$；$H_1: p_1 \neq p_2$，当原假设成立时，令 $p = p_1 = p_2$，则上式可化作

$$V_0 = \frac{\overline{Y} - \overline{X}}{\sqrt{(1-p)p}} \sqrt{\frac{mn}{m+n}}.$$

其中 p 可用所有样本估计，即

$$p = \frac{1}{m+n} \left(\sum_{i=1}^{m} X_i + \sum_{j=1}^{n} Y_j \right).$$

对应的假设检验问题的拒绝域如下：

$H_0: p_1 = p_2$；$H_1: p_1 \neq p_2$，$D = \{ (X_1, \cdots, X_m, Y_1, \cdots, Y_n) : |V_0| \geqslant u_{\alpha/2} \}$，

$H_0: p_1 \leqslant p_2$；$H_1: p_1 > p_2$，$D = \{ (X_1, \cdots, X_m, Y_1, \cdots, Y_n) : V_0 \geqslant u_\alpha \}$，

$H_0: p_1 \geqslant p_2$；$H_1: p_1 < p_2$，$D = \{ (X_1, \cdots, X_m, Y_1, \cdots, Y_n) : V_0 \leqslant -u_\alpha \}$.

当样本取自于数学期望不存在的分布，例如柯西分布时，无法使用样本均值来对总体参数进行假设检验. 此时，可借助中位数等其他统计量对总体分布的参数进行检验. 另外，也可以采用柯尔莫哥洛夫(Kolmogrov)检验等非参数检验方法来进行判断.

习题 5.3

1. 某公司生产一种 40W 灯泡，并声称灯泡的平均寿命为 1000h. 消费者随机地抽取了 4 个灯泡做试验，得到它们的寿命分别是 980h，1005h，992h，973h，计算得平均寿命为 987.5h. 若假定灯泡的寿命服从指数分布，问在显著性水平 0.05 下，有无充分证据认为平均寿命小于 1000h？

2. 设 $X_1, X_2, \cdots, X_n$ 是来自总体 X 的样本，且 X 的密度函数为

$$f(x) = \begin{cases} \dfrac{\theta}{x^2}, & x > \theta, \\ 0, & \text{其他}. \end{cases}$$

其中 $\theta > 0$ 为未知参数，在显著性水平 α 下，检验假设 $H_0: \theta = \theta_0$；$H_1: \theta \neq \theta_0$.

3. 设 $X_1, X_2, \cdots, X_m$ 是来自指数分布总体 $E(\lambda_1)$ 的样本，其中 $\lambda_1 > 0$ 为未知参数，$Y_1, Y_2, \cdots, Y_n$ 是来自指数分布总体 $E(\lambda_2)$ 的样本，其中 $\lambda_2 > 0$ 为未知参数，且两样本相互独立，在显著性水平 α 下，检验假设 $H_0: \lambda_1 = \lambda_2$；$H_1: \lambda_1 \neq \lambda_2$.

4. 设 $X_1, X_2, \cdots, X_n$ 为来自总体 X 的样本，且 $X \sim P(\lambda)$，其中 $\lambda > 0$ 为未知参数，在显著性水平 α 下，用大样本方法求检验假设 $H_0: \lambda = \lambda_0$；$H_1: \lambda \neq \lambda_0$.

5. 设 $X_1, X_2, \cdots, X_n$ 是来自总体分布 $F(x)$ 的样本，$F(x)$ 未知，但已知总体的方差 σ^2 存在. 检验 $H_0: E(X) = \mu_0$；$H_1: E(X) \neq \mu_0$，用大样本方法如何构造检验的拒绝域.

6. 某市随机抽取 1000 个家庭，调查其中有 450 家拥有电脑，p 表示该市拥有电脑家庭的比例，在显著性水平 $\alpha = 0.05$ 下，检验假设 $H_0: p = 0.5$；$H_1: p \neq 0.5$.

7. 某人抛掷一枚硬币 500 次，共出现正面向上次数 245 次，反面向上次数 255 次，在显著性水平 $\alpha = 0.05$ 下，检验这枚硬币是否均匀.

5.4　假设检验与区间估计

假设检验与区间估计这两个统计推断的形式表面上看好像完全不同，而实际上两者之间有着非常密切的关系.

假设检验与
区间估计

考虑单个正态总体 $N(\mu, \sigma^2)$，方差 $\sigma^2 = \sigma_0^2$ 已知情形下均值 μ 的检验问题

$$H_0 : \mu = \mu_0 ; \quad H_1 : \mu \neq \mu_0.$$

检验的接受域为

$$\overline{D} = \left\{ (X_1, X_2, \cdots, X_n) : \frac{\sqrt{n} \, |\overline{X} - \mu_0|}{\sigma_0} \leqslant u_{\alpha/2} \right\}, \qquad (5.4.1)$$

而当方差 $\sigma^2 = \sigma_0^2$ 已知时，均值 μ 的置信水平为 $1-\alpha$ 的置信区间为

$$\left[\overline{X} - \frac{\sigma_0}{\sqrt{n}} u_{\alpha/2}, \overline{X} + \frac{\sigma_0}{\sqrt{n}} u_{\alpha/2} \right]. \qquad (5.4.2)$$

对于固定样本 $X_1, X_2, \cdots, X_n$，使得样本落入式(5.4.1)形式的接受域的所有 μ_0 值全体形成集合

$$\left\{ \mu_0 : \overline{X} - \frac{\sigma_0}{\sqrt{n}} u_{\alpha/2} \leqslant \mu_0 \leqslant \overline{X} + \frac{\sigma_0}{\sqrt{n}} u_{\alpha/2} \right\}.$$

恰好是均值 μ 的置信水平为 $1-\alpha$ 的置信区间(5.4.2).

由上例看出，置信区间与假设检验是从不同角度来描述同一问题. 虽然这是一个特例，但具有普遍意义.

根据单参数假设检验问题的显著性水平 α 的检验的接受域可构造 θ 的置信水平为 $1-\alpha$ 的置信区间和置信限，反之也成立. 具体说明如下.

5.4.1　由假设检验得到置信区间

设 $\mathcal{F} = \{ f(x, \theta) : \theta \in \Theta \}$ 是一个参数分布族，其中 Θ 为参数空间，$X_1, X_2, \cdots, X_n$ 是从分布族 $\mathcal{F}$ 中的某总体抽取的样本. 目的是求参数 θ 的置信水平为 $1-\alpha$ 的置信区间.

考虑双边假设检验问题

$$H_0 : \theta = \theta_0 ; \quad H_1 : \theta \neq \theta_0.$$

求出此检验的水平为 α 的接受域 $\overline{D}$，则有

$$P\{ \overline{D} \mid H_0 \} = 1 - \alpha, \qquad (5.4.3)$$

解由 $\overline{D}$ 确定的不等式，得到如下不等式：

$$\hat{\theta}_1(X_1, X_2, \cdots, X_n) \leqslant \theta_0 \leqslant \hat{\theta}_2(X_1, X_2, \cdots, X_n).$$

由于式(5.4.3)是在条件"$H_0 : \theta = \theta_0$"下成立，改 θ_0 为 θ 得

$\hat{\theta}_1(X_1,X_2,\cdots,X_n)\leqslant\theta\leqslant\hat{\theta}_2(X_1,X_2,\cdots,X_n)$，则 $[\hat{\theta}_1(X_1,X_2,\cdots,X_n)$，$\hat{\theta}_2(X_1,X_2,\cdots,X_n)]$ 为所求的参数 θ 的置信水平为 $1-\alpha$ 的置信区间.

若要求 θ 的置信上、下限，就需要考虑单边检验：$H_0:\theta\geqslant\theta_0$；$H_1:\theta<\theta_0$ 或 $H_0:\theta\leqslant\theta_0$；$H_1:\theta>\theta_0$. 下面通过例子来说明.

例 5.4.1　设 $X_1,X_2,\cdots,X_n$ 是来自正态总体 $N(\mu,\sigma^2)$ 的样本. 其中 μ，σ^2 皆未知，分别求 μ 和 σ^2 的置信水平为 $1-\alpha$ 的置信区间和置信上下限.

解　先考虑 μ 的置信区间和置信上、下限问题. 5.2 节已给出检验问题

$$H_0:\mu=\mu_0;\quad H_1:\mu\neq\mu_0$$

的水平为 α 的检验的接受域为

$$D=\left\{(X_1,X_2,\cdots,X_n):\frac{\sqrt{n}\,|\overline{X}-\mu_0|}{S}\leqslant t_{\alpha/2}(n-1)\right\},$$

故有

$$P\left\{\left|\frac{\sqrt{n}(\overline{X}-\mu_0)}{S}\right|\leqslant t_{\alpha/2}(n-1)\mid H_0\right\}=1-\alpha. \qquad (5.4.4)$$

即

$$P\left\{\overline{X}-\frac{S}{\sqrt{n}}t_{\alpha/2}(n-1)\leqslant\mu_0\leqslant\overline{X}+\frac{S}{\sqrt{n}}t_{\alpha/2}(n-1)\right\}=1-\alpha.$$

由于上述等式是在原假设 H_0 成立，即 $\mu=\mu_0$ 时获得的，所以将 μ_0 用 μ 代替是等价的，即

$$\overline{X}-\frac{S}{\sqrt{n}}t_{\alpha/2}(n-1)\leqslant\mu\leqslant\overline{X}+\frac{S}{\sqrt{n}}t_{\alpha/2}(n-1).$$

因此

$$\left[\overline{X}-\frac{S}{\sqrt{n}}t_{\alpha/2}(n-1),\overline{X}+\frac{S}{\sqrt{n}}t_{\alpha/2}(n-1)\right]$$

为 μ 的置信水平为 $1-\alpha$ 的置信区间.

若要求 μ 的置信下限，则考虑检验问题

$$H_0:\mu\leqslant\mu_0;H_1:\mu>\mu_0.$$

该检验问题的水平为 α 的接受域为 $\overline{D}=\{(X_1,\cdots,X_n):T\leqslant t_\alpha(n-1)\}$，故有

$$P\left\{\frac{\sqrt{n}(\overline{X}-\mu_0)}{S}\leqslant t_\alpha(n-1)\mid\mu\leqslant\mu_0\right\}\geqslant1-\alpha.$$

解括号中的不等式得

$$\overline{X}-\frac{S}{\sqrt{n}}t_\alpha(n-1)\leqslant\mu_0,$$

再将 μ_0 用 μ 代替, 得到

$$\overline{X}-\frac{S}{\sqrt{n}}t_\alpha(n-1)\leqslant\mu<+\infty.$$

因此 μ 的置信水平为 $1-\alpha$ 的置信下限为 $\overline{X}-\dfrac{S}{\sqrt{n}}t_\alpha(n-1)$.

同理, 可求 μ 的置信水平为 $1-\alpha$ 的置信上限为 $\overline{X}+\dfrac{S}{\sqrt{n}}t_\alpha(n-1)$.

关于正态总体方差 σ^2 的置信区间和置信上、下限留给读者作为练习.

例 5.4.2 设 $X_1,X_2,\cdots,X_m$ 和 $Y_1,Y_2,\cdots,Y_n$ 为分别来自正态总体 $N(\mu_1,\sigma^2)$ 和 $N(\mu_2,\sigma^2)$ 中的样本, 且样本 $X_1,X_2,\cdots,X_m$ 和 $Y_1,Y_2,\cdots,Y_n$ 独立. 求 $\mu=\mu_2-\mu_1$ 的置信水平为 $1-\alpha$ 的置信区间和置信上、下限.

解 检验问题

$$H_0:\mu=\mu_0;\ H_1:\mu\neq\mu_0$$

的两样本 t 检验的接受域 $\overline{D}=\{(X_1,X_2,\cdots,X_m,Y_1,Y_2,\cdots,Y_n):|T_\omega|\leqslant t_{\alpha/2}(m+n-2)\}$. 检验统计量为

$$T_\omega=\frac{\overline{Y}-\overline{X}-\mu_0}{S_\omega}\sqrt{\frac{mn}{m+n}},$$

此处 $S_\omega^2=[(m-1)S_1^2+(n-1)S_2^2]/(m+n-2)$, 而 S_1^2 和 S_2^2 分别为两组样本的样本方差. 若记 $\boldsymbol{\theta}=(\mu_1,\mu_2,\sigma^2)$, 则有

$$P_{\boldsymbol{\theta}}\{|T_\omega|\leqslant t_{\alpha/2}(m+n-2)\,|\,H_0\}=1-\alpha, \qquad (5.4.5)$$

改 μ_0 为 μ, 解式(5.4.5)括号中的不等式得到

$$\overline{Y}-\overline{X}-S_\omega t_{\alpha/2}(m+n-2)\sqrt{1/m+1/n}\leqslant\mu\leqslant\overline{Y}-\overline{X}+S_\omega t_{\alpha/2}(m+n-2)\sqrt{1/m+1/n}.$$

因此 $\mu=\mu_2-\mu_1$ 的置信水平为 $1-\alpha$ 的置信区间为

$$[\overline{Y}-\overline{X}-S_\omega t_{\alpha/2}(m+n-2)\sqrt{1/m+1/n},\overline{Y}-\overline{X}+S_\omega t_{\alpha/2}(m+n-2)\sqrt{1/m+1/n}].$$

类似方法求得 $\mu=\mu_2-\mu_1$ 的置信水平为 $1-\alpha$ 的置信下、上限分别为 $\overline{Y}-\overline{X}-S_\omega t_\alpha(m+n-2)\sqrt{1/m+1/n}$ 和 $\overline{Y}-\overline{X}+S_\omega t_\alpha(m+n-2)\sqrt{1/m+1/n}$.

这里假定了两总体有相同的方差 σ^2. 若去掉这一假设, 假定两总体的方差分别为 σ_1^2 和 σ_2^2, 则变成著名的 Behrens-Fisher 问题, 超出本书讨论范围暂不讨论.

两正态总体方差比的置信区间和置信上、下限如何通过假设检验方法得到, 留给读者作为练习.

5.4.2 由置信区间得到假设检验

若用某种方法建立了 θ 的置信水平为 $1-\alpha$ 的置信区间为 $[\hat{\theta}_1, \hat{\theta}_2]$，对给定的 θ_0 不难求出检验问题 $H_0: \theta=\theta_0$；$H_1: \theta \neq \theta_0$ 的一个水平为 α 的检验. 事实上，一个简单方法就是若 $\theta_0 \in [\hat{\theta}_1, \hat{\theta}_2]$ 内，则接受 H_0，否则就拒绝 H_0.

用类似方法可由置信水平为 $1-\alpha$ 的置信上、下限求出检验问题为 $H_0: \theta \geqslant \theta_0$；$H_1: \theta < \theta_0$ 和 $H_0: \theta \leqslant \theta_0$；$H_1: \theta > \theta_0$ 的水平为 α 的检验.

5.4.3 假设检验和区间估计的比较

区间估计提供的信息比假设检验更精确. 对假设检验结果的实际含义的解释要十分小心. 在得到假设检验结果时，最好也将被检验参数的区间估计求出作为参考.

区间估计与假设检验的区别：

（1）区间估计是依据样本资料估计总体的未知参数的可能范围；假设检验是根据样本资料来检验对总体参数的先验假设是否成立.

（2）区间估计立足于大概率，通常以较大的把握程度（置信水平）$1-\alpha$ 去估计总体参数的置信区间；假设检验立足于小概率，通常是给定很小的显著性水平 α 去检验对总体参数的先验假设是否成立.

区间估计与假设检验的联系：

（1）二者都是根据样本信息对总体参数进行推断；

（2）二者都是以抽样分布为理论依据；

（3）二者都是建立在概率基础上的推断，推断结果都有风险.

习题 5.4

1. 设 $X_1, X_2, \cdots, X_n$ 是来自正态总体 $N(\mu, \sigma^2)$ 的样本，其中 $\mu \in \mathbf{R}$，$\sigma^2 > 0$ 均未知，利用假设检验方法导出 σ^2 的置信水平为 $1-\alpha$ 的置信区间和置信上下限.

2. 设总体 $X \sim N(\mu_1, \sigma_1^2)$，$X_1, X_2, \cdots, X_m$ 是来自总体 X 的样本，总体 $Y \sim N(\mu_2, \sigma_2^2)$，$Y_1, Y_2, \cdots, Y_n$ 是来自总体 Y 的样本，且两个样本相互独立，其中 $\mu_1 \in \mathbf{R}$，$\sigma_1 > 0$，$\mu_2 \in \mathbf{R}$，$\sigma_2 > 0$ 均未知，利用假设检验方法求出 σ_1^2/σ_2^2 的置信水平为 $1-\alpha$ 的置信区间和置信上下限.

*5.5 一致最优检验与无偏检验

设 $\mathcal{F}=\{f(x,\theta):\theta\in\Theta\}$ 是一个参数分布族,其中 Θ 为参数空间, $X_1,X_2,\cdots,X_n$ 是从分布族 $\mathcal{F}$ 中的某总体抽取的样本. 如 5.1 节所述,参数 θ 的假设检验问题可以表示成如下的一般形式:
$$H_0:\theta\in\Theta_0;\ H_1:\theta\in\Theta_1, \tag{5.5.1}$$
其中 Θ_0 为参数空间 Θ 的非空真子集, $\Theta_1=\Theta-\Theta_0$.

对检验问题(5.5.1)可用几种不同方法去检验. 比如说针对正态总体,检验参数均值 μ 的双边检验,已知总体分布方差 σ_0^2,考虑 μ 检验 $t=\dfrac{|\overline{X}-\mu_0|}{\sigma_0/\sqrt{n}}$. 再比如说针对单因素方差分析,原假设认为各样本均值相等,考虑计算 F 统计量 $F=\dfrac{SSR/(k-1)}{SSE/(N-k)}=$

$\dfrac{\sum\limits_i n_i(\overline{X_j}-\overline{X}_{\text{total}})^2/(k-1)}{\sum\limits_i\sum\limits_j(X_{ij}-\overline{X_j})^2/(N-k)}=\dfrac{MSR}{MSE}$,其中 $\overline{X}_{\text{total}}$ 为所有样本均值.

这就产生不同检验的比较问题,以及在一定准则下寻求"最优"检验的问题. 若以错误概率作为衡量检验优劣的唯一度量,上述显著性检验的例子都限制第一类错误概率,基于该条件会想到同时限制第二类错误概率的检验,实现最优检验.

5.5.1 定义

下面给出一致最优检验的定义.

> **定义 5.5.1** 设有检验问题(5.5.1),令 $0<\alpha<1$,记 Φ_α 为式(5.4.1)的一切水平为 α 的检验的集合. 若 $\varphi\in\Phi_\alpha$ 且对任何检验 $\varphi_1\in\Phi_\alpha$,有
> $$\gamma_\varphi(\theta)\geqslant\gamma_{\varphi_1}(\theta),\quad\theta\in\Theta_1, \tag{5.5.2}$$
> 则称 φ 为式(5.4.1)的一个水平为 α 的一致最优检验(uniformly most powerfultest,UMPT). 当 φ 为水平 α 的 UMPT 时,它在限制第一类错误概率不超过 α 的条件下,总使犯第二类错误概率达到最小(即使不犯第二类错误的概率最大). 因此若以错误概率作为衡量检验优劣的唯一度量,且接受限制第一类错误概率的原则,则 UMPT 是最好的检验. 不过,UMPT 的存在一般是例外而不常见的. 理由如下:若 Θ_1 包含不止一个点,当在其中取两个不同点 θ_1 和 θ_2 时,为使 $\gamma_\varphi(\theta_1)$ 达到最大的检验 φ,不

见得同时也能使 $\gamma_\varphi(\theta_2)$ 达到最大. 在 Θ_0 和 Θ_1 都只包含一个点时, 一般说来 UMPT 存在. 这就是下面 Neyman-Pearson 引理(N-P 引理)的内容.

5.5.2 N-P 引理

一致最优检验问题最初是由奈曼(Neyman)和皮尔逊(Pearson)的一系列通信解决. 他们从最简单的假设检验问题出发, 一点点搭建理论的大厦. Neyman-Pearson 引理, 简称 N-P 引理. 其中最为重要的理论结果是

定理 5.5.1(N-P 引理) 设样本 $X=(X_1,X_2,\cdots,X_n)$ 的分布有密度函数或分布列 $f(x,\theta)$, 参数 θ 只有两个可能的值 θ_0 和 θ_1, 考虑下列检验问题:

$$H_0: \theta=\theta_0; \quad H_1: \theta=\theta_1, \tag{5.5.3}$$

则对任给的 $0<\alpha<1$ 有:

(1) 存在性. 对检验问题(5.5.3)必存在一个检验函数 $\varphi(x)$ 及非负常数 c 和 $0 \leqslant r \leqslant 1$, 满足条件

$$1) \qquad \varphi(x)=\begin{cases}1, & f(x,\theta_1)/f(x,\theta_0)>c, \\ r, & f(x,\theta_1)/f(x,\theta_0)=c, \\ 0, & f(x,\theta_1)/f(x,\theta_0)<c,\end{cases} \tag{5.5.4}$$

$$2) \qquad E_{\theta_0}[\varphi(X)]=\alpha. \tag{5.5.5}$$

(2) 一致最优性. 任何满足式(5.5.4)和式(5.5.5)的检验 $\varphi(x)$ 是检验问题(5.5.3)的 UMPT.

注 (1) 在定理 5.5.1 中, 当样本分布为连续分布时, 式(5.5.4)中的随机化不是必要的. 这时取 $r=0$, 即式(5.5.4)变为

$$\varphi(x)=\begin{cases}1, & f(x,\theta_1)/f(x,\theta_0)>c, \\ 0, & f(x,\theta_1)/f(x,\theta_0) \leqslant c.\end{cases}$$

其中, c 由 $E_{\theta_0}[\varphi(X)]=P\{f(X,\theta_1)/f(X,\theta_0)>c \mid H_0\}=\alpha$ 来确定.

(2) 从"似然性"的观点去看 N-P 引理是很清楚的: 对每个样本 X, θ_1 和 θ_0 的"似然度"分别为 $f(x,\theta_1)$ 和 $f(x,\theta_0)$. 比值 $f(x,\theta_1)/f(x,\theta_0)$ 越大, 就反映在得到样本 X 时, θ 越像 θ_1 而非 θ_0, 这样的样本 X 就越倾向于否定"$H_0: \theta=\theta_0$"的假设.

证明 (1) 先证明存在性. 记随机变量 $f(X,\theta_1)/f(X,\theta_0)$ 的分布函数为

$$G(y) = P\left\{\frac{f(\boldsymbol{X}, \theta_1)}{f(\boldsymbol{X}, \theta_0)} < y\right\}, \quad -\infty < y < +\infty.$$

则 $G(y)$ 具有分布函数的性质：单调、非减、左连续且 $\lim\limits_{y \to -\infty} G(y) = 0$，$\lim\limits_{y \to +\infty} G(y) = 1$. 从而由 $0 < \alpha < 1$ 和 $G(y)$ 的单调性可知：必存在 c，使得

$$G(c) \leqslant 1 - \alpha \leqslant G(c + 0).$$

如何确定 r，分下列三种情形讨论：

1）$G(c) = 1 - \alpha$，则取 $r = l$，这时由式 (5.5.4) 确定的 $\varphi(\boldsymbol{x})$ 满足

$$E_{\theta_0}[\varphi(\boldsymbol{X})] = P_{\theta_0}\left\{\frac{f(\boldsymbol{X}, \theta_1)}{f(\boldsymbol{X}, \theta_0)} \geqslant c\right\}$$

$$= 1 - P_{\theta_0}\left\{\frac{f(\boldsymbol{X}, \theta_1)}{f(\boldsymbol{X}, \theta_0)} < c\right\} = 1 - G(c) = \alpha.$$

2）若 $G(c+0) = 1 - \alpha$，则取 $r = 0$，此时由式 (5.5.4) 定义的 $\varphi(\boldsymbol{x})$ 满足

$$E_{\theta_0}[\varphi(\boldsymbol{X})] = 1 - P\{f(\boldsymbol{X}, \theta_1)/f(\boldsymbol{X}, \theta_0) \leqslant c\}$$

$$= 1 - [P\{f(\boldsymbol{X}, \theta_1)/f(\boldsymbol{X}, \theta_0) < c\} + P\{f(\boldsymbol{X}, \theta_1)/$$

$$f(\boldsymbol{X}, \theta_0) = c\}]$$

$$= 1 - [G(c) + (G(c+0) - G(c))] = 1 - G(c+0) = \alpha.$$

3）若 $G(c) < 1 - \alpha < G(c+0)$，则取 $r = [G(c+0) - (1-\alpha)]/[G(c+0) - G(c)]$，显然，此时对由式 (5.5.4) 定义的 $\varphi(\boldsymbol{x})$，有

$$E_{\theta_0}[\varphi(\boldsymbol{X})]$$

$$= P\{f(\boldsymbol{X}, \theta_1)/f(\boldsymbol{X}, \theta_0) > c\} + rP\{f(\boldsymbol{X}, \theta_1)/f(\boldsymbol{X}, \theta_0) = c\}$$

$$= 1 - G(c) - (G(c+0) - G(c)) + \frac{G(c+0) - (1-\alpha)}{G(c+0) - G(c)}(G(c+0) - G(c))$$

$$= 1 - (1 - \alpha) = \alpha.$$

故存在性证毕.

（2）再证由式 (5.5.4) 和式 (5.5.5) 定义的 $\varphi(\boldsymbol{x})$ 具有 UMP 性质. 设 $\varphi_1(\boldsymbol{x})$ 为检验问题 (5.5.3) 的任一水平为 α 的检验，要证明 $E_{\theta_1}[\varphi(\boldsymbol{X})] \geqslant E_{\theta_1}[\varphi_1(\boldsymbol{X})]$. 为此定义样本空间 $\mathcal{X}$ 上的子集

$$S^+ = \{\boldsymbol{x} : \varphi(\boldsymbol{x}) > \varphi_1(\boldsymbol{x})\}, \quad S^- = \{\boldsymbol{x} : \varphi(\boldsymbol{x}) < \varphi_1(\boldsymbol{x})\},$$

则在 S^+ 上有 $\varphi(\boldsymbol{x}) > \varphi_1(\boldsymbol{x}) \geqslant 0$，因此有 $\varphi(\boldsymbol{x}) > 0$，故由式 (5.5.4) 可知此时

$$\frac{f(\boldsymbol{x}, \theta_1)}{f(\boldsymbol{x}, \theta_0)} \geqslant c \Leftrightarrow f(\boldsymbol{x}, \theta_1) - cf(\boldsymbol{x}, \theta_0) \geqslant 0.$$

当 $\boldsymbol{x} \in S^-$ 时有 $\varphi(\boldsymbol{x}) < \varphi_1(\boldsymbol{x}) \leqslant 1$，因此有 $\varphi(\boldsymbol{x}) < 1$，故由式 (5.5.4) 可知此时

$$\frac{f(\boldsymbol{x}, \theta_1)}{f(\boldsymbol{x}, \theta_0)} \leqslant c \Leftrightarrow f(\boldsymbol{x}, \theta_1) - cf(\boldsymbol{x}, \theta_0) \leqslant 0.$$

故在 $S = S^+ \cup S^-$ 上必有

$$(\varphi(\boldsymbol{x}) - \varphi_1(\boldsymbol{x}))(f(\boldsymbol{x}, \theta_1) - cf(\boldsymbol{x}, \theta_0)) \geqslant 0$$

（因为在 S^+ 上两因子皆非负，在 S^- 上两因子皆非正）. 因此

$$\int_{\mathcal{X}} (\varphi(\boldsymbol{x}) - \varphi_1(\boldsymbol{x}))(f(\boldsymbol{x}, \theta_1) - cf(\boldsymbol{x}, \theta_0)) \mathrm{d}\boldsymbol{x}$$

$$= \int_{S^+ \cup S^-} (\varphi(\boldsymbol{x}) - \varphi_1(\boldsymbol{x}))(f(\boldsymbol{x}, \theta_1) - cf(\boldsymbol{x}, \theta_0)) \mathrm{d}\boldsymbol{x} \geqslant 0,$$

即

$$\int_{\mathcal{X}} \varphi(\boldsymbol{x}) f(\boldsymbol{x}, \theta_1) \mathrm{d}\boldsymbol{x} - \int_{\mathcal{X}} \varphi_1(\boldsymbol{x}) f(\boldsymbol{x}, \theta_1) \mathrm{d}\boldsymbol{x} \geqslant$$

$$c \left[\int_{\mathcal{X}} \varphi(\boldsymbol{x}) f(\boldsymbol{x}, \theta_0) \mathrm{d}\boldsymbol{x} - \int_{\mathcal{X}} \varphi_1(\boldsymbol{x}) f(\boldsymbol{x}, \theta_0) \mathrm{d}\boldsymbol{x} \right]. \tag{5.5.6}$$

由式(5.5.5)知 $E_{\theta_0}[\varphi(X)] = \int_{\mathcal{X}} \varphi(\boldsymbol{x}) f(\boldsymbol{x}, \theta_0) \mathrm{d}\boldsymbol{x} = \alpha$，而 $\varphi_1(\boldsymbol{x})$ 是检验问题(5.5.3)的水平为 α 的任一检验，即 $E_{\theta_0}[\varphi_1(X)] \leqslant \alpha$，故知式(5.5.6)右边非负，从而左边也非负. 因此有

$$\beta_{\varphi}(\theta_1) = \int_{\mathcal{X}} \varphi(\boldsymbol{x}) f(\boldsymbol{x}, \theta_1) \mathrm{d}\boldsymbol{x} \geqslant \int_{\mathcal{X}} \varphi_1(\boldsymbol{x}) f(\boldsymbol{x}, \theta_1) \mathrm{d}\boldsymbol{x} = \beta_{\varphi_1}(\theta_1).$$

这就证明了 $\varphi(\boldsymbol{x})$ 为式(5.5.3)的水平为 α 的 UMPT. 定理证毕.

例 5.5.1   设 $X = (X_1, X_2, \cdots, X_n)$ 是来自正态总体 $N(\mu, 1)$ 中的样本，其中 μ 为未知参数，求假设检验问题

$$H_0: \mu = 0; \quad H_1: \mu = \mu_1 (\mu_1 > 0)$$

的水平为 α 的 UMPT，其中 μ_1 和 α 给定.

解   由 N-P 引理，先求 $f_0(\boldsymbol{x})$ 和 $f_1(\boldsymbol{x})$ 的表达式，即

$$f_0(\boldsymbol{x}) = (2\pi)^{-\frac{n}{2}} \exp\left\{ -\frac{1}{2} \sum_{i=1}^{n} x_i^2 \right\},$$

$$f_1(\boldsymbol{x}) = (2\pi)^{-\frac{n}{2}} \exp\left\{ -\frac{1}{2} \sum_{i=1}^{n} (x_i - \mu_1)^2 \right\}.$$

似然比可表示为

$$\lambda(\boldsymbol{x}) = \frac{f_1(\boldsymbol{x})}{f_0(\boldsymbol{x})} = \exp\left\{ -\frac{1}{2} n \mu_1^2 + n \mu_1 \bar{x} \right\}.$$

显然当 $\mu_1 > 0$ 时，$\lambda(\boldsymbol{x})$ 为 $\bar{x}$ 的严格增函数，故 UMPT 的否定域为

$$D = \{X: \lambda(X) > c'\} = \{X: \sqrt{n}\, \bar{X} > c\}.$$

当 H_0 成立时，$U = \sqrt{n}\, \bar{X} \sim N(0, 1)$，故由 N-P 引理可知

$$E_0[\varphi(X)] = P\{\sqrt{n}\, \bar{X} > c \mid H_0\} = \alpha.$$

显然 $c = u_\alpha$. 因此检验水平为 α 的 UMPT 的检验函数为

$$\varphi(\boldsymbol{x}) = \begin{cases} 1, & \bar{x} > u_\alpha/\sqrt{n}, \\ 0, & \bar{x} \leqslant u_\alpha/\sqrt{n}. \end{cases}$$

可见 $\varphi(x)$ 与 μ_1 无关，因此上述检验函数 $\varphi(x)$ 也是检验问题

$$H_0: \mu=0; H_1': \mu>0$$

的水平为 α 的 UMPT.

　　注　此例告诉我们，在某些情况下，如果由 N-P 引理得到的 UMPT 不依赖于对立假设的具体值，则可由此得到一个对立假设是复合假设，即 $H_0: \mu=0; H_1': \mu>0$ 的水平为 α 的 UMPT.

　　类似本例可以求得检验问题 $H_0: \mu=0; H_1': \mu<0$ 的检验水平为 α 的 UMPT，具体的推导留给读者作为练习.

例 5.5.2　设 $X=(X_1,X_2,\cdots,X_n)$ 是来自两点分布总体 $B(1,p)$ 中的样本，其中 p 为未知参数. 求检验问题

$$H_0: p=p_0; \quad H_1: p=p_1(p_1>p_0)$$

的水平为 α 的 UMPT，其中 p_0,p_1 和 α 给定.

　　解　由 N-P 引理，先求 f_0 和 f_1 的表达式，即

$$f_0(x)=p(x,p_0)=p_0^{\sum_{i=1}^{n}x_i}(1-p_0)^{n-\sum_{i=1}^{n}x_i},$$

$$f_1(x)=p(x,p_1)=p_1^{\sum_{i=1}^{n}x_i}(1-p_1)^{n-\sum_{i=1}^{n}x_i}.$$

记 $T(x)=\sum_{i=1}^{n}x_i$，则似然比

$$\lambda(x)=\frac{p(x,p_1)}{p(x,p_0)}=\left(\frac{1-p_1}{1-p_0}\right)^n\left[\frac{p_1(1-p_0)}{p_0(1-p_1)}\right]^{T(x)}.$$

　　由于 $p_1>p_0$，$1-p_0>1-p_1$，所以 $p_1(1-p_0)/p_0(1-p_1)>1$，故 $\lambda(x)$ 关于 $T(x)$ 严格单调递增. 由于随机变量 $T(X)$ 服从离散型分布，故需要随机化. 由 N-P 引理可知检验函数为

$$\varphi(x)=\begin{cases}1, & T(x)>c,\\ r, & T(x)=c,\\ 0, & T(x)<c.\end{cases}$$

　　当 H_0 成立时 $T(X)=\sum_{i=1}^{n}X_i$，服从二项分布 $B(n,p_0)$，当 α 给定时，c 由下列不等式确定：

$$\alpha_1=\sum_{k=c+1}^{n}\binom{n}{k}p_0^k(1-p_0)^{n-k}\leqslant\alpha\leqslant\sum_{k=c}^{n}\binom{n}{k}p_0^k(1-p_0)^{n-k}.$$

　　取

$$r=\frac{\alpha-\alpha_1}{\binom{n}{c}p_0^c(1-p_0)^{n-c}}.$$

则必有

$$E_{p_0}[\varphi(X)]=P_{p_0}\{T(X)>c\}+rP_{p_0}\{T(X)=c\}=\alpha.$$

因此 $\varphi(\boldsymbol{x})$ 为水平为 α 的 UMPT.

由于上述检验函数 $\varphi(\boldsymbol{x})$ 与 p_1 无关，故它也是检验问题

$$H_0 : p=p_0 ; \quad H_1' : p>p_0$$

的水平为 α 的 UMPT.

注 关于随机化检验问题. 本例中当出现 $T(\boldsymbol{x})=\sum_{i=1}^{n} x_i = c$ 时，先做一个具有成功率为 r 的伯努利(Bernoulli)试验. 若该试验成功，则否定 H_0；若不然，则接受 H_0. 例如，$r=1/2$，则可通过掷一均匀硬币，规定出现正面为成功. 若掷出正面，则否定 H_0；不然，则接受 H_0.

如在 5.1 节中所述，对随机化检验分两步走：①首先通过试验获得样本观察值；②有了样本后，当样本出现特殊值 $\Big($ 如本例中 $\sum_{i=1}^{n} x_i = c \Big)$ 需随机化时再做一次试验. 试验结果 A 或 $\bar{A}$，成功概率为 $P(A)=r$. 若 A 发生，则拒绝 H_0；否则接受 H_0.

例 5.5.3 设 $\boldsymbol{X}=(X_1, X_2, \cdots, X_n)$ 是来自均匀分布总体 $U[0, \theta]$ 的样本，其中 $\theta>0$ 为未知参数. 求下列检验问题

$$H_0 : \theta=\theta_0 ; \quad H_1 : \theta=\theta_1(\theta_1>\theta_0>0)$$

的水平为 α 的 UMPT.

解 服从均匀分布的样本 $\boldsymbol{X}$ 的密度函数和似然比分别为

$$f(\boldsymbol{x}, \theta) = \frac{1}{\theta^n} I_{(0,\theta)}(x_{(n)}),$$

$$\lambda(\boldsymbol{x}) = \frac{f(\boldsymbol{x}, \theta_1)}{f(\boldsymbol{x}, \theta_0)} = \begin{cases} \left(\dfrac{\theta_0}{\theta_1}\right)^n, & 0 \leqslant x_{(n)} < \theta_0, \\ \infty, & \theta_0 < x_{(n)} < \infty. \end{cases}$$

$T=X_{(n)}$ 的密度函数为

$$g_\theta(t) = \frac{nt^{n-1}}{\theta^n} I_{(0,\theta)}(t).$$

故当 H_0 成立时，$T(\boldsymbol{X})$ 的密度函数为 $g_{\theta_0}(t)=(nt^{n-1}/\theta_0^n) I_{(0,\theta_0)}(t)$，因此有

$$E_{\theta_0}[\varphi(\boldsymbol{X})] = \int_0^\infty \varphi(t) g_{\theta_0}(t) \mathrm{d}t = \int_c^{\theta_0} \frac{nt^{n-1}}{\theta_0^n} \mathrm{d}t = 1 - \frac{c^n}{\theta_0^n} = \alpha,$$

故得 $c = \theta_0 \sqrt[n]{1-\alpha}$，因此

$$\varphi(\boldsymbol{x}) = \begin{cases} 1, & x_{(n)} > \theta_0 \sqrt[n]{1-\alpha}, \\ 0, & x_{(n)} \leqslant \theta_0 \sqrt[n]{1-\alpha} \end{cases}$$

为一个水平为 α 的 UMPT.

由于此检验 $\varphi(\boldsymbol{x})$ 与 θ_1 无关，故它也是
$$H_0 : \theta = \theta_0 ; \ H_1' : \theta > \theta_0$$
的水平为 α 的 UMPT.

5.5.3 N-P 引理求一致最优检验

N-P 引理的作用主要不在于求像检验问题 (5.5.3) 那样的 UMPT，因为实际应用中像式 (5.5.3) 那样的检验问题是不常见的. 一般情形是原假设和备择假设都是复合假设的情形. N-P 引理的主要作用在于它是求更复杂情形下 UMPT 的工具. 在前面的例 5.5.1~例 5.5.3 这 3 个例子中已经将检验问题推广到备择假设是复合假设的情形. 更一般的假设检验问题如式 (5.5.1) 所示，即 $H_0 : \theta \in \Theta_0 ; H_1 : \theta \in \Theta_1$，其中 Θ_0 和 Θ_1 皆为复合情形 (即其中包含参数空间 Θ 中的点不止一个). 寻找这类检验问题的 UMPT 的一般想法是：在 Θ_0 中挑一个 θ_0 尽可能与 Θ_1 接近，再在 Θ_1 中挑一个 θ_1，用 N-P 引理做出如式 (5.5.4) 和式 (5.5.5) 的 UMPT φ_{θ_1}. 一般地，当 θ_1 在 Θ_1 中变动时，φ_{θ_1} 不随 θ_1 的变化而变化，即不论 θ_1 在 Θ_1 中如何变化，$\varphi_{\theta_1} = \varphi$ 与 θ_1 无关，则 φ 也是 $H_0 : \theta = \theta_0 ; H_1 : \theta \in \Theta_1$ 的 UMPT. 因此，更进一步若能证明：此检验对任何 $\theta \in \Theta_0$ 皆有检验水平 α，则 φ 也是 $H_0 : \theta \in \Theta_0 ; H_1 : \theta \in \Theta_1$ 的水平为 α 的 UMPT.

只有在参数空间为一维欧氏空间 $\mathbf{R}_1$ 或其一子区间，检验的假设是单边的，即为 $H_0 : \theta \leqslant \theta_0 ; H_1 : \theta > \theta_0$ 或者 $H_0 : \theta \geqslant \theta_0 ; H_1 : \theta < \theta_0$ 且对样本分布有一定要求时，上述方法才可行. 特别地，当样本分布为指数族分布时，上述两类单边检验的 UMPT 是存在的.

设样本 $\boldsymbol{X} = (X_1, X_2, \cdots, X_n)$ 的分布族为下列指数族：
$$f(\boldsymbol{x}, \theta) = C(\theta) \exp \{ Q(\theta) T(\boldsymbol{x}) \} h(\boldsymbol{x}), \qquad (5.5.7)$$
其中 $C(\theta) > 0$ 和 $Q(\theta)$ 为 θ 的函数，$T(\boldsymbol{x})$ 和 $h(\boldsymbol{x})$ 是样本 $\boldsymbol{x}$ 的函数.

对如下单边检验问题：
$$H_0 : \theta \leqslant \theta_0 ; \ H_1 : \theta > \theta_0, \qquad (5.5.8)$$
有下列重要结论.

> **定理 5.5.2** 设样本 $\boldsymbol{X} = (X_1, X_2, \cdots, X_n)$ 的分布为指数族 (5.5.7)，参数空间 Θ 为 $\mathbf{R}_1 = (-\infty, +\infty)$ 的一有限或无限区间，θ_0 为 Θ 的一个内点且 $Q(\theta)$ 为 θ 的严格增函数，则检验问题 (5.5.8) 的水平为 Θ 的 UMPT 存在 $(0 < \alpha < 1)$，且有形式
> $$\varphi(\boldsymbol{x}) = \begin{cases} 1, & T(\boldsymbol{x}) > c, \\ r, & T(\boldsymbol{x}) = c, \\ 0, & T(\boldsymbol{x}) < c, \end{cases} \qquad (5.5.9)$$

其中 c 和 $r(0 \leqslant r \leqslant 1)$ 满足条件

$$E_{\theta_0}[\varphi(\boldsymbol{X})] = P_{\theta_0}\{T(\boldsymbol{X}) > c\} + rP_{\theta_0}\{T(\boldsymbol{X}) = c\} = \alpha. \quad (5.5.10)$$

证明   任取 $\theta_1 > \theta_0$，首先考虑检验问题

$$H'_0: \theta = \theta_0; \ H'_1: \theta = \theta_1, \quad (5.5.11)$$

有似然比

$$\lambda(\boldsymbol{x}) = \frac{f(\boldsymbol{x}, \theta_1)}{f(\boldsymbol{x}, \theta_0)} = \frac{c(\theta_1)}{c(\theta_0)} \exp\{(Q(\theta_1) - Q(\theta_0))T(\boldsymbol{x})\}.$$

由于 $Q(\theta_1) - Q(\theta_0) > 0$，$c(\theta_1)/c(\theta_0) > 0$，上式右边为 $T(\boldsymbol{x})$ 的严格增函数. 因此由 N-P 引理可知检验问题 $(5.5.11)$ 的水平为 α 的 UMPT 检验函数为

$$\varphi(\boldsymbol{x}) = \begin{cases} 1, & \lambda(\boldsymbol{x}) > c', \\ r, & \lambda(\boldsymbol{x}) = c', \\ 0, & \lambda(\boldsymbol{x}) < c' \end{cases} \Leftrightarrow \varphi(\boldsymbol{x}) = \begin{cases} 1, & T(\boldsymbol{x}) > c, \\ r, & T(\boldsymbol{x}) = c, \\ 0, & T(\boldsymbol{x}) < c, \end{cases}$$

其中常数 c 和 r 满足下式：

$$E_{\theta_0}[\varphi(\boldsymbol{X})] = P_{\theta_0}\{T(\boldsymbol{X}) > c\} + rP_{\theta_0}\{T(\boldsymbol{X}) = c\} = \alpha.$$

由于 c 和 r 与 θ_1 无关. 故由式 $(5.5.9)$ 和式 $(5.5.10)$ 确定的检验函数 $\varphi(\boldsymbol{x})$ 也是下述检验问题：

$$H'_0: \theta = \theta_0; \ H_1: \theta > \theta_0$$

的水平为 α 的 UMPT.

只要证明 $\varphi(\boldsymbol{x})$ 作为检验问题 $(5.5.8)$ 的检验，具有水平 α，即可完成证明. 为此只需证明 $\varphi(\boldsymbol{x})$ 的功效函数 $\gamma_\varphi(\theta)$ 是 θ 的单调增函数即可. 下面来证明这一事实.

任取 $\theta' < \theta''$. 由式 $(5.5.7)$ 可知

$$\frac{f(\boldsymbol{x}, \theta'')}{f(\boldsymbol{x}, \theta')} = \frac{c(\theta'')}{c(\theta')} \exp\{(Q(\theta'') - Q(\theta'))T(x)\}.$$

因为 $Q(\theta)$ 为 θ 的严格增函数且 $\theta' < \theta''$，故有 $Q(\theta'') - Q(\theta') > 0$，又 $c(\theta'')/c(\theta') > 0$，因此 $f(\boldsymbol{x}, \theta'')/f(\boldsymbol{x}, \theta')$ 只与 $T(\boldsymbol{x})$ 有关，且为 $T(\boldsymbol{x})$ 的严格增函数. 找 t_0 使

$$\frac{c(\theta'')}{c(\theta')} \exp\{(Q(\theta'') - Q(\theta'))t_0\} = 1,$$

这样的 t_0 必存在，否则恒有 $f(\boldsymbol{x}, \theta'')/f(\boldsymbol{x}, \theta') < 1$ 或 $f(\boldsymbol{x}, \theta'')/f(\boldsymbol{x}, \theta') > 1$，这与 $\int_{\mathscr{X}} f(\boldsymbol{x}, \theta'') \mathrm{d}\boldsymbol{x} = \int_{\mathscr{X}} f(\boldsymbol{x}, \theta') \mathrm{d}\boldsymbol{x} = 1$ 矛盾. 令

$$S_1 = \{\boldsymbol{x}: T(\boldsymbol{x}) > t_0\},$$
$$S_2 = \{\boldsymbol{x}: T(\boldsymbol{x}) < t_0\},$$
$$S_3 = \{\boldsymbol{x}: T(\boldsymbol{x}) = t_0\},$$

则由 $\int_{\mathcal{X}} f(\boldsymbol{x}, \theta'') \mathrm{d}\boldsymbol{x} = \int_{\mathcal{X}} f(\boldsymbol{x}, \theta') \mathrm{d}\boldsymbol{x} = 1$ 以及 t_0 的定义易知

$$\int_{S_1} (f(\boldsymbol{x}, \theta'') - f(\boldsymbol{x}, \theta')) \mathrm{d}\boldsymbol{x} + \int_{S_2} (f(\boldsymbol{x}, \theta'') - f(\boldsymbol{x}, \theta')) \mathrm{d}\boldsymbol{x}$$

$$= \int_{\mathcal{X}} (f(\boldsymbol{x}, \theta'') - f(\boldsymbol{x}, \theta')) \mathrm{d}\boldsymbol{x} = 0.$$

故有

$$0 \leqslant \int_{S_1} (f(\boldsymbol{x}, \theta'') - f(\boldsymbol{x}, \theta')) \mathrm{d}\boldsymbol{x} = -\int_{S_2} (f(\boldsymbol{x}, \theta'') - f(\boldsymbol{x}, \theta')) \mathrm{d}\boldsymbol{x},$$

因此

$$\begin{aligned}
\beta_\varphi(\theta'') - \beta_\varphi(\theta') &= \int_{r} \varphi(\boldsymbol{x}) (f(\boldsymbol{x}, \theta'') - f(\boldsymbol{x}, \theta')) \mathrm{d}\boldsymbol{x} \\
&= \int_{S_1} \varphi(\boldsymbol{x}) (f(\boldsymbol{x}, \theta'') - f(\boldsymbol{x}, \theta')) \mathrm{d}\boldsymbol{x} + \\
&\quad \int_{S_2} \varphi(\boldsymbol{x}) (f(\boldsymbol{x}, \theta'') - f(\boldsymbol{x}, \theta')) \mathrm{d}\boldsymbol{x} \\
&= \int_{S_1} \varphi(\boldsymbol{x}) (f(\boldsymbol{x}, \theta'') - f(\boldsymbol{x}, \theta')) \mathrm{d}\boldsymbol{x} - \\
&\quad \int_{S_2} \varphi(\boldsymbol{x}) (-(f(\boldsymbol{x}, \theta'') - f(\boldsymbol{x}, \theta'))) \mathrm{d}\boldsymbol{x} \\
&\geqslant \inf_{\boldsymbol{x} \in S_1} \varphi(\boldsymbol{x}) \cdot \int_{S_1} (f(\boldsymbol{x}, \theta'') - f(\boldsymbol{x}, \theta')) \mathrm{d}\boldsymbol{x} - \\
&\quad \sup_{\boldsymbol{x} \in S_2} \varphi(\boldsymbol{x}) \cdot \int_{S_2} [-(f(\boldsymbol{x}, \theta'') - f(\boldsymbol{x}, \theta'))] \mathrm{d}\boldsymbol{x} \\
&= (\inf_{\boldsymbol{x} \in S_1} \varphi(\boldsymbol{x}) - \sup_{\boldsymbol{x} \in S_2} \varphi(\boldsymbol{x})) \int_{S_1} (f(\boldsymbol{x}, \theta'') - f(\boldsymbol{x}, \theta')) \mathrm{d}\boldsymbol{x} \\
&\geqslant 0.
\end{aligned}$$

即 $\gamma_\varphi(\theta'') \geqslant \gamma_\varphi(\theta')$, 对任给的 $\theta'' > \theta'$ 成立, 这就证明了 $\gamma_\varphi(\theta)$ 为 θ 的非减函数, 故

$$\sup_{\theta \leqslant \theta_0} \gamma_\varphi(\theta) \leqslant \gamma_\varphi(\theta_0) = E_{\theta_0} [\varphi(X)] = \alpha.$$

因此由式 (5.5.9) 和式 (5.5.10) 确定的 $\varphi(\boldsymbol{x})$ 为检验问题 (5.5.8) 的水平为 α 的 UMPT. 定理证毕.

注　(1) 在定理 5.5.2 中若样本分布是连续分布, 则 UMPT 不需要随机化. 故检验问题 (5.5.8) 的水平为 α 的 UMPT, 通过式 (5.5.9) 和式 (5.5.10) 中令 $r = 0$ 获得.

(2) 若在定理 5.5.2 条件中改 "$Q(\theta)$ 为 θ 的严格增函数" 为 "$Q(\theta)$ 为 θ 的严格减函数", 其余不变, 则检验问题 (5.5.8) 的水平为 α 的 UMPT, 需要通过将式 (5.5.9) 和式 (5.5.10) 中的不等号反向 (等号不变) 得到.

考虑与式 (5.5.8) 相反的单边检验问题

$$H_0: \theta \geqslant \theta_0; \quad H_1: \theta < \theta_0, \tag{5.5.12}$$

关于这一检验问题的水平为 α 的 UMPT 有下列定理.

定理 5.5.3 若定理 5.5.2 的条件成立，则检验问题 (5.5.12) 的水平为 α 的 UMPT 存在，且有形式

$$\varphi(\boldsymbol{x}) = \begin{cases} 1, & T(\boldsymbol{x}) < c, \\ r, & T(\boldsymbol{x}) = c, \\ 0, & T(\boldsymbol{x}) > c, \end{cases} \quad (5.5.13)$$

其中 c 和 r $(0 \leqslant r \leqslant 1)$ 满足条件

$$E_{\theta_0}[\varphi(\boldsymbol{X})] = P_{\theta_0}\{T(\boldsymbol{X}) < c\} + rP_{\theta_0}\{T(\boldsymbol{X}) = c\} = \alpha. \quad (5.5.14)$$

此定理的证明方法与定理 5.5.2 类似，从略.

注 (1) 在定理 5.5.3 中若样本分布为连续分布，则 UMPT 不需要随机化，故检验问题 (5.5.12) 的水平为 α 的 UMPT，可通过在式 (5.5.13) 和式 (5.5.14) 中令 $r=0$ 获得.

(2) 在定理 5.5.3 中，若改 "$Q(\theta)$ 为 θ 的严格增函数" 为 "$Q(\theta)$ 为 θ 的严格减函数"，其余条件不变，则检验问题 (5.5.12) 的水平为 α 的 UMPT，需要通过将式 (5.5.13) 和式 (5.5.14) 中的不等号反向 (等号不变)，即可以得到.

例 5.5.4 问题与前文研究显著性检验的类似，即设 $\boldsymbol{X} = (X_1, X_2, \cdots, X_n)$ 为来自正态总体 $N(\mu, 1)$ 中的样本，求检验问题 $H_0: \mu \leqslant \mu_0$；$H_1: \mu > \mu_0$ 的 UMPT，此处 μ_0 和检验水平 α 给定.

解 正态分布为指数族分布，样本的密度函数为

$$f(x_1, \cdots, x_n, \mu) = (2\pi)^{-\frac{n}{2}} \exp\{-n\mu^2/2\} \exp\{n\mu\bar{x}\} \exp\left\{-\sum_{i=1}^n x_i^2/2\right\}$$
$$= C(\mu)\exp\{Q(\mu)T(\boldsymbol{x})\}h(\boldsymbol{x}),$$

其中 $C(\mu) = (2\pi)^{n/2} \exp\{-n\mu^2/2\}$，$h(\boldsymbol{x}) = \exp\left\{-\sum_{i=1}^n x_i^2/2\right\}$，$T(\boldsymbol{x}) = \bar{x}$，$Q(\mu) = n\mu$ 为 θ 的严格增函数，由定理 5.5.2 (由于正态分布为连续分布，检验函数不需要随机化) 可知水平为 α 的 UMPT 由下式给出：

$$\varphi(\boldsymbol{x}) = \begin{cases} 1, & T(\boldsymbol{x}) > c, \\ 0, & T(\boldsymbol{x}) \leqslant c. \end{cases}$$

由于 $T(\boldsymbol{X}) = \bar{X} \sim N(\mu, 1/n)$，故 $\sqrt{n}(\bar{X} - \mu) \sim N(0, 1)$，令

$$\alpha = E_{\mu_0}[\varphi(\boldsymbol{X})] = P_{\mu_0}\{T(\boldsymbol{X}) > c\} = P_{\mu_0}\{\sqrt{n}(\bar{X} - \mu_0) > \sqrt{n}(c - \mu_0)\},$$

可知 $\sqrt{n}(c - \mu_0) = u_\alpha$，即 $c = \mu_0 + u_\alpha/\sqrt{n}$. 因 $T(\boldsymbol{x}) = x$，故水平为 α 的 UMPT 为

$$\varphi(x) = \begin{cases} 1, & \bar{x} > \mu_0 + u_\alpha / \sqrt{n}, \\ 0, & \bar{x} \le \mu_0 + u_\alpha / \sqrt{n}. \end{cases}$$

这里其实与前面显著性检验中,针对单个正态总体的方差已知对均值进行假设检验类似. 前文只考虑了限制第一类错误的概率,已经得到良好效果. 此处还考虑对第二类错误的概率的限制,实现一致最优检验.

例 5.5.5   从一大批产品中抽取 n 个检查其结果,得样本 $X = (X_1, X_2, \cdots, X_n)$,其中 $X_i = 1$,若第 i 个产品为废品;否则为 0,$i = 1, 2, \cdots, n$. 求

$$H_0 : p \le p_0; \ H_1 : p > p_0$$

的水平为 α 的 UMPT,其中 p_0 和 α 给定.

解   令 $T = T(X) = \sum_{i=1}^{n} X_i$ 为 n 个产品中的废品数,则充分统计量 $T \sim B(n, p)$. 二项分布族为指数族,其分布列为

$$f(t, p) = \binom{n}{t} p^t (1-p)^{n-t} = C(p) \exp\{Q(p) \cdot t\} h(t).$$

其中 $C(p) = (1-p)^n$,$t = \sum_{i=1}^{n} x_i$ 为 T 的观察值,$h(t) = \binom{n}{t}$,$Q(p) = \log(p/(1-p))$ 为 p 的严格单调增函数,则由定理 5.5.2 可知

$$\varphi(x) = \begin{cases} 1, & T(x) > c, \\ r, & T(x) = c, \\ 0, & T(x) < c, \end{cases}$$

其中 c 由下列不等式决定:

$$\alpha_1 = \sum_{i=c+1}^{n} \binom{n}{i} p_0^i (1-p_0)^{n-i} \le \alpha \le \sum_{i=c}^{n} \binom{n}{i} p_0^i (1-p_0)^{n-i}.$$

取 r 为

$$r = \frac{\alpha - \alpha_1}{\binom{n}{t} p_0^c (1-p_0)^{n-c}}.$$

则必有

$$E_{p_0}[\varphi(X)] = P_{p_0}\{T(X) > c\} + r P_{p_0}\{T(X) = c\} = \alpha.$$

因此上述检验 $\varphi(x)$ 为水平为 α 的 UMPT. 这是对例 5.5.2 的补充.

例 5.5.6   设 $X = (X_1, X_2, \cdots, X_n)$ 是来自泊松分布总体 $P(\lambda)$ 的样本,$\lambda > 0$ 为未知参数. 求

$$H_0 : \lambda \le \lambda_0; \ H_1 : \lambda > \lambda_0$$

的水平为 α 的 UMPT，其中 λ_0 和 α 给定.

解　泊松分布为指数族分布. 样本 X 的分布列为

$$f(\boldsymbol{x},\lambda)=\frac{\lambda^{T(\boldsymbol{x})}\mathrm{e}^{-n\lambda}}{x_1!\cdots x_n!}=c(\lambda)\exp\{Q(\lambda)T(\boldsymbol{x})\}h(\boldsymbol{x}),$$

其中 $C(\lambda)=\mathrm{e}^{-n\lambda}$，$T(\boldsymbol{x})=\displaystyle\sum_{i=1}^{n}x_i$，$h(\boldsymbol{x})=1/(x_1!\cdots x_n!)$，$Q(\lambda)=\ln\lambda$ 为 λ 的严格增函数，由定理 5.5.2 可知

$$\varphi(\boldsymbol{x})=\begin{cases}1, & T(\boldsymbol{x})>c,\\ r, & T(\boldsymbol{x})=c,\\ 0, & T(\boldsymbol{x})<c,\end{cases}$$

其中 c 由下列不等式确定（注意检验统计量 $T(\boldsymbol{X})=\displaystyle\sum_{i=1}^{n}X_i\sim P(n\lambda)$）：

$$\alpha_1=\sum_{k=c+1}^{\infty}\frac{(n\lambda_0)^k\mathrm{e}^{-n\lambda_0}}{k!}\leqslant\alpha\leqslant\sum_{k=c}^{\infty}\frac{(n\lambda_0)^k\mathrm{e}^{-n\lambda_0}}{k!}.$$

取 r 为

$$r=\frac{(\alpha-\alpha_1)c!}{(n\lambda_0)^c\mathrm{e}^{-n\lambda_0}},$$

则必有

$$E_{\lambda_0}[\varphi(\boldsymbol{X})]=P_{\lambda_0}\{T(\boldsymbol{X})>c\}+rP_{\lambda_0}\{T(\boldsymbol{X})=c\}=\alpha.$$

故上述检验 $\varphi(\boldsymbol{x})$ 为水平为 α 的 UMPT.

例 5.5.7　设 $X=(X_1,X_2,\cdots,X_n)$ 是来自指数分布总体 $E(\lambda)$ 的样本，$\lambda>0$ 为未知参数. 求

$$H_0：\lambda\leqslant\lambda_0；H_1：\lambda>\lambda_0$$

的水平为 α 的 UMPT，其中 λ_0 和 α 给定.

解　指数分布属于指数族. 样本 X 的密度函数为

$$f(x,\lambda)=\lambda^n\exp\left\{-\lambda\sum_{i=1}^{n}x_i\right\}I_{[x_i>0,i=1,2,\cdots,n]}.$$

其中 $C(\lambda)=\lambda^n$，$h(\boldsymbol{x})=I_{[x_i>0,i=1,2,\cdots,n]}$，$T(\boldsymbol{x})=\displaystyle\sum_{i=1}^{n}x_i$，$Q(\lambda)=-\lambda$ 为 λ 的单调减函数，故定理 5.5.2 的注可得

$$\varphi(\boldsymbol{x})=\begin{cases}1, & T(\boldsymbol{x})<c,\\ 0, & T(\boldsymbol{x})\geqslant c.\end{cases}$$

由推理可知 $2\lambda T(\boldsymbol{X})\sim\chi^2(2n)$，故有

$$\alpha=P_{\lambda_0}\{T(\boldsymbol{X})<c\}=P_{\lambda_0}\{2\lambda_0T(\boldsymbol{X})<2\lambda_0c\}.$$

因此 $2\lambda_0c=\chi_{1-\alpha}^2(2n)$，即 $c=\chi_{1-\alpha}^2(2n)/(2\lambda_0)$. 因此

$$\varphi(\boldsymbol{x})=\begin{cases}1, & T(\boldsymbol{x})<\dfrac{1}{2\lambda_0}\chi_{1-\alpha}^2(2n),\\[2mm] 0, & T(\boldsymbol{x})\geqslant\dfrac{1}{2\lambda_0}\chi_{1-\alpha}^2(2n)\end{cases}$$

为水平为 α 的 UMPT.

例 5.5.8 设 $X=(X_1,X_2,\cdots,X_n)$ 是来自正态总体 $N(0,\sigma^2)$ 的样本, σ^2 为未知参数. 求

$$H_0:\sigma^2\geqslant\sigma_0^2;\ H_1:\sigma^2<\sigma_0^2$$

的水平为 α 的 UMPT, 其中 σ_0^2 和 α 给定.

解 正态分布 $N(0,\sigma^2)$ 为指数族, 样本 X 的密度函数为

$$f(x,\sigma^2)=\prod_{i=1}^{n}f(x_i,\sigma^2)=\left(\frac{1}{\sqrt{2\pi}\,\sigma}\right)^n\exp\left\{-\frac{1}{2\sigma^2}\sum_{i=1}^{n}x_i^2\right\},$$

其中 $c(\sigma)=(2\pi\sigma^2)^{-n/2}$, $h(x)\equiv1$, $T(x)=\sum_{i=1}^{n}x_i^2$, $Q(\sigma^2)=-1/(2\sigma^2)$ 为 σ^2 的严格单调增函数, 由定理 5.5.3 可知

$$\varphi(x)=\begin{cases}1, & T(x)<c,\\0, & T(x)\geqslant c.\end{cases}$$

由于 $\sum_{i=1}^{n}X_i^2/\sigma^2\sim\chi^2(n)$, 令

$$\alpha=E_{\sigma_0^2}[\varphi(X)]=P_{\sigma_0^2}\left\{\sum_{i=1}^{n}X_i^2<c\right\}=P_{\sigma_0^2}\left\{\sum_{i=1}^{n}X_i^2/\sigma_0^2<\frac{c}{\sigma_0^2}\right\}.$$

故有 $c/\sigma_0^2=\chi_{1-\alpha}^2(n)$, 即 $c=\sigma_0^2\chi_{1-\alpha}^2(n)$. 因此,

$$\varphi(x)=\begin{cases}1, & T(x)<\sigma_0^2\chi_{1-\alpha}^2(n),\\0, & T(x)\geqslant\sigma_0^2\chi_{1-\alpha}^2(n)\end{cases}$$

为水平为 α 的 UMPT.

5.5.4 无偏检验

前面已经说过, UMPT 作为例外很少. 因此作为一致最优检验的准则, 它的作用是有限的. 为了得到适用范围更广的检验准则, 可采取下列办法: 先对所考虑的检验施加某种合理的一般性限制, 这样就缩小了所考虑的检验的范围, 然后在这缩小了的范围中找一致最优检验. 正如在点估计问题中, 先限制估计量是无偏的, 然后在无偏估计类中, 去寻找方差一致最小的无偏估计. 基于这种想法本节引进无偏检验的概念.

定义 5.5.2 设 φ 为检验问题(5.5.1)的一个检验, 若其功效函数 $\gamma_\varphi(\theta)$ 满足条件: 对 $\forall\theta_0\in\Theta_0$ 有 $\beta_\varphi(\theta_0)\leqslant\alpha$, 对 $\forall\theta_1\in\Theta_1$ 有 $\gamma_\varphi(\theta_1)\geqslant\alpha$, 则称 φ 为水平为 α 的无偏检验(unbiased test), 或简称为无偏检验.

无偏检验的直观意义很清楚: 若 φ 为 $H_0\leftrightarrow H_1$ 的无偏检验, 则

其犯第一类错误的概率不应超过不犯第二类错误的概率.

下面给出一致最优无偏检验的定义. 记

$$\mathcal{U}_\alpha = \{\varphi : \varphi \text{ 为检验问题}(5.5.1)\text{的水平 }\alpha\text{ 的无偏检验}\},$$

即 $\mathcal{U}_\alpha$ 为一切水平为 α 的无偏检验的类.

> **定义 5.5.3** 若 $\varphi \in \mathcal{U}_\alpha$ 且对任何 $\varphi_1 \in \mathcal{U}_\alpha$, 有
>
> $$\beta_\varphi(\theta) \geqslant \beta_{\varphi_1}(\theta), \quad \theta \in \Theta_1,$$
>
> 则称 φ 是式(5.5.1)的一个水平为 α 的一致最优无偏检验(uniformly most powerful unbiased test, UMPUT).

注 由上述定义可知任一 UMPT 必为 UMPUT. 说明如下: 记 UMPTφ 的功效函数为 $\gamma_\varphi(\theta)$, 由 UMPT 的定义可知 $\gamma_\varphi(\theta) \leqslant \alpha$, 对一切 $\theta \in \Theta_0$, 又显见 $\varphi^* \equiv \alpha$ 是水平为 α 的检验, 由 UMPT 定义可知 $\gamma_\varphi(\theta) \geqslant \gamma_{\varphi^*}(\theta) \equiv \alpha$, 对一切 $\theta \in \Theta_1$. 可见有

$$\gamma_\varphi(\theta_1) \geqslant \alpha \geqslant \gamma_\varphi(\theta_0), \quad \forall \theta_0 \in \theta_0, \theta_1 \in \theta_1,$$

故检验 φ 是无偏的, 又是 UMPT, 因此必为 UMPUT.

UMPUT 存在的情况比 UMPT 要广一些. 对下列单参数指数族:

$$f(x,\theta) = C(\theta) \exp\{Q(\theta) T(x)\} h(x).$$

在前面的定理 5.5.2 和定理 5.5.3 中已证明了下列检验问题的水平为 α 的 UMPT 存在, 因而也是 UMPUT 的.

(1) $H_0: \theta \leqslant \theta_0$; $H_1: \theta > \theta_0$;

(2) $H_0: \theta \geqslant \theta_0$; $H_1: \theta < \theta_0$.

还可进一步证明下列两类单参数指数族的水平为 α 的 UMPUT 是存在的;

(3) $H_0: \theta = \theta_0$; $H_1: \theta \neq \theta_0$;

(4) $H_0: \theta_1 \leqslant \theta \leqslant \theta_2$; $H_1: \theta < \theta_1$ 或 $\theta > \theta_2$.

其中(3)和(4)两类检验问题的 UMPUT 的存在性已超出本书的范围, 在此不再进行进一步说明.

习题 5.5

1. 设 $X_1, X_2, \cdots, X_n$ 是来自均匀分布 $U[0,\theta]$ 的样本, 其中 $\theta > 0$ 为未知参数, 在显著性水平 α 下, 求:

(1) 检验问题 $H_0: \theta = 1$; $H_1: \theta = 2$ 的 UMPT;

(2) 检验问题 $H_0: \theta = 1$; $H_1: \theta = 1/2$ 的 UMPT.

2. 设 $X_1, X_2, \cdots, X_n$ 是来自指数分布 $E(\lambda)$ 的样本, 其中 $\lambda > 0$ 为未知参数, 在显著性水平 α 下, 分别求下列检验问题的 UMPT:

(1) $H_0: \lambda \geqslant \lambda_0$; $H_1: \lambda < \lambda_0$;

(2) $H_0: \lambda \leqslant \lambda_0$; $H_1: \lambda > \lambda_0$.

3. 设 $X_1, X_2, \cdots, X_n$ 是来自正态总体 $N(\mu,1)$ 的样本, 其中 $\mu \in \mathbf{R}$ 为未知参数, 在显著性水平 α 下, 求检验问题 $H_0: \mu \geqslant \mu_0$; $H_1: \mu < \mu_0$ 的 UMPT.

4. 设 $X_1, X_2, \cdots, X_n$ 是来自正态总体 $N(0,\sigma^2)$ 的样本, 其中 $\sigma^2 > 0$ 为未知参数, 在显著性水平 α 下,

求检验问题 $H_0: \sigma^2 \leqslant \sigma_0^2$；$H_1: \sigma^2 > \sigma_0^2$ 的 UMPT.

5. 设 $X_1, X_2, \cdots, X_n$ 是来自两点分布总体 $B(1,p)$ 的样本，其中 $0<p<1$ 为未知参数，在显著性水平 α 下，求检验问题 $H_0: p \geqslant 1/2$；$H_1: p < 1/2$ 的 UMPT.

6. 设 $X_1, X_2, \cdots, X_n$ 是来自泊松分布总体 $P(\lambda)$ 的样本，其中 $\lambda > 0$ 为未知参数，在显著性水平 α 下，求检验问题 $H_0: \lambda \geqslant \lambda_0$；$H_1: \lambda < \lambda_0$ 的 UMPT.

*5.6　似然比检验

5.6.1　似然比

在 5.5.2 节中我们介绍了 Neyman-Pearson 引理，该引理告诉我们在简单原假设对简单备择假设的检验问题中，最优势检验由似然比检验给出. 事实上，似然比检验方法也可用在复合假设检验问题中构造检验. 这是构造检验的常用方法.

设有分布族 $\{f(x,\theta), \theta \in \Theta\}$，$\Theta$ 为参数空间. 令 $X_1, X_2, \cdots, X_n$ 为自上述分布族中抽取的样本，$f(x,\theta)$ 为样本的概率函数. 考虑检验问题

$$H_0: \theta \in \Theta_0；H_1: \theta \in \Theta_1, \qquad (5.6.1)$$

在有了样本 x 之后将 $f(x,\theta)$ 视为 θ 的函数，称为似然函数. 由于假设检验在 $\theta \in \Theta_0$ 与 $\theta \in \Theta_1$ 中二者选其一，故可以考虑以下两个量：

$$L_{\Theta_0}(x) = \sup_{\theta \in \Theta_0} f(x,\theta),$$

$$L_{\Theta_1}(x) = \sup_{\theta \in \Theta_1} f(x,\theta).$$

考虑其比值 $L_{\Theta_1}(x)/L_{\Theta_0}(x)$，若此比值较大，倾向于否定假设 H_0；反之，若此比值较小，倾向于接受假设 H_0. 根据这种思想，我们得到如下定义：

> **定义 5.6.1**　设样本 $X_1, X_2, \cdots, X_n$ 有概率函数 $f(x_1, \cdots, x_n, \theta)$，$\theta \in \Theta$，而 Θ_0 为参数空间 Θ 的真子集，考虑检验问题 (5.6.1)，则
>
> $$\lambda(x_1, \cdots, x_n) = \frac{\sup_{\{\theta \in \Theta_1\}} L(\theta | x_1, \cdots, x_n)}{\sup_{\{\theta \in \Theta_1\}} L(\theta | x_1, \cdots, x_n)} = \frac{L(\hat{\theta_1} | x_1, \cdots, x_n)}{L(\hat{\theta_0} | x_1, \cdots, x_n)},$$
>
> 称为该检验的似然比. 下述定义的检验函数
>
> $$\varphi(x) = \begin{cases} 1, & \lambda(x) > c, \\ r, & \lambda(x) = c, \\ 0, & \lambda(x) < c, \end{cases}$$

其中 c，$r(0 \leqslant r \leqslant 1)$ 为待定常数，称为检验问题 (5.6.1) 的一个似

然比检验. 有时候 $\lambda(x)$ 的形式可能较复杂, 找与 $\lambda(x)$ 具有相同或者相反单调性的统计量构造形式相似的检验, 也是似然比检验. 1938 年, Wilks 证明了在原假设成立的情况下, 似然比有一个简单的极限分布, Wilks 定理大致可表述如下:

> **定理 5.6.1**　设 Θ 的维数为 k, Θ_0 的维数为 s, 若 $k-s>0$, 且样本的概率分布满足一定的正则条件, 则对检验问题 $H_0: \theta \in \Theta_0$; $H_1: \theta \in \Theta_1$, 在原假设 H_0 成立的条件下, 当样本容量 $n \to \infty$ 时有 $2\ln\lambda(X) \xrightarrow{L} \chi^2(k-s)$.

求解似然比检验的一般步骤:

第一步, 求似然函数 $L(\theta, x)$, 并明确参数空间 Θ, Θ_0.

第二步, 计算出 $L(\hat{\theta}; x_1, \cdots, x_n) = \sup\limits_{\theta \in \Theta} L(\theta; x_1, \cdots, x_n)$ 和 $L(\hat{\theta}_0; x_1, \cdots, x_n) = \sup\limits_{\theta \in \Theta_0} L(\theta; x_1, \cdots, x_n)$.

第三步, 求出似然比检验统计量 $\lambda(x)$ 或其等价的统计量的分布.

第四步, 根据显著性水平 α 确定拒绝域.

5.6.2　似然比检验的例子

例 5.6.1　设有样本 $X_1, X_2, \cdots, X_n$. 考虑检验问题

$H_0:$ 样本来自正态分布 $N(\mu, \sigma^2)$; $H_1:$ 样本来自双参数指数分布 $E(\mu, \sigma)$.

解　原假设成立时, μ 和 σ 的 MLE 分别为 $\hat{\mu}_0 = \overline{X}$, $\hat{\sigma}_0 = \sqrt{\dfrac{1}{n} \sum\limits_{i=1}^{n} (X_i - \overline{X})^2}$. 而备择假设成立时, μ 和 σ 的 MLE 分别为 $\hat{\mu}_1 = X_{(1)} = \min\{X_1, \cdots, X_n\}$, $\hat{\sigma}_1 = \overline{X} - X_{(1)}$.

所以该检验问题的似然比为

$$\lambda(x) = \frac{\prod_{i=1}^{n} p_1(x_i; \hat{\mu}_1, \hat{\sigma}_1)}{\prod_{i=1}^{n} p_0(x_i; \hat{\mu}_0, \hat{\sigma}_0^2)} = (\sqrt{2\pi \cdot e^{-1}})^n \cdot T^n,$$

$$\text{其中 } T = \frac{\sqrt{n \sum\limits_{i=1}^{n} (x_i - \overline{x})^2}}{\sum\limits_{i=1}^{n} (x_i - x_{(1)})}.$$

由于 $\lambda(x)$ 关于 T 严格增加, 所以拒绝域可取为 $\{(x_1, x_2, \cdots, x_n): T \geqslant c\}$. 又

$$T = \frac{\sqrt{n \sum_{i=1}^{n} (x_i - \bar{x})^2}}{\sum_{i=1}^{n} (x_i - x_{(1)})} = \frac{\sqrt{n \sum_{i=1}^{n} (\mu_i - \bar{\mu})^2}}{\sum_{i=1}^{n} (\mu_i - \mu_{(1)})},$$

其中 $\mu_i = \dfrac{x_i - \mu}{\sigma}$，$i = 1, 2, \cdots, n$.

所以不论原假设为真，还是备择假设为真，T 的分布皆与 μ 和 σ 无关. 原假设为真时，检验犯第一类错误的概率为

$$P\{T \geq c \mid \text{样本来自标准正态分布 } N(0, 1)\}.$$

例 5.6.2　设 $X_1, X_2, \cdots, X_n$ 是来自正态总体 $N(\mu, \sigma^2)$ 的样本，其中 $-\infty < \mu < +\infty$，$\sigma^2 > 0$，求下列检验问题的水平为 α 的似然比检验：

$$H_0 : \mu = \mu_0;\ H_1 : \mu \neq \mu_0.$$

解　记 $\boldsymbol{\theta} = (\mu, \sigma^2)$，似然函数为

$$L(\mu, \sigma^2) = (2\pi\sigma^2)^{-n/2} \exp\left\{ -\sum_{i=1}^{n} \frac{1}{2\sigma^2}(x_i - \mu)^2 \right\}.$$

全参数空间为 $\Theta = \{\boldsymbol{\theta} = (\mu, \sigma^2) : -\infty < \mu < +\infty, \sigma^2 > 0\}$；全参数空间上的极大似然估计（最大值点）为

$$\sup_{\theta \in \Theta} L(\theta, x) = (2\pi\hat{\sigma})^{-\frac{n}{2}} \exp\left\{ -\frac{1}{2\hat{\sigma}} \sum_{i=1}^{n} (x_i - \hat{\mu})^2 \right\}.$$

原假设参数空间为 $\Theta_0 = \{\theta = (\mu, \sigma^2) : \mu = \mu_0, \sigma^2 > 0\}$；原假设空间上的极大似然估计（最大值点）为

$$\sup_{\theta \in \Theta_0} L(\theta, x) = (2\pi\tilde{\sigma})^{-\frac{n}{2}} \exp\left\{ -\frac{1}{2\tilde{\sigma}} \sum_{i=1}^{n} (x_i - \tilde{\mu})^2 \right\}.$$

则似然比为

$$\lambda(x) = \frac{\sup\limits_{\theta \in \Theta} L(\theta; x_1, \cdots, x_n)}{\sup\limits_{\theta \in \Theta_0} L(\theta; x_1, \cdots, x_n)} = \frac{\prod_{i=1}^{n} (\sqrt{2\pi}\hat{\sigma})^{-1} \cdot \exp\left[-\dfrac{(x_i - \hat{\mu})^2}{2\hat{\sigma}} \right]}{\prod_{i=1}^{n} (\sqrt{2\pi}\tilde{\sigma})^{-1} \cdot \exp\left[-\dfrac{(x_i - \hat{\mu})^2}{2\tilde{\sigma}_0} \right]}$$

$$= \left[\frac{\sum_{i=1}^{n} (x_i - \bar{x})^2}{\sum_{i=1}^{n} (x_i - \mu_0)^2} \right]^{-n/2} = \left[1 + \frac{n(\bar{x} - \mu_0)^2}{\sum_{i=1}^{n} (x_i - \bar{x})^2} \right]^{n/2}$$

$$= \left[1 + \frac{T^2}{n-1} \right]^{n/2},$$

其中 $T = \sqrt{n(n-1)} \cdot \dfrac{\bar{x} - \mu_0}{\sqrt{\sum_{i=1}^{n} (x_i - \bar{x})^2}}$，注意到上式 $\lambda(x)$ 是 $|T|$ 的

增函数，且 $T(X)=\sqrt{n(n-1)} \cdot \dfrac{\overline{X}-\mu_0}{\sqrt{\sum\limits_{i=1}^{n}(X_i-\overline{X})^2}}=\dfrac{\overline{X}-\mu_0}{S/\sqrt{n}}$，其中

$S^2=\dfrac{1}{n-1}\sum\limits_{i=1}^{n}(X_i-\overline{X})^2$，则似然比检验函数为

$$\varphi(x)=\begin{cases}1, & |T|>c,\\ 0, & |T|\leqslant c.\end{cases}$$

原假设成立时，$T\sim t_{n-1}$. 因此，拒绝域形式为 $\{|T|>c\}$，即统计量 T 的绝对值超过某个阈值 c 就意味着原假设被拒绝. 控制犯第一类错误的概率为 α，考虑取 t 分布对应分位数，拒绝域为

$$D=\left\{X=(X_1,X_2,\cdots,X_n):\left|\dfrac{\overline{X}-\mu_0}{S/\sqrt{n}}\right|>t_{\alpha/2}(n-1)\right\}.$$

那么 $\varphi(x)=\begin{cases}1, & |T|>t_{\alpha/2}(n-1),\\ 0, & |T|\leqslant t_{\alpha/2}(n-1)\end{cases}$ 是检验问题 $H_0:\mu=\mu_0;\ H_1:\mu\neq\mu_0$ 的水平为 α 的似然比检验.

例5.6.3 设 $X_1,X_2,\cdots,X_n$ 是来自正态总体 $N(\mu,\sigma^2)$ 的样本，其中 $-\infty<\mu<+\infty$，$\sigma^2>0$，求下列检验问题的水平为 α 的似然比检验：
$$H_0:\mu\leqslant\mu_0;\ H_1:\mu>\mu_0.$$

解 记 $\boldsymbol{\theta}=(\mu,\sigma^2)$，似然函数为

$$L(\mu,\sigma^2)=(2\pi\sigma^2)^{-n/2}\exp\left\{-\sum_{i=1}^{n}\dfrac{1}{2\sigma^2}(x_i-\mu)^2\right\},$$

全参数空间为 $\Theta=\{\boldsymbol{\theta}=(\mu,\sigma^2):-\infty<\mu<+\infty,\sigma^2>0\}$，

原假设参数空间为 $\Theta_0=\{\boldsymbol{\theta}=(\mu,\sigma^2):\mu\leqslant\mu_0,\sigma^2>0\}$，

令 $g(\mu)=\exp\left\{-\dfrac{n}{2\sigma^2}(\overline{x}-\mu)^2,\mu\leqslant\mu_0\right\}$，则

$$g'(\mu)=\dfrac{n}{2\sigma^2}(\overline{x}-\mu)\exp\left\{-\dfrac{n}{2\sigma^2}(\overline{x}-\mu)^2\right\},$$

当 $\overline{x}>\mu_0$，$\mu\leqslant\mu_0$ 时 $g'(\mu)>0$，极大似然估计

$$\widetilde{\mu}=\mu_0,\quad \widetilde{\sigma}^2=\dfrac{1}{n}\sum_{i=1}^{n}(x_i-\mu_0)^2.$$

当 $\overline{x}\leqslant\mu_0$，$g'(\overline{x})=0$，极大似然估计 $\widetilde{\mu}=\hat{\mu}=\overline{x}$，$\widetilde{\sigma}^2=\hat{\sigma}^2=\dfrac{1}{n}\sum_{i=1}^{n}(x_i-\overline{x})^2$，则全空间的极大似然估计点为

$$\sup_{\boldsymbol{\theta}\in\Theta}L(\boldsymbol{\theta},x)=\left(\dfrac{2\pi e}{n}\right)^{-\frac{n}{2}}\left[\sum_{i=1}^{n}(x_i-\overline{x})^2\right]^{-\frac{n}{2}}.$$

原假设空间的极大似然估计点为

$$\sup_{\boldsymbol{\theta} \in \Theta_0} L(\boldsymbol{\theta}, x) = \begin{cases} (2\pi e/n)^{-\frac{n}{2}} \big[\sum_{i=1}^{n} (x_i - \bar{x})^2 \big]^{-\frac{n}{2}}, & \bar{x} \leqslant \mu_0, \\ (2\pi e/n)^{-\frac{n}{2}} \big[\sum_{i=1}^{n} (x_i - \mu_0)^2 \big]^{-\frac{n}{2}}, & \bar{x} > \mu_0, \end{cases}$$

似然比为 $\lambda(x) = \dfrac{\sup\limits_{\boldsymbol{\theta} \in \Theta} L(\boldsymbol{\theta}, x)}{\sup\limits_{\boldsymbol{\theta} \in \Theta_0} L(\boldsymbol{\theta}, x)} = \begin{cases} 1, & \bar{x} \leqslant \mu_0, \\ \left(1 + \dfrac{1}{n-1} T^2\right)^{\frac{n}{2}}, & \bar{x} > \mu_0, \end{cases}$

其中 $\qquad T = \sqrt{n(n-1)} \cdot \dfrac{\bar{x} - \mu_0}{\sqrt{\sum_{i=1}^{n} (x_i - \bar{x})^2}}.$

注意到上式 $\lambda(x)$ 是 $|T|$ 的增函数, 且

$$T = \sqrt{n(n-1)} \cdot \frac{\bar{x} - \mu_0}{\sqrt{\sum_{i=1}^{n} (x_i - \bar{x})^2}} = \frac{\bar{x} - \mu_0}{S/\sqrt{n}},$$

$$\text{其中 } S^2 = \frac{1}{n-1} \sum_{i=1}^{n} (x_i - \bar{X})^2,$$

则似然比检验函数为 $\varphi(x) = \begin{cases} 1, & T(x) > c, \\ 0, & T(x) \leqslant c, \end{cases}$ 拒绝域形式为 $\{T > c\}$.

控制犯第一类错误的概率不超过 α, 考虑取 t 分布对应的分位数, 拒绝域为

$$D = \left\{ \boldsymbol{X}(x_1, x_2, \cdots, x_n) : \frac{\bar{X} - \mu_0}{S/\sqrt{n}} > t_\alpha(n-1) \right\},$$

那么 $\varphi(x) = \begin{cases} 1, & T(x) > t_\alpha(n-1), \\ 0, & T(x) \leqslant t_\alpha(n-1) \end{cases}$ 是检验问题 $H_0 : \mu \leqslant \mu_0$; $H_1 : \mu > \mu_0$ 的

水平为 α 的似然比检验. 从而变成了我们之前说的单边 t 检验 (与显著性检验做法一致).

例 5.6.4 设 $X_1, X_2, \cdots, X_n$ 是来自正态总体 $N(\mu, \sigma^2)$ 的样本, 其中 $-\infty < \mu < +\infty$, $\sigma > 0$, 考虑求下列检验问题的水平为 α 的似然比检验:

$$H_0 : \sigma^2 = \sigma_0^2; \quad H_1 : \sigma^2 \neq \sigma_0^2.$$

解 记 $\boldsymbol{\theta} = (\mu, \sigma^2)$, 似然函数为

$$L(\mu, \sigma^2) = (2\pi\sigma^2)^{-n/2} \exp\left\{ -\sum_{i=1}^{n} \frac{1}{2\sigma^2} (x_i - \mu)^2 \right\},$$

全参数空间为 $\Theta = \{\boldsymbol{\theta} = (\mu, \sigma^2) : -\infty < \mu < +\infty, \sigma^2 > 0\}$,

原假设参数空间为 $\Theta_0 = \{\boldsymbol{\theta} = (\mu, \sigma^2) : -\infty < \mu < +\infty, \sigma^2 = \sigma_0^2\}$,

则全空间的极大似然估计点

$$\sup_{\boldsymbol{\theta} \in \boldsymbol{\Theta}} L(\boldsymbol{\theta}, x) = \left(\frac{2\pi e}{n}\right)^{-\frac{n}{2}} \Big[\sum_{i=1}^{n} (x_i - \bar{x})^2 \Big]^{-\frac{n}{2}},$$

原假设参数空间的极大似然估计点

$$\sup_{\boldsymbol{\theta} \in \boldsymbol{\Theta}_0} L(\boldsymbol{\theta}, x) = (2\pi\sigma_0^2)^{-\frac{n}{2}} \exp\left\{ -\frac{1}{2\sigma_0^2} \sum_{i=1}^{n} (x_i - \bar{x})^2 \right\},$$

似然比为 $\lambda(x) = \dfrac{(2\pi e/n)^{-\frac{n}{2}} \Big[\sum\limits_{i=1}^{n} (x_i - \bar{x})^2 \Big]^{-\frac{n}{2}}}{(2\pi\sigma_0^2)^{-\frac{n}{2}} \exp\left\{ -\dfrac{1}{2\sigma_0^2} \sum\limits_{i=1}^{n} (x_i - \bar{x})^2 \right\}} = \left(\dfrac{e}{n}\right)^{-\frac{n}{2}}$

$g(T)$, 其中 $g(t) = t^{-\frac{n}{2}} e^{\frac{t}{2}}$, $T = \dfrac{1}{\sigma_0^2} \sum\limits_{i=1}^{n} (x_i - \bar{x})^2$.

由于 $g'(t) = \dfrac{1}{2}(t-n) t^{-\frac{n}{2}-1} e^{\frac{t}{2}}$, $\lambda(x) > c$ 等价于 $g(T) > c'$, 也等价于 $T < c_1$ 或 $T > c_2$, 其中 $c_1 < c_2$, 且 $g(c_1) = g(c_2)$. 由 $E_{\boldsymbol{\theta}} \varphi(x) = \alpha$, $\boldsymbol{\theta} = (\mu, \sigma^2)$, $c_1 < c_2$ 还满足 $P_{\boldsymbol{\theta}}\left(c_1 \leqslant \dfrac{1}{\sigma_0^2} \sum\limits_{i=1}^{n} (x_i - \bar{x})^2 \leqslant c_2 \right) = 1 - \alpha$, 其中 $\sigma^2 = \sigma_0^2$, μ 任意.

那么似然比检验函数

$$\varphi(x) = \begin{cases} 1, & \text{其他}, \\ 0, & c_1 \leqslant \sum\limits_{i=1}^{n} (x_i - \bar{x})^2 / \sigma_0^2 \leqslant c_2. \end{cases}$$

一般取 $c_1 = \chi_{1-\alpha/2}^2(n-1)$, $c_2 = \chi_{\alpha/2}^2(n-1)$, 与双边 χ^2 检验一样.

例 5.6.5   设 $X_1, X_2, \cdots, X_n$ 是来自两点分布总体 $B(1, p)$ 的样本, 求下列检验问题的水平为 α 的似然比检验:

$$H_0: p = p_0; \quad H_1: p \neq p_0.$$

解   样本的联合分布列为

$$P\{X_1 = x_1, X_2 = x_2, \cdots, X_n = x_n\} = p^{\sum_{i=1}^{n} x_i} (1-p)^{n - \sum_{i=1}^{n} x_i},$$

两个参数空间分别为 $\Theta_0 = \{p: p = p_0\}$, $\Theta = \{p: 0 < p < 1\}$. 利用微分法, 在 Θ 上 p 的 MLE 为 $\hat{p} = \bar{x}$, 则似然比统计量为

$$\begin{aligned}
\Lambda(x_1, x_2, \cdots, x_n) &= \frac{\bar{x}^{\sum_{i=1}^{n} x_i} (1-\bar{x})^{n - \sum_{i=1}^{n} x_i}}{p_0^{\sum_{i=1}^{n} x_i} (1-p_0)^{n - \sum_{i=1}^{n} x_i}} \\
&= \left(\frac{\bar{x}}{1-\bar{x}} \cdot \frac{1-p_0}{p_0} \right)^{n \cdot \bar{x}} \left(\frac{1-\bar{x}}{1-p_0} \right)^{n} \\
&= \left[\left(\frac{\bar{x}}{1-\bar{x}} \cdot \frac{1-p_0}{p_0} \right)^{\bar{x}} \left(\frac{1-\bar{x}}{1-p_0} \right) \right]^{n}.
\end{aligned}$$

可知，当 $\bar{x} > p_0$ 时，$\left(\dfrac{\bar{x}}{1-\bar{x}} \cdot \dfrac{1-p_0}{p_0} \right)^{\bar{x}} \left(\dfrac{1-\bar{x}}{1-p_0} \right)$ 为 $\bar{x}$ 的严格增函数，而当

$\bar{x} < p_0$ 时，$\left(\dfrac{\bar{x}}{1-\bar{x}} \cdot \dfrac{1-p_0}{p_0} \right)^{\bar{x}} \left(\dfrac{1-\bar{x}}{1-p_0} \right)$ 为 $\bar{x}$ 的严格减函数（对此性质，也可

以画出 $\left(\dfrac{\bar{x}}{1-\bar{x}} \cdot \dfrac{1-p_0}{p_0} \right)^{\bar{x}} \left(\dfrac{1-\bar{x}}{1-p_0} \right)$ 关于 $\bar{x}$ 的图形，进而观察看出）. 从而

拒绝域为

$$\{ \Lambda(x_1, x_2, \cdots, x_n) \geqslant c \} \Leftrightarrow \left\{ \sum_{i=1}^{n} x_i \leqslant d_1 \right\} \cup \left\{ \sum_{i=1}^{n} x_i \geqslant d_2 \right\}.$$

这说明此时的似然比检验与传统的关于比率 p 的检验是等价的，其中临界值 d_1 与 d_2 由显著性水平 α 确定.

习题 5.6

1. 设 $X_1, X_2, \cdots, X_n$ 是来自正态总体 $N(\mu, \sigma^2)$ 的样本，其中 σ^2 已知，$\mu \in \mathbf{R}$ 为未知参数，在显著性水平 α 下，求检验问题 $H_0 : \mu = \mu_0$；$H_1 : \mu \neq \mu_0$ 的似然比检验.

2. 设 $X_1, X_2, \cdots, X_n$ 是来自正态总体 $N(\mu, \sigma^2)$ 的样本，其中 $\mu \in \mathbf{R}$，$\sigma^2 > 0$ 均为未知参数，在显著性水平 α 下，求检验问题 $H_0 : \mu \geqslant \mu_0$；$H_1 : \mu < \mu_0$ 的似然比检验.

3. 设 $X_1, X_2, \cdots, X_n$ 是来自正态总体 $N(\mu, \sigma^2)$ 的样本，其中 $\mu \in \mathbf{R}$ 已知，$\sigma^2 > 0$ 为未知参数，在显著性水平 α 下，求检验问题 $H_0 : \sigma^2 \leqslant \sigma_0^2$；$H_1 : \sigma^2 > \sigma_0^2$ 的似然比检验.

4. 设 $X_1, X_2, \cdots, X_n$ 是来自正态总体 $N(\mu, \sigma^2)$ 的样本，其中 $\mu \in \mathbf{R}$，$\sigma^2 > 0$ 均为未知参数，在显著性水平 α 下，求检验问题 $H_0 : \sigma^2 \leqslant \sigma_0^2$；$H_1 : \sigma^2 > \sigma_0^2$ 的似然比检验.

5. 设总体 $X \sim N(\mu_1, \sigma^2)$，$X_1, X_2, \cdots, X_m$ 是来自总体 X 的样本，总体 $Y \sim N(\mu_2, \sigma^2)$，$Y_1, Y_2, \cdots, Y_n$ 是来自总体 Y 的样本，且两个样本相互独立，其中 μ_1，μ_2，σ^2 均为未知参数，在显著性水平 α 下，求检验问题 $H_0 : \mu_1 = \mu_2$；$H_1 : \mu_1 \neq \mu_2$ 的似然比检验.

6. 设总体 $X \sim N(\mu_1, \sigma_1^2)$，$X_1, X_2, \cdots, X_m$ 是来自总体 X 的样本，总体 $Y \sim N(\mu_2, \sigma_2^2)$，$Y_1, Y_2, \cdots, Y_n$ 是

来自总体 Y 的样本，且两个样本相互独立，在显著性水平 α 下，

（1）若 μ_1 和 μ_2 均已知，求检验问题 $H_0 : \sigma_1^2 = \sigma_2^2$；$H_1 : \sigma_1^2 \neq \sigma_2^2$ 的似然比检验；

（2）若 μ_1 和 μ_2 均未知，求检验问题 $H_0 : \sigma_1^2 = \sigma_2^2$；$H_1 : \sigma_1^2 \neq \sigma_2^2$ 的似然比检验.

7. 设 $X_1, X_2, \cdots, X_n$ 是来自指数分布总体 $E(\lambda)$ 的样本，其中 $\lambda > 0$ 为未知参数，在显著性水平 α 下，分别求下列检验问题的似然比检验.

（1）$H_0 : \lambda = \lambda_0$；$H_1 : \lambda \neq \lambda_0$；

（2）$H_0 : \lambda \geqslant \lambda_0$；$H_1 : \lambda < \lambda_0$.

8. 设 $X_1, X_2, \cdots, X_n$ 是来自总体 X 的样本，且 X 的密度函数为

$$f(x, \mu) = \begin{cases} \exp\{-(x-\mu)\}, & x \geqslant \mu, \\ 0, & \text{其他,} \end{cases}$$

其中 $\mu \in \mathbf{R}$ 为未知参数，在显著性水平 α 下，求检验问题 $H_0 : \mu = \mu_0$；$H_1 : \mu \neq \mu_0$ 的似然比检验.

9. 设 $X_1, X_2, \cdots, X_m$ 是来自指数分布总体 $E(\lambda_1)$ 的样本，其中 $\lambda_1 > 0$ 为未知参数，$Y_1, Y_2, \cdots, Y_n$ 是来自指数分布 $E(\lambda_2)$ 的样本，其中 $\lambda_2 > 0$ 为未知参数，且两样本相互独立，在显著性水平 α 下，求检验问题 $H_0 : \lambda_1 = \lambda_2$；$H_1 : \lambda_1 \neq \lambda_2$ 的似然比检验.

*5.7　非参数假设检验

本章前几节介绍的参数假设检验是已知总体分布的类型而对总体的未知参数进行假设检验. 有些实际问题可以确定总体的分布, 从而对若干个未知参数做统计检验. 但在很多新问题的研究中, 常常不能预先知道总体的分布, 这时在进行参数假设检验之前, 先要对总体的分布类型进行假设检验, 此类问题称为非参数检验问题. 这里所研究的检验是如何用样本去拟合总体分布, 所以又称为分布拟合检验. 本节我们将利用几类典型的非参数假设检验来解决实际问题.

5.7.1　拟合优度检验

拟合优度检验是用来检验样本与某个分布的拟合是否有显著差异的一种统计方法. 设有一个随机变量 X, 总体 X 的分布函数是 $F(x)$, 考虑如下假设检验问题:

$$H_0 : F(x) = F_0(x) ; H_1 : F(x) \neq F_0(x) , \qquad (5.7.1)$$

其中 $F_0(x)$ 为某个已知的分布函数, $F_0(x)$ 中可以含有未知参数, 也可以不含有未知参数.

针对一个实际问题, 这个已知分布函数 $F_0(x)$ 怎样提出呢? 在统计学中, 由样本观察值 $(x_1, x_2, \cdots, x_n)$ 生成经验分布函数 $F_n(x)$ 的图形, 可以看出总体 X 可能服从的分布. 皮尔逊 χ^2 拟合优度检验的基本步骤如下:

首先将数轴 $(-\infty, +\infty)$ 划分为互不相交的 k 个区间:

$$I_1 = (a_0, a_1] , I_2 = (a_1, a_2] , \cdots, I_k = (a_{k-1}, a_k] ,$$

其中 a_0 可取 $-\infty$, a_k 可取 $+\infty$.

设 $(X_1, X_2, \cdots, X_n)$ 为从总体 X 中抽取的简单样本, $(x_1, x_2, \cdots, x_n)$ 为其样本观察值. 记 n_j 为样本观察值 $(x_1, x_2, \cdots, x_n)$ 落入区间 I_j 的个数, 则有 $\sum_{j=1}^{n} n_j = n$; 记 p_j 为随机变量 X 落到区间 I_j 的概率, 则有 $p_j = P\{X \in I_j\}$, $j = 1, 2, \cdots, k$.

设事件 $A_j = \{$随机变量 X 落到区间 $I_j\}$, 事件 A_j 发生的概率为 p_j, 记 n 重独立重复试验的结果为 $(x_1, x_2, \cdots, x_n)$, 则在这 n 重独立重复试验中事件 A_j 发生的频率为 n_j/n. 当原假设 $H_0 : F(x) = F_0(x)$ 成立时,

$$p_j = P\{X \in I_j\} = F_0(a_j) - F_0(a_{j-1}) , j = 1, 2, \cdots, k ,$$

根据伯努利大数定律, 当 H_0 成立且 n 充分大时, 事件 A_j 发生的

频率与 A_j 发生的概率 $p_j(j=1,2,\cdots,k)$ 接近，因此 $\sum\limits_{j=1}^{k}\left(\dfrac{n_j}{n}-p_j\right)^2$ 是一个较小的数．根据这种想法，K·皮尔逊构造了一个检验统计量

$$\chi^2 = \sum_{j=1}^{k}\left(\frac{n_j}{n}-p_j\right)^2\frac{n}{p_j} = \sum_{j=1}^{k}\frac{(n_j-np_j)^2}{np_j},\qquad(5.7.2)$$

其中 n_j 称为实际频数，np_j 称为样本 $(X_1,X_2,\cdots,X_n)$ 落入区间 I_j 的理论频数，χ^2 反映了样本与假设的分布之间的拟合程度．该统计量称为**皮尔逊 χ^2 统计量**.

该统计量能够较好地反映频率与概率之间的差异．有了样本观察值 $(x_1,x_2,\cdots,x_n)$，若统计量 $\chi^2 \geqslant C$，则拒绝原假设 H_0，否则接受原假设 H_0.

关于统计量 χ^2 服从的分布，皮尔逊于 1900 年证明了如下重要结果．

定理 5.7.1［**皮尔逊（1900）**］ 设 $F_0(x)$ 为总体的真实分布，在 H_0 成立的条件下，当 $n\to\infty$ 时，有

$$\chi^2 = \sum_{j=1}^{k}\frac{(n_j-np_j)^2}{np_j} \xrightarrow{L} \chi^2(k-1),$$

即统计量的分布收敛于自由度为 $k-1$ 的 χ^2 分布．

进一步，若 $F_0(x)$ 中含有未知参数，则有如下定理．

定理 5.7.2［**费希尔（1924）**］ 设 $F_0(x;\theta_1,\theta_2,\cdots,\theta_r)$ 为总体的真实分布，其中 $\theta_1,\theta_2,\cdots,\theta_r$ 为 r 个未知参数．在 $F_0(x;\theta_1,\theta_2,\cdots,\theta_r)$ 中用 $\theta_1,\theta_2,\cdots,\theta_r$ 的最大似然估计量 $\hat\theta_1,\hat\theta_2,\cdots,\hat\theta_r$ 代替 $\theta_1,\theta_2,\cdots,\theta_r$ 得 $F_0(x;\hat\theta_1,\hat\theta_2,\cdots,\hat\theta_r)$，使得 $F_0(x)$ 中不含有任何未知参数，计算 $p_j(j=1,2,\cdots,k)$，得

$$\hat p_j=F_0(a_j;\hat\theta_1,\hat\theta_2,\cdots,\hat\theta_r)-F_0(a_{j-1};\hat\theta_1,\hat\theta_2,\cdots,\hat\theta_r),\ j=1,2,\cdots,k,$$

当 $n\to\infty$ 时，有

$$\chi^2 = \sum_{j=1}^{k}\frac{(n_j-n\hat p_j)^2}{n\hat p_j} \xrightarrow{L} \chi^2(k-r-1),\qquad(5.7.3)$$

r 表示 $F_0(x)$ 中所含未知参数的个数．

定理 5.7.1 和定理 5.7.2 的证明参见陈希孺《数理统计引论》.

皮尔逊 χ^2 拟合优度检验应用很广泛，它可以用来检验总体服从任何已知分布的假设．因为所用 χ^2 检验统计量渐近服从 χ^2 分

布，因此一般要求 $n \geqslant 30$.

例 5.7.1 孟德尔豌豆试验中，发现黄色豌豆有 25 个，绿色豌豆有 11 个，试在显著性水平 $\alpha = 0.05$ 下检验黄色豌豆与绿色豌豆数目之比为 $3 : 1$ 这个比例.

解 定义随机变量

$$X = \begin{cases} 1, & \text{若豌豆为黄色,} \\ 0, & \text{若豌豆为绿色.} \end{cases}$$

记 $P\{X=1\} = p_1$，$P\{X=0\} = p_2$，则提出如下假设：

$$H_0 : p_1 = \frac{3}{4}, \; p_2 = \frac{1}{4}.$$

列表计算如下：

豌豆颜色	实际频数 n_j	概率 p_j	理论频数 np_j
黄色	25	3/4	27
绿色	11	1/4	9
总和	36	1	36

计算得

$$\chi^2 = \sum_{j=1}^{2} \frac{(n_j - np_j)^2}{np_j} = 0.593,$$

查表得 $\chi^2_{0.05}(1) = 3.842$，由于 $0.593 < 3.842$，因此在显著性水平 $\alpha = 0.05$ 下接受原假设，即认为黄色豌豆与绿色豌豆数目之比为 $3 : 1$.

例 5.7.2 某电话交换台 1h 内接到用户呼叫次数 X 按照每分钟记录如下：

呼叫次数	0	1	2	3	4	5	6	$\geqslant 7$
频数 n_k	8	16	17	10	6	2	1	0

试在显著性水平 $\alpha = 0.05$ 下检验观察数据是否服从泊松分布？

解 参数为 λ 的泊松分布列为

$$P\{X=i\} = \frac{\lambda^i}{i!} e^{-\lambda}, \; i = 0, 1, 2, \cdots,$$

由记录表中数据算得 λ 的极大似然估计为

$$\hat{\lambda} = 2,$$

将 $\hat{\lambda}$ 代入可以算出诸 $\hat{p}_i$ 为

$$\hat{p}_i = \frac{\hat{\lambda}^i}{i!} e^{-\hat{\lambda}}, \; i = 0, 1, 2, \cdots, 6, \; \hat{p}_7 = \sum_{i=7}^{\infty} \frac{\lambda^i}{i!} e^{-\lambda},$$

经计算得

i	n_i	$\hat{p}_i$	$n\hat{p}_i$	$\dfrac{(n_i - n\hat{p}_i)^2}{n\hat{p}_i}$
0	8	0.13534	8.1201	0.0018
1	16	0.27067	16.2402	0.0036
2	17	0.27067	16.2402	0.0355
3	10	0.18045	10.8268	0.0631
4	6	0.09022	5.4134	0.0636
5	2	0.03609	2.1654	0.0126
6	1	0.01203	0.7218	0.1072
$\geqslant 7$	0	0.00453	0.2720	0.2720
合计	60	1.0000	60	0.5595

查表得 $\chi^2_{0.05}(k-r-1)=\chi^2_{0.05}(6)=12.592$，由于 $0.5595<12.592$，因此在显著性水平 $\alpha=0.05$ 下接受原假设，即认为观察数据服从泊松分布.

5.7.2　独立性检验

设二维总体 (X,Y) 的分布函数为 $F(x,y)$，X、Y 的边缘分布函数分别为 $F_1(x)$、$F_2(y)$. 由于 X、Y 相互独立等价于对任意 $x\in\mathbf{R}$，$y\in\mathbf{R}$，有

$$F(x,y)=F_1(x)F_2(y),$$

因此检验 X，Y 相互独立即检验假设

$$H_0: F(x,y)=F_1(x)F_2(y) \leftrightarrow H_1: F(x,y)\neq F_1(x)F_2(y). \quad (5.7.4)$$

设 $(X_1,Y_1),(X_2,Y_2),\cdots,(X_n,Y_n)$ 是来自二维总体 (X,Y) 的样本，相应的样本观察值为 $(x_1,y_1),(x_2,y_2),\cdots,(x_n,y_n)$. 将 (X,Y) 可能取值的范围分成 r 个和 s 个互不相交的小区间 $A_1,A_2,\cdots,A_r$ 和 $B_1,B_2,\cdots,B_s$，用 d_{ik} 表示横向第 $i(1\leqslant i\leqslant r)$ 个与纵向第 $k(1\leqslant k\leqslant s)$ 个小区间构成的小区域，n_{ik} 表示样本观察值 (x_i,y_j) 落入小区间 d_{ik} 的个数，记 $n_{i\cdot}=\sum\limits_{k=1}^{s}n_{ik}$，$n_{\cdot k}=\sum\limits_{i=1}^{r}n_{ik}$，则有 $\sum\limits_{i=1}^{r}\sum\limits_{k=1}^{s}n_{ik}=\sum\limits_{i=1}^{r}n_{i\cdot}=\sum\limits_{k=1}^{s}n_{\cdot k}=n.$

于是，全部观察结果可列成如下二维 $r\times s$ 列联表：

i	k				
	1	2	$\cdots$	s	$n_{i\cdot}$
1	n_{11}	n_{12}	$\cdots$	n_{1s}	$n_{1\cdot}$
2	n_{21}	n_{22}	$\cdots$	n_{2s}	$n_{2\cdot}$
$\vdots$	$\vdots$	$\vdots$	$\vdots$	$\vdots$	$\vdots$

（续）

i	k				$n_{i\cdot}$
	1	2	$\cdots$	s	
r	n_{r1}	n_{r2}	$\cdots$	n_{rs}	$n_{r\cdot}$
$n_{\cdot k}$	$n_{\cdot 1}$	$n_{\cdot 2}$	$\cdots$	$n_{\cdot s}$	n

记样本 (X_i, Y_j) 落入小区域 d_{ik} 的概率为 p_{ik}，且记 $p_{i\cdot} = \sum_{k=1}^{s} p_{ik}$，$p_{\cdot k} = \sum_{i=1}^{r} p_{ik}$，显然有 $\sum_{i=1}^{r} \sum_{k=1}^{s} p_{ik} = 1 = \sum_{i=1}^{r} p_{i\cdot} = \sum_{k=1}^{s} p_{\cdot k}$. 于是式(5.7.4)等价于

$H_0: p_{ik} = p_{i\cdot} \cdot p_{\cdot k}$ 对所有的 (i,k) 都成立 $\leftrightarrow H_1: p_{ik} \neq p_{i\cdot} \cdot p_{\cdot k}$ 至少对某个 (i,k) 成立. 由于 $p_r + \sum_{i=1}^{r-1} p_{i\cdot} = 1$，$p_{\cdot s} + \sum_{k=1}^{s-1} p_{\cdot k} = 1$，因此只需估计 $r+s-2$ 个独立的未知参数 $p_1, p_2, \cdots, p_{r-1}$ 与 $p_{\cdot 1}, p_{\cdot 2}, \cdots, p_{\cdot s-1}$. 利用极大似然估计方法估计这些未知参数，计算可得 $p_1, p_2, \cdots, p_r$ 与 $p_{\cdot 1}, p_{\cdot 2}, \cdots, p_{\cdot s}$ 的极大似然估计分别为

$$\begin{cases} \hat{p}_{i\cdot} = \dfrac{n_{i\cdot}}{n}, & i = 1, 2, \cdots, r, \\ \hat{p}_{\cdot k} = \dfrac{n_{\cdot k}}{n}, & k = 1, 2, \cdots, s. \end{cases} \quad (5.7.5)$$

利用定理 5.7.2，可得当 $H_0: p_{ik} = p_{i\cdot} \cdot p_{\cdot k}$ 成立时，对于充分大的 n 有

$$\chi^2 = \sum_{i=1}^{r} \sum_{k=1}^{s} \frac{(n_{ik} - n\hat{p}_{ik})^2}{n\hat{p}_{ik}} = \sum_{i=1}^{r} \sum_{k=1}^{s} \frac{(n_{ik} - n_{i\cdot}\cdot n_{\cdot k}/n)^2}{n_{i\cdot}\cdot n_{\cdot k}/n}$$

$$= n \left(\sum_{i=1}^{r} \sum_{k=1}^{s} \frac{n_{ik}^2}{n_{i\cdot}\cdot n_{\cdot k}} - 1 \right) \xrightarrow{L} \chi^2(rs - 1 - (r+s-2))$$

$$= \chi^2((r-1)(s-1)). \quad (5.7.6)$$

由于当 $H_0: p_{ik} = p_{i\cdot} \cdot p_{\cdot k}$ 成立时，χ^2 的值通常偏小，所以拒绝域的形式为 $D = \{\chi^2 \geq C\}$，对给定的显著性水平 α，根据 $\alpha = P\{\chi^2 \geq C | H_0$ 为真$\}$，可得 $C = \chi^2_\alpha((r-1)(s-1))$. 于是，检验的拒绝域为

$$D = \left\{ n \left(\sum_{i=1}^{r} \sum_{k=1}^{s} \frac{(n_{ik})^2}{n_{i\cdot}\cdot n_{\cdot k}} - 1 \right) \geq \chi^2_\alpha((r-1)(s-1)) \right\}, \quad (5.7.7)$$

因此列联表独立性检验的检验法为：

若 $n \left(\sum_{i=1}^{r} \sum_{k=1}^{s} \dfrac{n_{ik}^2}{n_{i\cdot}\cdot n_{\cdot k}} - 1 \right) \geq \chi^2_\alpha((r-1)(s-1))$，则拒绝 H_0，即认为 X 与 Y 不独立；

若 $n \left(\sum_{i=1}^{r} \sum_{k=1}^{s} \dfrac{n_{ik}^2}{n_{i\cdot}\cdot n_{\cdot k}} - 1 \right) < \chi^2_\alpha((r-1)(s-1))$，则接受 H_0，即认为

X 与 Y 相互独立.

例 5.7.3　有 1000 人的性别和色盲分类数据，按照性别与色盲分类如下：

	正常	色盲	合计
男	442	38	480
女	514	6	520
合计	956	44	1000

试在显著性水平 $\alpha = 0.01$ 下检验色盲与性别的关系？

解　提出假设

$$H_0: 色盲与性别是相互独立的,$$

检验统计量

$$\chi^2 = n\left(\sum_{i=1}^{2} \sum_{k=1}^{2} \frac{n_{ik}^2}{n_i . n_{.k}} - 1 \right) \xrightarrow{L} \chi^2(1),$$

确定拒绝域：$D = \left\{ n\left(\sum_{i=1}^{2} \sum_{k=1}^{2} \frac{n_{ik}^2}{n_i . n_{.k}} - 1 \right) \geq \chi_{0.01}^2(1) \right\},$

这里 $n = 1000$，$\chi_{0.01}^2(1) = 6.635$，计算得

$$n\left(\sum_{i=1}^{2} \sum_{k=1}^{2} \frac{n_{ik}^2}{n_i . n_{.k}} - 1 \right) = 1000\left(\frac{n_{11}^2}{n_1 . n_{.1}} + \frac{n_{12}^2}{n_1 . n_{.2}} + \frac{n_{21}^2}{n_2 . n_{.1}} + \frac{n_{22}^2}{n_2 . n_{.2}} - 1 \right)$$

$$= 1000\left(\frac{442^2}{480 \times 956} + \frac{38^2}{480 \times 44} + \frac{514^2}{520 \times 956} + \frac{6^2}{520 \times 44} - 1 \right)$$

$$= 1000(0.4257 + 0.0684 + 0.5315 + 0.0016 - 1)$$

$$= 27.2,$$

由于 27.2>6.635，因此拒绝原假设，表明色盲与性别有关系.

　　在许多实际问题中，经常会要求比较两个总体的分布是否相等. 设 $F_1(x)$ 和 $F_2(x)$ 分别为总体 X 和总体 Y 的分布函数，现在要检验假设

$$H_0: F_1(x) = F_2(x), \tag{5.7.8}$$

若 $F_1(x)$ 和 $F_2(x)$ 是同一种分布函数 (如同为指数分布，同为正态分布，同为二项分布等)，这个问题可归结为两总体参数是否相等的参数假设检验问题. 若对 $F_1(x)$ 和 $F_2(x)$ 完全未知，则只能用非参数方法检验，下面介绍两种分布未知的检验方法.

5.7.3　符号检验

　　符号检验法是以成对观察数据差的符号为基础进行假设检验的方法. 设 X 与 Y 是两个连续型总体，分别具有分布函数 $F_1(x)$ 与 $F_2(y)$，现从两总体中分别抽取容量都为 n 的样本 $(X_1, X_2, \cdots, X_n)$

与 $(Y_1, Y_2, \cdots, Y_n)$，且两组样本相互独立，对给定的显著性水平 α，检验假设

$$H_0 : F_1(x) = F_2(y); \quad H_1 : F_1(x) \neq F_2(y).$$

符号按照如下规则制定：$\{X_i > Y_i\}$ 记为 "$+$"，$\{X_i < Y_i\}$ 记为 "$-$"，若记 $Z_i = X_i - Y_i$，$i = 1, 2, \cdots, N$. 即

$$S_i = \begin{cases} +, & Z_i > 0, \\ -, & Z_i < 0, \\ 0, & Z_i = 0, \end{cases}$$

记 N 个试验结果 $S_1, S_2, \cdots, S_N$ 中 "$+$" 的个数有 n_+ 个，"$-$" 的个数有 n_- 个，$N = n_+ + n_-$. 若 H_0 成立，则在非 0 结果中出现 "$+$" 的个数和 "$-$" 的个数应相同，概率均为 $1/2$，则当 H_0 成立时，$n_+ = \sum_{i=1}^{n} Z_i \sim B\left(N, \dfrac{1}{2}\right)$，同理 $n_- \sim B\left(N, \dfrac{1}{2}\right)$.

对给定的显著性水平 α，可以确定临界值 C_1 和 C_2，当 $n_+ \leqslant C_1$ 或 $n_+ \geqslant C_2$ 时，则拒绝 H_0；当 $C_1 < n_+ < C_2$ 时，则接受 H_0.

由于 $\displaystyle\sum_{i=0}^{C} \binom{N}{i} \left(\frac{1}{2}\right)^N = \sum_{i=0}^{C} \binom{N}{N-i} \left(\frac{1}{2}\right)^N = \sum_{i=N-C}^{N} \binom{N}{i} \left(\frac{1}{2}\right)^N$，因此，$C_1$ 也就是使 $P\{n_+ \geqslant N-C\} = \displaystyle\sum_{i=N-C}^{N} \binom{N}{i} \left(\frac{1}{2}\right)^N \leqslant \dfrac{\alpha}{2}$ 成立的最大的 C 值，得到 $N - C_1 = C_2$.

根据上面的分析，对给定的显著性水平 α，检验法为：当 $n_+ \leqslant C_1$ 或 $n_+ \geqslant N - C_1$ 时，则拒绝 H_0；当 $C_1 < n_+ < N - C_1$ 时，则接受 H_0.

由于 $N = n_+ + n_-$，故也可取 n_- 作为统计量，此时检验法为：当 $n_- \leqslant C_1$ 或 $n_- \geqslant N - C_1$ 时，则拒绝 H_0；当 $C_1 < n_- < N - C_1$ 时，则接受 H_0. 也可同时取 n_+ 和 n_- 作为统计量，此时检验法为：当 $n_+ \leqslant C_1$ 和 $n_- \leqslant C_1$ 有一个成立，即 $\min\{n_+, n_-\} \leqslant C_1$ 时，则拒绝 H_0；当 $n_+ > C_1$ 和 $n_- > C_1$ 同时成立，即 $\min\{n_+, n_-\} > C_1$ 时，则接受 H_0.

附录 D 列出了 N 从 1 到 90 的情形下 C_1 的值. 当 $N > 90$ 时，可以通过下面的方法考虑定出临界值 C_1.

由于 $n_+ = \displaystyle\sum_{i=1}^{n} Z_i \sim B\left(N, \dfrac{1}{2}\right)$，故 $E(n_+) = \dfrac{N}{2}$，$D(n_+) = \dfrac{N}{4}$，根据中心极限定理，当 $N \to \infty$ 时，

$$Z = \frac{2n_+ - N}{\sqrt{N}} \xrightarrow{L} N(0, 1).$$

因此对给定显著性水平 α，检验法为

当 $|Z| = \left| \dfrac{2n_+ - N}{\sqrt{N}} \right| \geqslant z_{\alpha/2}$ 时，则拒绝 H_0；

当 $|Z| = \left| \dfrac{2n_+ - N}{\sqrt{N}} \right| < z_{\alpha/2}$ 时，则不拒绝 H_0.

例 5.7.4 某工厂有 A，B 两个化验室，每天同时从工厂的冷却水中取样，测定水中的含氯量，下表是 11 天的记录，试问两个化验室的测定结果在显著性水平 $\alpha = 0.05$ 下是否有显著性差异？

日期	1	2	3	4	5	6	7	8	9	10	11
A	1.15	1.86	0.76	1.82	1.14	1.65	1.92	1.01	1.12	0.90	1.40
B	1.00	1.90	0.90	1.80	1.20	1.70	1.95	1.02	1.23	0.97	1.52
符号	+	−	−	+	−	−	−	−	−	−	−

解 提出假设 $H_0: F_1(x) = F_2(x)$；$H_1: F_1(x) \neq F_2(x)$.

由于 $n_+ = 2$，$n_- = 9$，$n_0 = 0$，$N = 11$，对于显著性水平 $\alpha = 0.05$，查符号检验表得 $C_1 = 1$，$C_2 = 10$，由于

$$C_1 = 1 < n_+ = 2 < C_2 = 10,$$

因此，接受原假设 $H_0: F_1(x) = F_2(x)$，即认为两个化验室的测定结果在显著性水平 $\alpha = 0.05$ 下没有显著性差异.

符号检验也可以用来检验总体的分位数，我们通过一个例子来说明.

例 5.7.5 从某总体中随机抽取 10 个样本，得样本观察值为 $2.14, 2.08, 2.13, 2.15, 2.16, 2.18, 2.23, 2.10, 2.22, 2.20$，在显著性水平 $\alpha = 0.05$ 下，问是否可以认为该总体的中位数 θ 为 2.15？

解 提出假设

$$H_0: \theta = 2.15; \quad H_1: \theta \neq 2.15.$$

考虑差数 $x_i - 2.15$ 的符号得

x_i	2.14	2.08	2.13	2.15	2.16	2.18	2.23	2.10	2.22	2.20
$x_i - 2.15$ 的符号	−	−	−	0	+	+	+	−	+	+

由于 $n_+ = 5$，$n_- = 4$，$n_0 = 1$，$N = 9$，对于显著性水平 $\alpha = 0.05$，查符号检验表得 $C_1 = 1$，$C_2 = 8$，由于

$$C_1 = 1 < n_+ = 5 < C_2 = 8,$$

因此，接受原假设 $H_0: \theta = 2.15$，即可以认为该总体的中位数为 2.15.

符号检验法利用符号将非参数检验转化为参数检验，其最大优点是简单、直观，并且不要求被检验量所服从的分布已知，用符号代替数值计算简便. 缺点是要求数据成对出现，而且由于遗

弃了数据的真实数值代之以符号，没有充分利用样本所提供的信息，使得检验的精度较差. 下面介绍的秩和检验在一定程度上弥补了上述缺陷.

5.7.4 秩和检验

设 X 与 Y 是两个连续型总体，分别具有分布函数 $F_1(x)$ 和 $F_2(x)$. 现从两总体中各抽取容量分别为 m 和 n 的样本 $(X_1, X_2, \cdots, X_m)$ 和 $(Y_1, Y_2, \cdots, Y_n)$，且两样本相互独立 $F_2(x)$. 在显著性水平 α 下，检验假设

$$H_0: F_1(x) = F_2(y); \quad H_1: F_1(x) \neq F_2(y).$$

下面利用秩和检验法进行检验.

> **定义 5.7.1（秩统计量）**　设 $(X_1, X_2, \cdots, X_n)$ 是来自连续型总体 X 的一个样本，其次序统计量记为 $Z_{(1)} \leqslant \cdots \leqslant Z_{(N)}$，令
> $$R_i = \min\{k: 1 \leqslant k \leqslant N, Z_i = Z_{(k)}\} \quad (i = 1, 2, \cdots, N),$$
> 称 R_i 为 Z_i 的秩. 任何只与样本的秩有关的统计量称为**秩统计量**，基于秩统计量的统计推断方法称为**秩方法**.

两样本秩和检验法的基本思想和步骤如下：

首先将两样本 $(X_1, X_2, \cdots, X_m)$ 和 $(Y_1, Y_2, \cdots, Y_n)$ 按照由小到大顺序排列为

$$Z_1 \leqslant Z_2 \leqslant \cdots \leqslant Z_{m+n},$$

X_i 的秩记为 $R_i(i=1,2,\cdots,m)$，Y_j 的秩记为 $S_j(j=1,2,\cdots,n)$，用两组秩代替原来的样本，得到两个新的样本为 $R_1, R_2, \cdots, R_m$；$S_1, S_2, \cdots, S_n$. 比较两个样本容量的大小，选出其中较小的，不失一般性不妨假定 $m \leqslant n$. 取容量为 m 的样本，将样本的秩加起来得到秩和 $T = \sum_{i=1}^{m} R_i$；类似地，记第二个样本的秩和为 $U = \sum_{j=1}^{n} S_j$，显然有

$$T + U = \frac{1}{2}(m+n)(m+n+1),$$

$$\frac{1}{2}m(m+1) \leqslant T \leqslant \frac{1}{2}m(m+2n+1).$$

如果 H_0 成立，此时这两个样本来自同一总体，那么两个样本在混合样本的顺序统计量中应该比较均匀地混合在一起. 即第一个样本的秩应该随机均匀地分散排列于第二个样本之间，因此 T 的取值不应该太大也不应该太小，否则就该怀疑 H_0 是否成立，因此 H_0 的拒绝域为

$$D = \{T \leqslant C_1 \text{ 或 } T \geqslant C_2\},$$

其中 C_1 为适当小的正数，C_2 为适当大的正数，且 $C_1 < C_2$，由显著性水平 α 确定. 当 α 给定后，有

$$P\{T \leqslant C_1 \text{ 或 } T \geqslant C_2 | H_0 \text{ 为真}\} = \alpha.$$

一般地，取 C_1，C_2 满足

$$P\{T \leqslant C_1 | H_0 \text{ 为真}\} = P\{T \geqslant C_2 | H_0 \text{ 为真}\} = \frac{\alpha}{2}.$$

可查表得到 C_1，C_2 的值，书末附录 D 给出了秩和检验表，给定 α 可查表得到 C_1，C_2.

检验法列表如下 $(m \leqslant n)$：

H_0	H_1	拒绝域
$F_1(x) = F_2(x)$	$F_1(x) \neq F_2(x)$	$T \leqslant C_1$ 或 $T \geqslant C_2$
$F_1(x) \leqslant F_2(x)$	$F_1(x) > F_2(x)$	$T \geqslant C_2$
$F_1(x) \geqslant F_2(x)$	$F_1(x) < F_2(x)$	$T \leqslant C_1$

秩和检验表只列出 $m \leqslant 10$，$n \leqslant 10$ 的情形，大于 10 时，可利用统计量 T 的渐近分布去计算其临界值，威尔科克森（Wilcoxon）在 1945 年证明了下面的极限定理.

若 $F_1(x) = F_2(x)$，且 m，n 都充分大时，有

$$T^* = \frac{T - m(m+n+1)/2}{\sqrt{mn(m+n+1)/12}} \xrightarrow{\mathcal{L}} N(0,1).$$

依此可以在 m，n 都很大时，按照给定的显著性水平 α，确定临界值.

检验法列表如下 $(m \leqslant n)$：

H_0	H_1	拒绝域
$F_1(x) = F_2(x)$	$F_1(x) \neq F_2(x)$	$|T^*| \geqslant u_{\alpha/2}$
$F_1(x) \leqslant F_2(x)$	$F_1(x) > F_2(x)$	$T^* \geqslant u_{\alpha}$
$F_1(x) \geqslant F_2(x)$	$F_1(x) < F_2(x)$	$T^* \leqslant -u_{\alpha}$

例 5.7.6 为比较野生和人工培植的某种药材的有效成分含量，一中药厂分别对野生和人工培植的药材做了 5 次和 7 次试验，测得有效成分含量（%）为

野生（X_i）：77.3，81.0，79.1，82.1，80.0

人工培植（Y_j）：78.4，76.0，78.1，77.3，72.4，77.4，76.7

在显著性水平 $\alpha = 0.05$ 下，问这两种药材的有效成分含量是否相同？

解 将两种数据混合，按由小到大排列得

秩	1	2	3	4,5	6	7	8	9	10	11	12
X_i				77.3				79.1	80.0	81.0	82.1
Y_j	72.4	76.0	76.7	77.3	77.4	78.1	78.4				

计算得

$$T = 4.5 + 9 + 10 + 11 + 12 = 46.5,$$

由于 $m = 5$，$n = 7$，$\alpha = 0.05$，查表得 $C_1 = 22$，$C_2 = 43$.

由于

$$T = 46.5 > C_2 = 43,$$

因此，认为两种药材的有效成分含量不相同，而且野生药材的有效成分含量高于人工培植药材的有效成分含量.

例 5.7.7 甲、乙两组生产同种导线，随机地从甲、乙两组中分别抽取 4 根和 5 根，测得它们的电阻值（单位：Ω）们分别为

甲组导线：0.140，0.142，0.143，0.137

乙组导线：0.140，0.142，0.136，0.138，0.141

在显著性水平 $\alpha = 0.05$ 下，问甲、乙两组生产的导线电阻值的分布有无显著差异？

解 提出假设

$$H_0 : F_1(x) = F_2(x) ; \quad H_1 : F_1(x) \neq F_2(x).$$

其中 $F_1(x)$，$F_2(x)$ 分别为甲、乙两组导线电阻值的分布函数.

将两种数据混合，按由小到大排列得

秩	1	2	3	4,5	6	7,8	9
甲		0.137		0.140		0.142	0.143
乙	0.136		0.138	0.140	0.141	0.142	

计算得

$$T = 2 + 4.5 + 7.5 + 9 = 23,$$

由 $m = 4$，$n = 5$，$\alpha = 0.05$，查表得 $C_1 = 13$，$C_2 = 27$.

由于

$$C_1 = 13 < T = 23 < C_2 = 27,$$

因此，接受原假设，可以认为甲、乙两组生产的导线电阻值的分布无显著差异.

习题 5.7

1. 在某保险种类中，一次关于 2008 年的索赔数额（单位：元）的随机抽样为（按升序排列）：

4632　4728　5052　5064　5484　6972　7596　9480

14760　15012　18720　21240　22836　52788　67200

已知 2007 年的索赔数额的中位数为 5063 元. 在显著性水平 $\alpha = 0.05$ 下，问 2008 年索赔的中位数比前一年是否有所变化？请用双侧符号检验方法检验，求检验的 p 值，并写出结论.

2. 下面是亚洲十个国家 1996 年的每 1000 个新生儿中的死亡数（按从小到大的次序排列）：

国家	日本	以色列	韩国	斯里兰卡	中国
新生儿死亡数	4	6	9	15	23
国家	叙利亚	伊朗	印度	孟加拉国	巴基斯坦
新生儿死亡数	31	36	65	77	88

以 M 表示 1996 年亚洲国家中 1000 个新生儿中的死亡数的中位数，在显著性水平 0.05 下，检验：$H_0 : M \geqslant 34$；$H_1 : M < 34$. 求检验的 p 值，并写出结论.

3. 某电话交换台在 1h 内接到用户呼叫的次数按照每分钟记录如下：

呼叫次数	0	1	2	3	4	5	6	$\geqslant 7$
频数 n_i	8	16	17	10	6	2	1	0

在显著性水平 $\alpha = 0.05$ 下，检验观察数据是否服从泊松分布？

4. 从某总体抽得 12 个样本，测得样本观察值为

13.2，12.9，13.5，11.8，12.3，12.7，

13.3，12.0，13.1，14.1，12.2，15.2

在显著性水平 $\alpha = 0.05$ 下，问是否可以认为该总体的中位数为 13.2？

5. 某烟厂称其生产的每支香烟的尼古丁含量在 12mg 以下. 实验室测定的该烟厂的 12 支香烟的尼古丁含量（单位：mg）分别为

16.7　17.7　14.1　11.4　13.4　10.5

13.6　11.6　12.0　12.6　11.7　13.7

在显著性水平 $\alpha = 0.05$ 下，问该烟厂所说的尼古丁含量是否比实际要少？求检验的 p 值，并写出结论.

6. 9 名学生到英语培训班学习，培训前后各进行了一次水平测验，成绩为

学生编号 i	1	2	3	4	5	6	7	8	9
入学前成绩 x_i	76	71	70	57	49	69	65	26	59
入学后成绩 y_i	81	85	70	52	52	63	83	33	62
$z_i = x_i - y_i$	-5	-14	0	5	-3	6	-18	-7	-3

在显著性水平 0.05 下，

（1）假设测验成绩服从正态分布，问学生的培训效果是否显著？

（2）不假定总体分布，采用符号检验方法检验学生的培训效果是否显著；

（3）采用符号秩和检验方法检验学生的培训效果是否显著. 三种检验方法结论相同吗？

7. 为了比较用来做鞋子后跟的两种材料的质量，选取了 15 个男子（他们的生活条件各不相同），每人穿着一双新鞋，其中一只以材料 A 做后跟，另一只以材料 B 做后跟，其厚度均为 10mm，过了一个月再测量厚度，得到数据如下：

序号	1	2	3	4	5	6	7	8
材料 A	6.6	7.0	8.3	8.2	5.2	9.3	7.9	8.5
材料 B	7.4	5.4	8.8	8.0	6.8	9.1	6.3	7.5
序号	9	10	11	12	13	14	15	
材料 A	7.8	7.5	6.1	8.9	6.1	9.4	9.1	
材料 B	7.0	6.5	4.4	7.7	4.2	9.4	9.1	

在显著性水平 0.05 下，问是否可以认定以材料 A 制成的后跟比材料 B 的耐穿？

（1）设 $d_i = x_i - y_i (i = 1, 2, \cdots, 15)$ 来自正态总体，结论是什么？

（2）采用符号秩和检验方法检验，结论是什么？

8. 某饮料商用两种不同配方推出了两种新的饮料，现抽取了 10 位消费者，让他们分别品尝两种饮料并加以评分，从不喜欢到喜欢，评分由 1~10，评

分结果如下：

品尝者	1	2	3	4	5	6	7	8	9	10
A 饮料	10	8	6	8	7	5	1	3	9	7
B 饮料	6	5	2	2	4	6	4	5	9	8

在显著性水平 $\alpha = 0.05$ 下，问两种饮料评分是否有显著差异？

(1) 采用符号检验方法做检验；

(2) 采用符号秩和检验方法做检验.

9. 测试在有精神压力和没有精神压力时血压的差别，10 个志愿者进行了相应的试验. 结果为（单位：mmHg）

无精神压力	107	108	122	119	116	118	121	111	114	108
有精神压力	127	119	123	113	125	132	121	131	116	124

在显著性水平 $\alpha = 0.05$ 下，是否该数据表明有精神压力下的血压有所增加？

10. 测得甲、乙两个工厂生产的某种白炽灯的寿命 X，Y 的观察值（单位：kh）如下：

X：1.37，1.28，1.71，1.86，1.62，1.27

Y：1.64，1.68，1.91，1.74，1.69，1.68

在显著性水平 $\alpha = 0.05$ 下，问根据样本观察值能否认为甲、乙两厂生产的白炽灯的寿命服从相同的分布？

11. 鉴别甲、乙两厂生产的同种肥料的质量，分别从两厂生产的肥料中随机抽取容量为 $m = 11$，$n = 12$ 的样本，测得有效成分的含量分别为

甲：7，52，49，14，22，36，40，48，36，27，19

乙：39，12，21，24，9，4，17，7，10，18，20，5

在显著性水平 $\alpha = 0.05$ 下，问能否判断两厂的肥料质量有显著差异？

12. 某公司的考勤员对该公司员工五个月的缺勤记录如下：

日期	星期一	星期二	星期三	星期四	星期五
缺勤数	304	176	139	141	130

在显著性水平 $\alpha = 0.05$ 下，问能否判断星期一的缺勤是其他工作日缺勤的两倍？

13. 从某厂甲、乙两班中各随机抽查 9 人和 10 人调查其劳动生产率（单位：件/h），结果如下：

甲：28，33，39，40，41，42，45，46，47

乙：34，40，41，42，43，44，46，48，49，52

在显著性水平 $\alpha = 0.05$ 下，问两个班的劳动生产率是否有显著差异？

14. 叙述参数假设检验和非参数假设检验方法的区别.

15. 通过第 4 章和第 5 章的学习，说明 χ^2 分布、t 分布、F 分布在统计分析中有何用处.

附 录

附录 A　概率论基础

　　数理统计依赖于概率论，概率论是数理统计的理论基础．附录 A 将给出概率论中的一些重要概念以及在数理统计中可以作为有用工具的一些基本定理和常用的公式．

A.1　一些基本概念

A.1.1　随机现象和随机试验

　　一定条件下，可能出现这样的结果，也可能出现那样的结果，而在试验或观察前不能预知确切的结果但试验或观察后必然出现一个可能结果的现象，称为**随机现象**．随机现象在一次观察中出现什么结果具有偶然性，但在大量重复试验或观察中，这种结果的出现具有一定的统计规律性．例如，多次抛掷一枚均匀硬币，正面向上的次数约占抛掷总次数的一半．概率论正是研究大量随机现象数量规律的数学分支．客观世界中，随机现象是普遍存在的，例如：

　　"向上抛掷一枚均匀硬币，观察正面向上或者反面向上"，

　　"掷骰子出现的点数"，

　　"某城市每月出现的交通事故次数"，

　　"某电话交换台单位时间内接到用户的呼叫次数"

　　"同一工艺条件下生产的灯泡的使用寿命"等都是随机现象．

　　对随机现象进行一次观察调查、观察或试验，如果满足条件：

　　（1）在相同条件下可以重复进行；

　　（2）每次试验的结果可能不止一个，并且事先能够明确知道试验的所有可能结果；

　　（3）每次试验之前不能确定哪一个结果会出现．

　　这样的试验称为**随机试验**，简称**试验**．

　　下面是一些随机试验的例子．

例 A. 1. 1　将一枚均匀硬币抛掷 3 次，观察正面出现的次数，这是一个随机试验，记为 E_1.

例 A. 1. 2　向上抛掷一颗均匀的骰子，观察出现的点数，这是一个随机试验，记为 E_2.

例 A. 1. 3　某电话交换台单位时间内接到用户的呼叫次数，这是一个随机试验，记为 E_3.

例 A. 1. 4　同一工艺条件下生产的灯泡的使用寿命，这是一个随机试验，记为 E_4.

A. 1. 2　样本空间

随机试验中，每一个可能出现的结果称为**样本点**，通常用 ω 表示. 例 A. 1. 1 中试验 E_1 的样本点是"0""1""2""3". 例 A. 1. 2 中试验 E_2 的样本点是"1""2""3""4""5""6". 例 A. 1. 3 中试验 E_3 的样本点是"0""1""2""3"等.

随机试验 E 的所有样本点全体组成的集合称为试验 E 的**样本空间**，用 Ω 表示. 例如，试验 E_1 的样本空间是 $\Omega_1 = \{0,1,2,3\}$. 试验 E_2 的样本空间是 $\Omega_2 = \{1,2,3,4,5,6\}$. 试验 E_3 的样本空间是 $\Omega_3 = \{0,1,2,3,\cdots\}$. 试验 E_4 的样本空间是 $\Omega_4 = \{t:t \geqslant 0\}$. 在具体问题中，**给定样本空间是描述随机现象的第一步**.

A. 1. 3　随机事件

样本点的某个集合称为**随机事件**，简称**事件**. 常用大写字母 $A,B,C,\cdots$ 表示. 例如，试验 E 是"掷一颗均匀的骰子"，A 是"出现偶数点"，则 $A = \{2,4,6\}$ 是一个随机事件. 试验中，若事件 A 包含的一个样本点 ω 出现，则称**事件 A 发生**，记为 $\omega \in A$.

必然事件：样本空间 Ω 本身称为**必然事件**，直观意义为必然发生的事件.

不可能事件：空集 $\varnothing$ 称为**不可能事件**，直观意义是不可能发生的事件.

A. 1. 4　随机事件间的关系与运算

概率论的重要研究内容之一是从简单随机事件的概率推算出复杂随机事件的概率. 同一试验下定义的事件可以有关系并且可以进行运算. 详细地分析随机事件之间的关系不仅帮助我们更深刻地认识随机事件的本质，也可以帮助我们计算复杂随机事件的概率.

事件间的关系与运算，可按照集合论中集合之间的关系和运算来处理.

设 Ω 是试验 E 的样本空间，而 $A,B,C,A_k(k=1,2,\cdots)$ 都是一些事件，即都是样本空间 Ω 的子集.

1. 事件间的关系

（1）**包含关系**：若事件 A 中每一个样本点都包含在 B 中，记为 $A\subset B$，则称事件 B 包含事件 A，表示 A 发生必然导致 B 发生.

（2）**相等关系**：若 $A\subset B$ 与 $B\subset A$ 同时成立，则称事件 A 和事件 B 等价，记为 $A=B$.

（3）**对立事件（逆事件）**：若 $A\cup B=\Omega$ 且 $A\cap B=\varnothing$，则称事件 A 与事件 B 互为对立事件或互为逆事件. 意指每次试验中，事件 A 与事件 B 必有一个发生且仅有一个发生. A 的对立事件记为 $\overline{A}=\Omega-A$，$\overline{A}$ 表示 A 不发生.

（4）**交事件**：事件 $A\cap B=AB=\{\omega\,|\,\omega\in A\,\text{且}\,\omega\in B\}$ 称为事件 A 与事件 B 的交事件. 事件 $A\cap B$ 表示事件 A 与事件 B 同时发生.

（5）**并事件**：事件 $A\cup B=\{\omega\,|\,\omega\in A\,\text{或}\,\omega\in B\}$ 称为事件 A 与事件 B 的并事件. 事件 $A\cup B$ 表示事件 A 与事件 B 至少有一个发生.

（6）**差事件**：事件 $A-B=\{\omega\,|\,\omega\in A\,\text{且}\,\omega\notin B\}$ 称为事件 A 与事件 B 的差事件. 事件 $A-B$ 表示事件 A 发生而事件 B 不发生.

（7）**互不相容（互斥）**：若 $A\cap B=\varnothing$，则称事件 A 与事件 B 互不相容或互斥. 表示事件 A 与事件 B 不能同时发生.

对于事件的运算顺序做如下约定：先进行逆的运算，再进行交的运算，最后进行并或差的运算.

2. 事件间的运算所服从的规律

（1）**交换律**：$A\cup B=B\cup A$，$A\cap B=B\cap A$.

（2）**分配律**：$A\cap(B\cup C)=AB\cup AC$，$A\cup(B\cap C)=(A\cup B)\cap(A\cup C)$.

（3）**结合律**：$A\cap(B\cap C)=(A\cap B)\cap C$，$A\cup(B\cup C)=(A\cup B)\cup C$.

（4）**对偶原理**：$\overline{A\cup B}=\overline{A}\cap\overline{B}$，$\overline{A\cap B}=\overline{A}\cup\overline{B}$，

推广：$\overline{\bigcup\limits_{k=1}^{n}A_k}=\bigcap\limits_{k=1}^{n}\overline{A_k}$，$\overline{\bigcap\limits_{k=1}^{n}A_k}=\bigcup\limits_{k=1}^{n}\overline{A_k}$.

A.1.5　事件的概率

对于一随机试验，各种事件发生的可能性是不相同的，有的大些，有的小些. 观察一随机试验，不仅要观察可能发生的所有结果，而且要知道各种结果发生的可能性大小，以揭示这些事件的内在规律性. 概率就是表征事件发生可能性大小的一种度量.

一般并不把 Ω 的一切子集作为随机事件，因为这将对定义概

率带来困难. 例如在几何概率中，若把不可测集也作为事件，将带来不可克服的困难.

定义 A.1.1(σ域)   设 E 是随机试验，Ω 是其样本空间，若把事件的全体记为 $\mathcal{F}$，$\mathcal{F}$ 是由 Ω 的一些子集构成的集类，对 $\mathcal{F}$ 加上某些限制：

(1) $\Omega \in \mathcal{F}$；

(2) 若 $A \in \mathcal{F}$，则 $\bar{A} \in \mathcal{F}$；

(3) 若 $A_n \in \mathcal{F}$，$n = 1, 2, \cdots$，则 $\bigcup\limits_{n=1}^{\infty} A_n \in \mathcal{F}$，

满足上述三个条件的集类 $\mathcal{F}$ 称为 σ 域，或称为 σ 代数.

σ 域对逆、并、交、差的可列次运算封闭，并且包含了 Ω 和 $\varnothing$.

定义 A.1.2(事件域)   设 E 是随机试验，Ω 是其样本空间，若 $\mathcal{F}$ 是由样本空间 Ω 的一些子集构成的一个 σ 域，则称为 $\mathcal{F}$ 事件域(event field). $\mathcal{F}$ 中的元素称为事件，Ω 为必然事件，$\varnothing$ 为不可能事件.

定义 A.1.3(概率)   定义在事件域 $\mathcal{F}$ 上的一个集合函数 P 称为概率，如果 P 满足如下条件：

(1) **非负性**：对每一个事件 $A \in \mathcal{F}$，有 $P(A) \geqslant 0$；

(2) **规范性**：对于必然事件 Ω，有 $P(\Omega) = 1$；

(3) **可列可加性**：设 $A_1, A_2, \cdots, A_n, \cdots$ 是两两互不相容的事件，即对于 $A_i A_j = \varnothing (i \neq j, i, j = 1, 2, \cdots)$，都有

$$P\Big(\bigcup\limits_{i=1}^{\infty} A_i\Big) = \sum\limits_{i=1}^{\infty} P(A_i).$$

上面三个性质称为概率的公理化条件，称 $(\Omega, \mathcal{F}, P)$ 为**概率空间**，其中 Ω 是**样本空间**，$\mathcal{F}$ 是**事件域**，P 是**概率**.

根据概率的定义可以推出概率的一些重要性质：

性质 1 $P(\varnothing) = 0$，即不可能事件的概率为 0.

性质 2(有限可加性)   设 $A_1, A_2, \cdots, A_n$ 是两两互不相容的事件，即对于 $A_i A_j = \varnothing (i \neq j, i, j = 1, 2, \cdots, n)$，都有

$$P\Big(\bigcup\limits_{i=1}^{n} A_i\Big) = \sum\limits_{i=1}^{n} P(A_i).$$

性质 3(对立事件的概率)　对任一事件 A，均有 $P(\bar{A}) = 1 - P(A)$.

性质 4　对于每一个事件 A，有 $P(A) \leqslant 1$.

性质 5　加法公式 $P(A \cup B) = P(A) + P(B) - P(AB)$.

推广： 设 $A_1, A_2, \cdots, A_n$ 是 n 个事件

$$P\left(\bigcup_{i=1}^{n} A_i\right) = \sum_{i=1}^{n} P(A_i) - \sum_{1 \leqslant i < j \leqslant n} P(A_i A_j) +$$

$$\sum_{1 \leqslant i < j < k \leqslant n} P(A_i A_j A_k) + \cdots + (-1)^{n-1} P\left(\bigcap_{i=1}^{n} A_i\right).$$

性质 6　对两个事件 A 与 B，若 $A \subset B$，则

$$P(B-A) = P(B) - P(A), \qquad P(A) \leqslant P(B).$$

一般地，对任意两个事件 A，B，有

$$P(B-A) = P(B) - P(AB).$$

A.1.6　条件概率与乘法定理

研究随机事件之间的关系时，在已知某事件发生的条件下考虑另一事件发生的概率是十分重要的.

定义 A.1.4(条件概率)　设 $(\Omega, \mathcal{F}, P)$ 是一个概率空间，$A \in \mathcal{F}$，且 $P(A) > 0$，则对任意 $B \in \mathcal{F}$，称

$$P(B \mid A) = \frac{P(AB)}{P(A)}$$

为事件 A 发生的条件下事件 B 发生的**条件概率**.

可以证明条件概率仍然满足概率定义中的三条公理化条件. 因此对于概率的所有性质，条件概率也同样具备.

乘法定理　设 $(\Omega, \mathcal{F}, P)$ 是一个概率空间，$A \in \mathcal{F}$，$B \in \mathcal{F}$，当 $P(A) > 0$ 时，有

$$P(AB) = P(A)P(B \mid A),$$

当 $P(B) > 0$ 时，有

$$P(AB) = P(B)P(A \mid B).$$

推广： 设 $(\Omega, \mathcal{F}, P)$ 是一个概率空间，$A_1, A_2, \cdots, A_n$ 是 $n(n \geqslant 2)$ 个随机事件，且 $P(A_1 A_2 \cdots A_{n-1}) > 0$，则有

$$P(A_1 A_2 \cdots A_n) = P(A_1)P(A_2 \mid A_1)P(A_3 \mid A_1 A_2) \cdots P(A_n \mid A_1 A_2 \cdots A_{n-1}).$$

A.1.7 全概率公式与贝叶斯公式

为介绍全概率公式和贝叶斯公式，先引入样本空间划分的概念.

> **定义 A.1.5（划分）** 设 E 是随机试验，Ω 是其样本空间，$A_1,A_2,\cdots,A_n$ 为一组事件，若 $A_1,A_2,\cdots,A_n$ 满足：
>
> （1）$A_iA_j=\varnothing$，$i\neq j,i,j=1,2,\cdots,n$；
>
> （2）$\bigcup_{i=1}^{n}A_i=\Omega$,
>
> 则称 $A_1,A_2,\cdots,A_n$ 为样本空间 Ω 的一个**划分**，或称 $A_1,A_2,\cdots,A_n$ 为一个**完备事件组**.

全概率公式：设 E 是随机试验，Ω 是其样本空间，$A_1,A_2,\cdots,A_n$ 为 Ω 的一个划分，且 $P(A_i)>0,i=1,2,\cdots,n$，则对任一事件 B，有

$$P(B)=\sum_{i=1}^{n}P(B|A_i)P(A_i).$$

全概率公式是计算概率时非常有用的公式.

全概率公式的意义：求较复杂事件 B 的概率 $P(B)$. $P(B)$ 不容易求得，但是却容易找到样本空间 Ω 的一个划分 $A_1,A_2,\cdots,A_n$，且 $P(A_i)$ 和 $P(B|A_i)$ 或已知或较容易求得，利用全概率公式即得所要求较复杂事件 B 的概率 $P(B)$.

贝叶斯（Bayes）公式：设 E 是随机试验，Ω 是其样本空间，B 为一个事件，$A_1,A_2,\cdots,A_n$ 为样本空间 Ω 的一个划分，且 $P(B)>0$，$P(A_i)>0$，$i=1,2,\cdots,n$，则

$$P(A_i|B)=\frac{P(B|A_i)P(A_i)}{\sum_{j=1}^{n}P(B|A_j)P(A_j)},\quad i=1,2,\cdots,n.$$

实际应用中，A_i 常被视为导致试验结果 B 产生的"原因"或"条件"，而 $P(A_i)$ 表示各种"原因"或"条件"发生的可能性大小，$P(A_i)$ 是事先给出的，称其为**先验概率**；$P(A_i|B)$ 表示事件 B 出现后，对各种原因概率的一个新的认识，称其为**后验概率**. 许多问题中，$P(B|A_i)$ 和 $P(A_i)$ 或已知或容易求得，因此贝叶斯公式提供了计算条件概率的一个有效途径.

A.1.8 事件的独立性

> **定义 A.1.6（事件独立）** 设 A，B 是两个事件，若满足
> $$P(AB)=P(A)P(B),$$
> 则称事件 A 与事件 B **相互独立**，简称**独立**.

直观解释：其中一个事件发生与否并不影响另一事件发生的

概率. 实际应用中常常不是根据定义来判断事件的独立性, 而是根据实际意义加以判断, 也就是根据两个事件的发生与否是否相互影响加以判断. 例如, 甲、乙两人同时向同一目标射击, 而且彼此互不影响, 则甲、乙两人是否击中目标相互独立.

　　推广: 设 $A_1, A_2, \cdots, A_n$ 是 $n(n \geqslant 2)$ 个事件, 若对于任意 $k(2 \leqslant k \leqslant n)$ 和任意一组 $1 \leqslant i_1 < i_2 < \cdots < i_k \leqslant n$, 有

$$P(A_{i_1} A_{i_2} \cdots A_{i_k}) = P(A_{i_1}) P(A_{i_2}) \cdots P(A_{i_k}),$$

则称 **n 个事件 $A_1, A_2, \cdots, A_n$ 相互独立.**

　　注意: $n(n \geqslant 2)$ 个事件相互独立需要 $\binom{n}{2} + \binom{n}{3} + \cdots + \binom{n}{n} = 2^n - n - 1$ 个等式来保证, 任一等式不能由其他等式推出.

　　事件独立的性质:

　　(1) 若事件 $A_1, A_2, \cdots, A_n (n \geqslant 2)$ 相互独立, 则其中任意 $k(2 \leqslant k \leqslant n)$ 个事件也相互独立, 当然也两两独立. 反之, 事件两两独立不能推出事件相互独立.

　　(2) 若事件 $A_1, A_2, \cdots, A_n (n \geqslant 2)$ 相互独立, 则将 n 个事件中任意多个事件换成其对立事件, 所得 n 个事件仍相互独立.

A.2　随机变量及其分布

　　观察一随机现象, 其结果可以是数量的, 也可以是非数量的. 前者如抛掷一颗骰子观察出现的点数, 后者如抛一枚均匀硬币观察是出现正面还是反面. 对非数量的观察可以将其数量化, 例如抛一枚硬币出现正面记为 1, 出现反面记为 0. 实际上, 我们引入了一个定义在样本空间上的函数 X: $X(正面) = 1$, $X(反面) = 0$. 因此, 为研究随机试验的结果以及各种结果发生的概率, 揭示大量随机现象的统计规律性, 我们将随机试验的结果与实数对应起来, 即将随机试验的结果数量化, 为此引入如下随机变量的概念.

A.2.1　随机变量

> **定义 A.2.1(随机变量)**　设 $X = X(\omega)$ 是定义在概率空间 $(\Omega, \mathcal{F}, P)$ 的单值实函数, 如果对于直线上任一博雷尔点集 B, 有
> $$\{\omega : X(\omega) \in B\} \in \mathcal{F},$$
> 则称 $X = X(\omega)$ 为**随机变量.** 随机变量常用大写字母 $X, Y, Z, \cdots$ 表示或用希腊字母 $\xi, \eta, \zeta, \cdots$ 表示.

　　例如, 掷骰子出现的点数 X, 电话交换台单位时间内接到用户的呼叫次数 Y, 灯泡的使用寿命 Z 等都是随机变量.

　　随机变量是样本点的函数, 在试验前我们只能知道它可能取

哪些值，而不能确定它将取什么值，因此随机变量与一般函数最主要的不同之处在于随机变量的取值具有一定的随机性.

　　概率论中对随机事件的研究可通过示性函数转化为对随机变量的研究. 随机变量是取数值的，对随机变量进行各种数学运算，因此可以利用数学工具进一步研究随机试验.

A.2.2　分布函数

　　当描述一个随机变量时，不仅要说明随机变量可能取哪些值，而且还要指出它取这些值的概率，这样才能完整地刻画一个随机变量. 为此，引入随机变量分布函数的概念.

> **定义 A.2.2(分布函数)**　设 X 是一随机变量，称函数
> $$F(x) = P\{X \leqslant x\}, \quad -\infty < x < +\infty \qquad (A.2.1)$$
> 为随机变量 X 的**分布函数**.

　　为书写方便，通常把"随机变量 X 服从分布函数 $F(x)$"记作"$X \sim F(x)$"，随机变量 X 的分布函数具有如下三条基本性质：

　　(1) 单调性：对任意实数 x_1, x_2，且 $x_1 < x_2$，总有 $F(x_1) \leqslant F(x_2)$.

　　(2) 右连续性：$\lim\limits_{x \to a^+} F(x) = F(a)$.

　　(3) $F(-\infty) = \lim\limits_{x \to -\infty} F(x) = 0$，$F(+\infty) = \lim\limits_{x \to +\infty} F(x) = 1$.

　　可以证明满足这三条性质的函数必是某随机变量的分布函数.

　　随机变量根据它可能取值的情况，分成两大类：一类是离散型随机变量，一类是非离散型随机变量，非离散型随机变量中重要的是连续型随机变量. 离散型和连续型随机变量取值的概率规律不仅可以用分布函数给出，也可以用下面更为直观、方便的形式给出，分别是分布列和概率密度函数.

A.2.3　离散型随机变量及其分布列

1. 离散型随机变量的概念

> **定义 A.2.3(离散型随机变量)**　若随机变量 X 的所有可能取值是有限个或可列个，则称 X 为**离散型随机变量**.

　　设离散型随机变量 X 的所有可能取值为 $x_1, x_2, \cdots, x_n, \cdots$，且 X 取各个 x_i 相应的概率为 p_i，即
$$P\{X = x_i\} = p_i, \quad i = 1, 2, \cdots, \qquad (A.2.2)$$
称式(A.2.2)为**离散型随机变量 X 的分布列**(或**分布律**). 分布列也可以用如下表格形式表示.

X	x_1	x_2	$\cdots$	x_i	$\cdots$
p_i	p_1	p_2	$\cdots$	p_i	$\cdots$

离散型随机变量的分布列具有如下性质:

(1) $p_i \geqslant 0$, $i=1,2,\cdots$;

(2) $\displaystyle\sum_{i=1}^{\infty} p_i = 1$.

由概率的可加性,得离散型随机变量 X 的分布函数 $F(x)$ 为

$$F(x) = P\{X \leqslant x\} = \sum_{x_i \leqslant x} P\{X = x_i\}, \qquad (\text{A.2.3})$$

这里和式是对所有满足 $x_i \leqslant x$ 的 i 求和.

2. 常见的离散型随机变量及其分布列

(1) 单点分布(退化分布)

若随机变量 X 以概率 1 取常数值 C,即

$$P\{X = C\} = 1, \qquad (\text{A.2.4})$$

则称随机变量 X 服从**单点分布**或**退化分布**.

(2) 两点分布(伯努利分布)

若随机变量 X 仅取两个数值 0 和 1,其分布列为

$$P\{X = x\} = p^x(1-p)^{1-x}, \; x = 0,1, \qquad (\text{A.2.5})$$

其中 $0 < p < 1$. 则称随机变量 X 服从参数为 p 的**两点分布**,也称**伯努利分布**. 记作 $X \sim B(1,p)$.

某射手射击一目标,是否中靶;检查一件产品,是否合格;抛掷一枚均匀硬币,观察正面向上还是反面向上等,均可用服从两点分布的随机变量来描述.

(3) 二项分布

考虑伯努利概型. 设在一次试验中事件 A 发生的概率为 $p(0 < p < 1)$,X 表示 n 次独立重复试验中事件 A 发生的次数,则有

$$P\{X = x\} = \binom{n}{x} p^x(1-p)^{n-x}, \; x = 0,1,2,\cdots,n. \qquad (\text{A.2.6})$$

因为 $\dbinom{n}{x} p^x(1-p)^{n-x}$ 恰好是二项式 $(p+q)^n$(其中 $q = 1-p$)展开式中的一项,故称随机变量 X 服从参数为 n,p 的**二项分布**,记作 $X \sim B(n,p)$. 这里大写字母 B 取自英文单词 binomial(二项式)的第一个字母.

参数为 p 的两点分布是二项分布在 $n=1$ 时的特殊情形.

(4) 泊松分布

若随机变量 X 的取值为 $0,1,2,\cdots$,且 X 的分布列为

$$P\{X=x\}=\frac{\lambda^x}{x!}e^{-\lambda}, \ x=0,1,2,\cdots, \quad (A.2.7)$$

其中 $\lambda>0$，则称随机变量 X 服从参数为 λ 的**泊松(Poisson)分布**，记作 $X\sim P(\lambda)$.

泊松分布的应用非常广泛. 例如，某电话交换台单位时间内接到用户的呼叫次数，某医院一段时间内前来就诊的病人数，某公共汽车站一段时间内来站乘车的乘客数，某放射性物质在一段时间内放射的粒子数等都可以或近似用一个服从泊松分布的随机变量来描述.

（5）几何分布

考虑一个伯努利试验，每次试验成功的概率为 $p(0<p<1)$，失败的概率为 $1-p$，则试验直到第 X 次才成功的概率为

$$P\{X=x\}=p(1-p)^{x-1}, \quad x=1,2,\cdots, \quad (A.2.8)$$

其中 $p(1-p)^{x-1}(x=1,2,\cdots)$ 是几何级数 $\sum_{x=1}^{\infty}p(1-p)^{x-1}$ 的一般项，故称随机变量 X 服从参数为 p 的**几何分布**，记作 $X\sim G(p)$.

在离散型分布中，几何分布是唯一具有无记忆性的分布，感兴趣的读者可以阅读相关的参考文献. 其他离散型随机变量及其分布列，读者可参阅本书附录 C.

A.2.4 连续型随机变量及其概率密度函数

1. 连续型随机变量的概念

定义 A.2.4(连续型随机变量) 设 X 为一随机变量，若存在一个非负函数 $f(x)$，$x\in\mathbf{R}$，使得随机变量 X 的分布函数 $F(x)$ 可表示为

$$F(x)=\int_{-\infty}^{x}f(t)\mathrm{d}t, \quad -\infty<x<+\infty, \quad (A.2.9)$$

则称随机变量 X 为**连续型随机变量**，$f(x)$ 称为 X 的**概率密度函数**(简称**密度函数**或**概率密度**).

密度函数 $f(x)$ 具有如下性质：

（1）$f(x)\geqslant 0$；

（2）$\int_{-\infty}^{+\infty}f(x)\mathrm{d}x=1$.

这两条性质是一个函数为密度函数的充分必要条件.

（3）对于任意博雷尔点集 B，有 $P\{X\in B\}=\int_{B}f(x)\mathrm{d}x$；

（4）对于 $f(x)$ 的连续点 x，有 $f(x)=F'(x)$；

（5）密度函数不是概率，但在 $f(x)$ 的连续点 x 处有

$$f(x)\Delta x \approx \int_x^{x+\Delta x} f(y)\mathrm{d}y = F(x+\Delta x) - F(x).$$

根据性质(5), 密度函数 $f(x)$ 的值反映了随机变量取 x 的邻近值的概率大小, 因此用密度函数描述连续型随机变量的概率分布在一定意义下与离散型随机变量用分布列描述类似. 虽然密度函数与分布函数含有一样的信息量, 但是在图形上密度函数对各种分布的特征要比分布函数显示得更为优越, 因此密度函数比分布函数更为常用.

2. 常见的连续型随机变量及其概率密度函数

(1) 均匀分布

若随机变量 X 的概率密度函数为

$$f(x) = \begin{cases} \dfrac{1}{b-a}, & a \leqslant x \leqslant b, \\ 0, & \text{其他.} \end{cases} \tag{A.2.10}$$

其中 $a<b$ 为常数, 则称随机变量 X 服从区间 $[a,b]$ 上的**均匀分布**, 记作 $X \sim U[a,b]$. 这里大写字母 U 取自英文单词 uniform(均匀)的第一个字母.

若 $X \sim U[a,b]$, 则对于任意 c, d 满足 $a \leqslant c < d \leqslant b$, 有

$$P\{c \leqslant X \leqslant d\} = \int_c^d f(x)\mathrm{d}x = \int_c^d \frac{1}{b-a}\mathrm{d}x = \frac{d-c}{b-a}$$

上式表明随机变量 X 落在区间 $[a,b]$ 的任一子区间 $[c,d]$ 上的概率, 只与该子区间的长度 $d-c$ 成正比, 而与该子区间在区间 $[a,b]$ 中的具体位置无关, 这就是均匀分布的意义.

若随机变量 $X \sim U[a,b]$, 则 X 的分布函数为

$$F(x) = \begin{cases} 0, & x < a, \\ \dfrac{x-a}{b-a}, & a \leqslant x < b, \\ 1, & x \geqslant b. \end{cases} \tag{A.2.11}$$

(2) 指数分布

若随机变量 X 的概率密度函数为

$$f(x) = \begin{cases} \lambda \mathrm{e}^{-\lambda x}, & x > 0, \\ 0, & x \leqslant 0, \end{cases} \tag{A.2.12}$$

其中 $\lambda > 0$, 则称 X 服从参数为 λ 的**指数分布**, 记作 $X \sim E(\lambda)$. 这里大写字母 E 取自英文单词 exponential(指数的)的第一个字母.

指数分布是最常用的寿命分布, 许多电子元件、电子产品以及灯泡的使用寿命都服从指数分布.

若随机变量 $X \sim E(\lambda)$, 则 X 的分布函数为

$$F(x) = \begin{cases} 1-\mathrm{e}^{-\lambda x}, & x>0, \\ 0, & x \leqslant 0, \end{cases} \quad \lambda > 0. \quad (\text{A. 2. 13})$$

（3）**正态分布**

若随机变量 X 的概率密度函数为

$$f(x) = \frac{1}{\sqrt{2\pi}\,\sigma} \exp\left\{-\frac{1}{2\sigma^2}(x-\mu)^2\right\}, \quad -\infty < x < +\infty, \quad (\text{A. 2. 14})$$

其中 $\mu \in \mathbf{R}$，$\sigma > 0$ 为常数，则称随机变量 X 服从参数为 μ，σ^2 的**正态分布**或**高斯（Gauss）分布**，记作 $X \sim N(\mu, \sigma^2)$. 这里大写字母 N 取自英文单词 normal（正常的）的第一个字母.

若随机变量 $X \sim N(\mu, \sigma^2)$，则 X 的分布函数为

$$F(x) = \frac{1}{\sqrt{2\pi}\,\sigma} \int_{-\infty}^{x} \exp\left\{-\frac{1}{2\sigma^2}(t-\mu)^2\right\} \mathrm{d}t, \quad -\infty < x < +\infty. \quad (\text{A. 2. 15})$$

特别地，当 $\mu = 0$，$\sigma^2 = 1$ 时，称 $N(0,1)$ 为**标准正态分布**，其分布函数和概率密度函数分别用 $\varPhi(x)$，$\varphi(x)$ 表示，且

$$\varPhi(x) = \frac{1}{\sqrt{2\pi}} \int_{-\infty}^{x} \exp\left\{-t^2/2\right\} \mathrm{d}t, \quad -\infty < x < +\infty, \quad (\text{A. 2. 16})$$

$$\varphi(x) = \frac{1}{\sqrt{2\pi}} \exp\left\{-x^2/2\right\}, \quad -\infty < x < +\infty. \quad (\text{A. 2. 17})$$

标准正态分布函数 $\varPhi(x)$ 的值可以在书末附录 D 中查到. 下面是关于正态分布的概率计算公式. 若 $X \sim N(\mu, \sigma^2)$，则

$$F(x) = P\{X \leqslant x\} = \varPhi\left(\frac{x-\mu}{\sigma}\right),$$

$$P\{a < X \leqslant b\} = \varPhi\left(\frac{b-\mu}{\sigma}\right) - \varPhi\left(\frac{a-\mu}{\sigma}\right),$$

$$\varPhi(-x) = 1 - \varPhi(x).$$

正态分布的随机变量有广泛的应用. 大量的实际经验与理论分析表明测量误差及很多质量指标都可看作或近似看作服从正态分布. 例如，某零件长度的测量误差，某地区居民的收入，一批产品的长度、强度等都可看作或近似看作服从正态分布. 正态分布在概率论、数理统计的理论及其应用中占有特别重要的地位.

（4）**对数正态分布**

设 X 是取正值的随机变量，若 $\ln X \sim N(\mu, \sigma^2)$，其中 $\mu \in \mathbf{R}$，$\sigma > 0$，则称随机变量 X 服从**对数正态分布**，记作 $X \sim LN(\mu, \sigma^2)$，其概率密度函数为

$$f(x) = \begin{cases} \dfrac{1}{\sqrt{2\pi}\,\sigma x} \exp\left\{-\dfrac{(\ln x - \mu)^2}{2\sigma^2}\right\}, & x>0, \\ 0, & x \leqslant 0. \end{cases} \quad (\text{A. 2. 18})$$

（5）柯西分布

若随机变量 X 的概率密度函数为

$$f(x)=\frac{\lambda}{\pi\left[\lambda^2+(x-\mu)^2\right]},\quad -\infty<x<+\infty,\quad (A.2.19)$$

其中 $\mu\in\mathbf{R}$，$\lambda>0$ 为常数，则称随机变量 X 服从参数为 μ，λ 的柯西（Cauchy）分布，记作 $X\sim C(\mu,\lambda)$. 通常称 $\mu=0$，$\lambda=1$ 的柯西分布为标准柯西分布.

其他连续型随机变量及其概率密度函数，读者可参阅本书书末的附录 C.

A.2.5　多维随机变量及其分布

有些随机现象需要同时用多个随机变量描述. 例如，打靶时弹着点的位置由两个随机变量——弹着点的横坐标 X 和纵坐标 Y 确定；炼钢厂炼出的钢，需要考察含硫量 X、含碳量 Y 以及硬度 Z 这些基本指标，为此需要研究三个随机变量：含硫量 X、含碳量 Y 和硬度 Z；一个产品有 n 个质量指标，为研究它们之间的关系以提高质量，就需要研究 n 个随机变量. 这些随机变量之间一般来说有某种联系，因此需要把这些随机变量作为一个整体来研究. 为此，引入多维随机变量的概念.

定义 A.2.5（多维随机变量）　设 $X_1(\omega),X_2(\omega),\cdots,X_n(\omega)$ 都是定义在同一概率空间 $(\Omega,\mathcal{F},P)$ 上的随机变量，则称

$$X=(X_1(\omega),X_2(\omega),\cdots,X_n(\omega))$$

为 n 维随机变量或 n 维随机向量.

定义 A.2.6（多维随机变量的分布函数）　设 $(X_1,X_2,\cdots,X_n)$ 是一 n 维随机变量，$(x_1,x_2,\cdots,x_n)$ 是任意一 n 维数组，则称 n 元函数

$$F(x_1,x_2,\cdots,x_n)=P\{X_1\leqslant x_1,X_2\leqslant x_2,\cdots,X_n\leqslant x_n\}$$

$$(A.2.20)$$

为 n 维随机变量 $(X_1,X_2,\cdots,X_n)$ 的**联合分布函数**.

定义 A.2.7（多维连续型随机变量）　设随机向量 $(X_1,X_2,\cdots,X_n)$ 的联合分布函数为 $F(x_1,x_2,\cdots,x_n)$，若存在一个非负 n 元函数 $f(x_1,x_2,\cdots,x_n)$，使得

$$F(x_1,x_2,\cdots,x_n)=\int_{-\infty}^{x_1}\int_{-\infty}^{x_2}\cdots\int_{-\infty}^{x_n}f(t_1,t_2,\cdots,t_n)\mathrm{d}t_1\mathrm{d}t_2\cdots\mathrm{d}t_n,$$

$$(A.2.21)$$

则称$(X_1, X_2, \cdots, X_n)$为 n 维**连续型随机变量**, $f(x_1, x_2, \cdots, x_n)$称为**联合概率密度函数**.

特别地, 对于二维随机变量, 我们有如下结论.

定义 A.2.8(二维随机变量的分布函数) 设(X, Y)是二维随机变量, 对于任意一对数组$(x, y) \in \mathbf{R}^2$, 定义二元函数

$$F(x, y) = P\{X \leqslant x, Y \leqslant y\}, \qquad (A.2.22)$$

称$F(x, y)$为二维随机变量(X, Y)的**联合分布函数**, 简称**分布函数**.

二维随机变量的分布函数$F(x, y)$具有如下性质:

(1) 对于任意$(x, y) \in \mathbf{R}^2$, 有$0 \leqslant F(x, y) \leqslant 1$;

固定x, $F(x, y)$关于y单调不减, 即当$y_1 < y_2$时, $F(x, y_1) \leqslant F(x, y_2)$;

固定y, $F(x, y)$关于x单调不减, 即当$x_1 < x_2$时, $F(x_1, y) \leqslant F(x_2, y)$.

(2) 固定x, $F(x, y)$关于y右连续, 即$\lim\limits_{y \to y_0^+} F(x, y) = F(x, y_0)$, $-\infty < y_0 < +\infty$;

固定y, $F(x, y)$关于x右连续, 即$\lim\limits_{x \to x_0^+} F(x, y) = F(x_0, y)$, $-\infty < x_0 < +\infty$.

(3) 固定x, $F(x, -\infty) = \lim\limits_{y \to -\infty} F(x, y) = 0$; 固定$y$, $F(-\infty, y) = \lim\limits_{x \to -\infty} F(x, y) = 0$.

而且 $F(-\infty, -\infty) = \lim\limits_{x \to -\infty, y \to -\infty} F(x, y) = 0$; $F(+\infty, +\infty) = \lim\limits_{x \to +\infty, y \to +\infty} F(x, y) = 1$.

(4) 对于任意$(x_1, x_2) \in \mathbf{R}^2$, $(y_1, y_2) \in \mathbf{R}^2$, $x_1 < x_2$, $y_1 < y_2$ 有

$$F(x_2, y_2) - F(x_1, y_2) - F(x_2, y_1) + F(x_1, y_1) \geqslant 0.$$

上述四条性质是二维随机变量分布函数最基本的性质, 即任何二维随机变量的分布函数都具有这四条性质; 而且这四条性质是二元函数$F(x, y)$为二维随机变量分布函数的充分必要条件.

与一维情形一样, 二维随机变量也分离散型和连续型两种情况讨论.

定义 A.2.9(二维离散型随机变量) 若二维随机变量(X, Y)的取值只取有限对或可列无穷对, 则称(X, Y)为**二维离散型随机变量**.

设 (X,Y) 为二维离散型随机变量，(X,Y) 的所有可能取值为 $(x_i,y_j)(i,j=1,2,\cdots)$，则称

$$p_{ij}=P\{X=x_i,Y=y_j\},\quad i,j=1,2,\cdots$$

为二维离散型随机变量 (X,Y) 的**联合分布列**(或**联合分布律**)，简称**分布列**. (X,Y) 的分布列也可以用如下表格来表示.

X	Y				
	y_1	y_2	$\cdots$	y_j	$\cdots$
x_1	p_{11}	p_{12}	$\cdots$	p_{1j}	$\cdots$
x_2	p_{21}	p_{22}	$\cdots$	p_{2j}	$\cdots$
$\vdots$	$\vdots$	$\vdots$		$\vdots$	
x_i	p_{i1}	p_{i2}	$\cdots$	p_{ij}	$\cdots$
$\vdots$	$\vdots$	$\vdots$		$\vdots$	

二维离散型随机变量的分布列具有如下性质：

(1) $p_{ij}\geq0,i,j=1,2,\cdots$；

(2) $\sum\limits_{j=1}^{\infty}\sum\limits_{i=1}^{\infty}p_{ij}=1$.

二维离散型随机变量 (X,Y) 的分布函数为

$$F(x,y)=\sum_{x_i\leq x}\sum_{y_j\leq y}p_{ij}.$$

定义 A.2.10(二维连续型随机变量)　设二维随机变量 (X,Y) 的分布函数为 $F(x,y)$，如果存在非负二元函数 $f(x,y)$，使得对于任意 $(x,y)\in\mathbf{R}^2$，有

$$F(x,y)=\int_{-\infty}^{y}\int_{-\infty}^{x}f(u,v)\mathrm{d}u\mathrm{d}v,$$

则称 (X,Y) 为二维连续型随机变量，函数 $f(x,y)$ 称为二维随机变量 (X,Y) 的**联合概率密度函数**，简称**概率密度**或**密度函数**.

按定义，概率密度函数 $f(x,y)$ 具有如下性质：

(1) 对于任意 $(x,y)\in\mathbf{R}^2$，$f(x,y)\geq0$；

(2) $\int_{-\infty}^{+\infty}\int_{-\infty}^{+\infty}f(x,y)\mathrm{d}x\mathrm{d}y=F(+\infty,+\infty)=1$；

(3) $\dfrac{\partial^2F(x,y)}{\partial x\partial y}=f(x,y)$，其中 (x,y) 为 $f(x,y)$ 的连续点；

(4) 设 D 是 $\mathbf{R}^2$ 上的任意邻域，点 (X,Y) 落在 D 内的概率为

$$P\{(X,Y)\in D\}=\iint_{D}f(x,y)\mathrm{d}x\mathrm{d}y.$$

注意　满足性质(1)和性质(2)的二元函数 $f(x,y)$ 必为某二维

随机变量 (X,Y) 的概率密度函数.

由于随机向量的每一个分量也是随机变量,因而也有分布,称这些分量的分布为边际分布.

定义 A. 2. 11(边际分布函数)　若 $F(x,y)$ 为二维随机变量 (X,Y) 的分布函数,由 $F(x,y)$ 可得 X 或 Y 的分布函数

$$F_X(x) = P\{X \leqslant x\} = P\{X \leqslant x, Y < +\infty\} = F(x, +\infty),$$

$$F_Y(y) = P\{Y \leqslant y\} = P\{X < +\infty, Y \leqslant y\} = F(+\infty, y),$$

则 $F_X(x)$、$F_Y(y)$ 分别称为 (X,Y) 关于 X、Y 的**边际分布函数**.

定义 A. 2. 12(边际分布列)　设二维离散型随机变量 (X,Y) 的联合分布列为

$$p_{ij} = P\{X = x_i, Y = y_j\}, \quad i,j = 1,2,\cdots,$$

则

$$P\{X = x_i\} = \sum_{j=1}^{\infty} P\{X = x_i, Y = y_j\} = \sum_{j=1}^{\infty} p_{ij} \triangleq p_i., \quad i = 1,2,\cdots,$$

$$P\{Y = y_j\} = \sum_{i=1}^{\infty} P\{X = x_i, Y = y_j\} = \sum_{i=1}^{\infty} p_{ij} \triangleq p_{\cdot j}, \quad j = 1,2,\cdots,$$

其中 $p_i.(i = 1,2,\cdots)$、$p_{\cdot j}(j = 1,2,\cdots)$ 分别称为 (X,Y) 关于 X、Y 的**边际分布列**,可用如下表格形式表示.

X	Y					$p_i.$
	y_1	y_2	$\cdots$	y_j	$\cdots$	
x_1	p_{11}	p_{12}	$\cdots$	p_{1j}	$\cdots$	$p_1.$
x_2	p_{21}	p_{22}	$\cdots$	p_{2j}	$\cdots$	$p_2.$
$\vdots$	$\vdots$	$\vdots$		$\vdots$		$\vdots$
x_i	p_{i1}	p_{i2}	$\cdots$	p_{ij}	$\cdots$	$p_i.$
$\vdots$	$\vdots$	$\vdots$		$\vdots$		$\vdots$
$p_{\cdot j}$	$p_{\cdot 1}$	$p_{\cdot 2}$	$\cdots$	$p_{\cdot j}$	$\cdots$	

定义 A. 2. 13(边际概率密度函数)　设二维连续型随机变量 (X,Y) 的联合概率密度函数为 $f(x,y)$,(X,Y) 关于 X、Y 的边际分布函数分别为

$$F_X(x) = P\{X \leqslant x\} = P\{X \leqslant x, Y < +\infty\} = \int_{-\infty}^{x} \left[\int_{-\infty}^{+\infty} f(u,y)\,\mathrm{d}y \right] \mathrm{d}u,$$

$$F_Y(y) = P\{Y \leqslant y\} = P\{X < +\infty, Y \leqslant y\} = \int_{-\infty}^{y} \left[\int_{-\infty}^{+\infty} f(x,v)\,\mathrm{d}x \right] \mathrm{d}v,$$

从而

$$f_X(x) = \int_{-\infty}^{+\infty} f(x, y) \, dy,$$

$$f_Y(y) = \int_{-\infty}^{+\infty} f(x, y) \, dx,$$

$f_X(x)$、$f_Y(y)$ 分别称为二维连续型随机变量 (X, Y) 关于 X、Y 的**边际概率密度函数**.

上述结论表明：(X, Y) 的联合分布唯一确定关于 X、Y 的边际分布，反之不一定成立.

常见的二维分布有：

1. 均匀分布

设 D 为平面上的有界区域，D 的面积大于零. 若二维随机变量 (X, Y) 的联合概率密度函数为

$$f(x, y) = \begin{cases} \dfrac{1}{D \text{ 的面积}}, & (x, y) \in D, \\ 0, & (x, y) \notin D, \end{cases}$$

则称 (X, Y) 服从区域 D 上的**均匀分布**.

2. 二维正态分布

若二维随机变量 (X, Y) 的概率密度函数为

$$f(x, y) = \frac{1}{2\pi\sigma_1\sigma_2\sqrt{1-\rho^2}} \exp\left\{ -\frac{1}{2(1-\rho^2)} \left[\frac{(x-\mu_1)^2}{\sigma_1^2} - \right.\right.$$

$$\left.\left. 2\rho\,\frac{(x-\mu_1)(y-\mu_2)}{\sigma_1\sigma_2} + \frac{(y-\mu_2)^2}{\sigma_2^2} \right] \right\},$$

其中 $\mu_1, \mu_2, \sigma_1, \sigma_2, \rho$ 均为参数，且 $\mu_1 \in \mathbf{R}$，$\mu_2 \in \mathbf{R}$，$\sigma_1 > 0$，$\sigma_2 > 0$，$|\rho| < 1$，则称 (X, Y) 服从**二维正态分布**，记作 $(X, Y) \sim N(\mu_1, \mu_2, \sigma_1^2, \sigma_2^2, \rho)$.

易证，(X, Y) 关于 X、Y 的边际概率密度函数分别为

$$f_X(x) = \frac{1}{\sqrt{2\pi}\,\sigma_1} \exp\left\{ -\frac{(x-\mu_1)^2}{2\sigma_1^2} \right\}, \quad -\infty < x < +\infty,$$

$$f_Y(y) = \frac{1}{\sqrt{2\pi}\,\sigma_2} \exp\left\{ -\frac{(x-\mu_2)^2}{2\sigma_2^2} \right\}, \quad -\infty < x < +\infty,$$

即 $X \sim N(\mu_1, \sigma_1^2)$，$Y \sim N(\mu_2, \sigma_2^2)$. 可见，二维正态分布的边际分布仍为正态分布，反之不一定成立，这是一个重要的结论.

A.2.6　条件分布

前面讨论过给定事件 A 发生的条件下，事件 B 发生的条件概率 $P(B|A)$. 本小节把这种讨论推广到随机变量的条件概率分布.

定义 A. 2. 14(离散型随机变量的条件分布) 设 (X,Y) 是二维离散型随机变量,对固定的 j,若 $P\{Y=y_j\}>0$,则有

$$P\{X=x_i \mid Y=y_j\}=\frac{P\{X=x_i,Y=y_j\}}{P\{Y=y_j\}}=\frac{p_{ij}}{p_{\cdot j}},$$

称 $p_{ij}/p_{\cdot j}$ 为在 $Y=y_j$ 条件下 X 的**条件分布列**,记作 $p_{i \mid j}$.

称 $\sum\limits_{x_i \leqslant x} p_{ij}/p_{\cdot j}$ 为在 $Y=y_j$ 条件下 X 的**条件分布函数**,记作 $F(x \mid y_j)$.

同样,对固定的 i,当 $P\{X=x_i\}>0$ 时,定义在 $X=x_i$ 条件下 Y 的条件分布列 $p_{ij}/p_{i\cdot}$ 与条件分布函数 $F(y \mid x_i)$ 分别为

$$\frac{p_{ij}}{p_{i\cdot}}=P\{Y=y_j \mid X=x_i\}=\frac{P\{X=x_i,Y=y_j\}}{P\{X=x_i\}},$$

$$F(y \mid x_i)=\frac{\sum\limits_{y_j \leqslant y} p_{ij}}{p_{i\cdot}}.$$

定义 A. 2. 15(连续型随机变量的条件分布) 设二维连续型随机变量 (X,Y) 的联合概率密度函数为 $f(x,y)$,且 $f_Y(y)=\int_{-\infty}^{+\infty} f(x,y)\,\mathrm{d}x>0$,则称

$$\frac{\int_{-\infty}^{x} f(u,y)\,\mathrm{d}u}{f_Y(y)}=\int_{-\infty}^{x} \frac{f(u,y)}{f_Y(y)}\mathrm{d}u$$

为在 $Y=y$ 条件下 X 的**条件分布函数**,记作 $F(x \mid y)$.

称

$$f(x \mid y)=\frac{f(x,y)}{f_Y(y)}$$

为在 $Y=y$ 条件下 X 的**条件概率密度函数**.

同样,当 $f_X(x)=\int_{-\infty}^{+\infty} f(x,y)\,\mathrm{d}y>0$ 时,定义在 $X=x$ 条件下,Y 的条件分布函数 $F(y \mid x)$ 与条件概率密度函数 $f(y \mid x)$ 分别为

$$F(y \mid x)=\frac{\int_{-\infty}^{y} f(x,v)\,\mathrm{d}v}{f_X(x)}=\int_{-\infty}^{y} \frac{f(x,v)}{f_X(x)}\mathrm{d}v,$$

$$f(y \mid x)=\frac{f(x,y)}{f_X(x)}.$$

A.2.7 随机变量的独立性

边际分布可以由联合分布确定,反之不一定成立. 但是在下

面特殊的情况下，联合分布可由其边际分布确定.

> **定义 A.2.16(随机变量的独立性)**　设二维随机变量(X,Y)的联合分布函数为$F(x,y)$，$F_X(x)$和$F_Y(y)$分别为其边际分布函数，若对于任意实数x，y，有
> $$F(x,y)=F_X(x)F_Y(y),$$
> 则称随机变量 X 和 Y **相互独立**.

若(X,Y)为二维离散型随机变量，则 X 和 Y 相互独立的充分必要条件是

$$p_{ij}=p_i.\ p._j,\quad i,j=1,2,\cdots.$$

若(X,Y)为二维连续型随机变量，则 X，Y 相互独立的充分必要条件是

$$f(x,y)=f_X(x)f_Y(y)$$

几乎处处成立. 这里，"几乎处处"是指上式不成立的点的集合的面积为 0.

随机变量的独立性可以推广到有限个或可列无穷个随机变量的情形.

> **定义 A.2.16′**　设$(X_1,X_2,\cdots,X_n)$是 n 维随机变量，$F(x_1,x_2,\cdots,x_n)$为其联合分布函数，$F_{X_1}(x_1),F_{X_2}(x_2),\cdots,F_{X_n}(x_n)$分别为 $X_1,X_2,\cdots,X_n$ 的边际分布函数，若对任意实数$x_1,x_2,\cdots,x_n$，有
> $$F(x_1,x_2,\cdots,x_n)=F_{X_1}(x_1)F_{X_2}(x_2)\cdots F_{X_n}(x_n),$$
> 则称随机变量 $X_1,X_2,\cdots,X_n$ **相互独立**.

对于随机变量序列 $X_1,X_2,\cdots,X_n,\cdots$，若其中任意有限个随机变量都相互独立，则称**随机变量序列相互独立**.

直观解释：随机变量的独立性反映了它们各自取值互不影响，与随机事件的独立性一样，实际问题中往往不是先用数学定义来验证它们相互独立，而是从随机变量产生的实际背景出发，直观判断随机变量是否相互独立.

A.3　随机变量的函数及其分布

在概率论和数理统计的实际应用中，经常会遇到随机变量的函数，如随机变量的和、差、积、商、平方和、平均值等. 一个或者多个随机变量的连续函数或者初等函数仍然是随机变量，而且后者的分布可由前者的分布完全确定. 这一结论在理论以及实际计算上都很重要.

A. 3. 1 一维随机变量的函数及其分布

设 X 为概率空间 $(\Omega,\mathcal{F},P)$ 的一维随机变量，$g(x)$ 为一元博雷尔(Borel)函数，则 $Y=g(X)$ 也是 $(\Omega,\mathcal{F},P)$ 上的随机变量，由 X 的分布以及函数关系 $g(x)$ 可以确定 $Y=g(X)$ 的分布. 我们分离散型和连续型两种情况讨论 $Y=g(X)$ 的分布.

1. 离散型

设 X 是离散型随机变量，其分布列为

$$P\{X=x_i\}=p_i, \quad i=1,2,\cdots,$$

则 $Y=g(X)$ 也是离散型随机变量，其分布列为

$$P\{Y=g(x_i)\}=p_i, \quad i=1,2,\cdots,$$

如果 $g(x_i)$ 中有一些是相同的，则把它们并成一项对应概率相加.

2. 连续型

设 X 是连续型随机变量，其概率密度函数为 $f_X(x)$，下面分三种情况讨论 $Y=g(X)$ 的概率密度函数.

（1）若 $y=g(x)$ 严格单调可微，其反函数 $g^{-1}(y)$ 有连续导函数，则 $Y=g(X)$ 也是连续型随机变量，其概率密度函数为

$$f_Y(y)=\begin{cases} f_X(g^{-1}(y))\,|\,[\,g^{-1}(y)\,]'\,|, & \alpha<y<\beta, \\ 0, & \text{其他.} \end{cases} \quad (A.3.1)$$

区间 (α,β) 为 $y=g(x)$ 的值域.

例 A. 3. 1 设随机变量 $X=\ln Y\sim N(\mu,\sigma^2)$，$\mu\in\mathbf{R}$，$\sigma>0$，则根据式(A.3.1)可以直接得到 $Y=e^X$ 的概率密度函数为

$$f_Y(y)=\begin{cases} \dfrac{1}{\sqrt{2\pi}\,\sigma y}\exp\left\{-\dfrac{1}{2}\dfrac{(\ln y-\mu)^2}{\sigma^2}\right\}, & y>0, \\ 0, & \text{其他.} \end{cases}$$

这正是前面给出的对数正态分布的概率密度函数.

（2）若 $y=g(x)$ 是分段严格单调、可导函数，即 $g(x)$ 在不相重叠的区间 $I_1,I_2,\cdots$ 上逐段严格单调，将区间 $I_1,I_2,\cdots$ 上函数 $y=g(x)$ 的反函数分别记为 $h_1(y),h_2(y),\cdots$，且 $h_1'(y),h_2'(y),\cdots$ 均为连续函数，相应 y 的区间记为 $[\alpha_i,\beta_i]$，则 $Y=g(X)$ 的概率密度函数为

$$f_Y(y)=\sum_{i=1}^{+\infty} f_X(h_i(y))\,|h_i'(y)|\,I_{[\alpha_i,\beta_i]}(y), \quad (A.3.2)$$

其中，$I_{[a,b]}(y)=\begin{cases} 1, & a\leqslant y\leqslant b, \\ 0, & \text{其他.} \end{cases}$ 称为示性函数.

例 A. 3. 2 设随机变量 $X\sim N(0,1)$，求 $Y=X^2$ 的概率密度函数.

解 由于 $y=g(x)=x^2$ 分段严格单调，在 $(-\infty,0)$ 中，反函数

为 $x=h_1(y)=-\sqrt{y}$；在 $[0,+\infty)$ 中，反函数为 $x=h_2(y)=\sqrt{y}$. 因此，根据式（A.3.2）得到 $Y=X^2$ 的概率密度函数为

$$f_Y(y)=\varphi(-\sqrt{y})\left|-\frac{1}{2\sqrt{y}}\right|I_{(y>0)}+\varphi(\sqrt{y})\left|\frac{1}{2\sqrt{y}}\right|I_{(y>0)}$$

$$=\frac{1}{\sqrt{2\pi}}y^{-\frac{1}{2}}\mathrm{e}^{-\frac{y}{2}}I_{(y>0)}.$$

（3）求 $Y=g(X)$ 的概率密度的一般方法是先用定义求 Y 的分布函数 $F_Y(y)$，再求导可以得到 Y 的概率密度函数 $f_Y(y)$，即

$$F_Y(y)=P\{Y\leqslant y\}=P\{g(X)\leqslant y\}=\int_{\{x:g(x)\leqslant y\}}f_X(x)\mathrm{d}x,$$

而 $Y=g(X)$ 的概率密度函数为

$$f_Y(y)=\frac{\mathrm{d}F_Y(y)}{\mathrm{d}y}.$$

A.3.2　二维随机变量的函数及其分布

设 (X,Y) 为二维随机变量，$g(x,y)$ 为二元连续函数，则 $Z=g(X,Y)$ 也是一个随机变量，由 (X,Y) 的分布以及函数关系 $g(x,y)$ 可以确定 $Z=g(X,Y)$ 的分布. 我们仍分离散型和连续型两种情况讨论 $Z=g(X,Y)$ 的分布.

1. 离散型

设 (X,Y) 是离散型随机变量，其分布列为

$$P\{X=x_i,Y=y_j\}=p_{ij},\ i,j=1,2,\cdots,$$

则 $Z=g(X,Y)$ 也是离散型随机变量，其分布列为

$$P\{Z=g(x_i,y_j)\}=p_{ij},\ i,j=1,2,\cdots.$$

如果 $g(x_i,y_j)$ 中有一些是相同的，则把它们并成一项对应概率相加.

2. 连续型

（1）一般情形

设 (X,Y) 是连续型随机变量，其概率密度函数为 $f(x,y)$，则 $Z=g(X,Y)$ 的分布函数为

$$F_Z(z)=P\{Z\leqslant z\}=P\{g(X,Y)\leqslant z\}=\iint_{\{(x,y):g(x,y)\leqslant z\}}f(x,y)\mathrm{d}x\mathrm{d}y,$$

而 $Z=g(X,Y)$ 的概率密度函数为

$$f_Z(z)=\frac{\mathrm{d}F_Z(z)}{\mathrm{d}z}.$$

（2）两个随机变量和、商的分布

设二维随机变量 (X,Y) 的联合概率密度函数为 $f(x,y)$，$(x,y)\in\mathbf{R}^2$，则 $Z_1=X+Y$，$Z_2=X/Y(Y\neq 0)$ 都是连续型随机变量，

Z_1 的分布函数 $F_{Z_1}(z)$ 和概率密度函数 $f_{Z_1}(z)$ 分别为

$$F_{Z_1}(z) = \int_{-\infty}^{z} \int_{-\infty}^{+\infty} f(x, u-x) \, dx \, du,$$

$$f_{Z_1}(z) = \int_{-\infty}^{+\infty} f(x, z-x) \, dx,$$

或

$$F_{Z_1}(z) = \int_{-\infty}^{z} \int_{-\infty}^{+\infty} f(u-y, y) \, dy \, du,$$

$$f_{Z_1}(z) = \int_{-\infty}^{+\infty} f(z-y, y) \, dy.$$

特别地，当 X 与 Y 相互独立且它们的边际概率密度分别为 $f_X(x)$，$f_Y(y)$ 时，上述四式分别变为

$$F_{Z_1}(z) = \int_{-\infty}^{z} \int_{-\infty}^{+\infty} f_X(x) f_Y(u-x) \, dx \, du,$$

$$f_{Z_1}(z) = \int_{-\infty}^{+\infty} f_X(x) f_Y(z-x) \, dx,$$

或

$$F_{Z_1}(z) = \int_{-\infty}^{z} \int_{-\infty}^{+\infty} f_X(u-y) f_Y(y) \, dy \, du,$$

$$f_{Z_1}(z) = \int_{-\infty}^{+\infty} f_X(z-y) f_Y(y) \, dy,$$

其中常称 f_{Z_1} 为 f_X 与 f_Y 的卷积，记作

$$f_{Z_1} = f_X * f_Y.$$

例 A.3.3   设 $X \sim N(\mu_1, \sigma_1^2)$，$Y \sim N(\mu_2, \sigma_2^2)$，且 X 与 Y 相互独立，则

$$X + Y \sim N(\mu_1 + \mu_2, \sigma_1^2 + \sigma_2^2).$$

证明 $Z = X + Y$ 的概率密度函数为

$$f_Z(z) = \int_{-\infty}^{+\infty} f_X(x) f_Y(z-x) \, dx$$

$$= \int_{-\infty}^{+\infty} \frac{1}{\sqrt{2\pi}\,\sigma_1} \exp\left\{-\frac{(x-\mu_1)^2}{2\sigma_1^2}\right\} \frac{1}{\sqrt{2\pi}\,\sigma_2} \exp\left\{-\frac{(z-x-\mu_2)^2}{2\sigma_2^2}\right\} dx$$

$$= \frac{1}{2\pi\sigma_1\sigma_2} \exp\left\{-\frac{\mu_1^2}{2\sigma_1^2} - \frac{(z-\mu_2)^2}{2\sigma_2^2}\right\} \times$$

$$\int_{-\infty}^{+\infty} \exp\left\{-\left(\frac{1}{2\sigma_1^2} + \frac{1}{2\sigma_2^2}\right) x^2 + \left(\frac{\mu_1}{\sigma_1^2} + \frac{z-\mu_2}{\sigma_2^2}\right) x\right\} dx$$

$$= \frac{1}{2\pi\sigma_1\sigma_2} \exp\left\{\frac{\sigma_1^2\sigma_2^2(\mu_1/\sigma_1^2 + (z-\mu_2)/\sigma_2^2)^2}{2(\sigma_1^2 + \sigma_2^2)} - \frac{\mu_1^2}{2\sigma_1^2} - \frac{(z-\mu_2)^2}{2\sigma_2^2}\right\} \times$$

$$\int_{-\infty}^{+\infty} \exp\left\{-\left(\frac{1}{2\sigma_1^2} + \frac{1}{2\sigma_2^2}\right) \left[x - \left(\frac{\mu_1/\sigma_1^2 + (z-\mu_2)/\sigma_2^2}{1/\sigma_1^2 + 1/\sigma_2^2}\right)\right]^2\right\} dx$$

$$= \frac{1}{2\pi\sigma_1\sigma_2}\exp\left\{-\frac{(z-\mu_1-\mu_2)^2}{2(\sigma_1^2+\sigma_2^2)}\right\}\times$$

$$\int_{-\infty}^{+\infty}\exp\left\{-\left(\frac{1}{2\sigma_1^2}+\frac{1}{2\sigma_2^2}\right)\left[x-\left(\frac{\mu_1/\sigma_1^2+(z-\mu_2)/\sigma_2^2}{1/\sigma_1^2+1/\sigma_2^2}\right)\right]^2\right\}\mathrm{d}x$$

$$= \frac{1}{\sqrt{2\pi(\sigma_1^2+\sigma_2^2)}}\exp\left\{-\frac{(z-\mu_1-\mu_2)^2}{2(\sigma_1^2+\sigma_2^2)}\right\},$$

因此

$$X+Y\sim N(\mu_1+\mu_2,\sigma_1^2+\sigma_2^2). \qquad\qquad (证毕)$$

一般地，设 X 与 Y 相互独立且都服从同一类型的分布，如果其和 $X+Y$ 仍然服从该类型的分布，则称这种类型的分布具有**再生性**(或**可加性**).

$Z_2=X/Y$ 的分布函数 $F_{Z_2}(z)$ 和概率密度函数 $f_{Z_2}(z)$ 分别为

$$F_{Z_2}(z)=\int_{-\infty}^{z}\int_{-\infty}^{+\infty}|y|f(yu,y)\mathrm{d}y\mathrm{d}u,$$

$$f_{Z_2}(z)=\int_{-\infty}^{+\infty}|y|f(yz,y)\mathrm{d}y.$$

特别地，当 X 与 Y 相互独立且它们的边际概率密度分别为 $f_X(x)$，$f_Y(y)$ 时，上述两式分别变为

$$F_{Z_2}(z)=\int_{-\infty}^{z}\int_{-\infty}^{+\infty}|y|f_X(yu)f_Y(y)\mathrm{d}y\mathrm{d}u,$$

$$f_{Z_2}(z)=\int_{-\infty}^{+\infty}|y|f_X(yz)f_Y(y)\mathrm{d}y.$$

(3) 二维随机变量的变换及其分布

设二维连续型随机变量 (X,Y) 具有概率密度函数 $f(x,y)$，$(x,y)\in\mathbf{R}^2$，又 $g(x,y)$，$h(x,y)$ 都是二元实连续函数，由

$$\begin{cases}U=g(X,Y),\\V=h(X,Y)\end{cases}$$

确定的二维随机变量 (U,V) 称为 (X,Y) 的变换. 若变换

$$\begin{cases}u=g(x,y),\\v=h(x,y)\end{cases}$$

存在唯一的逆变换

$$\begin{cases}x=s(u,v),\\y=t(u,v),\end{cases}$$

且 $\dfrac{\partial x}{\partial u},\dfrac{\partial x}{\partial v},\dfrac{\partial y}{\partial u},\dfrac{\partial y}{\partial v}$ 都连续，则 (U,V) 也是连续型随机变量，其概率密度函数为

$$f_{U,V}(u,v)=\begin{cases}f_{X,Y}(s(u,v),t(u,v))\,|\boldsymbol{J}|,&(u,v)\in D,\\0,&\text{其他},\end{cases}$$

其中 $\boldsymbol{J} = \begin{vmatrix} \dfrac{\partial x}{\partial u} & \dfrac{\partial x}{\partial v} \\ \dfrac{\partial y}{\partial u} & \dfrac{\partial y}{\partial v} \end{vmatrix}$ 为变换的雅可比(Jacobi)行列式, 而 $D = \{(u,v):$

$u = g(x,y), v = h(x,y)$ 的值域$\}$.

前面得到的一维连续型随机变量函数的概率密度公式, 以及二维连续型随机变量的和、商的概率密度公式均可由此公式得到.

例 A. 3. 4 设随机变量 X 与 Y 相互独立, 且均服从参数为 λ 的指数分布, 其概率密度函数为

$$f(x) = \begin{cases} \lambda e^{-\lambda x}, & x > 0, \\ 0, & x \leqslant 0, \end{cases} \quad \lambda > 0.$$

试求随机变量 $U = X + Y$ 与 $V = \dfrac{X}{Y}$ 的联合概率密度函数, 并判断 U 与 V 是否独立.

解 由于 X 与 Y 相互独立, 因此 (X, Y) 的联合概率密度函数为

$$f_{X,Y}(x,y) = \lambda^2 e^{-\lambda(x+y)}, \quad x > 0, y > 0.$$

由

$$\begin{cases} u = x + y, \\ v = \dfrac{x}{y}, \end{cases}$$

解得

$$\begin{cases} x = \dfrac{uv}{1+v}, \\ y = \dfrac{u}{1+v}, \end{cases}$$

雅可比行列式的绝对值为

$$|\boldsymbol{J}| = \frac{u}{(1+v)^2}.$$

因此, (U, V) 的联合概率密度函数为

$$f_{U,V}(u,v) = f_{X,Y}\left(\frac{uv}{1+v}, \frac{u}{1+v}\right) |\boldsymbol{J}| = \lambda^2 u e^{-\lambda u} \frac{1}{(1+v)^2}, \quad u > 0, v > 0,$$

U 和 V 的边际概率密度函数分别为

$$f_U(u) = \int_0^{+\infty} \lambda^2 u e^{-\lambda u} \frac{1}{(1+v)^2} dv = \lambda^2 u e^{-\lambda u}, \quad u > 0,$$

$$f_V(v) = \int_0^{+\infty} \lambda^2 u e^{-\lambda u} \frac{1}{(1+v)^2} du = \frac{1}{(1+v)^2}, \quad v > 0,$$

故

$$f_{U,V}(u,v)=f_U(u)f_V(v)，\quad u>0,v>0，$$

因此，U 与 V 相互独立.

A.4　随机变量的数字特征与特征函数

随机变量的概率分布确定后，其全部概率特征就都知道了. 但是在实际问题中，有些概率分布比较难确定，而其数字特征较容易估算. 而且有些问题中，有的不必知道其分布情况，只要知道能反映随机变量某些方面的特征就足够了. 例如，比较不同班级的期末考试成绩，通常比较平均成绩即可；一些重要分布，如：二项分布、泊松分布、指数分布、正态分布等，只要知道了它们的数字特征，就可以确定它们的分布(常用分布的参数与数字特征有关).

本节介绍最常见的几个数字特征，数字特征是指刻画随机变量及其分布的各种特征的数值.

A.4.1　数学期望

随机变量的数学期望，又称为均值，它是随机变量按其取值概率的加权平均，是概率论发展早期就已产生的一个重要概念.

下面分离散型和连续型两种情形介绍数学期望的概念.

定义 A.4.1(离散型随机变量的数学期望)　设离散型随机变量 X 的分布列为

$$P\{X=x_i\}=p_i,\ i=1,2,\cdots,$$

若级数 $\displaystyle\sum_{i=1}^{\infty}x_ip_i$ 绝对收敛，则称 $\displaystyle\sum_{i=1}^{\infty}x_ip_i$ 为离散型随机变量 X 的

数学期望，记作 $E(X)=\displaystyle\sum_{i=1}^{\infty}x_ip_i$.

定义 A.4.2(连续型随机变量的数学期望)　设连续型随机变量 X 的概率密度函数为 $f(x)$，若积分 $\displaystyle\int_{-\infty}^{+\infty}xf(x)\,\mathrm{d}x$ 绝对收敛，则

称 $\displaystyle\int_{-\infty}^{+\infty}xf(x)\,\mathrm{d}x$ 为**连续型随机变量 X 的数学期望**，记作

$E(X)=\displaystyle\int_{-\infty}^{+\infty}xf(x)\,\mathrm{d}x$.

定义 A.4.3(离散型随机变量函数的数学期望)　设离散型随机变量 X 的分布列为

$$P\{X=x_i\} =p_i,\ i=1,2,\cdots,$$

又 $Y=g(X)$，其中 $g(x)$ 为定义在 $\{x_i:i=1,2,\cdots\}$ 上的任意实函数. 若级数 $\sum\limits_{i=1}^{\infty} g(x_i)p_i$ 绝对收敛，即 $\sum\limits_{i=1}^{\infty} |g(x_i)|p_i$ 收敛，则 $Y=g(X)$ 的数学期望定义为

$$E(Y)=E[g(X)]=\sum_{i=1}^{\infty} g(x_i)p_i.$$

定义 A.4.4(连续型随机变量函数的数学期望)　设连续型随机变量 X 的概率密度函数为 $f(x)$，又 $Y=g(X)$，其中 $g(x)$ 是定义在区间 $(-\infty,+\infty)$ 上的连续函数. 若 $\int_{-\infty}^{+\infty} g(x)f(x)\mathrm{d}x$ 绝对收敛，则 $Y=g(X)$ 的数学期望定义为

$$E(Y)=E[g(X)]=\int_{-\infty}^{+\infty} g(x)f(x)\mathrm{d}x.$$

数学期望是最基本的数字特征之一，具有如下性质：

设 $X,X_1,X_2,\cdots,X_n$ 都是随机变量，且假定 $E(X),E(X_1),E(X_2),\cdots,E(X_n)$ 均存在，则

（1）设 C 为常数，则有 $E(C)=C$；

（2）设 C 为常数，则有 $E(CX)=CE(X)$；

（3）设 $C_1,C_2,\cdots,C_n,b$ 均为常数，则有 $E\left(\sum\limits_{i=1}^{n} C_i X_i + b\right) = \sum\limits_{i=1}^{n} C_i E(X_i) + b$；

（4）设 $X_1,X_2,\cdots,X_n$ 相互独立，$C_1,C_2,\cdots,C_n$ 均为常数，则

$$E\left(\prod_{i=1}^{n} C_i X_i\right) = \prod_{i=1}^{n} C_i E(X_i)；$$

（5）设连续型随机变量 $(X_1,X_2,\cdots,X_n)$ 具有联合分布函数 $F(x_1,x_2,\cdots,x_n)$，$(x_1,x_2,\cdots,x_n) \in \mathbf{R}^n$，$g$ 为 $\mathbf{R}^n$ 上的连续函数，$Y=g(X_1,X_2,\cdots,X_n)$ 也为连续型随机变量，$F_Y(y)$ 为其分布函数，则

$$E(Y) = \int_{-\infty}^{+\infty} y\mathrm{d}F_Y(y) = \underset{\mathbf{R}^n}{\int\cdots\int} g(x_1,x_2,\cdots,x_n)\mathrm{d}F(x_1,x_2,\cdots,x_n)；$$

若 $(X_1,X_2,\cdots,X_n)$ 的联合概率密度函数为 $f(x_1,x_2,\cdots,x_n)$，则上式中的积分 $\mathrm{d}F(x_1,x_2,\cdots,x_n)$ 可换成 $f(x_1,x_2,\cdots,x_n)\mathrm{d}x_1\mathrm{d}x_2\cdots\mathrm{d}x_n$；

若 $(X_1,X_2,\cdots,X_n)$ 有联合分布列，则上式可变成对分布列的加权多重和.

性质(5)表明:求随机变量函数的数学期望,并不需要先求出该函数的分布,可利用原始的分布求得,这将简化运算.

A.4.2　方差、矩、协方差与相关系数

定义 A.4.5(方差)　设 X 是一个随机变量,若 $E[X-E(X)]^2$ 存在,则称其为 X 的**方差**,记作 $D(X)$ 或 $\mathrm{Var}(X)$,即 $D(X)=\mathrm{Var}(X)=E[X-E(X)]^2$,称 $\sqrt{D(X)}$ 为 X 的**标准差**.

方差 $D(X)$ 是刻画随机变量 X 与其数学期望 $E(X)$ 之间平均偏离程度或者散布程度的量. $D(X)$ 越大, X 的取值相对于 $E(X)$ 的分散程度越大; $D(X)$ 越小, X 的取值越集中在 $E(X)$ 附近. $D(X)=0$,则表示 X 以概率 1 取 $E(X)$.

视不同场合,设随机变量 X 的分布函数、概率密度函数、分布列分别为 $F(X)$, $f(x)$, $P\{X=x_i\}=p_i$, $i=1,2,\cdots$,则方差 $D(X)$ 可分别按如下公式求得:

$$D(X)=\int_{-\infty}^{+\infty}[x-E(X)]^2 \mathrm{d}F(x),$$

$$D(X)=\int_{-\infty}^{+\infty}[x-E(X)]^2 f(x)\mathrm{d}x,$$

$$D(X)=\sum_{i=1}^{\infty}[x_i-E(X)]^2 p_i.$$

由于随机变量的数学期望、方差和标准差都由其分布完全确定,所以也称其为相应分布的数学期望、方差和标准差.

随机变量的方差具有如下基本性质:

设 X, X_1, X_2, $\cdots$, X_n 是随机变量,且假定 $D(X)$, $D(X_1)$, $D(X_2)$, $\cdots$, $D(X_n)$ 均存在,则

(1) $D(X)=E(X^2)-[E(X)]^2$;

(2) 设 C 为常数,则有 $D(C)=0$;

(3) 对任意常数 a, b,有 $D(aX+b)=a^2 D(X)$;

(4) 设 $X_1,X_2,\cdots,X_n$ 相互独立, $a_1,a_2,\cdots,a_n,b$ 均为常数,则

$$D\left(\sum_{i=1}^{n}a_i X_i+b\right)=\sum_{i=1}^{n}a_i^2 D(X_i);$$

(5) 对随机变量 X, $D(X)=0$ 的充分必要条件为存在常数 C,使得

$$P\{X=C\}=1,$$

其中 $C=E(X)$.

例 A.4.1(切比雪夫不等式)　设随机变量 X 的期望 $E(X)$、方差 $D(X)$ 都存在,则对任意 $\varepsilon>0$,有

$$P\{|X-E(X)|\geqslant\varepsilon\}\leqslant\frac{D(X)}{\varepsilon^2}, \quad\quad (A.4.1)$$

$$P\{|X-E(X)|<\varepsilon\}\geqslant 1-\frac{D(X)}{\varepsilon^2}. \quad\quad (A.4.2)$$

证明　以连续型随机变量为例证明. 设 X 的概率密度函数为 $f(x)$, 则有

$$P\{|X-E(X)|\geqslant\varepsilon\}=\int_{|x-E(X)|\geqslant\varepsilon}f(x)\mathrm{d}x$$

$$\leqslant\int_{|x-E(X)|\geqslant\varepsilon}\frac{|x-E(X)|^2}{\varepsilon^2}f(x)\mathrm{d}x$$

$$\leqslant\frac{1}{\varepsilon^2}\int_{-\infty}^{+\infty}[x-E(X)]^2f(x)\mathrm{d}x$$

$$=\frac{D(X)}{\varepsilon^2},$$

由于 $P\{|X-E(X)|<\varepsilon\}=1-P\{|X-E(X)|\geqslant\varepsilon\}$, 因此式(A.4.2)成立.　　　　　　　　　　　　　　　　　　　　　（证毕）

切比雪夫不等式说明, 若随机变量 X 的方差 $D(X)$ 越小, 则 $|X-E(X)|<\varepsilon$ 发生的概率越大, 即 X 的值越集中在均值 $E(X)$ 附近, 该不等式进一步说明了方差的含义.

常见分布的数学期望与方差参见本书书末附录 C.

定义 A.4.6(矩)　若 X^k 的数学期望 $E(X^k)(k=1,2,\cdots)$ 存在, 则称 $E(X^k)$ 为 X 的 k **阶原点矩**; $E|X|^k$ 称为 X 的 k **阶绝对原点矩**; 若 $[X-E(X)]^k$ 的数学期望 $E[X-E(X)]^k(k=2,3,\cdots)$ 存在, 则称它为 X 的 k **阶中心矩**; $E|X-E(X)|^k$ 称为 X 的 k **阶绝对中心矩**.

注　一阶原点矩就是数学期望, 二阶中心矩就是方差.

定义 A.4.7(协方差)　设 (X,Y) 为二维随机变量, 若 $E\{[X-E(X)][Y-E(Y)]\}$ 存在, 则称其为 X 与 Y 的**协方差**, 记作 $\mathrm{Cov}(X,Y)$, 即

$$\mathrm{Cov}(X,Y)=E\{[X-E(X)][Y-E(Y)]\}.$$

协方差具有如下性质:
（1）对于常数 C, 有 $\mathrm{Cov}(X,C)=0$;
（2）$\mathrm{Cov}(X,Y)=E(XY)-E(X)E(Y)$;
（3）$\mathrm{Cov}(X,X)=D(X)$;

（4）$\text{Cov}(X,Y)=\text{Cov}(Y,X)$；

（5）对于任意常数 a,b，有 $\text{Cov}(aX,bY)=ab\text{Cov}(X,Y)$；

（6）$\text{Cov}(X_1+X_2,Z)=\text{Cov}(X_1,Z)+\text{Cov}(X_2,Z)$.

一般地，对于任意常数 $a_1,a_2,\cdots,a_m,b_1,b_2,\cdots,b_n$，有

$$\text{Cov}\Big(\sum_{i=1}^{m}a_iX_i,\sum_{j=1}^{n}b_jY_j\Big)=\sum_{i=1}^{m}\sum_{j=1}^{n}a_ib_j\text{Cov}(X_i,Y_j).$$

（7）$D(X\pm Y)=D(X)+D(Y)\pm2\text{Cov}(X,Y)$；

（8）设 X 与 Y 相互独立，则 $\text{Cov}(X,Y)=0$；反之不一定成立.

协方差是用来刻画两个随机变量之间线性关系程度的量，但它还受 X 与 Y 本身数值大小的影响. 例如，令 $\xi=kX$，$\eta=kY$，则 $\text{Cov}(\xi,\eta)=k^2\text{Cov}(X,Y)$. 而事实上 X 与 Y 之间的相互关系和 ξ 与 η 之间的相互关系应该一样，但是反映这种关系的协方差却增大了 k^2 倍. 为消除不同量纲的影响，对于方差不为 0 的随机变量常对它们加以标准化（使其方差为 1）. 为此，引入相关系数的概念.

定义 A. 4. 8（相关系数）　设随机变量 X 与 Y 的方差 $D(X)$ 与 $D(Y)$ 均存在且都大于 0，则称

$$\rho_{XY}=\frac{\text{Cov}(X,Y)}{\sqrt{D(X)}\sqrt{D(Y)}}$$

为 X 与 Y 的**相关系数**.

当 $\rho_{XY}=0$（即 $\text{Cov}(X,Y)=0$）时，称 X 与 Y 不相关；

当 $\rho_{XY}\neq0$ 时，称 X 与 Y 相关，即 X 与 Y 之间存在某种程度的线性关系.

相关系数具有如下性质：

$|\rho_{XY}|\leqslant1$，且 $|\rho_{XY}|=1$ 的充分必要条件是：X 与 Y 以概率 1 线性相关，即存在常数 a，b，使得

$$P\{Y=aX+b\}=1,$$

若 X 与 Y 相互独立，则 $\rho_{XY}=0$；反之不一定成立.

特别地，对于二维正态分布具有如下性质：

设 (X,Y) 服从二维正态分布 $N(\mu_1,\mu_2,\sigma_1^2,\sigma_2^2,\rho)$，则有

（1）$E(X)=\mu_1$，$D(X)=\sigma_1^2$，$E(Y)=\mu_2$，$D(Y)=\sigma_2^2$；

（2）X 与 Y 相互独立的充要条件是 $\rho=0$，即二维正态随机变量两个分量之间独立与不相关相互等价.

A. 4. 3　条件数学期望

定义 A. 4. 9（条件数学期望）　设随机变量 X 有数学期望，当给定 $Y=y$ 条件时 X 的条件分布函数 $F(x|y)$ 存在，则称

$$\int_{-\infty}^{+\infty} x \mathrm{d}F(x \mid y)$$

为给定 $Y=y$ 时 X 的条件数学期望，记为 $E(X \mid y)$ 或 $E(X \mid Y=y)$.

令 $g(y)=E(X \mid Y=y)$，称随机变量 $g(Y)$ 为给定 Y 时 X 的条件数学期望，记为 $E(X \mid Y)$.

若 (X,Y) 的概率密度函数为 $f(x,y)$，给定 $Y=y$ 条件时，$X=x$ 的条件密度函数为 $f(x \mid y)$，则上式中的积分 $\mathrm{d}F(x \mid y)$ 可换成 $f(x \mid y)\mathrm{d}x$.

若 (X,Y) 的分布列为 $p(x,y)$，给定 $Y=y$ 条件时，$X=x$ 的条件分布列为 $p(x \mid y)$，则上式中的积分 $\mathrm{d}F(x \mid y)$ 可换成对分布列的加权和.

条件期望具有如下性质：

设 X，$X_1,X_2,\cdots,X_n$ 都是随机变量，且假定 $E(X),E(X_1)$，$E(X_2),\cdots,E(X_n)$ 均存在，则

(1) $E[h(Y) \mid Y]=h(Y)$；

(2) $E\{[g_1(X,Y)+g_2(X,Y)] \mid Y\}=E[g_1(X,Y) \mid Y]+E[g_2(X,Y) \mid Y]$；

(3) $E[h(Y)g(X,Y) \mid Y]=h(Y)E[g(X,Y) \mid Y]$；

(4) $E[g(X,Y)]=E\{E[g(X,Y) \mid Y]\}$.

第 4 条性质是条件数学期望一个非常重要的性质，称为重期望公式，有广泛的应用．其意义是，在求平均值时，可按 Y 进行分组，先求各组的平均值，再求各组平均值的平均即得总平均.

A.4.4　特征函数

定义 A.4.10（特征函数）　设 X 为一随机变量，则称复值函数
$$\varphi(t)=E(\exp(\mathrm{i}tX))$$
为 X 的**特征函数**，其中 $\mathrm{i}=\sqrt{-1}$.

定义 A.4.11（离散型随机变量的特征函数）　设离散型随机变量 X 的分布列为
$$P\{X=x_j\}=p_j, \ j=1,2,\cdots,$$
则 X 的特征函数为
$$\varphi(t)=\sum_{j=1}^{\infty} p_j\exp(\mathrm{i}tx_j).$$

定义 A.4.12（连续型随机变量的特征函数）　设连续型随机变量 X 的分布函数为 $F(x)$，概率密度函数为 $f(x)$，则 X 的特征函数为

$$\varphi(t) = \int_{-\infty}^{+\infty} \exp(itx) \, dF(x)$$

$$= \int_{-\infty}^{+\infty} \exp(itx) f(x) \, dx.$$

例 A. 4. 2　设随机变量 $X \sim B(n,p)$，求 X 的特征函数.

解　$\varphi(t) = E(\exp(itX))$

$$= \sum_{k=0}^{n} \binom{n}{k} p^k (1-p)^{n-k} e^{itk}$$

$$= \sum_{k=0}^{n} \binom{n}{k} (pe^{it})^k (1-p)^{n-k}$$

$$= (pe^{it} + 1 - p)^n.$$

例 A. 4. 3　设随机变量 $X \sim E(\lambda)$，$\lambda > 0$，求 X 的特征函数.

解　$\varphi(t) = E(\exp(itX))$

$$= \int_0^{+\infty} e^{itx} \lambda e^{-\lambda x} \, dx$$

$$= \lambda \int_0^{+\infty} e^{-\lambda x} \cos(tx) \, dx + i\lambda \int_0^{+\infty} e^{-\lambda x} \sin(tx) \, dx,$$

利用微积分计算得

$$\int_0^{+\infty} e^{-\lambda x} \cos(tx) \, dx = \frac{\lambda}{\lambda^2 + t^2},$$

$$\int_0^{+\infty} e^{-\lambda x} \sin(tx) \, dx = \frac{t}{\lambda^2 + t^2},$$

于是，X 的特征函数为

$$\varphi(t) = \frac{\lambda^2}{\lambda^2 + t^2} + i\lambda \frac{t}{\lambda^2 + t^2} = \frac{\lambda}{\lambda - it} = \left(1 - \frac{it}{\lambda}\right)^{-1}.$$

常见分布的特征函数参见本书书末附录 C.

特征函数具有如下基本性质：

（1）有界性 $|\varphi(t)| \leqslant \varphi(0) = 1 \, (t \in \mathbf{R})$；

（2）设随机变量 $X_1, X_2, \cdots, X_n$ 相互独立，$\varphi_{X_1}(t), \varphi_{X_2}(t), \cdots,$ $\varphi_{X_n}(t)$ 分别是它们的特征函数，则其和 $X_1 + X_2 + \cdots + X_n$ 的特征函数等于各加项的特征函数之积，即

$$\varphi_{X_1 + X_2 + \cdots + X_n}(t) = \varphi_{X_1}(t) \varphi_{X_2}(t) \cdots \varphi_{X_n}(t);$$

（3）设 a 与 b 为常数，则 $aX + b$ 的特征函数为

$$\varphi_{aX+b}(t) = \exp(ibt) \varphi_X(at),$$

其中 $\varphi_X(t)$ 为 X 的特征函数；

（4）设随机变量 X 的 n 阶原点矩存在，则随机变量 X 的特征函数的 n 阶导数存在，且有

$$\varphi^{(k)}(t) = \mathrm{i}^k \int_{-\infty}^{+\infty} x^k \exp(\mathrm{i}tx)\,\mathrm{d}F(x)$$

$$E(X^k) = \frac{1}{\mathrm{i}^k}\varphi^{(k)}(0),\ k=1,2,\cdots,n;$$

（5）反演公式：设 X 的分布函数是 $F(x)$，特征函数是 $\varphi(t)$，若 x_1,x_2 是 $F(x)$ 的连续点且 $x_1<x_2$，则有

$$F(x_2)-F(x_1) = \frac{1}{2\pi}\lim_{T\to\infty}\int_{-T}^{T}\frac{\exp(-\mathrm{i}tx_1)-\exp(-\mathrm{i}tx_2)}{\mathrm{i}t}\varphi(t)\,\mathrm{d}t;$$

（6）特征函数与分布函数相互唯一确定.

特征函数 φ 由 X 的分布函数 F 唯一确定，反之亦然，即分布函数可通过特征函数表示. 因此，φ 也称为该分布的特征函数. 事实上，φ 是 F 的傅里叶-斯蒂尔切斯（Fourier-Stieltjes）变换或其密度 f 的傅里叶变换，它对一切实数 t 都有意义.

例 A.4.4　设随机变量 $X_1,X_2,\cdots,X_n$ 相互独立，且 $X_i\sim B(m_i,p)$，$i=1,2,\cdots,n$，求 $\sum\limits_{i=1}^{n}X_i$ 的分布列.

解　根据例 A.4.2，X_i 的特征函数为

$$\varphi_{X_i}(t) = (p\mathrm{e}^{\mathrm{i}t}+1-p)^{m_i},\ i=1,2,\cdots,n,$$

由于 $X_1,X_2,\cdots,X_n$ 相互独立，根据特征函数的性质（2）得

$$\varphi_{\sum\limits_{i=1}^{n}X_i}(t) = \varphi_{X_1}(t)\varphi_{X_2}(t)\cdots\varphi_{X_n}(t),$$

$$\varphi_{\sum\limits_{i=1}^{n}X_i}(t) = \prod_{i=1}^{n}(p\mathrm{e}^{\mathrm{i}t}+1-p)^{m_i} = (p\mathrm{e}^{\mathrm{i}t}+1-p)^{\sum\limits_{i=1}^{n}m_i},$$

根据特征函数的性质（6）即得

$$\sum_{i=1}^{n}X_i \sim B\Big(\sum_{i=1}^{n}m_i,p\Big).$$

由例 A.4.4 可以看出，二项分布 $B(n,p)$，在参数 p 固定下，对参数 n 具有可加性.

例 A.4.5　设随机变量 $X_1,X_2,\cdots,X_n$ 相互独立，且 $X_i\sim N(\mu_i,\sigma_i^2)$，$i=1,2,\cdots,n$，求 $\sum\limits_{i=1}^{n}\alpha_i X_i$ 的分布，其中 $\alpha_1,\alpha_2,\cdots,\alpha_n$ 是不全为零的常数.

解　根据本书书末附录 C，可知 X_i 的特征函数为

$$\varphi_{X_i}(t) = \exp\Big(\mathrm{i}\mu_i t-\frac{1}{2}\sigma_i^2 t^2\Big),$$

由于 $X_1,X_2,\cdots,X_n$ 相互独立，根据特征函数的性质（2）与性质（3）得

$$\varphi_{\sum\limits_{i=1}^{n}\alpha_i X_i}(t) = \varphi_{\alpha_1 X_1}(t)\varphi_{\alpha_2 X_2}(t)\cdots\varphi_{\alpha_n X_n}(t)$$

$$= \varphi_{X_1}(\alpha_1 t)\varphi_{X_2}(\alpha_2 t)\cdots\varphi_{X_n}(\alpha_n t),$$

进一步，得

$$\varphi_{\sum_{i=1}^{n}\alpha_i X_i}(t) = \prod_{i=1}^{n}\exp\left[i\mu_i(\alpha_i t) - \frac{1}{2}\sigma_i^2(\alpha_i t)^2\right]$$

$$= \exp\left[i\sum_{i=1}^{n}(\alpha_i\mu_i)t - \frac{1}{2}\sum_{i=1}^{n}(\alpha_i^2\sigma_i^2)t^2\right]$$

根据特征函数的性质(6)即得

$$\sum_{i=1}^{n}\alpha_i X_i \sim N\left(\sum_{i=1}^{n}\alpha_i\mu_i, \sum_{i=1}^{n}\alpha_i^2\sigma_i^2\right).$$

对比例 A.3.3 和例 A.4.5 的求解过程发现利用特征函数作为工具要方便很多.

A.5 大数定律与中心极限定理

概率论与数理统计是研究随机现象统计规律性的学科. 随机现象的规律性只有在相同的条件下进行大量重复试验时才会呈现出来. 也就是说，要从随机现象中去寻求必然的法则，应该研究大量随机现象. 研究大量的随机现象，常常采用极限形式，由此导致对极限定理进行研究. 极限定理的内容很广泛，其中最重要的有两种：大数定律与中心极限定理.

本节假定，在同一问题中出现的随机变量都定义在同一个样本空间上.

A.5.1 随机变量序列的收敛性

概率论中经常用到的收敛有如下几种.

1. 依分布收敛

设随机变量 $X_n(n=1,2,\cdots)$ 和随机变量 X 的分布函数分别为 $F_n(x)(n=1,2,\cdots)$ 和 $F(x)$，如果对于 $F(x)$ 的每一个连续点 x，都有

$$\lim_{n\to\infty}F_n(x) = F(x), \tag{A.5.1}$$

则称随机变量序列 $\{X_n, n=1,2,\cdots\}$ 依分布收敛于随机变量 X，记作 $X_n \xrightarrow{d} X$.

2. 依概率收敛

设 $\{X_n, n=1,2,\cdots\}$ 为一随机变量序列，X 是一个随机变量，若对于任意 $\varepsilon>0$，有

$$\lim_{n\to\infty}P\{|X_n-X|\geqslant\varepsilon\} = 0, \tag{A.5.2}$$

或

$$\lim_{n\to\infty}P\{|X_n-X|<\varepsilon\} = 1,$$

则称随机变量序列 $\{X_n, n=1,2,\cdots\}$ 依概率收敛于随机变量 X, 记作 $X_n \overset{P}{\longrightarrow} X$.

3. r-阶收敛

设 $\{X_n, n=1,2,\cdots\}$ 为一随机变量序列, X 是一个随机变量, 对 $r>0$ 有 $E|X|^r < \infty$ 和 $E|X_n|^r < \infty$, 若

$$\lim_{n\to\infty} E|X_n - X|^r = 0, \qquad (\text{A.5.3})$$

则称随机变量序列 $\{X_n, n=1,2,\cdots\}$ r-阶收敛于随机变量 X, 记作 $X_n \overset{L_r}{\longrightarrow} X$.

特别地, 1-阶收敛又称作**平均收敛**; 2-阶收敛又称作**均方收敛**.

4. 几乎处处收敛(以概率 1 收敛)

设 $\{X_n, n=1,2,\cdots\}$ 为一随机变量序列, X 是一个随机变量, 若

$$P\{\omega: \lim_{n\to\infty} X_n(\omega) = X(\omega)\} = P\{\lim_{n\to\infty} X_n = X\} = 1, \quad (\text{A.5.4})$$

则称随机变量序列 $\{X_n, n=1,2,\cdots\}$ 几乎处处收敛于随机变量 X, 或者称随机变量序列 $\{X_n, n=1,2,\cdots\}$ 以概率 1 收敛于随机变量 X, 记作 $X_n \overset{\text{a.s.}}{\longrightarrow} X$.

四种收敛之间的关系:

以概率 1 收敛
$$\Downarrow$$
r-阶收敛 $\Rightarrow$ 依概率收敛 $\Rightarrow$ 依分布收敛

作为上述几种收敛性质的应用, 下面的 Slutsky 定理非常重要.

定理 A.5.1(Slutsky 定理) 设 $\{X_n, n=1,2,\cdots\}$ 和 $\{Y_n, n=1,2,\cdots\}$ 是两个随机变量序列, 若 $X_n \overset{d}{\longrightarrow} X$, $Y_n \overset{P}{\longrightarrow} C$ (C 为常数), 则有

$$X_n + Y_n \overset{d}{\longrightarrow} X + C,$$

$$X_n Y_n \overset{d}{\longrightarrow} CX,$$

$$X_n/Y_n \overset{d}{\longrightarrow} X/C \quad (C \neq 0).$$

证明略, 可参见茆诗松、王静龙、濮晓龙的《高等数理统计》.

A.5.2 大数定律

大数定律是研究大量随机现象平均结果稳定性的定律, 是概率论和数理统计的基本定律之一.

1. 大数定律的一般形式

设 $\{X_n, n=1,2,\cdots\}$ 为一随机变量序列，如果存在常数列 a_1, $a_2,\cdots,a_n\cdots$，使得对于任意 $\varepsilon>0$，有

$$\lim_{n\to\infty}P\left\{\left|\frac{1}{n}\sum_{k=1}^{n}X_k - a_n\right|\geqslant\varepsilon\right\}=0, \qquad (A.5.5)$$

或

$$\lim_{n\to\infty}P\left\{\left|\frac{1}{n}\sum_{k=1}^{n}X_k - a_n\right|<\varepsilon\right\}=1,$$

则称随机变量序列 $\{X_n, n=1,2,\cdots\}$ 服从**大数定律**.

2. 伯努利大数定律

设 n_A 是 n 次独立重复伯努利试验中事件 A 发生的次数，p 是事件 A 在每次试验中发生的概率，则对任意 $\varepsilon>0$，有

$$\lim_{n\to\infty}P\left\{\left|\frac{n_A}{n}-p\right|\geqslant\varepsilon\right\}=0, \qquad (A.5.6)$$

或

$$\lim_{n\to\infty}P\left\{\left|\frac{n_A}{n}-p\right|<\varepsilon\right\}=1.$$

伯努利大数定律表明，当重复试验次数 n 充分大时，事件 A 发生的频率 n_A/n 与事件 A 的概率 p 有较大偏差的可能性很小. 伯努利大数定律以严格的数学形式表达了频率的稳定性. 实际应用中，当试验次数很大时，可用事件发生的频率代替该事件的概率.

3. 切比雪夫大数定律

设 $\{X_n, n=1,2,\cdots\}$ 为相互独立的随机变量序列，且 $D(X_n)\leqslant C, n=1,2,\cdots(C$ 为常数$)$，则对任意 $\varepsilon>0$，有

$$\lim_{n\to\infty}P\left\{\left|\frac{1}{n}\sum_{k=1}^{n}X_k - E\left(\frac{1}{n}\sum_{k=1}^{n}X_k\right)\right|<\varepsilon\right\}=1. \qquad (A.5.7)$$

4. 辛钦大数定律

设 $\{X_n, n=1,2,\cdots\}$ 是独立同分布的随机变量序列，且有有限数学期望

$$E(X_n)=\mu, \quad n=1,2,\cdots,$$

则对任意 $\varepsilon>0$，有

$$\lim_{n\to\infty}P\left\{\left|\frac{1}{n}\sum_{k=1}^{n}X_k - \mu\right|<\varepsilon\right\}=1, \qquad (A.5.8)$$

即

$$\frac{1}{n}\sum_{k=1}^{n}X_k \xrightarrow{P}\mu.$$

　　伯努利大数定律是辛钦大数定律的特例. 辛钦大数定律为寻找随机变量的期望值提供了一条实际可行的途径.

　　该定律表明, 当 n 很大时, 随机变量 $X_1, X_2, \cdots, X_n$ 的算术平均值 $\overline{X} = \dfrac{1}{n} \sum_{k=1}^{n} X_k$ 接近于数学期望 $E(X_1) = E(X_2) = \cdots = E(X_k) = \mu$, 这种接近是在概率意义下的接近, 即辛钦大数定律给出了平均值稳定性的科学描述, 在数理统计中有重要的应用.

A. 5. 3　中心极限定理

　　在客观世界中有许多随机变量, 它们是由大量相互独立随机因素的综合影响组成的. 如果每一个因素在总的影响中所起作用都是微小的, 则这种量一般都服从或近似服从正态分布. 这种现象是中心极限定理的客观背景, 该结论得益于高斯对测量误差分布的研究.

　　概率论中, 在一定条件下得到随机变量之和的极限分布是正态分布的定理, 称为中心极限定理. 下面介绍几个常用的中心极限定理.

1. 林德伯格-莱维中心极限定理

　　设 $\{X_n, n = 1, 2, \cdots\}$ 是独立同分布的随机变量序列, 且有有限的数学期望和方差

$$E(X_n) = \mu, D(X_n) = \sigma^2, \quad n = 1, 2, \cdots,$$

则对任意实数 x, 有

$$\lim_{n \to \infty} P\left\{ \frac{\sum\limits_{k=1}^{n} X_k - n\mu}{\sigma \sqrt{n}} \leqslant x \right\} = \frac{1}{\sqrt{2\pi}} \int_{-\infty}^{x} \mathrm{e}^{-t^2/2} \mathrm{d}t = \varPhi(x), \quad (\text{A. 5. 9})$$

或

$$\frac{\sum\limits_{k=1}^{n} X_k - E\left(\sum\limits_{k=1}^{n} X_k \right)}{\sqrt{D\left(\sum\limits_{k=1}^{n} X_k \right)}} \xrightarrow{L} N(0,1) \ (n \to \infty),$$

或

$$\frac{\dfrac{1}{n} \sum\limits_{k=1}^{n} X_k - \mu}{\sigma / \sqrt{n}} \xrightarrow{L} N(0,1) \ (n \to \infty).$$

　　一般情况下很难求出 n 个随机变量之和 $\sum\limits_{k=1}^{n} X_k$ 的分布函数, 该定理表明: 当 n 充分大时, 可以通过正态分布函数给出其近似的分布. 因此可以利用正态分布对 $\sum\limits_{k=1}^{n} X_k$ 进行理论分析或做实际

计算. 这正是正态分布在概率统计中占重要地位的原因之一.

2. 棣莫佛-拉普拉斯中心极限定理

设随机变量序列 $\{X_n, n=1,2,\cdots\}$ 服从参数为 n, $p(0<p<1)$ 的二项分布, 则对任意实数 x, 有

$$\lim_{n\to\infty} P\left\{\frac{X_n-np}{\sqrt{np(1-p)}} \leqslant x\right\} = \frac{1}{\sqrt{2\pi}} \int_{-\infty}^{x} e^{-t^2/2} dt = \Phi(x). \qquad (A.5.10)$$

该定理表明, 当 n 很大, $p(0<p<1)$ 是一个定值时, 二项分布的极限分布为正态分布. 该定理是林德伯格-莱维中心极限定理的特例.

3. 李雅普诺夫(Lyapunov)中心极限定理

设 $\{X_n, n=1,2,\cdots\}$ 为相互独立的随机变量序列, 且

$$E(X_k)=\mu_k, \ D(X_k)=\sigma_k^2>0, \ k=1,2,\cdots,$$

记 $B_n^2 = \sum_{k=1}^{n} \sigma_k^2$, 若存在正数 $\delta>0$, 使得

$$\lim_{n\to\infty} \frac{1}{B_n^{2+\delta}} \sum_{k=1}^{n} E\{|X_k-\mu_k|^{2+\delta}\} = 0,$$

则对任意实数 x, 有

$$\lim_{n\to\infty} P\left\{\frac{\sum_{k=1}^{n} X_k - \sum_{k=1}^{n} \mu_k}{B_n} \leqslant x\right\} = \frac{1}{\sqrt{2\pi}} \int_{-\infty}^{x} e^{-t^2/2} dt = \Phi(x), \quad (A.5.11)$$

或

$$\frac{\sum_{k=1}^{n}(X_k-\mu_k)}{B_n} \xrightarrow{\mathscr{L}} N(0,1) \ (n\to\infty).$$

实际问题中, 所考虑的随机变量可以表示成很多个独立随机变量的和. 例如, 一个物理实验的测量误差是由很多观察不到的、可加的微小误差合成的, 它们往往近似服从正态分布.

4. 林德伯格-费勒中心极限定理

设 $\{X_n, n=1,2,\cdots\}$ 是相互独立的随机变量序列, 且有有限方差

$$E(X_k)=\mu_k, D(X_k)=\sigma_k^2>0, \ k=1,2,\cdots,$$

记 $B_n^2 = \sum_{k=1}^{n} \sigma_k^2$, 若对任意 $\tau>0$ 成立林德伯格条件

$$\lim_{n\to\infty} \frac{1}{B_n^2} \sum_{k=1}^{n} \int_{|x-\mu_k|\geqslant\tau B_n} (x-\mu_k)^2 dF_k(x) = 0,$$

其中 $F_k(x)$ 是 X_k 的分布函数, 则同时成立

$$\lim_{n \to \infty} P\left(\frac{\sum_{k=1}^{n} X_k - \sum_{k=1}^{n} E(X_k)}{B_n} \leqslant x \right) = \frac{1}{\sqrt{2\pi}} \int_{-\infty}^{x} e^{-t^2/2} dt = \Phi(x)$$

$$(A.5.12)$$

和费勒条件

$$\lim_{n \to \infty} \frac{1}{B_n^2} \max_{1 \leqslant k \leqslant n} \sigma_k^2 = 0,$$

反之亦然.

　　林德伯格-费勒中心极限定理在方差有限情形下，解决了独立随机变量序列的中心极限问题.

　　中心极限定理是概率论中最著名的结果之一，它不仅提供了计算独立随机变量之和的近似概率的简单方法，而且有助于解释为什么很多自然群体的经验频率呈现出钟形曲线这一值得注意的事实.

　　附录 A 主要介绍了概率论的基本概念和基本定理. 若需进一步了解相关详细内容，参见复旦大学李贤平编写的《概率论基础》，魏宗舒等编写的《概率论与数理统计教程》和王松桂、程维虎、高旅端编写的《概率论与数理统计》等相关文献.

附录 B　特色案例

B.1　某型号固态功率控制器退化试验数据分析

王典朋[一]，赵颖[二]

> **教学内容**
>
> ● **教学目的**：使同学们掌握参数估计、区间估计和假设检验的基本方法，会用软件实现数据的基本统计分析.
>
> ● **适用课程**：数理统计.
>
> ● **前期知识准备**：R 语言、概率论、数理统计、随机过程.
>
> ● **本案例的知识点**：Wiener 过程、参数估计、区间估计、假设检验.

1. 案例介绍

固态功率控制器（SSPC）是集继电器的转换功能和断路器的电

[一] Email: wdp@bit.edu.cn.
[二] Email: zhaoying@bit.edu.cn.

路保护功能于一体的智能开关设备，是具有隔离功能的无触点电子开关，耐振动、耐机械冲击，具有防潮防霉防腐蚀、防爆功能，灵敏度高，噪声低和工作频率高等特点. SSPC 因其响应速度快、工作寿命长、可靠性高等特点，被广泛应用于各类控制系统，其可靠性对整个电源系统的可靠性有着至关重要的影响.

若产品某种性能随时间的延长而逐渐缓慢地下降，直至达到无法正常工作的状态(通常规定一个评判的临界值，即退化失效标准或失效阈值)，则称此类产品为退化型失效产品，称其性能参数随测试时间退化的数据为退化数据. SSPC 即为一类退化型失效产品，与其直接相关的性能指标是导通阻抗(RDS). RDS 从 SSPC 开始工作到产品失效时刻呈现出具有一定趋势的变化规律，且 RDS 本身是可测量的.

本案例基于 SSPC 定时采集的 RDS 性能退化数据，介绍参数估计、区间估计和假设检验等基本统计分析方法.

2. 基于 Wiener 过程的性能退化模型

(1) 数据预处理及可视化

本案例分析的数据来自于某型号 SSPC 在加速退化试验中采集的真实 RDS 测量数据，数据采集频率是每进行 20h 试验采集一次. 试验有 T1、T2、T3 共 3 个应力水平，每个应力水平下有 3 个样本. 收集到的 RDS 的性能退化数据见表 B. 1. 1.

表 B. 1. 1　RDS 的性能退化数据

T1				T2				T3			
时长	样本 1	样本 2	样本 3	时长	样本 1	样本 2	样本 3	时长	样本 1	样本 2	样本 3
0	41.543	39.854	40.65	0	39.571	40.213	41.028	0	40.511	39.776	40.227
20	41.621	40.094	40.734	20	39.886	40.457	41.346	20	41.087	40.575	40.804
40	41.815	40.33	40.971	40	40.462	41.217	42.042	40	42.427	41.749	41.914
60	42.247	40.691	41.362	60	41.171	41.911	42.759	60	43.364	42.855	42.862
80	42.651	41.113	41.69	80	41.622	42.526	43.288	80	44.288	43.962	43.954
100	43.062	41.568	42.12	100	42.315	43.107	43.913	100	45.527	45.302	45.246
120	43.512	42.01	42.538	120	42.893	43.752	44.485	120	46.465	46.352	45.951
140	43.876	42.374	42.887	140	43.455	44.461	44.942				
160	44.375	42.759	43.242	160	43.932	45.072	45.425				
180	44.668	43.152	43.557	180	44.526	45.611	46.008				
200	44.906	43.434	43.858	200	45.225	46.179	46.613				
220	45.187	43.749	44.137	220	45.638	46.556	46.972				
240	45.392	44.081	44.402								
260	45.721	44.419	44.667								

（续）

	T1				T2				T3		
时长	样本 1	样本 2	样本 3	时长	样本 1	样本 2	样本 3	时长	样本 1	样本 2	样本 3
280	45.92	44.729	44.91								
300	46.165	45.037	45.183								
320	46.359	45.301	45.424								
340	46.557	45.58	45.657								
360	46.734	45.905	45.898								
380	46.903	46.342	46.131								
400	47.182	46.641	46.371								
420	47.422	46.933	46.572								
440	47.609	47.121	46.789								

在性能退化数据分析时常常先对数据进行初始化处理，初始化的方式为

$$X^* = \frac{X}{X_1}. \qquad (B.1.1)$$

其中，X^* 是初始化后的数据，X 是原始数据，X_1 是原始数据的初始值. 利用统计软件 R 可以对数据进行可视化，直观地感受数据的特点. 利用下面的代码，我们可以对初始化后的性能退化数据进行画图.

```
path0 <- c("T1", "T2", "T3")
path <- "~/数据/"
for(m in 1:3) {
  dat <- read.csv(paste(path,path0[m],".csv",sep = ""),
header = T)
  #数据初始化
  dat0 <- dat
  for (i in 2:4) {
    dat0[,i] <- dat0[,i] / dat0[1,i]
  }
  #初始化的结果
  assign(paste("dat",m,sep = ""),dat0)
}
for(m in 1:3) {
  dat <- get(paste("dat",m,sep = ""))
  t <- dat[,1]
  plot(x = t,y = dat[,2],pch = 15,cex = 1,
    ylim = c(1,1.05 * max(dat[,c(2:4)])),
    xlab = "试验时长(h)",ylab = "导通电阻",
    cex.lab = 2,main = paste("T",m,sep = ""))
  points(x = t,y = dat[,3],pch = 16,cex = 1,col = 2)
```

```
  points(x = t,y = dat[,4],pch = 15,cex = 1,col = 3)
  legend("topleft",legend = c("Rds 1","Rds 2","Rds 3"),
    pch = 15:17,col = 1:3,cex = 1,bty = "n",ncol = 1)
}
```

　　数据可视化的结果如图 B.1.1 所示. 从图中我们不难发现, RDS 随试验时间整体呈现上升趋势.

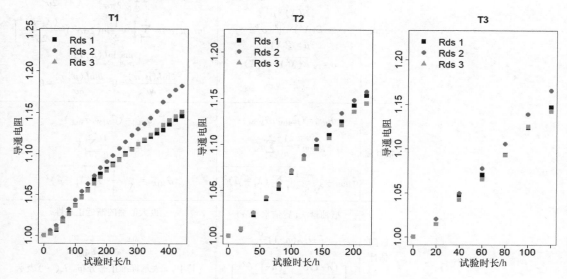

图 B.1.1　标准化后的 RDS 性能退化数据

（2）Wiener 过程模型

　　针对 RDS 性能退化数据进行统计分析时, 常采用 Wiener 过程模型对性能退化数据进行建模, Wiener 过程通常表述为

$$X(t_i) = X(t_1) + \mu t_i + \sigma B(t_i), \tag{B.1.2}$$

其中, $i = 2, \cdots, n$, n 是数据个数, $X(t_1)$ 是数据初始值, μ 是漂移参数, σ 是扩散参数, $B(\cdot)$ 是标准布朗运动.

　　根据 Wiener 过程的独立增量性, 可得

$$\Delta X(t_i) = X(t_{i+1}) - X(t_i) \sim N(\mu \Delta t, \sigma^2 \Delta t), \tag{B.1.3}$$

其中, Δt 是收集数据的时间间隔.

（3）参数的点估计和区间估计

　　由式（B.1.3）可知, 对 Wiener 过程的参数估计即对正态分布的参数估计, 一般有矩估计和极大似然估计两种估计方法. 参数的矩估计、极大似然估计及对应置信区间估计的简要描述见表 B.1.2（其中, $\hat{\theta}_{\text{MOM}}$ 表示参数 θ 的矩估计, $\hat{\theta}_{\text{MLE}}$ 表示参数 θ 的极大似然估计）.

表 B.1.2 矩估计和极大似然估计对比

	矩估计	极大似然估计
基本思想	以样本矩作为总体矩的估计值	以使得样本事件发生概率最大的参数值作为总体参数的估计值
公式	$X_1,\cdots,X_n$ i. i. d $N(\mu,\sigma^2)$ $E(X)=\mu$ $E(X^2)=\mu^2+\sigma^2$ $\mu=E(X)$ $\sigma=\sqrt{E(X^2)-E^2(X)}$	$X_1,\cdots,X_n$ i. i. d $N(\mu,\sigma^2)$ $L(\mu,\sigma)=\prod\limits_{i=1}^{n}\dfrac{1}{\sqrt{2\pi\sigma^2}}\exp\left(-\dfrac{(X_i-\mu)^2}{2\sigma^2}\right)$ $\ln L(\mu,\sigma)=\sum\limits_{i=1}^{n}\left[-\dfrac{1}{2}\ln(2\pi\sigma^2)-\dfrac{(X_i-\mu)^2}{2\sigma^2}\right]$ $\max\limits_{\mu,\sigma}\ln L(\mu,\sigma)$ $\dfrac{\partial\ln L(\mu,\sigma)}{\partial\mu}=0,\ \dfrac{\partial\ln L(\mu,\sigma)}{\partial\sigma}=0$
估计量	$\hat{\theta}_{\mathrm{MOM}}=(\hat{\mu}_{\mathrm{MOM}},\hat{\sigma}_{\mathrm{MOM}})$ $\hat{\mu}_{\mathrm{MOM}}=\dfrac{1}{n}\sum\limits_{i=1}^{n}X_i$ $\hat{\sigma}_{\mathrm{MOM}}=\sqrt{\dfrac{1}{n-1}\sum\limits_{i=1}^{n}(X_i-\hat{\mu})^2}$	$\hat{\theta}_{\mathrm{MLE}}=(\hat{\mu}_{\mathrm{MLE}},\hat{\sigma}_{\mathrm{MLE}})$ $\hat{\mu}_{\mathrm{MLE}}=\dfrac{1}{n}\sum\limits_{i=1}^{n}X_i$ $\hat{\sigma}_{\mathrm{MLE}}=\sqrt{\dfrac{1}{n}\sum\limits_{i=1}^{n}(X_i-\hat{\mu})^2}$
区间估计	枢轴量法（置信水平 α） $\hat{\mu}\pm t_{\alpha/2}(n-1)\dfrac{\hat{\sigma}}{\sqrt{n}}$ $\left[\dfrac{(n-1)\hat{\sigma}^2}{\chi^2_{\alpha/2}(n-1)},\dfrac{(n-1)\hat{\sigma}^2}{\chi^2_{1-\alpha/2}(n-1)}\right]$	极大似然的渐近正态性 $\hat{\theta}_{\mathrm{MLE}}\pm\dfrac{z_{\alpha/2}}{\sqrt{I_n(\hat{\theta}_{\mathrm{MLE}})}}$ 其中，z 表示标准正态分布，$I_n(\cdot)$ 表示费希尔信息矩阵

　　基于表 B.1.2 和式(B.1.3)，结合表 B.1.1 中 RDS 性能退化数据，在 $\alpha=0.05$ 下可得相应的估计值，见表 B.1.3，结果表明在此案例中相较于矩估计，极大似然估计的区间长度更窄.

表 B.1.3 参数估计结果

		矩估计			极大似然估计		
		$\hat{\mu}_{\mathrm{MOM}}$	95%下界	95%上界	$\hat{\mu}_{\mathrm{MLE}}$	95% 下界	95%上界
T1	样本 1	3.32×10^{-4}	7.62×10^{-5}	5.8710^{-4}	3.32×10^{-4}	3.20×10^{-4}	3.43×10^{-4}
	样本 2	4.14×10^{-4}	2.41×10^{-4}	5.88×10^{-4}	4.14×10^{-4}	4.07×10^{-4}	4.22×10^{-4}
	样本 3	3.43×10^{-4}	1.56×10^{-4}	5.30×10^{-4}	3.43×10^{-4}	3.35×10^{-4}	3.52×10^{-4}
T2	样本 1	6.97×10^{-4}	2.38×10^{-4}	1.16×10^{-3}	6.97×10^{-4}	6.70×10^{-4}	7.24×10^{-4}
	样本 2	7.17×10^{-4}	1.84×10^{-4}	1.25×10^{-3}	7.17×10^{-4}	6.85×10^{-4}	7.49×10^{-4}
	样本 3	6.59×10^{-4}	2.14×10^{-4}	1.10×10^{-3}	6.59×10^{-4}	6.32×10^{-4}	6.85×10^{-4}
T3	样本 1	1.22×10^{-3}	-2.05×10^{-4}	2.65×10^{-3}	1.23×10^{-3}	1.13×10^{-3}	1.32×10^{-3}
	样本 2	1.38×10^{-3}	4.26×10^{-4}	2.33×10^{-3}	1.38×10^{-3}	1.31×10^{-3}	1.44×10^{-3}
	样本 3	1.19×10^{-3}	-2.47×10^{-4}	2.62×10^{-3}	1.19×10^{-3}	1.09×10^{-3}	1.29×10^{-3}

（续）

		矩估计			极大似然估计		
		$\hat{\sigma}_{\mathrm{MOM}}$	95%下界	95%上界	$\hat{\sigma}_{\mathrm{MLE}}$	95%下界	95%上界
T1	样本 1	5.77×10^{-4}	4.44×10^{-4}	8.24×10^{-4}	5.77×10^{-4}	5.40×10^{-4}	6.13×10^{-4}
	样本 2	3.92×10^{-4}	3.01×10^{-4}	5.60×10^{-4}	3.92×10^{-4}	3.67×10^{-4}	4.16×10^{-4}
	样本 3	4.22×10^{-4}	3.25×10^{-4}	6.03×10^{-4}	4.22×10^{-4}	3.96×10^{-4}	4.49×10^{-4}
T2	样本 1	6.83×10^{-4}	4.77×10^{-4}	1.20×10^{-3}	6.83×10^{-4}	5.96×10^{-4}	7.69×10^{-4}
	样本 2	7.94×10^{-4}	5.55×10^{-4}	1.39×10^{-3}	7.94×10^{-4}	6.94×10^{-4}	8.94×10^{-4}
	样本 3	6.62×10^{-4}	4.63×10^{-4}	1.16×10^{-3}	6.62×10^{-4}	5.78×10^{-4}	7.46×10^{-4}
T3	样本 1	1.36×10^{-3}	8.51×10^{-4}	3.34×10^{-3}	1.36×10^{-3}	1.05×10^{-3}	1.68×10^{-3}
	样本 2	9.07×10^{-4}	5.66×10^{-4}	2.22×10^{-3}	9.07×10^{-4}	6.97×10^{-4}	1.12×10^{-3}
	样本 3	1.36×10^{-3}	8.52×10^{-4}	3.35×10^{-3}	1.37×10^{-3}	1.05×10^{-3}	1.68×10^{-3}

（4）假设检验

1）数据的正态性检验。由式（B.1.3）可以发现，Wiener 过程的应用前提是一阶差分服从正态分布，因此需要对退化数据的一阶差分进行正态性检验. Shapiro-Wilk（SW）检验是 1965 年由 Shapiro 和 Wilk 提出的正态性检验方法，从统计学意义上利用数据判断总体是否服从正态分布. 该检验的原假设是样本来自于一个正态分布总体. 因此，如果检验的 P 值小于给定的显著性水平，那么应该拒绝原假设，即数据不服从正态分布. 如果 P 值大于显著性水平，则没有证据拒绝正态假设，认为数据服从正态分布.

本案例中采用 SW 检验进行数据的正态性检验. 检验结果见表 B.1.4，结果表明 P 值均大于 0.01，即没有拒绝正态假设，说明了数据的一阶差分服从正态分布，可以用 Wiener 过程进行建模.

表 B.1.4　正态性检验结果

	T1			T2			T3		
	样本 1	样本 2	样本 3	样本 1	样本 2	样本 3	样本 1	样本 2	样本 3
单个样本的 P 值	0.1686	0.8283	0.1979	0.4942	0.1509	0.7515	0.498	0.6436	0.7366
应力下整体 P 值	0.3508			0.09519			0.3352		

上述内容（3）和 1）对应的 R 语言代码示例如下：

```
# MLE
library(maxLik)
f <- function(parameter){
    mu <- parameter[1]
```

```
    sigma <- parameter[2]
    logL <- -0.5 * n * log(2 * pi) - 0.5 * n * log(sigma^2 * dt) -
    sum(((x-mu * dt)^2)/(2 * (sigma^2 * dt)))
    logL
}

res <- matrix(NA, nrow = 9, ncol = 15)
colnames(res) <- c("漂移系数_MOM", "扩散系数_MOM", "SW_P",
"漂移系数_MLE", "扩散系数_MLE", "对数似然", "SW_P 总",
"mu_MOM_L", "mu_MOM_U",
"sig_MOM_L", "sig_MOM_U",
"mu_MLE_L", "mu_MLE_U",
"sig_MLE_L", "sig_MLE_U")
threshold_Rds <- 1.2
for (m in 1:3) {
    dat <- get(paste("dat", m, sep = ""))
    dt0 <- dat[,1]
    dt <- NULL
    for (i in 2:length(dt0)) {
        dt[i - 1] <- dt0[i]-dt0[i - 1]
    }
    xt0 <- dat[,2]
    xt0 <- xt0 / xt0[1]
    x <- NULL
    for (i in 2:length(xt0)) {
        x[i - 1] <- xt0[i] - xt0[i - 1]
    }
    x1 <- x

    n <- length(x)
    res[3 * m - 2, 1] <- mean(x)/dt[1]
    res[3 * m - 2, 2] <- sqrt(sum((x-mean(x))^2)/(n))/
sqrt(dt[1])
    res[3 * m - 2, 3] <- signif(shapiro.test(x)$p.value, 4)
    A <- matrix(diag(2), 2, 2)
    B <- matrix(c(0, 0), 2, 1)
    result1 <- maxLik(f, start = c(1, 1), method = "BFGS",
    constraints = list(ineqA = A, ineqB = B))
    res[3 * m - 2, 4:5] <- signif(result1$estimate, 4)
    res[3 * m - 2, 6] <- signif(result1$maximum, 4)
    mu <- result1$estimate[1]
    sigma <- result1$estimate[2]
    mcresult <- NULL
    for (k in 1:1000) {
        sam <- c(rnorm(1e+04, mu, sigma))
        sam0 <- NULL
```

```
   sam0[1] <- 1
       for (i in 2:length(sam)) {
           sam0[i] <- sam0[i - 1]+sam[i]
       }
   mcresult[k] <- seq(0,1e+04,by = 1)[min(which(sam0>
   threshold_Rds))]
   }


   # 矩估计置信区间
   res[3*m-2,8] <- mean(x)/dt[1] - qt(0.975,df = n-1) *
    sqrt(sum((x-mean(x))^2)/(n))/sqrt(dt[1])/sqrt(n)
   res[3*m-2,9] <- mean(x)/dt[1]+qt(0.975,df = n-1) *
    sqrt(sum((x-mean(x))^2)/(n))/sqrt(dt[1])/sqrt(n)
   res[3*m-2,10] <- (n-1) * sum((x-mean(x))^2)/n/
    dt[1] / qchisq(0.975,df = n-1)
   res[3*m-2,11] <- (n-1) * sum((x-mean(x))^2)/n/
    dt[1] / qchisq(0.025,df = n-1)


   # 极大似然估计置信区间
   M_Fisher <- vcov(result1)
   res[3*m-2,12] <- result1 $ estimate[1] -
   qnorm(0.975,lower.tail = T) * sqrt(M_Fisher[1,1])
   res[3*m-2,13] <- result1 $ estimate[1] +
   qnorm(0.975,lower.tail = T) * sqrt(M_Fisher[1,1])
   res[3*m-2,14] <- result1 $ estimate[2] -
   qnorm(0.975,lower.tail = T) * sqrt(M_Fisher[2,2])
   res[3*m-2,15] <- result1 $ estimate[2] +
   qnorm(0.975,lower.tail = T) * sqrt(M_Fisher[2,2])


   xt0 <- dat[,3]
   xt0 <- xt0 / xt0[1]
   x <- NULL
   for (i in 2:length(xt0)) {
       x[i - 1] <- xt0[i] -xt0[i - 1]
   }
   x2 <- x


   n <- length(x)
   res[3*m - 1,1] <- mean(x/dt[1])
   res[3*m - 1,2] <- sqrt(sum((x-mean(x))^2)/(n))/
sqrt(dt[1])
   res[3*m - 1,3] <- signif(shapiro.test(x) $ p.value,4)
   A <- matrix(diag(2),2,2)
   B <- matrix(c(0,0),2,1)
   result1 <- maxLik(f,start=c(1,1),method = "BFGS",
    constraints=list(ineqA=A,ineqB=B))
```

```
res[3*m-1,4:5] <- signif(result1$estimate,4)
res[3*m-1,6] <- signif(result1$maximum,4)
mu <- result1$estimate[1]
sigma <- result1$estimate[2]
mcresult <- NULL
for (k in 1:1000) {
    sam <- c(rnorm(1e+04,mu,sigma))
    sam0 <- NULL
    sam0[1] <- 1
    for (i in 2:length(sam)) {
        sam0[i] <- sam0[i-1]+sam[i]
    }
mcresult[k] <- seq(0,1e+04,by = 1)[min(which(sam0>
threshold_Rds))]
}

res[3*m-1,8] <- mean(x)/dt[1]-qt(0.975,df = n-1) *
 sqrt(sum((x-mean(x))^2)/(n))/sqrt(dt[1])/sqrt(n)
res[3*m-1,9] <- mean(x)/dt[1]+qt(0.975,df = n-1) *
 sqrt(sum((x-mean(x))^2)/(n))/sqrt(dt[1])/sqrt(n)
res[3*m-1,10] <- (n-1) * sum((x-mean(x))^2)/n/
 dt[1] / qchisq(0.975,df = n-1)
res[3*m-1,11] <- (n-1) * sum((x-mean(x))^2)/n/
 dt[1] / qchisq(0.025,df = n-1)

M_Fisher <- vcov(result1)
res[3*m-1,12] <- result1$estimate[1] -
qnorm(0.975,lower.tail = T) * sqrt(M_Fisher[1,1])
res[3*m-1,13] <- result1$estimate[1] +
qnorm(0.975,lower.tail = T) * sqrt(M_Fisher[1,1])
res[3*m-1,14] <- result1$estimate[2] -
qnorm(0.975,lower.tail = T) * sqrt(M_Fisher[2,2])
res[3*m-1,15] <- result1$estimate[2] +
qnorm(0.975,lower.tail = T) * sqrt(M_Fisher[2,2])

xt0 <- dat[,4]
xt0 <- xt0 / xt0[1]
x <- NULL
for (i in 2:length(xt0)) {
    x[i-1] <- xt0[i]-xt0[i-1]
}
x3 <- x

n <- length(x)
res[3*m,1] <- mean(x/dt[1])
res[3*m,2] <- sqrt(sum((x-mean(x))^2)/(n))/sqrt(dt[1])
```

```
res[3 * m,3] <- signif(shapiro.test(x) $ p.value,4)
A <- matrix(diag(2),2,2)
B <- matrix(c(0,0),2,1)
result1 <- maxLik(f,start=c(1,1),method = "BFGS",
 constraints=list(ineqA=A,ineqB=B))
res[3 * m,4:5] <- signif(result1 $ estimate,4)
res[3 * m,6] <- signif(result1 $ maximum,4)
mu <- result1 $ estimate[1]
sigma <- result1 $ estimate[2]
mcresult <- NULL
for (k in 1:1000) {
    sam <- c(rnorm(1e+04,mu,sigma))
    sam0 <- NULL
    sam0[1] <- 1
    for (i in 2:length(sam)) {
        sam0[i] <- sam0[i - 1]+sam[i]
    }
mcresult[k] <- seq(0,1e+04,by = 1)[min(which(sam0 >
threshold_Rds))]
    }
res[3 * m, 7] <- signif(shapiro.test(c(x1, x2, x3))
$ p.value,4)

res[3 * m,8] <- mean(x)/dt[1] -qt(0.975,df = n-1) *
 sqrt(sum((x-mean(x))^2)/(n))/sqrt(dt[1])/sqrt(n)
res[3 * m,9] <- mean(x)/dt[1]+qt(0.975,
 df = n-1) * sqrt(sum((x-mean(x))^2)/(n))/sqrt(dt
[1])/sqrt(n)
res[3 * m,10] <- (n-1) * sum((x-mean(x))^2)/n/dt[1] /
 qchisq(0.975,df = n-1)
res[3 * m,11] <- (n-1) * sum((x-mean(x))^2)/n/dt[1] /
 qchisq(0.025,df = n-1)


M_Fisher <- vcov(result1)
res[3 * m,12] <- result1 $ estimate[1] -qnorm(0.975,
 lower.tail = T) * sqrt(M_Fisher[1,1])
res[3 * m,13] <- result1 $ estimate[1]+qnorm(0.975,
 lower.tail = T) * sqrt(M_Fisher[1,1])
res[3 * m,14] <- result1 $ estimate[2] -qnorm(0.975,
 lower.tail = T) * sqrt(M_Fisher[2,2])
res[3 * m,15] <- result1 $ estimate[2]+qnorm(0.975,
 lower.tail = T) * sqrt(M_Fisher[2,2])
    }
res_Rds_wiener <- res
write.csv(res_Rds_wiener,row.names = F,
file = paste(path,"Rds 估计结果_wiener.csv",sep = ""))
```

2）**失效机理的一致性检验**. 为了保证参数外推的合理性，在进行加速退化试验时，一个重要的前提是不同应力下的产品失效机理保持一致. 在 Wiener 过程模型中即需要保持参数 σ^2 的一致性. Bartlett 检验方法可以用来检验多总体方差差异的显著性. 该检验的原假设为各总体方差相同. 因此，如果检验的 P 值小于给定的显著性水平，则拒绝原假设，即不同样本的总体方差间存在差异. 如果 P 值大于显著性水平，则没有拒绝原假设，表明方差并没有显著不同.

本案例采用广泛使用的 Bartlett 检验进行 3 个应力下参数 σ_i^2，$i=1,2,3$ 的一致性检验. 假设检验问题如下：

$$H_0 : \sigma_1^2 = \sigma_2^2 = \sigma_3^2, \ H_1 : \sigma_i^2, \ i=1,2,3.$$

对应的 R 代码如下：

```
x0 <- res_Rds_wiener[,5]^2 # 扩散系数估计结果
y0 <- c(rep("T1",3), rep("T2",3), rep("T3",3))
df <- as.data.frame(t(rbind(x0,y0)))
bartlett.test(x0 ~ y0)
```

输出结果为：

```
        Bartlett test of homogeneity of variances
data:  x0 by y0
Bartlett's K-squared = 6.5758,df = 2,p-value = 0.03733
```

检验统计量的 P 值为 0.037，大于 0.01，即没有拒绝原假设，说明此组试验数据满足失效机理一致性，可以用于参数外推.

3. 小结

本案例通过对某型号固态功率控制器的导通电阻加速性能退化数据进行统计分析，基于 Wiener 过程模型，介绍了参数矩估计、极大似然估计、区间估计及数据正态性检验、失效机理一致性检验的一般分析方法.

问题

本案例模型构建过程中还存在以下待解决的问题：

- 如何进行常应力下的参数外推及不确定性分析？
- 如何估计可靠度及伪寿命等可靠度指标？
- 在没有真实失效数据的情况下，如何评价所建模型的优劣？

B.2　针对某烟火控制子系统的试验数据建模分析

王典朋[⊖]，田玉斌[⊖]

> **教学内容**
>
> ● **教学目的**：通过对某烟火控制子系统的试验数据进行建模分析，介绍针对二元响应数据的分析方法，使同学们掌握广义线性模型参数估计方法、模型拟合优度检验以及分位数置信下限构造等知识.
> ● **适用课程**：应用多元统计、机器学习、试验设计.
> ● **前期知识准备**：Python、概率论、数理统计.
> ● **本案例的知识点**：广义线性模型、参数估计、置信上限.

1. 案例介绍

烟火控制子系统在实际工程中有非常广泛的应用，比如飞机上的安全逃生弹射椅等. 在工程应用中，给烟火控制子系统施加一个刺激，通常为电压或者电流，烟火控制子系统会产生一个响应/不响应的二元响应. 当二元响应结果为响应时，会伴随一个能量输出和响应延时. 否则，烟火控制子系统不会有能量输出和响应延时. 刺激水平的高低，即电压或者电流的大小，会影响烟火控制子系统的响应结果. 烟火控制子系统成功作用的要求是响应并且能量输出和时间延时落在规定的区间里. 通常工程师们关心的问题是如何确定合适的刺激水平，使得烟火控制子系统成功作用的概率大于给定的 p. 本案例仅考虑刺激和二元响应的概率模型，并针对合作单位收集到的某烟火控制子系统试验数据进行建模分析，利用 Python 对模型参数进行估计，给出满足响应概率大于 0.99 的刺激水平估计.

2. 数据展示

本案例分析的数据来自于某合作单位针对某型号烟火控制子系统的试验数据，该烟火控制子系统的刺激为电流. 工程师在下面的 7 个刺激水平，即电流水平（A），下开展试验，每一个刺激水平下进行了 50 次试验，收集到相应的二元响应结果，见表 B.2.1，用下面的 Python 代码可以对试验数据进行可视化展示，其结果如图 B.2.1 所示.

⊖　Email：wdp@ bit. edu. cn.
⊖　Email：tianyb@ bit. edu. cn.

表 B. 2. 1　试验水平及试验次数

序号	刺激水平	试验次数
1	0.4	50
2	0.45	50
3	0.5	50
4	0.55	50
5	0.6	50
6	0.65	50
7	0.7	50

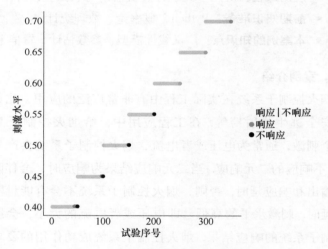

图 B. 2. 1　试验数据可视化展示

```
import pandas as pd
import matplotlib.pyplot as plt
import matplotlib as mpl
import seaborn as sns
sns.set_theme(style="white")
df = pd.read_csv('xandz.csv', sep=',')
print('{0:=^100}'.format('READ DATA'))
print(df)
df['res'] = df.loc[:, 'z'].map({0: "non-response", 1: "re-
sponse"})
fig = sns.relplot(x = df.index.values + 1, y = "x", hue = "
res", alpha=.5,
    palette="muted", data = df)
    .set_axis_labels("试验序号", "刺激水平")
fig.savefig("./figure/data_visual.png", dpi=300)
```

　　从图中可以看出，在给定的刺激水平下进行试验，试验的结果可能出现响应也可能出现不响应. 不同的刺激水平对应发生响应的可能性不同. 随着刺激水平的增加，该刺激水平下试验结果为响应的可能性也随之增加. 这个趋势从表 B. 2. 2 更容易看出来.

表 B. 2. 2　试验数据表

刺激水平	0. 4	0. 45	0. 5	0. 55	0. 6	0. 65	0. 7
试验次数	50	50	50	50	50	50	50
响应次数	43	46	48	49	50	50	50

3. 案例分析

在这一节，我们针对烟火控制子系统试验数据，建立刺激-响应概率模型，并对烟火控制系统的响应概率进行统计推断. 首先，我们需要介绍响应概率曲线模型，即利用广义线性模型刻画烟火控制子系统的响应概率与刺激水平之间的关系.

（1）响应概率曲线模型

令 x 表示试验施加的刺激水平，y 表示试验的二元响应结果，$y=1$ 表示响应，$y=0$ 表示未响应，$F(x)=P(y=1|x)$ 表示刺激水平 x 条件下试验结果为响应的概率. 我们可以用如下的模型来刻画刺激水平与响应概率之间的关系：

$$F(x)=P(y=1|x)=G((x-\mu)/\sigma),\qquad (B. 2. 1)$$

其中，$G(\cdot)$ 是一个已知的位置刻度组分布的累计分布函数，μ 和 σ 是相应的未知位置参数和刻度参数. 文献中，$G(\cdot)$ 通常取标准正态分布函数（Probit 模型）或者 Logit 分布函数（Logit 模型）. 图 B. 2. 2 给出了 Probit 模型和 Logit 模型不同参数下响应概率曲线的示例.

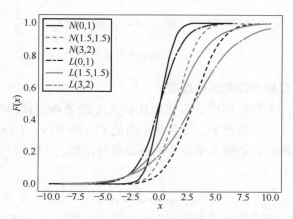

图 B. 2. 2　Probit 和 Logit 模型不同参数下的响应概率曲线

（2）参数估计

令 $\boldsymbol{x}=(x_1,x_2,\cdots,x_n)$ 为试验刺激水平，$\boldsymbol{y}=(y_1,y_2,\cdots,y_n)$ 为对应的二元试验结果，则似然函数可以表述为

$$L(\mu,\sigma) = \prod_{i=1}^{n} p_i^{y_i} (1-p_i)^{1-y_i}, \qquad (B.2.2)$$

其中, $p_i = G((x_i - \mu)/\sigma)$. 对应的对数似然函数为

$$l(\mu,\sigma) = \log L(\mu,\sigma) = \sum_{i=1}^{n} y_i \log(p_i) + (1-y_i) \log(1-p_i). \qquad (B.2.3)$$

在本案例的分析中, 我们选择 Probit 模型, 通过最大化式(B.2.3), 即可获得参数 μ 和 σ 的极大似然估计分别为 0.2676 和 0.1276. 基于数据获得的响应概率曲线如图 B.2.3 所示. 获得参数的极大似然估计之后, 我们利用拟合优度检验方法对 Probit 模型进行显著性检验, 其检验统计量可以表述为

$$T = \sum_{i=1}^{7} \frac{n_i(p_i^* - \hat{p}_i)^2}{\hat{p}_i(1-\hat{p}_i)} \qquad (B.2.4)$$

其中, p_i^* 表示在第 i 个刺激水平下试验结果为响应的频率, $n_i = 50$. 通过计算, 基于烟火控制子系统试验数据的检验统计量值为 $T = 0.5742 < \chi^2(5) = 11.07$. 因此, 利用 Probit 模型对烟火控制子系统试验数据进行建模具有显著的统计学意义.

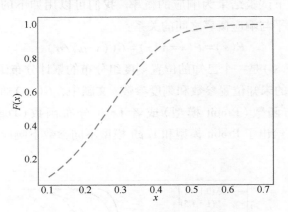

图 B.2.3   试验数据可视化展示

(3) 目标分位数统计推断

在实际工程应用中, 工程师比较关心的是确定使得响应概率为给定的 p 的刺激水平, 即寻找 x 满足 $F(x) = P(y|x) = p$. 我们将满足上述条件的刺激水平称为响应曲线分位数 ξ_p. 根据 Probit 模型的公式, 有

$$\hat{\xi}_p = \hat{\mu} + \hat{\sigma} \Phi^{-1}(p). \qquad (B.2.5)$$

通过计算, 烟火控制子系统发生响应结果的概率为 0.99 的刺激水平估计值为 0.5645. 为了满足工程师的要求, 通常需要给出目标分位数的置信水平为 0.95 的置信上限, 从而获得相应的设计裕度. 令 $I(\hat{\mu}, \hat{\sigma})$ 表示基于试验数据的样本费希尔信息矩阵在参数估计$(\hat{\mu}, \hat{\sigma})$处的值. 根据极大似然估计的性质, 我们知道$(\hat{\mu}, \hat{\sigma})$的渐

近分布为正态分布，并且其渐近方差协方差阵为 $\boldsymbol{I}^{-1}(\hat{\mu},\hat{\sigma})$. 根据(B.2.5)，我们知道分位数估计的渐近分布也是正态分布，并且其渐近方差协方差阵为

$$\text{Var}(\hat{\xi}_p) = \begin{bmatrix} 1 & \boldsymbol{\varPhi}^{-1}(p) \end{bmatrix} \boldsymbol{I}^{-1}(\hat{\mu},\hat{\sigma}) \begin{bmatrix} 1 \\ \boldsymbol{\varPhi}^{-1}(p) \end{bmatrix} = 0.0761.$$

(B.2.6)

进一步，我们可以获得目标分位数的置信水平为 0.95 的置信上限为

$$U_{0.95} = \hat{\xi}_p + \boldsymbol{\varPhi}^{-1}(0.95)\sqrt{\text{Var}(\hat{\xi}_p)} = 1.0183. \qquad (B.2.7)$$

4. 小结

本案例基于某型号烟火控制子系统的试验数据，利用 Probit 模型建立刺激水平与二元响应结果之间的概率模型，借助 Python 编程实现参数的极大似然估计，并利用拟合优度检验方法对 Probit 模型的显著性进行检验. 结果表明，Probit 模型可以很好地刻画刺激-响应概率之间的数量关系. 针对响应概率曲线的 0.99 分位数估计问题，本案例通过 Probit 模型给出了目标分位数估计方法，并利用费希尔信息矩阵构造了目标分位数的置信水平为 0.95 的置信上限，这对于实际工程中裕度设计有非常重要的现实指导价值.

问题

针对烟火控制子系统的作用可靠性研究还存在以下几个需要探讨的问题：

- 模型参数极大似然估计存在唯一的条件是什么？如何设计试验可以快速满足极大似然估计存在的条件？

- 如何有效地获得试验设计，使得在中小样本的情况下，提升响应概率曲线的极端分位数的估计？

- 本案例仅仅针对烟火控制子系统试验数据的二元响应结果和刺激水平之间的关系进行建模分析，如何结合能量输出和时间延时等连续响应对烟火控制子系统的作用可靠性进行建模？

B.3　某流域污染物浓度的时间序列分析

王典朋[⊖]，田玉斌[⊖]

教学内容

- **教学目的**：使同学们了解时间序列数据的特点，能够利用软件工具对数据进行展示，掌握时间序列分析的基本方法，会用软件实现时间序列的预测.

⊖　Email：wdp@ bit. edu. cn.

⊖　Email：tianyb@ bit. edu. cn.

> - **适用课程**：应用时间序列、应用多元统计.
> - **前期知识准备**：Python、概率论、数理统计、时间序列.
> - **本案例的知识点**：时间序列数据的可视化、ARMA 模型、参数估计.

1. 案例介绍

传感器技术的发展使得我们可以对流域污染物浓度变化进行实时感知. 对传感器采集到的污染物浓度数据流进行统计建模，建立流域污染物浓度变化的预测模型是流域智能治理的一个重要问题. 流域污染物浓度的变化是由上游的排污变化以及水流量变化共同影响的. 因此，传感器获得的污染物浓度观测具有时间序列特征. 针对时间序列数据进行建模和预测是统计推断的一个重要研究方向. 文献中也提出了很多相关方法，比如 AR 模型、MA 模型、ARMA 模型和 ARIMA 模型等. 本案例基于传感器定时采集的污染物浓度数据，为同学们介绍时间序列数据的可视化探索方法，以及利用 ARIMA 模型建立预测模型的相关知识.

2. 时间序列数据可视化

本案例分析的数据来自于某省某流域断面传感器采集的污染物浓度测量. 传感器采集数据的频率是 15min，即每过 15min 传感器就会对当前位点的污染物浓度进行测量，并将测量结果传回中台数据库. 虽然传感器能够同时测量多种污染物的浓度，但是在本案例中我们只针对总氮的浓度变化进行建模分析. 我们从数据库中提取了 2021 年 7 月 10 号到 2021 年 12 月 14 号的总氮测量数据，总共包括 3703 条记录，部分数据见表 B. 3. 1. 利用 Python 可以对数据进行可视化，直观地感受数据的特点. Matplotlib 库是 Python 中用于画图的库. 利用下面的代码，我们可以对时间序列数据进行画图.

表 B. 3. 1　部分观测数据示例

序号	时间	浓度
0	2021-07-10 00:00:00	4.695
1	2021-07-10 01:00:00	4.760
2	2021-07-10 02:00:00	3.740
3	2021-07-10 03:00:00	4.795
4	2021-07-10 04:00:00	4.410
5	2021-07-10 05:00:00	4.180
6	2021-07-10 06:00:00	4.235

（续）

序号	时间	浓度
7	2021-07-10 07：00：00	3.790
8	2021-07-10 08：00：00	3.570
9	2021-07-10 09：00：00	3.320

观测数据可视化代码

```python
import matplotlib.pyplot as plt
import matplotlib as mpl
mpl.rcParams['font.sans-serif'] = ['SimHei']#用来正常显示中文标签
mpl.rcParams['axes.unicode_minus'] = False #用来正常显示负号
mpl.rcParams['xtick.labelsize'] = 12
mpl.rcParams['ytick.labelsize'] = 12
mpl.rcParams['legend.fontsize'] = 12
mpl.rcParams['axes.labelsize'] = 12
mpl.rcParams['xtick.direction'] = 'in'
mpl.rcParams['ytick.direction'] = 'in'
target = 'total_n'
end_date = '2021-12-14'
start_date = '2021-07-10'
sns_id = '0051010009'
df = extract_uni_ts(target,start_date,end_date,sns_id)
df_H = aggregate_freq(df,'H')
print('{0:+^100}'.format('DATA SHAPE'))
print(df_H.shape)
print(df_H.head(10))
fig,ax = plt.subplots()
ax.plot(df_H.loc[:,'time'],df_H.loc[:,target],lw=1.0,
ls='-',c='black')
ax.set_xlabel("时间")
ax.set_ylabel("浓度")
plt.xticks(rotation=45)
plt.subplots_adjust(bottom=0.25)
fig.savefig("./figure/visual_obs_H.png",dpi=300)
```

数据可视化的结果如图 B.3.1 所示. 从图中我们不难发现, 总氮浓度波动比较大, 并且在个别的时间点上有异常情况发生. 我们利用 Python 画出污染物浓度 t 时刻和 $t+1$ 时刻记录的散点图和二维直方图, 如图 B.3.2 所示.

```python
import seaborn as sns
n,_ = df_H.shape
fig,ax = plt.subplots()
```

```
sns.scatterplot(x=df_H.iloc[0:n-1,1].values,y=df_
H.iloc[1:n,1]
    .values,s=5,color='.25')
sns.histplot(x=df_H.iloc[0:n-1,1].values,y=df_H.iloc
[1:n,1]
    .values,bins=50,pthresh=.1,cmap='mako')
sns.kdeplot(x=df_H.iloc[0:n-1,1].values,y=df_H.iloc
[1:n,1]
    .values,levels=5,color='w',linewidth=1)
fig.savefig("./figure/auto_scatter.png",dpi=300)
```

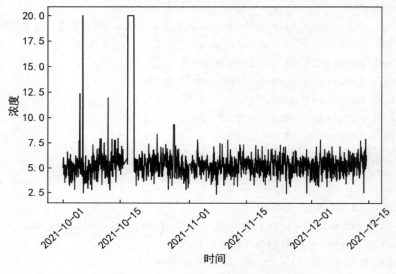

图 B.3.1　传感器采集的数据示例

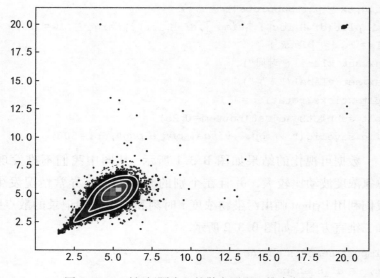

图 B.3.2　时间间隔为 1 的散点图和二维直方图

从图中可以发现污染物的浓度观测值主要集中在$[2.5, 7.5]$的范围内. 同时, 当前时刻的浓度与前面一个时刻的浓度有比较强的线性关系. 利用下面的代码画出污染物浓度的测量数据的自相关系数和偏相关系数.

```
fig = plt.figure(figsize=(12,8))
ax1 = fig.add_subplot(211)
fig = sm.graphics.tsa.plot_acf(df_H.loc[:,target],lags=
40,ax=ax1)
ax2 = fig.add_subplot(212)
fig = sm.graphics.tsa.plot_pacf(df_H.loc[:,target],lags=
40,ax=ax2)
fig.savefig("./figure/obs_H_acf_pcf.png",dpi=300)
```

结果如图 B.3.3 所示. 从图中我们可以清楚地看到, 数据存在严重的自相关性和偏自相关性. 如何从这样的数据记录中挖掘到污染物浓度变化趋势, 并对未来一段时间内的污染物浓度进行预测, 是环保管理者关心的一个难点问题. 在下面一个章节, 我们将为同学们介绍针对这样的时间序列数据进行建模的方法.

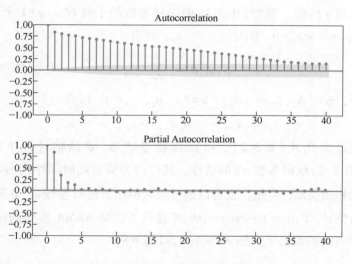

图 B.3.3　传感器采集的数据示例

3. 时间序列分析

在进行时间序列建模之前, 我们需要对污染物浓度观测的数据进行必要的预处理. 假设流域污染物浓度是一个缓慢变化的过程, 因此, 我们将 1h 内的多次观测值进行平均. 这样可以降低传感器本身测量精度或者不确定性的影响. 下面的代码用来验证数据中是否存在缺失值.

```
print('{0:+^100}'.format('MISSING VALUES'))
print(df_H.isnull().sum())
```

从结果来看，数据中不存在缺失值. 图 B.3.3 的结果表明可以用 ARMA 模型对污染物浓度数据进行建模. 首先，我们为同学们介绍一下 ARMA 模型.

(1) ARMA 模型及参数估计

针对时间序列数据进行分析时，通常使用的模型有自回归模型(AR)、移动平均模型(MA)以及它们的混合模型(ARMA). 从图 B.3.3 中，我们也发现污染物浓度测量数据中既包含 AR 部分也包含 MA 部分. 因此，在本案例中，我们主要为大家介绍 ARMA 模型. 假设，我们通过传感器获得的流域断面污染物浓度的测量数据为 $\{x_t\}$，其中 t 为测量的时间. 那么参数为 p,q 的 ARMA 模型可以表述为

$$\tilde{z}_t = \phi_1 \tilde{z}_{t-1} + \cdots + \phi_p \tilde{z}_{t-p} + \varepsilon_t - \theta_1 \varepsilon_{t-1} - \cdots - \theta_q \varepsilon_{t-q}, \quad (B.3.1)$$

其中，$\tilde{z}_t = x_t - \bar{x}$，$\bar{x}$ 是污染物浓度的均值，$\phi_i, i = 1, 2, \cdots, p$ 和 θ_j，$j = 1, 2, \cdots, q$ 是位置系数，ε 是均值为 0、方差为 σ^2 的白噪声. 给定 p 和 q 的值，模型(B.3.1)中未知参数的个数有 $p+q+1$ 个. 令 $\varepsilon_1 = \varepsilon_2 = \cdots = \varepsilon_q = 0$，固定 $\tilde{z}_1, \cdots, \tilde{z}_p$，则有

$$S(\boldsymbol{\phi}, \boldsymbol{\theta}) = \sum_{i=p+1}^{T} e_i^2, \quad (B.3.2)$$

其中，$\boldsymbol{\phi} = (\phi_1, \phi_2, \cdots, \phi_p)$，$\boldsymbol{\theta} = (\theta_1, \theta_2, \cdots, \theta_q)$，以及

$$e_i = \tilde{z}_i - \phi_1 \tilde{z}_{t-1} - \cdots - \phi_p \tilde{z}_{t-p} + \theta_1 \varepsilon_{t-1} + \cdots + \theta_q \varepsilon_{t-q}.$$

通过最大化式(B.3.2)，可以获得参数 $\boldsymbol{\phi}$，$\boldsymbol{\theta}$ 的估计，并利用式(B.3.2)获得参数 σ^2 的估计，具体内容请查阅时间序列参数估计的相关文献. 当然，也可以通过极大似然方法对参数 $\boldsymbol{\phi}$，$\boldsymbol{\theta}$ 和 σ^2 进行估计. Python 的 statsmodels 库提供了训练 ARMA 模型的函数. 下面的代码给出了训练 ARMA(4,3) 的示例.

```
arma_mod = ARIMA(df_H.loc[:,target],order=(4,0,3)).
fit()
print("{0:=^100}".format('MODEL SUMMARY'))
print(arma_mod.summary())
resid = arma_mod.resid
fig = plt.figure(figsize=(12,8))
ax1 = fig.add_subplot(211)
fig = sm.graphics.tsa.plot_acf(resid.values.squeeze(),
lags=40,ax=ax1)
```

```
ax2 = fig.add_subplot(212)
fig = sm.graphics.tsa.plot_pacf(resid,lags=40,ax=ax2)
fig.savefig("./figure/illu_arma_resid.png",dpi=300)
```

ARMA(4,3)模型的参数估计结果如下：

```
                               SARIMAX Results
==================================================================================
Dep.Variable:              total_n   No. Observations:            3715
Model:                ARIMA(4,0,3)   Log Likelihood          -5096.377
Date:             Thu,16 Dec 2021   AIC                     10210.754
Time:                 21:33:45   BIC                     10266.736
Sample:                      0   HQIC                    10230.673
                         -3715
Covariance Type:           opg
==================================================================================
                 coef    std err       z     p>|z|    [0.025     0.975]
----------------------------------------------------------------------------------
const          4.9812     0.265    18.768    0.000     4.461      5.501
ar.L1          0.0337     0.614     0.055    0.956    -1.170      1.237
ar.L2          0.8296     0.107     7.733    0.000     0.619      1.040
ar.L3          0.0411     0.558     0.074    0.941    -1.052      1.134
ar.L4          0.0302     0.060     0.501    0.616    -0.088      0.148
ma.L1          0.4258     0.615     0.693    0.488    -0.779      1.630
ma.L2         -0.4302     0.208    -2.065    0.039    -0.838     -0.022
ma.L3         -0.0530     0.338    -0.157    0.875    -0.715      0.609
sigma2         0.9097     0.006   152.615    0.000     0.898      0.921
==================================================================================
Ljung-Box(L1)(Q):            0.00    Jarque-Bera (JB):     16272115
Prob(Q):                     0.99    Prob(JB):                  000
Heteroskedasticity (H):      1.64    Skew:                      142
Prob(H) (two-sided):         0.00    Kurtosis:                 3530
==================================================================================
```

模型残差的自相关和偏相关系数如图 B.3.4 所示.

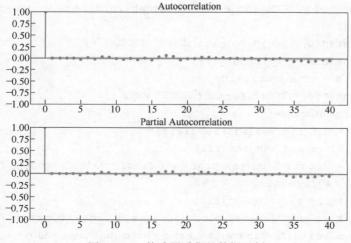

图 B.3.4　传感器采集的数据示例

从图 B.3.4，不难发现模型训练后的残差不存在了自相关和偏相关的特性.

（2）**模型选择**

前面介绍了 ARMA 模型以及参数估计方法，是在给定(p,q)的情况下获得的模型结果. 如何选择合适的(p,q)值是时间序列数据分析的一个重要问题. 相关文献中给出了很多选择(p,q)的方法，这里我们介绍利用 AIC 准则选择最优的(p,q). AIC 准则的定义为

$$\text{AIC}(p,q)=2(p+q+1)-\ln L(p,q), \tag{B.3.3}$$

其中，$L(p,q)$代表模型的似然函数. 选择使得 AIC 准则达到最小值的(p^*,q^*)作为最后的模型超参数. 直接优化式(B.3.3)来选择最优的(p^*,q^*)不是一个简单的问题. 由于p和q取整数值，因此，我们采用格点搜索的方法来搜索(p^*,q^*). 选择最优模型的 Python 代码如下：

```python
temp_aic = 1e32
best_order = None
for p in range(6):
    for q in range(6):
        if p== 0 and q == 0:
            continue
        mod = ARIMA(df_H.loc[:,target],order = (p,0,q),
trend='n')
        try:
            res = mod.fit()
            if res.aic < temp_aic:
                best_order = (p,0,q)
                temp_aic = res.aic
        except:
            continue
arma_mod = ARIMA(df_H.loc[:,target],order=best_order).
fit()
print("{0:=^100}".format('MODEL SUMMARY'))
print(arma_mod.summary())
resid = arma_mod.resid
print("{0:=^100}".format('MODEL TEST'))
stats.normaltest(resid)
fig = plt.figure(figsize=(12,8))
ax1 = fig.add_subplot(211)
fig = sm.graphics.tsa.plot_acf(resid.values.squeeze(),
lags=40,ax=ax1)
ax2 = fig.add_subplot(212)
fig = sm.graphics.tsa.plot_pacf(resid,lags=40,ax=ax2)
fig.savefig("./figure/opt_arma_resid.png",dpi=300)
```

最优 ARMA 模型的训练结果如下：

```
                         SARIMAX Results
==================================================================
Dep.Variable:          total_n   No. Observations:       3715
Model:            ARIMA(5,0,1)   Log Likelihood      -5098.346
Date:         Thu,16 Dec 2021   AIC                 10210.691
Time:                22:16:01   BIC                 10262.452
Sample:                     0   HQIC                10230.397
                         -3715
Covariance Type:           opg
==================================================================
              coef   std err         z    p>|z|   [0.025    0.975]
------------------------------------------------------------------
const       4.9793     0.273    18.214    0.000    4.444     5.515
ar.L1       1.1951     0.115   100.405    0.000    0.970     1.420
ar.L2      -0.1309     0.054    -2.405    0.016   -0.238    -0.024
ar.L3      -0.0539     0.026    -2.051    0.040   -0.105    -0.002
ar.L4       0.0313     0.019     1.646    0.100   -0.006     0.068
ar.L5      -0.0593     0.023    -2.543    0.011   -0.105    -0.014
ma.L1      -0.7378     0.114    -6.470    0.000   -0.961    -0.514
sigma2      0.9107     0.006   152.478    0.000    0.899     0.922
==================================================================
Ljung-Box(L1)(Q):           0.01   Jarque-Bera (JB): 163268.68
Prob(Q):                    0.94   Prob(JB):               0.00
Heteroskedasticity (H): 1.64   Skew:                   1.41
Prob(H) (two-sided):        0.00   Kurtosis:              35.35
==================================================================
```

从模型的训练结果可以看出来，最优的模型为 ARMA(5,1)，其参数检验均显著. 模型 ARMA(5,1) 的残差自相关和偏相关图如图 B.3.5 所示. 获得最优模型及相关的参数估计之后，我们就可以对未来一段时间的污染物浓度的变化进行预测.

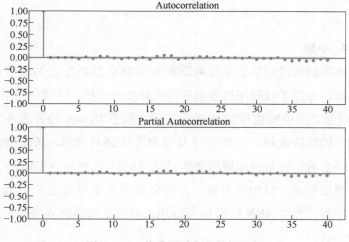

图 B.3.5　传感器采集的数据示例

```
arima_predict = arma_mod.forecast(7)
arima_coni = arma_mod.get_forecast(7).conf_int(alpha=
0.95)
fig,ax = plt.subplots()
ax.plot(df_H.iloc[-20:,0],df_H.iloc[-20:,1],lw=1.0,ls='-',
c='black')
ax.plot(arima_predict.index,arima_predict,lw=1.0,ls=
'--',c='green')
ax.fill_between(arima_predict.index,arima_coni.iloc[:,
0],arima_coni.iloc[:,1],facecolor='gray',alpha=0.2)
ax.set_xlabel("时间")
ax.set_ylabel("浓度")
plt.xticks(rotation=45)
plt.subplots_adjust(bottom=0.25)
fig.savefig("./figure/forcast_H.png",dpi=300)
```

预测结果如图 B.3.6 所示.

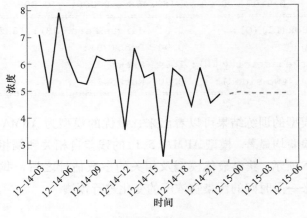

图 B.3.6　传感器采集的数据示例

4. 小结

本案例通过对某省某流域断面污染物总氮浓度的测量数据进行分析, 介绍了时间序列数据的可视化展示方法. 同时, 利用 AR-MA 模型对污染物浓度变化进行建模. 基于 Python 的开源库, 对 ARMA 模型的选择、参数估计及预测方法进行演示. 从模型的训练结果来看, 针对该流域断面的最优 ARMA 模型为 ARMA(5,1), 并且模型的残差自相关和偏相关图也表明模型残差是一个独立白噪声序列, 模型 ARMA(5,1)可以用来对总氮污染物浓度变化进行预测分析.

問題

本案例模型训练过程中还存在以下待解决的问题:

- ARMA 模型的预测效果如何评价?
- ARMA 模型假设数据是一个平稳的过程,即要求均值和方差是固定不变的. 但是,该流域断面的总氮浓度测量是否存在时间相关的趋势项?
- 流域断面的总氮浓度测量是否存在周期项?
- 如何利用时间序列模型对流域断面总氮浓度的异常点和异常周期进行检测?

附录 C　常用的概率分布简表

分布	参数	分布列或概率密度函数	数学期望	方差	特征函数
两点分布 $B(1,p)$ (0-1 分布或伯努利分布)	$0<p<1$	$P\{X=k\}=p^k(1-p)^{1-k},\ k=0,1$	p	$p(1-p)$	$pe^{it}+1-p$
二项分布 $B(n,p)$	$n\geqslant 1$ $0<p<1$	$P\{X=k\}=\binom{n}{k}p^k(1-p)^{n-k},\ k=0,1,2,\cdots,n$	np	$np(1-p)$	$(pe^{it}+1-p)^n$
泊松分布 $P(\lambda)$	$\lambda>0$	$P\{X=k\}=\dfrac{\lambda^k}{k!}e^{-\lambda},\ k=0,1,2,\cdots$	λ	λ	$e^{\lambda(e^{it}-1)}$
几何分布 $G(p)$	$0<p<1$	$P\{X=k\}=p(1-p)^{k-1},\ k=1,2,\cdots$	$\dfrac{1}{p}$	$\dfrac{1-p}{p^2}$	$\dfrac{pe^{it}}{1-(1-p)e^{it}}$
超几何分布 $H(M,N,n)$	N,M,n $(M\leqslant N,$ $n\leqslant N)$ 均为非负整数	$P\{X=k\}=\binom{M}{k}\binom{N-M}{n-k}\Big/\binom{N}{n}$ $\max\{0,M+n-N\}\leqslant k\leqslant\min\{M,n\}$	$\dfrac{nM}{N}$	$\dfrac{nM(N-M)(N-n)}{N^2(N-1)}$	$\displaystyle\sum_{k=0}^{n}\dfrac{\binom{M}{k}\binom{N-M}{n-k}}{\binom{N}{n}}e^{itk}$
均匀分布 $U[a,b]$	$a<b$	$f(x)=\begin{cases}\dfrac{1}{b-a}, & a\leqslant x\leqslant b,\\ 0, & 其他\end{cases}$	$\dfrac{a+b}{2}$	$\dfrac{(b-a)^2}{12}$	$\dfrac{e^{itb}-e^{ita}}{it(b-a)}$
指数分布 $E(\lambda)$	$\lambda>0$	$f(x)=\begin{cases}\lambda e^{-\lambda x}, & x>0,\\ 0, & x\leqslant 0\end{cases}$	$\dfrac{1}{\lambda}$	$\dfrac{1}{\lambda^2}$	$\left(1-\dfrac{it}{\lambda}\right)^{-1}$
正态分布 $N(\mu,\sigma^2)$	$\mu\in\mathbf{R}$ $\sigma>0$	$f(x)=\dfrac{1}{\sqrt{2\pi}\,\sigma}e^{-\frac{1}{2\sigma^2}(x-\mu)^2},\ -\infty<x<+\infty$	μ	σ^2	$e^{i\mu t-\frac{1}{2}\sigma^2 t^2}$
对数正态分布 $LN(\mu,\sigma^2)$	$\mu\in\mathbf{R}$ $\sigma>0$	$f(x)=\begin{cases}\dfrac{1}{\sigma x\sqrt{2\pi}}e^{-\frac{(\ln x-\mu)^2}{2\sigma^2}}, & x>0,\\ 0, & x\leqslant 0\end{cases}$	$e^{\mu+\frac{\sigma^2}{2}}$	$e^{2\mu+\sigma^2}(e^{\sigma^2}-1)$	—

（续）

分布	参数	分布列或概率密度函数	数学期望	方差	特征函数
χ^2 分布 $\chi^2(n)$		$f(x)=\begin{cases}\dfrac{1}{2^{\frac{n}{2}}\Gamma\left(\dfrac{n}{2}\right)}x^{\frac{n}{2}-1}\mathrm{e}^{-\frac{x}{2}}, & x>0,\\ 0, & x\leqslant 0\end{cases}$	n	$2n$	$(1-2it)^{-n/2}$
t 分布 $t(n)$		$f(x)=\dfrac{\Gamma\left(\dfrac{n+1}{2}\right)}{\sqrt{n\pi}\,\Gamma\left(\dfrac{n}{2}\right)}\left(1+\dfrac{x^2}{n}\right)^{-\frac{n+1}{2}},$ $-\infty<x<+\infty$	0 $(n>1)$	$\dfrac{n}{n-2}$ $(n>2)$	—
F 分布 $F(m,n)$		$f(x)=\begin{cases}\dfrac{\Gamma\left(\dfrac{m+n}{2}\right)}{\Gamma\left(\dfrac{m}{2}\right)\Gamma\left(\dfrac{n}{2}\right)}\left(\dfrac{m}{n}\right)^{\frac{m}{2}}x^{\frac{m}{2}-1}\left(1+\dfrac{m}{n}x\right)^{-\frac{m+n}{2}}, & x>0,\\ 0, & x\leqslant 0\end{cases}$	$\dfrac{n}{n-2}$ $(n>2)$	$\dfrac{2n^2(m+n-2)}{m(n-2)^2(n-4)}$ $(n>4)$	—
伽马分布 $Ga(\alpha,\lambda)$	$\alpha>0$ $\lambda>0$	$f(x)=\begin{cases}\dfrac{\lambda^\alpha}{\Gamma(\alpha)}x^{\alpha-1}\mathrm{e}^{-\lambda x}, & x>0,\\ 0, & x\leqslant 0\end{cases}$	$\dfrac{\alpha}{\lambda}$	$\dfrac{\alpha}{\lambda^2}$	$\left(1-\dfrac{it}{\lambda}\right)^{-\alpha}$
贝塔分布 $Be(\alpha,\beta)$	$\alpha>0$ $\beta>0$	$f(x)=\begin{cases}\dfrac{\Gamma(\alpha+\beta)}{\Gamma(\alpha)\Gamma(\beta)}x^{\alpha-1}(1-x)^{\beta-1}, & 0<x<1,\\ 0, & 其他\end{cases}$	$\dfrac{\alpha}{\alpha+\beta}$	$\dfrac{\alpha\beta}{(\alpha+\beta)^2(\alpha+\beta+1)}$	$\dfrac{\Gamma(\alpha+\beta)}{\Gamma(\alpha)}\cdot\sum_{j=0}^{+\infty}\dfrac{\Gamma(\alpha+j)(it)^j}{\Gamma(\alpha+\beta+j)\Gamma(j+1)}$
柯西分布	$\mu\in\mathbf{R},$ $\lambda>0$	$f(x)=\dfrac{\lambda}{\pi[\lambda^2+(x-\mu)^2]},$ $-\infty<x<+\infty$	不存在	不存在	$\mathrm{e}^{i\mu t-\lambda|t|}$
威布尔分布	$\alpha>0$ $\lambda>0$	$f(x)=\begin{cases}\alpha\lambda x^{\alpha-1}\mathrm{e}^{-\lambda x^\alpha}, & x>0,\\ 0, & x\leqslant 0\end{cases}$	$\lambda^{-\frac{1}{\alpha}}\Gamma\left(1+\dfrac{1}{\alpha}\right)$	$\lambda^{-\frac{2}{\alpha}}\left[\Gamma\left(1+\dfrac{2}{\alpha}\right)-\Gamma^2\left(1+\dfrac{1}{\alpha}\right)\right]$	—
瑞利分布	$\theta>0$	$f(x)=\begin{cases}2\theta x\mathrm{e}^{-\theta x^2}, & x>0,\\ 0, & x\leqslant 0\end{cases}$	$\dfrac{1}{2}\sqrt{\dfrac{\pi}{\theta}}$	$\left(1-\dfrac{\pi}{4}\right)\theta$	
拉普拉斯分布	$\alpha\in\mathbf{R}$ $\beta>0$	$f(x)=\dfrac{1}{2\beta}\mathrm{e}^{-\frac{|x-\alpha|}{\beta}},$ $-\infty<x<+\infty$	α	$2\beta^2$	$\dfrac{\mathrm{e}^{it\alpha}}{1+\beta^2 t^2}$

附录 D 统计表

常用的概率分布表见表 D.1~表 D.7.

表 D.1 标准正态分布表

$$\Phi(u)=\dfrac{1}{\sqrt{2\pi}}\int_{-\infty}^{u}\mathrm{e}^{-\frac{x^2}{2}}\mathrm{d}x \quad (u\geqslant 0)$$

u	0.00	0.01	0.02	0.03	0.04	0.05	0.06	0.07	0.08	0.09
0.0	0.5000	0.5040	0.5080	0.5120	0.5160	0.5199	0.5239	0.5279	0.5319	0.5359

（续）

u	0.00	0.01	0.02	0.03	0.04	0.05	0.06	0.07	0.08	0.09
0.1	0.5398	0.5438	0.5478	0.5517	0.5557	0.5596	0.5636	0.5675	0.5714	0.5753
0.2	0.5793	0.5832	0.5871	0.5910	0.5948	0.5987	0.6026	0.6064	0.6103	0.6141
0.3	0.6179	0.6217	0.6255	0.6293	0.6331	0.6368	0.6406	0.6443	0.6480	0.6517
0.4	0.6554	0.6591	0.6628	0.6664	0.6700	0.6736	0.6772	0.6808	0.6844	0.6879
0.5	0.6915	0.6950	0.6985	0.7019	0.7054	0.7088	0.7123	0.7157	0.7190	0.7224
0.6	0.7257	0.7291	0.7324	0.7357	0.7389	0.7422	0.7454	0.7486	0.7517	0.7549
0.7	0.7580	0.7611	0.7642	0.7673	0.7704	0.7734	0.7764	0.7794	0.7823	0.7852
0.8	0.7881	0.7910	0.7939	0.7967	0.7995	0.8023	0.8051	0.8078	0.8106	0.8133
0.9	0.8159	0.8186	0.8212	0.8238	0.8264	0.8289	0.8315	0.8340	0.8365	0.8389
1.0	0.8413	0.8438	0.8461	0.8485	0.8508	0.8531	0.8554	0.8577	0.8599	0.8621
1.1	0.8643	0.8665	0.8686	0.8708	0.8729	0.8749	0.8770	0.8790	0.8810	0.8830
1.2	0.8849	0.8869	0.8888	0.8907	0.8925	0.8944	0.8962	0.8980	0.8997	0.90147
1.3	0.90320	0.90490	0.90658	0.90824	0.90988	0.91149	0.91309	0.91466	0.91621	0.91774
1.4	0.91924	0.92073	0.92220	0.92364	0.92507	0.92647	0.92785	0.92922	0.93056	0.93189
1.5	0.93319	0.93448	0.93574	0.93699	0.93822	0.93943	0.94062	0.94179	0.94295	0.94408
1.6	0.94520	0.94630	0.94738	0.94845	0.94950	0.95053	0.95154	0.95254	0.95352	0.95449
1.7	0.95543	0.95637	0.95728	0.95818	0.95907	0.95994	0.96080	0.96164	0.96246	0.96327
1.8	0.96407	0.96485	0.96562	0.96638	0.96712	0.96784	0.96856	0.96926	0.96995	0.97062
1.9	0.97128	0.97193	0.97257	0.97320	0.97381	0.97441	0.97500	0.97558	0.97615	0.97670
2.0	0.97725	0.97778	0.97831	0.97882	0.97932	0.97982	0.98030	0.98077	0.98124	0.98169
2.1	0.98214	0.98257	0.98300	0.98341	0.98382	0.98422	0.98461	0.98500	0.98537	0.98574
2.2	0.98610	0.98645	0.98679	0.98713	0.98745	0.98778	0.98809	0.98840	0.98870	0.98899
2.3	0.98928	0.98956	0.98983	$0.9^2 0097$	$0.9^2 0358$	$0.9^2 0613$	$0.9^2 0863$	$0.9^2 1106$	$0.9^2 1344$	$0.9^2 1576$
2.4	$0.9^2 1802$	$0.9^2 2024$	$0.9^2 2240$	$0.9^2 2451$	$0.9^2 2656$	$0.9^2 2857$	$0.9^2 3053$	0.993244	$0.9^2 3431$	$0.9^2 3613$
2.5	$0.9^2 3790$	0.993963	$0.9^2 4132$	$0.9^2 4297$	$0.9^2 4457$	$0.9^2 4614$	$0.9^2 4766$	$0.9^2 4915$	$0.9^2 5060$	$0.9^2 5201$
2.6	$0.9^2 5339$	0.995473	$0.9^2 5604$	$0.9^2 5731$	$0.9^2 5855$	$0.9^2 5975$	$0.9^2 6093$	$0.9^2 6207$	$0.9^2 6319$	$0.9^2 6427$
2.7	$0.9^2 6533$	0.996636	$0.9^2 6736$	$0.9^2 6833$	$0.9^2 6928$	$0.9^2 7020$	$0.9^2 7110$	$0.9^2 7197$	$0.9^2 7282$	$0.9^2 7365$
2.8	$0.9^2 7445$	0.997523	$0.9^2 7599$	$0.9^2 7673$	$0.9^2 7744$	$0.9^2 7814$	$0.9^2 7882$	$0.9^2 7948$	$0.9^2 8012$	$0.9^2 8074$
2.9	$0.9^2 8134$	0.998193	$0.9^2 8250$	$0.9^2 8305$	$0.9^2 8359$	$0.9^2 8411$	$0.9^2 8462$	$0.9^2 8511$	$0.9^2 8559$	$0.9^2 8605$
3.0	$0.9^2 8650$	0.998694	$0.9^2 8736$	$0.9^2 8777$	$0.9^2 8817$	$0.9^2 8856$	$0.9^2 8893$	$0.9^2 8930$	$0.9^2 8965$	$0.9^2 8999$
3.1	$0.9^3 0324$	$0.9^3 0646$	$0.9^3 0957$	$0.9^3 1260$	$0.9^3 1553$	$0.9^3 1836$	$0.9^3 2112$	$0.9^3 2378$	$0.9^3 2636$	$0.9^3 2886$
3.2	$0.9^3 3129$	$0.9^3 3363$	$0.9^3 3590$	$0.9^3 3810$	$0.9^3 4024$	$0.9^3 4230$	$0.9^3 4429$	$0.9^3 4623$	$0.9^3 4810$	$0.9^3 4991$
3.3	$0.9^3 5166$	$0.9^3 5335$	$0.9^3 5499$	$0.9^3 5658$	$0.9^3 5811$	$0.9^3 5959$	$0.9^3 6103$	$0.9^3 6242$	$0.9^3 6376$	$0.9^3 6505$
3.4	$0.9^3 6631$	$0.9^3 6752$	$0.9^3 6869$	$0.9^3 6982$	$0.9^3 7091$	$0.9^3 7197$	$0.9^3 7299$	$0.9^3 7398$	$0.9^3 7493$	$0.9^3 7585$
3.5	$0.9^3 7674$	$0.9^3 7759$	$0.9^3 7842$	$0.9^3 7922$	$0.9^3 7999$	$0.9^3 8074$	$0.9^3 8146$	$0.9^3 8215$	$0.9^3 8282$	$0.9^3 8347$

（续）

u	0.00	0.01	0.02	0.03	0.04	0.05	0.06	0.07	0.08	0.09
3.6	0.9^38409	0.9^38469	0.9^38527	0.9^38583	0.9^38637	0.9^38689	0.9^38739	0.9^38787	0.9^38834	0.9^38879
3.7	0.9^38922	0.9^38964	0.9^400389	0.9^404260	0.9^407990	0.9^411583	0.9^415043	0.9^418376	0.9^421586	0.9^424676
3.8	0.9^427652	0.9^430517	0.9^433274	0.9^435928	0.9^438483	0.9^440941	0.9^443306	0.9^445582	0.9^447772	0.9^449878
3.9	0.9^451904	0.9^453852	0.9^455726	0.9^457527	0.9^459259	0.9^460924	0.9^462525	0.9^464064	0.9^465542	0.9^466963
4.0	0.9^468329	0.9^469641	0.9^470901	0.9^472112	0.9^473274	0.9^474391	0.9^475464	0.9^476493	0.9^477482	0.9^478431
4.1	0.9^479342	0.9^480217	0.9^481056	0.9^481862	0.9^482635	0.9^483376	0.9^484088	0.9^484770	0.9^485425	0.9^486052
4.2	0.9^486654	0.9^487231	0.9^487785	0.9^488315	0.9^488824	0.9^489311	0.9^489779	0.9^50226	0.9^50655	0.9^51066
4.3	0.9^51460	0.9^51837	0.9^52199	0.9^52545	0.9^52876	0.9^53193	0.9^53497	0.9^53788	0.9^54066	0.9^54332
4.4	0.9^54587	0.9^54831	0.9^55065	0.9^55288	0.9^55502	0.9^55706	0.9^55902	0.9^56089	0.9^56268	0.9^56439
4.5	0.9^56602	0.9^56759	0.9^56908	0.9^57051	0.9^57187	0.9^57318	0.9^57442	0.9^57561	0.9^57675	0.9^57784
4.6	0.9^57888	0.9^57987	0.9^58081	0.9^58172	0.9^58258	0.9^58340	0.9^58419	0.9^58494	0.9^58566	0.9^58634
4.7	0.9^58699	0.9^58761	0.9^58821	0.9^58877	0.9^58931	0.9^58983	0.9^60320	0.9^60789	0.9^61235	0.9^61661
4.8	0.9^62067	0.9^62453	0.9^62822	0.9^63173	0.9^63508	0.9^63827	0.9^64131	0.9^64420	0.9^64696	0.9^64958
4.9	0.9^65208	0.9^65446	0.9^65673	0.9^65889	0.9^66094	0.9^66289	0.9^66475	0.9^66652	0.9^66821	0.9^66981

注：本表各栏数字中的 9^2, 9^3, 9^4, 9^5, 9^6 分别表示 99, 999, 9999, 99999, 999999. 例如 0.9^427652 为 0.999927652.

表 D.2 χ^2 分布上分位数表

$$P\{\chi^2(n) > \chi^2_\alpha(n)\} = \alpha$$

n	α					
	0.995	0.99	0.975	0.95	0.90	0.75
1	—	—	0.001	0.004	0.016	0.102
2	0.010	0.020	0.051	0.103	0.211	0.575
3	0.072	0.115	0.216	0.352	0.584	1.213
4	0.207	0.297	0.484	0.711	1.064	1.923
5	0.412	0.554	0.831	1.146	1.610	2.675
6	0.676	0.872	1.237	1.635	2.204	3.455
7	0.989	1.239	1.690	2.167	2.833	4.255
8	1.344	1.647	2.180	2.733	3.490	5.071
9	1.735	2.088	2.700	3.325	4.168	5.899
10	2.156	2.558	3.247	3.940	4.865	6.737
11	2.603	3.054	3.816	4.575	5.578	7.584
12	3.074	3.571	4.404	5.226	6.304	8.438
13	3.565	4.107	5.009	5.892	7.042	9.299
14	4.075	4.660	5.629	6.571	7.790	10.165
15	4.601	5.229	6.262	7.261	8.547	11.037
16	5.142	5.812	6.908	7.962	9.312	11.912

（续）

n	α					
	0.995	0.99	0.975	0.95	0.90	0.75
17	5.697	6.408	7.564	8.672	10.085	12.792
18	6.265	7.015	8.231	9.390	10.865	13.675
19	6.844	7.633	8.907	10.117	11.651	14.562
20	7.434	8.260	9.591	10.851	12.443	15.452
21	8.034	8.897	10.283	11.591	13.240	16.344
22	8.643	9.543	10.982	12.338	14.041	17.240
23	9.260	10.196	11.689	13.091	14.848	18.137
24	9.886	10.856	12.401	13.848	15.659	19.037
25	10.520	11.524	13.120	14.611	16.473	19.939
26	11.160	12.198	13.844	15.379	17.292	20.843
27	11.808	12.879	14.573	16.151	18.114	21.749
28	12.461	13.565	15.308	16.928	18.939	22.657
29	13.121	14.256	16.047	17.708	19.768	23.567
30	13.787	14.953	16.791	18.493	20.599	24.478
31	14.458	15.655	17.539	19.281	21.434	25.390
32	15.134	16.362	18.291	20.072	22.271	26.304
33	15.815	17.074	19.047	20.867	23.110	27.219
34	16.501	17.789	19.806	21.664	23.952	28.136
35	17.192	18.509	20.569	22.465	24.797	29.054
36	17.887	19.233	21.336	23.269	25.643	29.973
37	18.586	19.960	22.106	24.075	26.492	30.893
38	19.289	20.691	22.878	24.884	27.343	31.815
39	19.996	21.426	23.654	25.695	28.196	32.737
40	20.707	22.164	24.433	26.509	29.051	33.660
41	21.421	22.906	25.215	27.326	29.907	34.585
42	22.138	23.650	25.999	28.144	30.765	35.510
43	22.859	24.398	26.785	28.965	31.625	36.436
44	23.584	25.148	27.575	29.787	32.487	37.363
45	24.311	25.901	28.366	30.612	33.350	38.291

n	α					
	0.25	0.10	0.05	0.025	0.01	0.005
1	1.323	2.706	3.842	5.024	6.635	7.879
2	2.773	4.605	5.992	7.378	9.210	10.597
3	4.108	6.251	7.815	9.348	11.345	12.838
4	5.385	7.779	9.488	11.143	13.277	14.860
5	6.626	9.236	11.070	12.833	15.086	16.750

（续）

n	α					
	0.25	0.10	0.05	0.025	0.01	0.005
6	7.841	10.645	12.592	14.449	16.812	18.548
7	9.037	12.017	14.067	16.013	18.475	20.278
8	10.219	13.362	15.507	17.535	20.090	21.955
9	11.389	14.684	16.919	19.023	21.666	23.589
10	12.549	15.987	18.307	20.483	23.209	25.188
11	13.701	17.275	19.675	21.920	24.725	26.757
12	14.845	18.549	21.026	23.337	26.217	28.300
13	15.984	19.812	22.362	24.736	27.688	29.819
14	17.117	21.064	23.685	26.119	29.141	31.319
15	18.245	22.307	24.996	27.488	30.578	32.801
16	19.369	23.542	26.296	28.845	32.000	34.267
17	20.489	24.769	27.587	30.191	33.409	35.718
18	21.605	25.989	28.869	31.526	34.805	37.156
19	22.718	27.204	30.144	32.852	36.191	38.582
20	23.828	28.412	31.410	34.170	37.566	39.997
21	24.935	29.615	32.671	35.479	38.932	41.401
22	26.039	30.813	33.924	36.781	40.289	42.796
23	27.141	32.007	35.172	38.076	41.638	44.181
24	28.241	33.196	36.415	39.364	42.980	45.559
25	29.339	34.382	37.652	40.646	44.314	46.928
26	30.435	35.563	38.885	41.923	45.642	48.290
27	31.528	36.741	40.113	43.195	46.963	49.645
28	32.620	37.916	41.337	44.461	48.278	50.993
29	33.711	39.087	42.557	45.722	49.588	52.336
30	34.800	40.256	43.773	46.979	50.892	53.672
31	35.887	41.422	44.985	48.232	52.191	55.003
32	36.973	42.585	46.194	49.480	53.486	56.328
33	38.058	43.745	47.400	50.725	54.776	57.648
34	39.141	44.903	48.602	51.966	56.061	58.964
35	40.223	46.059	49.802	53.203	57.342	60.275
36	41.304	47.212	50.998	54.437	58.619	61.581
37	42.383	48.363	52.192	55.668	59.893	62.883
38	43.462	49.513	53.384	56.896	61.162	64.181
39	44.539	50.660	54.572	58.120	62.428	65.476
40	45.616	51.805	55.758	59.342	63.691	66.766

（续）

n	α					
	0.25	0.10	0.05	0.025	0.01	0.005
41	46.692	52.949	56.942	60.561	64.950	68.053
42	47.766	54.090	58.124	61.777	66.206	69.336
43	48.840	55.230	59.304	62.990	67.459	70.616
44	49.913	56.369	60.481	64.201	68.710	71.893
45	50.985	57.505	61.656	65.410	69.957	73.166

表 D.3　t 分布上分位数表

$$P\{t(n)>t_\alpha(n)\}=\alpha$$

n	α												
	0.45	0.40	0.35	0.30	0.25	0.20	0.15	0.10	0.05	0.025	0.01	0.005	0.0005
1	0.1584	0.3249	0.5095	0.7265	1.0000	1.3764	1.9626	3.0777	6.3138	12.7060	31.8210	63.6570	636.6200
2	0.1421	0.2887	0.4448	0.6172	0.8165	1.0607	1.3862	1.8856	2.9200	4.3027	6.9646	9.9248	31.5990
3	0.1366	0.2767	0.4242	0.5844	0.7649	0.9785	1.2498	1.6377	2.3534	3.1824	4.5407	5.8409	12.9240
4	0.1338	0.2707	0.4142	0.5687	0.7407	0.9410	1.1896	1.5332	2.1318	2.7764	3.7469	4.6041	8.6103
5	0.1322	0.2672	0.4082	0.5594	0.7267	0.9195	1.1558	1.4759	2.0150	2.5706	3.3649	4.0321	6.8688
6	0.1311	0.2648	0.4043	0.5534	0.7176	0.9057	1.1342	1.4398	1.9432	2.4469	3.1427	3.7074	5.9588
7	0.1303	0.2632	0.4015	0.5491	0.7111	0.8960	1.1192	1.4149	1.8946	2.3646	2.9980	3.4995	5.4079
8	0.1297	0.2619	0.3995	0.5459	0.7064	0.8889	1.1081	1.3968	1.8595	2.3060	2.8965	3.3554	5.0413
9	0.1293	0.2610	0.3979	0.5435	0.7027	0.8834	1.0997	1.3830	1.8331	2.2622	2.8214	3.2498	4.7809
10	0.1289	0.2602	0.3966	0.5415	0.6998	0.8791	1.0931	1.3722	1.8125	2.2281	2.7638	3.1693	4.5869
11	0.1286	0.2596	0.3956	0.5399	0.6975	0.8755	1.0877	1.3634	1.7959	2.2010	2.7181	3.1058	4.4370
12	0.1284	0.2590	0.3947	0.5386	0.6955	0.8726	1.0832	1.3562	1.7823	2.1788	2.6810	3.0545	4.3178
13	0.1281	0.2586	0.3940	0.5375	0.6938	0.8702	1.0795	1.3502	1.7709	2.1604	2.6503	3.0123	4.2208
14	0.1280	0.2582	0.3933	0.5366	0.6924	0.8681	1.0763	1.3450	1.7613	2.1448	2.6245	2.9768	4.1405
15	0.1278	0.2579	0.3928	0.5357	0.6912	0.8662	1.0735	1.3406	1.7531	2.1314	2.6025	2.9467	4.0728
16	0.1277	0.2576	0.3923	0.5350	0.6901	0.8647	1.0711	1.3368	1.7459	2.1199	2.5835	2.9208	4.0150
17	0.1276	0.2574	0.3919	0.5344	0.6892	0.8633	1.0690	1.3334	1.7396	2.1098	2.5669	2.8982	3.9651
18	0.1275	0.2571	0.3915	0.5338	0.6884	0.8621	1.0672	1.3304	1.7341	2.1009	2.5524	2.8784	3.9216
19	0.1274	0.2569	0.3912	0.5333	0.6876	0.8610	1.0655	1.3277	1.7291	2.0930	2.5395	2.8609	3.8834
20	0.1273	0.2567	0.3909	0.5329	0.6870	0.8600	1.0640	1.3253	1.7247	2.0860	2.5280	2.8453	3.8495
21	0.1272	0.2566	0.3906	0.5325	0.6864	0.8591	1.0627	1.3232	1.7207	2.0796	2.5176	2.8314	3.8193
22	0.1271	0.2564	0.3904	0.5321	0.6858	0.8583	1.0614	1.3212	1.7171	2.0739	2.5083	2.8188	3.7921
23	0.1271	0.2563	0.3902	0.5318	0.6853	0.8575	1.0603	1.3195	1.7139	2.0687	2.4999	2.8073	3.7676
24	0.1270	0.2562	0.3900	0.5314	0.6849	0.8569	1.0593	1.3178	1.7109	2.0639	2.4922	2.7969	3.7454
25	0.1269	0.2561	0.3898	0.5312	0.6844	0.8562	1.0584	1.3163	1.7081	2.0595	2.4851	2.7874	3.7251

（续）

n	α												
	0.45	0.40	0.35	0.30	0.25	0.20	0.15	0.10	0.05	0.025	0.01	0.005	0.0005
26	0.1269	0.2560	0.3896	0.5309	0.6840	0.8557	1.0575	1.3150	1.7056	2.0555	2.4786	2.7787	3.7066
27	0.1269	0.2559	0.3895	0.5307	0.6837	0.8551	1.0567	1.3137	1.7033	2.0518	2.4727	2.7707	3.6896
28	0.1268	0.2558	0.3893	0.5304	0.6834	0.8547	1.0560	1.3125	1.7011	2.0484	2.4671	2.7633	3.6739
29	0.1268	0.2557	0.3892	0.5302	0.6830	0.8542	1.0553	1.3114	1.6991	2.0452	2.4620	2.7564	3.6594
30	0.1267	0.2556	0.3890	0.5300	0.6828	0.8538	1.0547	1.3104	1.6973	2.0423	2.4573	2.7500	3.6460
31	0.1267	0.2555	0.3889	0.5298	0.6825	0.8534	1.0541	1.3095	1.6955	2.0395	2.4528	2.7440	3.6335
32	0.1267	0.2555	0.3888	0.5297	0.6822	0.8530	1.0535	1.3086	1.6939	2.0369	2.4487	2.7385	3.6218
33	0.1266	0.2554	0.3887	0.5295	0.6820	0.8527	1.0530	1.3077	1.6924	2.0345	2.4448	2.7333	3.6109
34	0.1266	0.2553	0.3886	0.5294	0.6818	0.8523	1.0525	1.3070	1.6909	2.0322	2.4411	2.7284	3.6007
35	0.1266	0.2553	0.3885	0.5292	0.6816	0.8520	1.0520	1.3062	1.6896	2.0301	2.4377	2.7238	3.5911
36	0.1266	0.2552	0.3884	0.5291	0.6814	0.8517	1.0516	1.3055	1.6883	2.0281	2.4345	2.7195	3.5821
37	0.1265	0.2552	0.3883	0.5290	0.6812	0.8514	1.0512	1.3049	1.6871	2.0262	2.4314	2.7154	3.5737
38	0.1265	0.2551	0.3883	0.5288	0.6810	0.8512	1.0508	1.3042	1.6860	2.0244	2.4286	2.7116	3.5657
39	0.1265	0.2551	0.3882	0.5287	0.6808	0.8509	1.0504	1.3036	1.6849	2.0227	2.4258	2.7079	3.5581
40	0.1265	0.2550	0.3881	0.5286	0.6807	0.8507	1.0500	1.3031	1.6839	2.0211	2.4233	2.7045	3.5510
41	0.1264	0.2550	0.3880	0.5285	0.6805	0.8505	1.0497	1.3025	1.6829	2.0195	2.4208	2.7012	3.5442
42	0.1264	0.2550	0.3880	0.5284	0.6804	0.8503	1.0494	1.3020	1.6820	2.0181	2.4185	2.6981	3.5377
43	0.1264	0.2549	0.3879	0.5283	0.6802	0.8501	1.0491	1.3016	1.6811	2.0167	2.4163	2.6951	3.5316
44	0.1264	0.2549	0.3879	0.5282	0.6801	0.8499	1.0488	1.3011	1.6802	2.0154	2.4141	2.6923	3.5258
45	0.1264	0.2549	0.3878	0.5281	0.6800	0.8497	1.0485	1.3006	1.6794	2.0141	2.4121	2.6896	3.5203
60	0.1262	0.2545	0.3872	0.5272	0.6786	0.8477	1.0455	1.2958	1.6706	2.0003	2.3901	2.6603	3.4602
120	0.1259	0.2539	0.3862	0.5258	0.6765	0.8446	1.0409	1.2886	1.6577	1.9799	2.3578	2.6174	3.3735
∞	0.1257	0.2534	0.3853	0.5244	0.6745	0.8417	1.0365	1.2817	1.6452	1.9604	2.3271	2.5768	3.2925

表 D.4 F 分布上分位数表

$$P\{X > F_\alpha(m,n)\} = \alpha$$

$\alpha = 0.25$

n	m														
	1	2	3	4	5	6	7	8	9	10	12	14	16	18	20
1	5.83	7.50	8.20	8.58	8.82	8.98	9.10	9.19	9.26	9.32	9.41	9.47	9.52	9.55	9.58
2	2.57	3.00	3.15	3.23	3.28	3.31	3.34	3.35	3.37	3.38	3.39	3.41	3.41	3.42	3.43
3	2.02	2.28	2.36	2.39	2.41	2.42	2.43	2.44	2.44	2.44	2.45	2.45	2.46	2.46	2.46
4	1.81	2.00	2.05	2.06	2.07	2.08	2.08	2.08	2.08	2.08	2.08	2.08	2.08	2.08	2.08
5	1.69	1.85	1.88	1.89	1.89	1.89	1.89	1.89	1.89	1.89	1.89	1.89	1.88	1.88	1.88
6	1.62	1.76	1.78	1.79	1.79	1.78	1.78	1.78	1.77	1.77	1.77	1.76	1.76	1.76	1.76

n	m														
	1	2	3	4	5	6	7	8	9	10	12	14	16	18	20
7	1.57	1.70	1.72	1.72	1.71	1.71	1.70	1.70	1.69	1.69	1.68	1.68	1.68	1.67	1.67
8	1.54	1.66	1.67	1.66	1.66	1.65	1.64	1.64	1.64	1.63	1.62	1.62	1.62	1.61	1.61
9	1.51	1.62	1.63	1.63	1.62	1.61	1.60	1.60	1.59	1.59	1.58	1.57	1.57	1.56	1.56
10	1.49	1.60	1.60	1.59	1.59	1.58	1.57	1.56	1.56	1.55	1.54	1.54	1.53	1.53	1.52
11	1.47	1.58	1.58	1.57	1.56	1.55	1.54	1.53	1.53	1.52	1.51	1.51	1.50	1.50	1.49
12	1.46	1.56	1.56	1.55	1.54	1.53	1.52	1.51	1.51	1.50	1.49	1.48	1.48	1.47	1.47
13	1.45	1.55	1.55	1.53	1.52	1.51	1.50	1.49	1.49	1.48	1.47	1.46	1.46	1.45	1.45
14	1.44	1.53	1.53	1.52	1.51	1.50	1.49	1.48	1.47	1.46	1.45	1.44	1.44	1.43	1.43
15	1.43	1.52	1.52	1.51	1.49	1.48	1.47	1.46	1.46	1.45	1.44	1.43	1.42	1.42	1.41
16	1.42	1.51	1.51	1.50	1.48	1.47	1.46	1.45	1.44	1.44	1.43	1.42	1.41	1.40	1.40
17	1.42	1.51	1.50	1.49	1.47	1.46	1.45	1.44	1.43	1.43	1.41	1.41	1.40	1.39	1.39
18	1.41	1.50	1.49	1.48	1.46	1.45	1.44	1.43	1.42	1.42	1.40	1.40	1.39	1.38	1.38
19	1.41	1.49	1.49	1.47	1.46	1.44	1.43	1.42	1.41	1.41	1.40	1.39	1.38	1.37	1.37
20	1.40	1.49	1.48	1.47	1.45	1.44	1.43	1.42	1.41	1.40	1.39	1.38	1.37	1.36	1.36
21	1.40	1.48	1.48	1.46	1.44	1.43	1.42	1.41	1.40	1.39	1.38	1.37	1.36	1.36	1.35
22	1.40	1.48	1.47	1.45	1.44	1.42	1.41	1.40	1.39	1.39	1.37	1.36	1.36	1.35	1.34
23	1.39	1.47	1.47	1.45	1.43	1.42	1.41	1.40	1.39	1.38	1.37	1.36	1.35	1.34	1.34
24	1.39	1.47	1.46	1.44	1.43	1.41	1.40	1.39	1.38	1.38	1.36	1.35	1.34	1.34	1.33
25	1.39	1.47	1.46	1.44	1.42	1.41	1.40	1.39	1.38	1.37	1.36	1.35	1.34	1.33	1.33
26	1.38	1.46	1.45	1.44	1.42	1.41	1.39	1.38	1.37	1.37	1.35	1.34	1.33	1.33	1.32
27	1.38	1.46	1.45	1.43	1.42	1.40	1.39	1.38	1.37	1.36	1.35	1.34	1.33	1.32	1.32
28	1.38	1.46	1.45	1.43	1.41	1.40	1.39	1.38	1.37	1.36	1.34	1.33	1.32	1.32	1.31
29	1.38	1.45	1.45	1.43	1.41	1.40	1.38	1.37	1.36	1.35	1.34	1.33	1.32	1.31	1.31
30	1.38	1.45	1.44	1.42	1.41	1.39	1.38	1.37	1.36	1.35	1.34	1.33	1.32	1.31	1.30
31	1.37	1.45	1.44	1.42	1.40	1.39	1.38	1.37	1.36	1.35	1.33	1.32	1.31	1.31	1.30
32	1.37	1.45	1.44	1.42	1.40	1.39	1.37	1.36	1.35	1.34	1.33	1.32	1.31	1.30	1.30
33	1.37	1.45	1.44	1.42	1.40	1.38	1.37	1.36	1.35	1.34	1.33	1.32	1.31	1.30	1.29
34	1.37	1.44	1.43	1.42	1.40	1.38	1.37	1.36	1.35	1.34	1.33	1.31	1.30	1.30	1.29
35	1.37	1.44	1.43	1.41	1.40	1.38	1.37	1.36	1.35	1.34	1.32	1.31	1.30	1.29	1.29
36	1.37	1.44	1.43	1.41	1.39	1.38	1.36	1.35	1.34	1.33	1.32	1.31	1.30	1.29	1.29
37	1.37	1.44	1.43	1.41	1.39	1.38	1.36	1.35	1.34	1.33	1.32	1.31	1.30	1.29	1.28
38	1.36	1.44	1.43	1.41	1.39	1.37	1.36	1.35	1.34	1.33	1.32	1.30	1.29	1.29	1.28
39	1.36	1.44	1.43	1.41	1.39	1.37	1.36	1.35	1.34	1.33	1.31	1.30	1.29	1.28	1.28
40	1.36	1.44	1.42	1.40	1.39	1.37	1.36	1.35	1.34	1.33	1.31	1.30	1.29	1.28	1.28
41	1.36	1.43	1.42	1.40	1.38	1.37	1.36	1.34	1.33	1.32	1.31	1.30	1.29	1.28	1.27

（续）

n	m														
	1	2	3	4	5	6	7	8	9	10	12	14	16	18	20
42	1.36	1.43	1.42	1.40	1.38	1.37	1.35	1.34	1.33	1.32	1.31	1.30	1.29	1.28	1.27
43	1.36	1.43	1.42	1.40	1.38	1.37	1.35	1.34	1.33	1.32	1.31	1.29	1.29	1.28	1.27
44	1.36	1.43	1.42	1.40	1.38	1.36	1.35	1.34	1.33	1.32	1.31	1.29	1.28	1.28	1.27
45	1.36	1.43	1.42	1.40	1.38	1.36	1.35	1.34	1.33	1.32	1.30	1.29	1.28	1.27	1.27
46	1.36	1.43	1.42	1.40	1.38	1.36	1.35	1.34	1.33	1.32	1.30	1.29	1.28	1.27	1.27
47	1.36	1.43	1.42	1.40	1.38	1.36	1.35	1.34	1.32	1.32	1.30	1.29	1.28	1.27	1.26
48	1.36	1.43	1.41	1.39	1.38	1.36	1.35	1.33	1.32	1.31	1.30	1.29	1.28	1.27	1.26
49	1.36	1.43	1.41	1.39	1.37	1.36	1.34	1.33	1.32	1.31	1.30	1.29	1.28	1.27	1.26
50	1.35	1.43	1.41	1.39	1.37	1.36	1.34	1.33	1.32	1.31	1.30	1.28	1.27	1.27	1.26
55	1.35	1.42	1.41	1.39	1.37	1.35	1.34	1.33	1.32	1.31	1.29	1.28	1.27	1.26	1.25
60	1.35	1.42	1.41	1.38	1.37	1.35	1.33	1.32	1.31	1.30	1.29	1.27	1.26	1.26	1.25
80	1.34	1.41	1.40	1.38	1.36	1.34	1.32	1.31	1.30	1.29	1.27	1.26	1.25	1.24	1.23
100	1.34	1.41	1.39	1.37	1.35	1.33	1.32	1.30	1.29	1.28	1.27	1.25	1.24	1.23	1.23
200	1.33	1.40	1.38	1.36	1.34	1.32	1.30	1.29	1.28	1.27	1.25	1.24	1.23	1.22	1.21
300	1.33	1.39	1.38	1.35	1.33	1.32	1.30	1.29	1.27	1.26	1.25	1.23	1.22	1.21	1.20
400	1.33	1.39	1.37	1.35	1.33	1.31	1.30	1.28	1.27	1.26	1.24	1.23	1.22	1.21	1.20
500	1.33	1.39	1.37	1.35	1.33	1.31	1.30	1.28	1.27	1.26	1.24	1.23	1.22	1.21	1.20
∞	1.32	1.39	1.37	1.35	1.33	1.31	1.29	1.28	1.27	1.25	1.24	1.22	1.21	1.20	1.19

n	m														
	22	24	26	28	30	35	40	45	50	60	80	100	200	500	∞
1	9.61	9.63	9.64	9.66	9.67	9.70	9.71	9.73	9.74	9.76	9.78	9.80	9.82	9.84	9.85
2	3.43	3.43	3.44	3.44	3.44	3.45	3.45	3.45	3.46	3.46	3.46	3.47	3.47	3.47	3.48
3	2.46	2.46	2.46	2.46	2.47	2.47	2.47	2.47	2.47	2.47	2.47	2.47	2.47	2.47	2.47
4	2.08	2.08	2.08	2.08	2.08	2.08	2.08	2.08	2.08	2.08	2.08	2.08	2.08	2.08	2.08
5	1.88	1.88	1.88	1.88	1.88	1.88	1.88	1.88	1.88	1.87	1.87	1.87	1.87	1.87	1.87
6	1.76	1.75	1.75	1.75	1.75	1.75	1.75	1.75	1.75	1.74	1.74	1.74	1.74	1.74	1.74
7	1.67	1.67	1.67	1.66	1.66	1.66	1.66	1.66	1.66	1.65	1.65	1.65	1.65	1.65	1.65
8	1.61	1.60	1.60	1.60	1.60	1.60	1.59	1.59	1.59	1.59	1.59	1.58	1.58	1.58	1.58
9	1.56	1.56	1.55	1.55	1.55	1.55	1.54	1.54	1.54	1.54	1.54	1.53	1.53	1.53	1.53
10	1.52	1.52	1.52	1.51	1.51	1.51	1.51	1.50	1.50	1.50	1.50	1.49	1.49	1.49	1.48
11	1.49	1.49	1.48	1.48	1.48	1.48	1.47	1.47	1.47	1.47	1.46	1.46	1.46	1.45	1.45
12	1.46	1.46	1.46	1.46	1.45	1.45	1.45	1.44	1.44	1.44	1.44	1.43	1.43	1.42	1.42
13	1.44	1.44	1.44	1.43	1.43	1.43	1.42	1.42	1.42	1.42	1.41	1.41	1.40	1.40	1.40
14	1.42	1.42	1.42	1.42	1.41	1.41	1.41	1.40	1.40	1.40	1.39	1.39	1.38	1.38	1.38
15	1.41	1.41	1.40	1.40	1.40	1.39	1.39	1.39	1.38	1.38	1.37	1.37	1.37	1.36	1.36

（续）

n	\multicolumn{15}{c}{m}														
	22	24	26	28	30	35	40	45	50	60	80	100	200	500	∞
16	1.39	1.39	1.39	1.39	1.38	1.38	1.37	1.37	1.37	1.36	1.36	1.36	1.35	1.35	1.34
17	1.38	1.38	1.38	1.37	1.37	1.37	1.36	1.36	1.36	1.35	1.35	1.34	1.34	1.33	1.33
18	1.37	1.37	1.36	1.36	1.36	1.35	1.35	1.35	1.34	1.34	1.33	1.33	1.32	1.32	1.32
19	1.36	1.36	1.35	1.35	1.35	1.34	1.34	1.34	1.33	1.33	1.32	1.32	1.31	1.31	1.30
20	1.35	1.35	1.35	1.34	1.34	1.33	1.33	1.33	1.32	1.32	1.31	1.31	1.30	1.30	1.29
21	1.35	1.34	1.34	1.33	1.33	1.33	1.32	1.32	1.32	1.31	1.30	1.30	1.29	1.29	1.28
22	1.34	1.33	1.33	1.33	1.32	1.32	1.31	1.31	1.31	1.30	1.30	1.29	1.28	1.28	1.28
23	1.33	1.33	1.32	1.32	1.32	1.31	1.31	1.30	1.30	1.30	1.29	1.29	1.28	1.27	1.27
24	1.33	1.32	1.32	1.31	1.31	1.31	1.30	1.30	1.29	1.29	1.28	1.28	1.27	1.26	1.26
25	1.32	1.32	1.31	1.31	1.31	1.30	1.29	1.29	1.29	1.28	1.28	1.27	1.26	1.26	1.25
26	1.32	1.31	1.31	1.30	1.30	1.29	1.29	1.28	1.28	1.28	1.27	1.27	1.26	1.25	1.25
27	1.31	1.31	1.30	1.30	1.30	1.29	1.28	1.28	1.28	1.27	1.26	1.26	1.25	1.25	1.24
28	1.31	1.30	1.30	1.29	1.29	1.28	1.28	1.27	1.27	1.27	1.26	1.25	1.25	1.24	1.24
29	1.30	1.30	1.29	1.29	1.29	1.28	1.27	1.27	1.27	1.26	1.25	1.25	1.24	1.23	1.23
30	1.30	1.29	1.29	1.29	1.28	1.28	1.27	1.27	1.26	1.26	1.25	1.24	1.23	1.23	1.23
31	1.29	1.29	1.29	1.28	1.28	1.27	1.27	1.26	1.26	1.25	1.25	1.24	1.23	1.23	1.22
32	1.29	1.29	1.28	1.28	1.28	1.27	1.26	1.26	1.25	1.25	1.24	1.24	1.23	1.22	1.22
33	1.29	1.28	1.28	1.28	1.27	1.26	1.26	1.25	1.25	1.25	1.24	1.23	1.22	1.22	1.21
34	1.28	1.28	1.28	1.27	1.27	1.26	1.26	1.25	1.25	1.24	1.23	1.23	1.22	1.21	1.21
35	1.28	1.28	1.27	1.27	1.27	1.26	1.25	1.25	1.24	1.24	1.23	1.23	1.22	1.21	1.20
36	1.28	1.27	1.27	1.27	1.26	1.26	1.25	1.25	1.24	1.24	1.23	1.22	1.21	1.21	1.20
37	1.28	1.27	1.27	1.26	1.26	1.25	1.25	1.24	1.24	1.23	1.22	1.22	1.21	1.20	1.20
38	1.27	1.27	1.27	1.26	1.26	1.25	1.24	1.24	1.24	1.23	1.22	1.22	1.21	1.20	1.19
39	1.27	1.27	1.26	1.26	1.26	1.25	1.24	1.24	1.23	1.23	1.22	1.21	1.20	1.20	1.19
40	1.27	1.26	1.26	1.26	1.25	1.25	1.24	1.23	1.23	1.22	1.22	1.21	1.20	1.19	1.19
41	1.27	1.26	1.26	1.25	1.25	1.24	1.24	1.23	1.23	1.22	1.21	1.21	1.20	1.19	1.19
42	1.27	1.26	1.26	1.25	1.25	1.24	1.24	1.23	1.23	1.22	1.21	1.21	1.20	1.19	1.18
43	1.26	1.26	1.25	1.25	1.25	1.24	1.23	1.23	1.22	1.22	1.21	1.20	1.19	1.19	1.18
44	1.26	1.26	1.25	1.25	1.24	1.24	1.23	1.23	1.22	1.22	1.21	1.20	1.19	1.18	1.18
45	1.26	1.26	1.25	1.25	1.24	1.24	1.23	1.22	1.22	1.21	1.21	1.20	1.19	1.18	1.18
46	1.26	1.25	1.25	1.24	1.24	1.23	1.23	1.22	1.22	1.21	1.20	1.20	1.19	1.18	1.17
47	1.26	1.25	1.25	1.24	1.24	1.23	1.23	1.22	1.22	1.21	1.20	1.20	1.18	1.18	1.17
48	1.26	1.25	1.25	1.24	1.24	1.23	1.22	1.22	1.21	1.21	1.20	1.19	1.18	1.17	1.17
49	1.25	1.25	1.24	1.24	1.24	1.23	1.22	1.22	1.21	1.21	1.20	1.19	1.18	1.17	1.17
50	1.25	1.25	1.24	1.24	1.24	1.23	1.22	1.22	1.21	1.20	1.20	1.19	1.18	1.17	1.16

（续）

n	22	24	26	28	30	35	40	45	50	60	80	100	200	500	∞
							m								
55	1.25	1.24	1.24	1.23	1.23	1.22	1.21	1.21	1.20	1.20	1.19	1.18	1.17	1.16	1.16
60	1.24	1.24	1.23	1.23	1.22	1.21	1.21	1.20	1.20	1.19	1.18	1.18	1.16	1.15	1.15
80	1.23	1.22	1.22	1.21	1.21	1.20	1.19	1.19	1.18	1.17	1.16	1.16	1.14	1.13	1.12
100	1.22	1.21	1.21	1.20	1.20	1.19	1.18	1.18	1.17	1.16	1.15	1.14	1.13	1.12	1.11
200	1.20	1.19	1.19	1.18	1.18	1.17	1.16	1.16	1.15	1.14	1.13	1.12	1.10	1.09	1.07
300	1.20	1.19	1.18	1.18	1.17	1.16	1.15	1.15	1.14	1.13	1.12	1.11	1.09	1.07	1.06
400	1.19	1.19	1.18	1.17	1.17	1.16	1.15	1.14	1.14	1.13	1.12	1.11	1.08	1.07	1.05
500	1.19	1.18	1.18	1.17	1.17	1.16	1.15	1.14	1.14	1.13	1.11	1.10	1.08	1.06	1.05
∞	1.18	1.18	1.17	1.17	1.16	1.15	1.14	1.13	1.13	1.12	1.10	1.09	1.07	1.04	1.00

$\alpha = 0.10$

n	1	2	3	4	5	6	7	8	9	10	12	14	16	18	20
							m								
1	39.86	49.50	53.59	55.83	57.24	58.20	58.91	59.44	59.86	60.20	60.71	61.07	61.35	61.57	61.74
2	8.53	9.00	9.16	9.24	9.29	9.33	9.35	9.37	9.38	9.39	9.41	9.42	9.43	9.44	9.44
3	5.54	5.46	5.39	5.34	5.31	5.28	5.27	5.25	5.24	5.23	5.22	5.20	5.20	5.19	5.18
4	4.54	4.32	4.19	4.11	4.05	4.01	3.98	3.95	3.94	3.92	3.90	3.88	3.86	3.85	3.84
5	4.06	3.78	3.62	3.52	3.45	3.40	3.37	3.34	3.32	3.30	3.27	3.25	3.23	3.22	3.21
6	3.78	3.46	3.29	3.18	3.11	3.05	3.01	2.98	2.96	2.94	2.90	2.88	2.86	2.85	2.84
7	3.59	3.26	3.07	2.96	2.88	2.83	2.78	2.75	2.72	2.70	2.67	2.64	2.62	2.61	2.59
8	3.46	3.11	2.92	2.81	2.73	2.67	2.62	2.59	2.56	2.54	2.50	2.48	2.45	2.44	2.42
9	3.36	3.01	2.81	2.69	2.61	2.55	2.51	2.47	2.44	2.42	2.38	2.35	2.33	2.31	2.30
10	3.29	2.92	2.73	2.61	2.52	2.46	2.41	2.38	2.35	2.32	2.28	2.26	2.23	2.22	2.20
11	3.23	2.86	2.66	2.54	2.45	2.39	2.34	2.30	2.27	2.25	2.21	2.18	2.16	2.14	2.12
12	3.18	2.81	2.61	2.48	2.39	2.33	2.28	2.24	2.21	2.19	2.15	2.12	2.09	2.08	2.06
13	3.14	2.76	2.56	2.43	2.35	2.28	2.23	2.20	2.16	2.14	2.10	2.07	2.04	2.02	2.01
14	3.10	2.73	2.52	2.39	2.31	2.24	2.19	2.15	2.12	2.10	2.05	2.02	2.00	1.98	1.96
15	3.07	2.70	2.49	2.36	2.27	2.21	2.16	2.12	2.09	2.06	2.02	1.99	1.96	1.94	1.92
16	3.05	2.67	2.46	2.33	2.24	2.18	2.13	2.09	2.06	2.03	1.99	1.95	1.93	1.91	1.89
17	3.03	2.64	2.44	2.31	2.22	2.15	2.10	2.06	2.03	2.00	1.96	1.93	1.90	1.88	1.86
18	3.01	2.62	2.42	2.29	2.20	2.13	2.08	2.04	2.00	1.98	1.93	1.90	1.87	1.85	1.84
19	2.99	2.61	2.40	2.27	2.18	2.11	2.06	2.02	1.98	1.96	1.91	1.88	1.85	1.83	1.81
20	2.97	2.59	2.38	2.25	2.16	2.09	2.04	2.00	1.96	1.94	1.89	1.86	1.83	1.81	1.79
21	2.96	2.57	2.36	2.23	2.14	2.08	2.02	1.98	1.95	1.92	1.88	1.84	1.81	1.79	1.78
22	2.95	2.56	2.35	2.22	2.13	2.06	2.01	1.97	1.93	1.90	1.86	1.83	1.80	1.78	1.76

（续）

n	m														
	1	2	3	4	5	6	7	8	9	10	12	14	16	18	20
23	2.94	2.55	2.34	2.21	2.11	2.05	1.99	1.95	1.92	1.89	1.85	1.81	1.78	1.76	1.74
24	2.93	2.54	2.33	2.19	2.10	2.04	1.98	1.94	1.91	1.88	1.83	1.80	1.77	1.75	1.73
25	2.92	2.53	2.32	2.18	2.09	2.02	1.97	1.93	1.89	1.87	1.82	1.79	1.76	1.74	1.72
26	2.91	2.52	2.31	2.17	2.08	2.01	1.96	1.92	1.88	1.86	1.81	1.77	1.75	1.72	1.71
27	2.90	2.51	2.30	2.17	2.07	2.00	1.95	1.91	1.87	1.85	1.80	1.76	1.74	1.71	1.70
28	2.89	2.50	2.29	2.16	2.06	2.00	1.94	1.90	1.87	1.84	1.79	1.75	1.73	1.70	1.69
29	2.89	2.50	2.28	2.15	2.06	1.99	1.93	1.89	1.86	1.83	1.78	1.75	1.72	1.69	1.68
30	2.88	2.49	2.28	2.14	2.05	1.98	1.93	1.88	1.85	1.82	1.77	1.74	1.71	1.69	1.67
31	2.87	2.48	2.27	2.14	2.04	1.97	1.92	1.88	1.84	1.81	1.77	1.73	1.70	1.68	1.66
32	2.87	2.48	2.26	2.13	2.04	1.97	1.91	1.87	1.83	1.81	1.76	1.72	1.69	1.67	1.65
33	2.86	2.47	2.26	2.12	2.03	1.96	1.91	1.86	1.83	1.80	1.75	1.72	1.69	1.66	1.64
34	2.86	2.47	2.25	2.12	2.02	1.96	1.90	1.86	1.82	1.79	1.75	1.71	1.68	1.66	1.64
35	2.85	2.46	2.25	2.11	2.02	1.95	1.90	1.85	1.82	1.79	1.74	1.70	1.67	1.65	1.63
36	2.85	2.46	2.24	2.11	2.01	1.94	1.89	1.85	1.81	1.78	1.73	1.70	1.67	1.65	1.63
37	2.85	2.45	2.24	2.10	2.01	1.94	1.89	1.84	1.81	1.78	1.73	1.69	1.66	1.64	1.62
38	2.84	2.45	2.23	2.10	2.01	1.94	1.88	1.84	1.80	1.77	1.72	1.69	1.66	1.63	1.61
39	2.84	2.44	2.23	2.09	2.00	1.93	1.88	1.83	1.80	1.77	1.72	1.68	1.65	1.63	1.61
40	2.84	2.44	2.23	2.09	2.00	1.93	1.87	1.83	1.79	1.76	1.71	1.68	1.65	1.62	1.61
41	2.83	2.44	2.22	2.09	1.99	1.92	1.87	1.82	1.79	1.76	1.71	1.67	1.64	1.62	1.60
42	2.83	2.43	2.22	2.08	1.99	1.92	1.86	1.82	1.79	1.75	1.71	1.67	1.64	1.62	1.60
43	2.83	2.43	2.22	2.08	1.99	1.92	1.86	1.82	1.78	1.75	1.70	1.67	1.64	1.61	1.59
44	2.82	2.43	2.21	2.08	1.98	1.91	1.86	1.81	1.78	1.75	1.70	1.66	1.63	1.61	1.59
45	2.82	2.42	2.21	2.07	1.98	1.91	1.85	1.81	1.77	1.74	1.70	1.66	1.63	1.60	1.58
46	2.82	2.42	2.21	2.07	1.98	1.91	1.85	1.81	1.77	1.74	1.69	1.65	1.63	1.60	1.58
47	2.82	2.42	2.20	2.07	1.97	1.90	1.85	1.80	1.77	1.74	1.69	1.65	1.62	1.60	1.58
48	2.81	2.42	2.20	2.07	1.97	1.90	1.85	1.80	1.77	1.73	1.69	1.65	1.62	1.59	1.57
49	2.81	2.41	2.20	2.06	1.97	1.90	1.84	1.80	1.76	1.73	1.68	1.65	1.62	1.59	1.57
50	2.81	2.41	2.20	2.06	1.97	1.90	1.84	1.80	1.76	1.73	1.68	1.64	1.61	1.59	1.57
55	2.80	2.40	2.19	2.05	1.95	1.88	1.83	1.78	1.75	1.72	1.67	1.63	1.60	1.58	1.55
60	2.79	2.39	2.18	2.04	1.95	1.87	1.82	1.77	1.74	1.71	1.66	1.62	1.59	1.56	1.54
80	2.77	2.37	2.15	2.02	1.92	1.85	1.79	1.75	1.71	1.68	1.63	1.59	1.56	1.53	1.51
100	2.76	2.36	2.14	2.00	1.91	1.83	1.78	1.73	1.69	1.66	1.61	1.57	1.54	1.52	1.49
200	2.73	2.33	2.11	1.97	1.88	1.80	1.75	1.70	1.66	1.63	1.58	1.54	1.51	1.48	1.46
300	2.72	2.32	2.10	1.96	1.87	1.79	1.74	1.69	1.65	1.62	1.57	1.53	1.49	1.47	1.45
400	2.72	2.32	2.10	1.96	1.86	1.79	1.73	1.69	1.65	1.61	1.56	1.52	1.49	1.46	1.44

数 理 统 计

（续）

n	\multicolumn{15}{c}{m}
	1	2	3	4	5	6	7	8	9	10	12	14	16	18	20
500	2.72	2.31	2.09	1.96	1.86	1.79	1.73	1.68	1.64	1.61	1.56	1.52	1.49	1.46	1.44
∞	2.71	2.30	2.08	1.94	1.85	1.77	1.72	1.67	1.63	1.60	1.55	1.50	1.47	1.44	1.42

n	\multicolumn{15}{c}{m}
	22	24	26	28	30	35	40	45	50	60	80	100	200	500	∞
1	61.88	62.00	62.10	62.19	62.27	62.42	62.53	62.62	62.69	62.79	62.93	63.01	63.17	63.26	63.36
2	9.45	9.45	9.45	9.46	9.46	9.46	9.47	9.47	9.47	9.47	9.48	9.48	9.49	9.49	9.49
3	5.18	5.18	5.17	5.17	5.17	5.16	5.16	5.16	5.15	5.15	5.15	5.14	5.14	5.14	5.13
4	3.84	3.83	3.83	3.82	3.82	3.81	3.80	3.80	3.80	3.79	3.78	3.78	3.77	3.76	3.76
5	3.20	3.19	3.18	3.18	3.17	3.16	3.16	3.15	3.15	3.14	3.13	3.13	3.12	3.11	3.11
6	2.83	2.82	2.81	2.81	2.80	2.79	2.78	2.77	2.77	2.76	2.75	2.75	2.73	2.73	2.72
7	2.58	2.58	2.57	2.56	2.56	2.54	2.54	2.53	2.52	2.51	2.50	2.50	2.48	2.48	2.47
8	2.41	2.40	2.40	2.39	2.38	2.37	2.36	2.35	2.35	2.34	2.33	2.32	2.31	2.30	2.29
9	2.29	2.28	2.27	2.26	2.25	2.24	2.23	2.22	2.22	2.21	2.20	2.19	2.17	2.17	2.16
10	2.19	2.18	2.17	2.16	2.16	2.14	2.13	2.12	2.12	2.11	2.09	2.09	2.07	2.06	2.06
11	2.11	2.10	2.09	2.08	2.08	2.06	2.05	2.04	2.04	2.03	2.01	2.01	1.99	1.98	1.97
12	2.05	2.04	2.03	2.02	2.01	2.00	1.99	1.98	1.97	1.96	1.95	1.94	1.92	1.91	1.90
13	1.99	1.98	1.97	1.96	1.96	1.94	1.93	1.92	1.92	1.90	1.89	1.88	1.86	1.85	1.85
14	1.95	1.94	1.93	1.92	1.91	1.90	1.89	1.88	1.87	1.86	1.84	1.83	1.82	1.80	1.80
15	1.91	1.90	1.89	1.88	1.87	1.86	1.85	1.84	1.83	1.82	1.80	1.79	1.77	1.76	1.76
16	1.88	1.87	1.86	1.85	1.84	1.82	1.81	1.80	1.79	1.78	1.77	1.76	1.74	1.73	1.72
17	1.85	1.84	1.83	1.82	1.81	1.79	1.78	1.77	1.76	1.75	1.74	1.73	1.71	1.69	1.69
18	1.82	1.81	1.80	1.79	1.78	1.77	1.75	1.74	1.74	1.72	1.71	1.70	1.68	1.67	1.66
19	1.80	1.79	1.78	1.77	1.76	1.74	1.73	1.72	1.71	1.70	1.68	1.67	1.65	1.64	1.63
20	1.78	1.77	1.76	1.75	1.74	1.72	1.71	1.70	1.69	1.68	1.66	1.65	1.63	1.62	1.61
21	1.76	1.75	1.74	1.73	1.72	1.70	1.69	1.68	1.67	1.66	1.64	1.63	1.61	1.60	1.59
22	1.74	1.73	1.72	1.71	1.70	1.68	1.67	1.66	1.65	1.64	1.62	1.61	1.59	1.58	1.57
23	1.73	1.72	1.70	1.70	1.69	1.67	1.66	1.64	1.64	1.62	1.61	1.59	1.57	1.56	1.55
24	1.71	1.70	1.69	1.68	1.67	1.65	1.64	1.63	1.62	1.61	1.59	1.58	1.56	1.54	1.53
25	1.70	1.69	1.68	1.67	1.66	1.64	1.63	1.62	1.61	1.59	1.58	1.56	1.54	1.53	1.52
26	1.69	1.68	1.67	1.66	1.65	1.63	1.61	1.60	1.59	1.58	1.56	1.55	1.53	1.51	1.50
27	1.68	1.67	1.65	1.64	1.64	1.62	1.60	1.59	1.58	1.57	1.55	1.54	1.52	1.50	1.49
28	1.67	1.66	1.64	1.63	1.63	1.61	1.59	1.58	1.57	1.56	1.54	1.53	1.50	1.49	1.48
29	1.66	1.65	1.63	1.62	1.62	1.60	1.58	1.57	1.56	1.55	1.53	1.52	1.49	1.48	1.47
30	1.65	1.64	1.63	1.62	1.61	1.59	1.57	1.56	1.55	1.54	1.52	1.51	1.48	1.47	1.46
31	1.64	1.63	1.62	1.61	1.60	1.58	1.56	1.55	1.54	1.53	1.51	1.50	1.47	1.46	1.45

（续）

n	m														
	22	24	26	28	30	35	40	45	50	60	80	100	200	500	∞
32	1.64	1.62	1.61	1.60	1.59	1.57	1.56	1.54	1.53	1.52	1.50	1.49	1.46	1.45	1.44
33	1.63	1.61	1.60	1.59	1.58	1.56	1.55	1.54	1.53	1.51	1.49	1.48	1.46	1.44	1.43
34	1.62	1.61	1.60	1.59	1.58	1.56	1.54	1.53	1.52	1.50	1.48	1.47	1.45	1.43	1.42
35	1.62	1.60	1.59	1.58	1.57	1.55	1.53	1.52	1.51	1.50	1.48	1.47	1.44	1.42	1.41
36	1.61	1.60	1.58	1.57	1.56	1.54	1.53	1.52	1.51	1.49	1.47	1.46	1.43	1.42	1.40
37	1.60	1.59	1.58	1.57	1.56	1.54	1.52	1.51	1.50	1.48	1.46	1.45	1.43	1.41	1.40
38	1.60	1.58	1.57	1.56	1.55	1.53	1.52	1.50	1.49	1.48	1.46	1.45	1.42	1.40	1.39
39	1.59	1.58	1.57	1.56	1.55	1.53	1.51	1.50	1.49	1.47	1.45	1.44	1.41	1.40	1.38
40	1.59	1.57	1.56	1.55	1.54	1.52	1.51	1.49	1.48	1.47	1.45	1.43	1.41	1.39	1.38
41	1.58	1.57	1.56	1.55	1.54	1.52	1.50	1.49	1.48	1.46	1.44	1.43	1.40	1.38	1.37
42	1.58	1.57	1.55	1.54	1.53	1.51	1.50	1.48	1.47	1.46	1.44	1.42	1.40	1.38	1.37
43	1.58	1.56	1.55	1.54	1.53	1.51	1.49	1.48	1.47	1.45	1.43	1.42	1.39	1.37	1.36
44	1.57	1.56	1.54	1.53	1.52	1.50	1.49	1.47	1.46	1.45	1.43	1.41	1.39	1.37	1.35
45	1.57	1.55	1.54	1.53	1.52	1.50	1.48	1.47	1.46	1.44	1.42	1.41	1.38	1.36	1.35
46	1.56	1.55	1.54	1.53	1.52	1.50	1.48	1.47	1.46	1.44	1.42	1.40	1.38	1.36	1.34
47	1.56	1.55	1.53	1.52	1.51	1.49	1.48	1.46	1.45	1.44	1.41	1.40	1.37	1.35	1.34
48	1.56	1.54	1.53	1.52	1.51	1.49	1.47	1.46	1.45	1.43	1.41	1.40	1.37	1.35	1.34
49	1.55	1.54	1.53	1.52	1.51	1.48	1.47	1.46	1.44	1.43	1.41	1.39	1.36	1.34	1.33
50	1.55	1.54	1.52	1.51	1.50	1.48	1.46	1.45	1.44	1.42	1.40	1.39	1.36	1.34	1.33
55	1.54	1.52	1.51	1.50	1.49	1.47	1.45	1.44	1.43	1.41	1.39	1.37	1.34	1.32	1.31
60	1.53	1.51	1.50	1.49	1.48	1.45	1.44	1.42	1.41	1.40	1.37	1.36	1.33	1.31	1.29
80	1.49	1.48	1.47	1.45	1.44	1.42	1.40	1.39	1.38	1.36	1.33	1.32	1.28	1.26	1.24
100	1.48	1.46	1.45	1.43	1.42	1.40	1.38	1.37	1.35	1.34	1.31	1.29	1.26	1.23	1.21
200	1.44	1.42	1.41	1.39	1.38	1.36	1.34	1.32	1.31	1.29	1.26	1.24	1.20	1.17	1.14
300	1.43	1.41	1.39	1.38	1.37	1.34	1.32	1.31	1.29	1.27	1.24	1.22	1.18	1.14	1.12
400	1.42	1.40	1.39	1.37	1.36	1.34	1.32	1.30	1.29	1.26	1.23	1.21	1.17	1.13	1.10
500	1.42	1.40	1.38	1.37	1.36	1.33	1.31	1.30	1.28	1.26	1.23	1.21	1.16	1.12	1.09
∞	1.40	1.38	1.37	1.35	1.34	1.32	1.30	1.28	1.26	1.24	1.21	1.19	1.13	1.08	1.00

$\alpha = 0.05$

n	m														
	1	2	3	4	5	6	7	8	9	10	12	14	16	18	20
1	161.45	199.50	215.71	224.58	230.16	233.99	236.77	238.88	240.54	241.88	243.91	245.36	246.46	247.32	248.01
2	18.51	19.00	19.16	19.25	19.30	19.33	19.35	19.37	19.39	19.40	19.41	19.42	19.43	19.44	19.45
3	10.13	9.55	9.28	9.12	9.01	8.94	8.89	8.85	8.81	8.79	8.74	8.71	8.69	8.67	8.66

（续）

n	1	2	3	4	5	6	7	8	9	10	12	14	16	18	20
4	7.71	6.94	6.59	6.39	6.26	6.16	6.09	6.04	6.00	5.96	5.91	5.87	5.84	5.82	5.80
5	6.61	5.79	5.41	5.19	5.05	4.95	4.88	4.82	4.77	4.74	4.68	4.64	4.60	4.58	4.56
6	5.99	5.14	4.76	4.53	4.39	4.28	4.21	4.15	4.10	4.06	4.00	3.96	3.92	3.90	3.87
7	5.59	4.74	4.35	4.12	3.97	3.87	3.79	3.73	3.68	3.64	3.57	3.53	3.49	3.47	3.44
8	5.32	4.46	4.07	3.84	3.69	3.58	3.50	3.44	3.39	3.35	3.28	3.24	3.20	3.17	3.15
9	5.12	4.26	3.86	3.63	3.48	3.37	3.29	3.23	3.18	3.14	3.07	3.03	2.99	2.96	2.94
10	4.96	4.10	3.71	3.48	3.33	3.22	3.14	3.07	3.02	2.98	2.91	2.86	2.83	2.80	2.77
11	4.84	3.98	3.59	3.36	3.20	3.09	3.01	2.95	2.90	2.85	2.79	2.74	2.70	2.67	2.65
12	4.75	3.89	3.49	3.26	3.11	3.00	2.91	2.85	2.80	2.75	2.69	2.64	2.60	2.57	2.54
13	4.67	3.81	3.41	3.18	3.03	2.92	2.83	2.77	2.71	2.67	2.60	2.55	2.51	2.48	2.46
14	4.60	3.74	3.34	3.11	2.96	2.85	2.76	2.70	2.65	2.60	2.53	2.48	2.44	2.41	2.39
15	4.54	3.68	3.29	3.06	2.90	2.79	2.71	2.64	2.59	2.54	2.48	2.42	2.38	2.35	2.33
16	4.49	3.63	3.24	3.01	2.85	2.74	2.66	2.59	2.54	2.49	2.42	2.37	2.33	2.30	2.28
17	4.45	3.59	3.20	2.96	2.81	2.70	2.61	2.55	2.49	2.45	2.38	2.33	2.29	2.26	2.23
18	4.41	3.55	3.16	2.93	2.77	2.66	2.58	2.51	2.46	2.41	2.34	2.29	2.25	2.22	2.19
19	4.38	3.52	3.13	2.90	2.74	2.63	2.54	2.48	2.42	2.38	2.31	2.26	2.21	2.18	2.16
20	4.35	3.49	3.10	2.87	2.71	2.60	2.51	2.45	2.39	2.35	2.28	2.23	2.18	2.15	2.12
21	4.32	3.47	3.07	2.84	2.68	2.57	2.49	2.42	2.37	2.32	2.25	2.20	2.16	2.12	2.10
22	4.30	3.44	3.05	2.82	2.66	2.55	2.46	2.40	2.34	2.30	2.23	2.17	2.13	2.10	2.07
23	4.28	3.42	3.03	2.80	2.64	2.53	2.44	2.37	2.32	2.27	2.20	2.15	2.11	2.08	2.05
24	4.26	3.40	3.01	2.78	2.62	2.51	2.42	2.36	2.30	2.25	2.18	2.13	2.09	2.05	2.03
25	4.24	3.39	2.99	2.76	2.60	2.49	2.40	2.34	2.28	2.24	2.16	2.11	2.07	2.04	2.01
26	4.23	3.37	2.98	2.74	2.59	2.47	2.39	2.32	2.27	2.22	2.15	2.09	2.05	2.02	1.99
27	4.21	3.35	2.96	2.73	2.57	2.46	2.37	2.31	2.25	2.20	2.13	2.08	2.04	2.00	1.97
28	4.20	3.34	2.95	2.71	2.56	2.45	2.36	2.29	2.24	2.19	2.12	2.06	2.02	1.99	1.96
29	4.18	3.33	2.93	2.70	2.55	2.43	2.35	2.28	2.22	2.18	2.10	2.05	2.01	1.97	1.94
30	4.17	3.32	2.92	2.69	2.53	2.42	2.33	2.27	2.21	2.16	2.09	2.04	1.99	1.96	1.93
31	4.16	3.30	2.91	2.68	2.52	2.41	2.32	2.25	2.20	2.15	2.08	2.03	1.98	1.95	1.92
32	4.15	3.29	2.90	2.67	2.51	2.40	2.31	2.24	2.19	2.14	2.07	2.01	1.97	1.94	1.91
33	4.14	3.28	2.89	2.66	2.50	2.39	2.30	2.23	2.18	2.13	2.06	2.00	1.96	1.93	1.90
34	4.13	3.28	2.88	2.65	2.49	2.38	2.29	2.23	2.17	2.12	2.05	1.99	1.95	1.92	1.89
35	4.12	3.27	2.87	2.64	2.49	2.37	2.29	2.22	2.16	2.11	2.04	1.99	1.94	1.91	1.88
36	4.11	3.26	2.87	2.63	2.48	2.36	2.28	2.21	2.15	2.11	2.03	1.98	1.93	1.90	1.87
37	4.11	3.25	2.86	2.63	2.47	2.36	2.27	2.20	2.14	2.10	2.02	1.97	1.93	1.89	1.86
38	4.10	3.24	2.85	2.62	2.46	2.35	2.26	2.19	2.14	2.09	2.02	1.96	1.92	1.88	1.85

（续）

n	\multicolumn{15}{c}{m}
	1	2	3	4	5	6	7	8	9	10	12	14	16	18	20
39	4.09	3.24	2.85	2.61	2.46	2.34	2.26	2.19	2.13	2.08	2.01	1.95	1.91	1.88	1.85
40	4.08	3.23	2.84	2.61	2.45	2.34	2.25	2.18	2.12	2.08	2.00	1.95	1.90	1.87	1.84
41	4.08	3.23	2.83	2.60	2.44	2.33	2.24	2.17	2.12	2.07	2.00	1.94	1.90	1.86	1.83
42	4.07	3.22	2.83	2.59	2.44	2.32	2.24	2.17	2.11	2.07	1.99	1.94	1.89	1.86	1.83
43	4.07	3.21	2.82	2.59	2.43	2.32	2.23	2.16	2.11	2.06	1.99	1.93	1.89	1.85	1.82
44	4.06	3.21	2.82	2.58	2.43	2.31	2.23	2.16	2.10	2.05	1.98	1.92	1.88	1.84	1.81
45	4.06	3.20	2.81	2.58	2.42	2.31	2.22	2.15	2.10	2.05	1.97	1.92	1.87	1.84	1.81
46	4.05	3.20	2.81	2.57	2.42	2.30	2.22	2.15	2.09	2.04	1.97	1.91	1.87	1.83	1.80
47	4.05	3.20	2.80	2.57	2.41	2.30	2.21	2.14	2.09	2.04	1.96	1.91	1.86	1.83	1.80
48	4.04	3.19	2.80	2.57	2.41	2.29	2.21	2.14	2.08	2.03	1.96	1.90	1.86	1.82	1.79
49	4.04	3.19	2.79	2.56	2.40	2.29	2.20	2.13	2.08	2.03	1.96	1.90	1.85	1.82	1.79
50	4.03	3.18	2.79	2.56	2.40	2.29	2.20	2.13	2.07	2.03	1.95	1.89	1.85	1.81	1.78
55	4.02	3.17	2.77	2.54	2.38	2.27	2.18	2.11	2.06	2.01	1.93	1.88	1.83	1.79	1.76
60	4.00	3.15	2.76	2.53	2.37	2.25	2.17	2.10	2.04	1.99	1.92	1.86	1.82	1.78	1.75
80	3.96	3.11	2.72	2.49	2.33	2.21	2.13	2.06	2.00	1.95	1.88	1.82	1.77	1.73	1.70
100	3.94	3.09	2.70	2.46	2.31	2.19	2.10	2.03	1.97	1.93	1.85	1.79	1.75	1.71	1.68
200	3.89	3.04	2.65	2.42	2.26	2.14	2.06	1.98	1.93	1.88	1.80	1.74	1.69	1.66	1.62
300	3.87	3.03	2.63	2.40	2.24	2.13	2.04	1.97	1.91	1.86	1.78	1.72	1.68	1.64	1.61
400	3.86	3.02	2.63	2.39	2.24	2.12	2.03	1.96	1.90	1.85	1.78	1.72	1.67	1.63	1.60
500	3.86	3.01	2.62	2.39	2.23	2.12	2.03	1.96	1.90	1.85	1.77	1.71	1.66	1.62	1.59
∞	3.84	3.00	2.61	2.37	2.21	2.10	2.01	1.94	1.88	1.83	1.75	1.69	1.64	1.60	1.57

n	\multicolumn{15}{c}{m}
	22	24	26	28	30	35	40	45	50	60	80	100	200	500	∞
1	248.58	249.05	249.45	249.80	250.10	250.69	251.14	251.49	251.77	252.20	252.72	253.04	253.68	254.06	254.72
2	19.45	19.45	19.46	19.46	19.46	19.47	19.47	19.47	19.48	19.48	19.48	19.49	19.49	19.49	19.50
3	8.65	8.64	8.63	8.62	8.62	8.60	8.59	8.59	8.58	8.57	8.56	8.55	8.54	8.53	8.53
4	5.79	5.77	5.76	5.75	5.75	5.73	5.72	5.71	5.70	5.69	5.67	5.66	5.65	5.64	5.63
5	4.54	4.53	4.52	4.50	4.50	4.48	4.46	4.45	4.44	4.43	4.42	4.41	4.39	4.37	4.37
6	3.86	3.84	3.83	3.82	3.81	3.79	3.77	3.76	3.75	3.74	3.72	3.71	3.69	3.68	3.67
7	3.43	3.41	3.40	3.39	3.38	3.36	3.34	3.33	3.32	3.30	3.29	3.27	3.25	3.24	3.23
8	3.13	3.12	3.10	3.09	3.08	3.06	3.04	3.03	3.02	3.01	2.99	2.97	2.95	2.94	2.93
9	2.92	2.90	2.89	2.87	2.86	2.84	2.83	2.81	2.80	2.79	2.77	2.76	2.73	2.72	2.71
10	2.75	2.74	2.72	2.71	2.70	2.68	2.66	2.65	2.64	2.62	2.60	2.59	2.56	2.55	2.54
11	2.63	2.61	2.59	2.58	2.57	2.55	2.53	2.52	2.51	2.49	2.47	2.46	2.43	2.42	2.40
12	2.52	2.51	2.49	2.48	2.47	2.44	2.43	2.41	2.40	2.38	2.36	2.35	2.32	2.31	2.30

（续）

n	m														
	22	24	26	28	30	35	40	45	50	60	80	100	200	500	∞
13	2.44	2.42	2.41	2.39	2.38	2.36	2.34	2.33	2.31	2.30	2.27	2.26	2.23	2.22	2.21
14	2.37	2.35	2.33	2.32	2.31	2.28	2.27	2.25	2.24	2.22	2.20	2.19	2.16	2.14	2.13
15	2.31	2.29	2.27	2.26	2.25	2.22	2.20	2.19	2.18	2.16	2.14	2.12	2.10	2.08	2.07
16	2.25	2.24	2.22	2.21	2.19	2.17	2.15	2.14	2.12	2.11	2.08	2.07	2.04	2.02	2.01
17	2.21	2.19	2.17	2.16	2.15	2.12	2.10	2.09	2.08	2.06	2.03	2.02	1.99	1.97	1.96
18	2.17	2.15	2.13	2.12	2.11	2.08	2.06	2.05	2.04	2.02	1.99	1.98	1.95	1.93	1.92
19	2.13	2.11	2.10	2.08	2.07	2.05	2.03	2.01	2.00	1.98	1.96	1.94	1.91	1.89	1.88
20	2.10	2.08	2.07	2.05	2.04	2.01	1.99	1.98	1.97	1.95	1.92	1.91	1.88	1.86	1.84
21	2.07	2.05	2.04	2.02	2.01	1.98	1.96	1.95	1.94	1.92	1.89	1.88	1.84	1.83	1.81
22	2.05	2.03	2.01	2.00	1.98	1.96	1.94	1.92	1.91	1.89	1.86	1.85	1.82	1.80	1.78
23	2.02	2.01	1.99	1.97	1.96	1.93	1.91	1.90	1.88	1.86	1.84	1.82	1.79	1.77	1.76
24	2.00	1.98	1.97	1.95	1.94	1.91	1.89	1.88	1.86	1.84	1.82	1.80	1.77	1.75	1.73
25	1.98	1.96	1.95	1.93	1.92	1.89	1.87	1.86	1.84	1.82	1.80	1.78	1.75	1.73	1.71
26	1.97	1.95	1.93	1.91	1.90	1.87	1.85	1.84	1.82	1.80	1.78	1.76	1.73	1.71	1.69
27	1.95	1.93	1.91	1.90	1.88	1.86	1.84	1.82	1.81	1.79	1.76	1.74	1.71	1.69	1.67
28	1.93	1.91	1.90	1.88	1.87	1.84	1.82	1.80	1.79	1.77	1.74	1.73	1.69	1.67	1.65
29	1.92	1.90	1.88	1.87	1.85	1.83	1.81	1.79	1.77	1.75	1.73	1.71	1.67	1.65	1.64
30	1.91	1.89	1.87	1.85	1.84	1.81	1.79	1.77	1.76	1.74	1.71	1.70	1.66	1.64	1.62
31	1.90	1.88	1.86	1.84	1.83	1.80	1.78	1.76	1.75	1.73	1.70	1.68	1.65	1.62	1.61
32	1.88	1.86	1.85	1.83	1.82	1.79	1.77	1.75	1.74	1.71	1.69	1.67	1.63	1.61	1.59
33	1.87	1.85	1.84	1.82	1.81	1.78	1.76	1.74	1.72	1.70	1.67	1.66	1.62	1.60	1.58
34	1.86	1.84	1.82	1.81	1.80	1.77	1.75	1.73	1.71	1.69	1.66	1.65	1.61	1.59	1.57
35	1.85	1.83	1.82	1.80	1.79	1.76	1.74	1.72	1.70	1.68	1.65	1.63	1.60	1.57	1.56
36	1.85	1.82	1.81	1.79	1.78	1.75	1.73	1.71	1.69	1.67	1.64	1.62	1.59	1.56	1.55
37	1.84	1.82	1.80	1.78	1.77	1.74	1.72	1.70	1.68	1.66	1.63	1.62	1.58	1.55	1.54
38	1.83	1.81	1.79	1.77	1.76	1.73	1.71	1.69	1.68	1.65	1.62	1.61	1.57	1.54	1.53
39	1.82	1.80	1.78	1.77	1.75	1.72	1.70	1.68	1.67	1.65	1.62	1.60	1.56	1.53	1.52
40	1.81	1.79	1.77	1.76	1.74	1.72	1.69	1.67	1.66	1.64	1.61	1.59	1.55	1.53	1.51
41	1.81	1.79	1.77	1.75	1.74	1.71	1.69	1.67	1.65	1.63	1.60	1.58	1.54	1.52	1.50
42	1.80	1.78	1.76	1.75	1.73	1.70	1.68	1.66	1.65	1.62	1.59	1.57	1.53	1.51	1.49
43	1.79	1.77	1.75	1.74	1.72	1.70	1.67	1.65	1.64	1.62	1.59	1.57	1.53	1.50	1.48
44	1.79	1.77	1.75	1.73	1.72	1.69	1.67	1.65	1.63	1.61	1.58	1.56	1.52	1.49	1.48
45	1.78	1.76	1.74	1.73	1.71	1.68	1.66	1.64	1.63	1.60	1.57	1.55	1.51	1.49	1.47
46	1.78	1.76	1.74	1.72	1.71	1.68	1.65	1.64	1.62	1.60	1.57	1.55	1.51	1.48	1.46
47	1.77	1.75	1.73	1.72	1.70	1.67	1.65	1.63	1.62	1.59	1.56	1.54	1.50	1.47	1.46

（续）

n	m														
	22	24	26	28	30	35	40	45	50	60	80	100	200	500	∞
48	1.77	1.75	1.73	1.71	1.70	1.67	1.64	1.62	1.61	1.59	1.56	1.54	1.49	1.47	1.45
49	1.76	1.74	1.72	1.71	1.69	1.66	1.64	1.62	1.60	1.58	1.55	1.53	1.49	1.46	1.44
50	1.76	1.74	1.72	1.70	1.69	1.66	1.63	1.61	1.60	1.58	1.54	1.52	1.48	1.46	1.44
55	1.74	1.72	1.70	1.68	1.67	1.64	1.61	1.59	1.58	1.55	1.52	1.50	1.46	1.43	1.41
60	1.72	1.70	1.68	1.66	1.65	1.62	1.59	1.57	1.56	1.53	1.50	1.48	1.44	1.41	1.39
80	1.68	1.65	1.63	1.62	1.60	1.57	1.54	1.52	1.51	1.48	1.45	1.43	1.38	1.35	1.32
100	1.65	1.63	1.61	1.59	1.57	1.54	1.52	1.49	1.48	1.45	1.41	1.39	1.34	1.31	1.28
200	1.60	1.57	1.55	1.53	1.52	1.48	1.46	1.43	1.41	1.39	1.35	1.32	1.26	1.22	1.19
300	1.58	1.55	1.53	1.51	1.50	1.46	1.43	1.41	1.39	1.36	1.32	1.30	1.23	1.19	1.15
400	1.57	1.54	1.52	1.50	1.49	1.45	1.42	1.40	1.38	1.35	1.31	1.28	1.22	1.17	1.13
500	1.56	1.54	1.52	1.50	1.48	1.45	1.42	1.40	1.38	1.35	1.30	1.28	1.21	1.16	1.11
∞	1.54	1.52	1.50	1.48	1.46	1.42	1.39	1.37	1.35	1.32	1.27	1.24	1.17	1.11	1.00

$\alpha = 0.025$

n	m														
	1	2	3	4	5	6	7	8	9	10	12	14	16	18	20
1	647.7900	799.5000	864.1600	899.5800	921.8500	937.1100	948.2200	956.6600	963.2800	968.6300	976.7100	982.5300	986.9200	990.3500	993.1000
2	38.5060	39.0000	39.1650	39.2480	39.2980	39.3310	39.3550	39.3730	39.3870	39.3980	39.4150	39.4270	39.4350	39.4420	39.4480
3	17.4430	16.0440	15.4390	15.1010	14.8850	14.7350	14.6240	14.5400	14.4730	14.4190	14.3370	14.2770	14.2320	14.1960	14.1670
4	12.2180	10.6490	9.9792	9.6045	9.3645	9.1973	9.0741	8.9796	8.9047	8.8439	8.7512	8.6838	8.6326	8.5924	8.5599
5	10.0070	8.4336	7.7636	7.3879	7.1464	6.9777	6.8531	6.7572	6.6811	6.6192	6.5245	6.4556	6.4032	6.3619	6.3286
6	8.8131	7.2599	6.5988	6.2272	5.9876	5.8198	5.6955	5.5996	5.5234	5.4613	5.3662	5.2968	5.2439	5.2021	5.1684
7	8.0727	6.5415	5.8898	5.5226	5.2852	5.1186	4.9949	4.8993	4.8232	4.7611	4.6658	4.5961	4.5428	4.5008	4.4667
8	7.5709	6.0595	5.4160	5.0526	4.8173	4.6517	4.5286	4.4333	4.3572	4.2951	4.1997	4.1297	4.0761	4.0338	3.9995
9	7.2093	5.7147	5.0781	4.7181	4.4844	4.3197	4.1970	4.1020	4.0260	3.9639	3.8682	3.7980	3.7441	3.7015	3.6669
10	6.9367	5.4564	4.8256	4.4683	4.2361	4.0721	3.9498	3.8549	3.7790	3.7168	3.6209	3.5504	3.4963	3.4534	3.4185
11	6.7241	5.2559	4.6300	4.2751	4.0440	3.8807	3.7586	3.6638	3.5879	3.5257	3.4296	3.3588	3.3044	3.2612	3.2261
12	6.5538	5.0959	4.4742	4.1212	3.8911	3.7283	3.6065	3.5118	3.4358	3.3736	3.2773	3.2062	3.1515	3.1081	3.0728
13	6.4143	4.9653	4.3472	3.9959	3.7667	3.6043	3.4827	3.3880	3.3120	3.2497	3.1532	3.0819	3.0269	2.9832	2.9477
14	6.2979	4.8567	4.2417	3.8919	3.6634	3.5014	3.3799	3.2853	3.2093	3.1469	3.0502	2.9786	2.9234	2.8795	2.8437
15	6.1995	4.7650	4.1528	3.8043	3.5764	3.4147	3.2934	3.1987	3.1227	3.0602	2.9633	2.8915	2.8360	2.7919	2.7559
16	6.1151	4.6867	4.0768	3.7294	3.5021	3.3406	3.2194	3.1248	3.0488	2.9862	2.8890	2.8170	2.7614	2.7170	2.6808
17	6.0420	4.6189	4.0112	3.6648	3.4379	3.2767	3.1556	3.0610	2.9849	2.9222	2.8249	2.7526	2.6968	2.6522	2.6158
18	5.9781	4.5597	3.9539	3.6083	3.3820	3.2209	3.0999	3.0053	2.9291	2.8664	2.7689	2.6964	2.6404	2.5956	2.5590
19	5.9216	4.5075	3.9034	3.5587	3.3327	3.1718	3.0509	2.9563	2.8801	2.8172	2.7196	2.6469	2.5907	2.5457	2.5089

（续）

n	\	m													
	1	2	3	4	5	6	7	8	9	10	12	14	16	18	20
20	5.8715	4.4613	3.8587	3.5147	3.2891	3.1283	3.0074	2.9128	2.8365	2.7737	2.6758	2.6030	2.5465	2.5014	2.4645
21	5.8266	4.4199	3.8188	3.4754	3.2501	3.0895	2.9686	2.8740	2.7977	2.7348	2.6368	2.5638	2.5071	2.4618	2.4247
22	5.7863	4.3828	3.7829	3.4401	3.2151	3.0546	2.9338	2.8392	2.7628	2.6998	2.6017	2.5285	2.4717	2.4262	2.3890
23	5.7498	4.3492	3.7505	3.4083	3.1835	3.0232	2.9023	2.8077	2.7313	2.6682	2.5699	2.4966	2.4396	2.3940	2.3567
24	5.7166	4.3187	3.7211	3.3794	3.1548	2.9946	2.8738	2.7791	2.7027	2.6396	2.5411	2.4677	2.4105	2.3648	2.3273
25	5.6864	4.2909	3.6943	3.3530	3.1287	2.9685	2.8478	2.7531	2.6766	2.6135	2.5149	2.4413	2.3840	2.3381	2.3005
26	5.6586	4.2655	3.6697	3.3289	3.1048	2.9447	2.8240	2.7293	2.6528	2.5896	2.4908	2.4171	2.3597	2.3137	2.2759
27	5.6331	4.2421	3.6472	3.3067	3.0828	2.9228	2.8021	2.7074	2.6309	2.5676	2.4688	2.3949	2.3373	2.2912	2.2533
28	5.6096	4.2205	3.6264	3.2863	3.0626	2.9027	2.7820	2.6872	2.6106	2.5473	2.4484	2.3743	2.3167	2.2704	2.2324
29	5.5878	4.2006	3.6072	3.2674	3.0438	2.8840	2.7633	2.6686	2.5919	2.5286	2.4295	2.3554	2.2976	2.2512	2.2131
30	5.5675	4.1821	3.5894	3.2499	3.0265	2.8667	2.7460	2.6513	2.5746	2.5112	2.4120	2.3378	2.2799	2.2334	2.1952
31	5.5487	4.1648	3.5728	3.2336	3.0103	2.8506	2.7299	2.6352	2.5585	2.4950	2.3958	2.3214	2.2634	2.2168	2.1785
32	5.5311	4.1488	3.5573	3.2185	2.9953	2.8356	2.7150	2.6202	2.5434	2.4799	2.3806	2.3061	2.2480	2.2013	2.1629
33	5.5147	4.1338	3.5429	3.2043	2.9812	2.8216	2.7009	2.6061	2.5294	2.4658	2.3664	2.2918	2.2336	2.1868	2.1483
34	5.4993	4.1197	3.5293	3.1910	2.9680	2.8085	2.6878	2.5930	2.5162	2.4526	2.3531	2.2784	2.2201	2.1732	2.1346
35	5.4848	4.1065	3.5166	3.1785	2.9557	2.7961	2.6755	2.5807	2.5039	2.4403	2.3406	2.2659	2.2075	2.1605	2.1218
36	5.4712	4.0941	3.5047	3.1668	2.9440	2.7846	2.6639	2.5691	2.4922	2.4286	2.3289	2.2540	2.1956	2.1485	2.1097
37	5.4584	4.0824	3.4934	3.1557	2.9331	2.7736	2.6530	2.5581	2.4813	2.4176	2.3178	2.2429	2.1843	2.1372	2.0983
38	5.4463	4.0713	3.4828	3.1453	2.9227	2.7633	2.6427	2.5478	2.4710	2.4072	2.3074	2.2324	2.1737	2.1265	2.0875
39	5.4348	4.0609	3.4728	3.1354	2.9130	2.7536	2.6330	2.5381	2.4612	2.3974	2.2975	2.2224	2.1637	2.1164	2.0774
40	5.4239	4.0510	3.4633	3.1261	2.9037	2.7444	2.6238	2.5289	2.4519	2.3882	2.2882	2.2130	2.1542	2.1068	2.0677
41	5.4136	4.0416	3.4542	3.1173	2.8950	2.7356	2.6150	2.5201	2.4432	2.3794	2.2793	2.2040	2.1452	2.0977	2.0586
42	5.4039	4.0327	3.4457	3.1089	2.8866	2.7273	2.6068	2.5118	2.4348	2.3710	2.2709	2.1956	2.1366	2.0891	2.0499
43	5.3946	4.0242	3.4376	3.1009	2.8787	2.7195	2.5989	2.5039	2.4269	2.3631	2.2629	2.1875	2.1285	2.0809	2.0416
44	5.3857	4.0162	3.4298	3.0933	2.8712	2.7120	2.5914	2.4964	2.4194	2.3555	2.2552	2.1798	2.1207	2.0730	2.0337
45	5.3773	4.0085	3.4224	3.0860	2.8640	2.7048	2.5842	2.4892	2.4122	2.3483	2.2480	2.1725	2.1133	2.0656	2.0262
46	5.3692	4.0012	3.4154	3.0791	2.8572	2.6980	2.5774	2.4824	2.4054	2.3414	2.2410	2.1655	2.1063	2.0585	2.0190
47	5.3615	3.9942	3.4087	3.0725	2.8506	2.6915	2.5709	2.4759	2.3988	2.3348	2.2344	2.1588	2.0995	2.0517	2.0122
48	5.3541	3.9875	3.4022	3.0662	2.8444	2.6852	2.5646	2.4696	2.3925	2.3286	2.2281	2.1524	2.0931	2.0452	2.0056
49	5.3471	3.9811	3.3961	3.0602	2.8384	2.6793	2.5587	2.4637	2.3866	2.3226	2.2220	2.1463	2.0869	2.0389	1.9993
50	5.3403	3.9749	3.3902	3.0544	2.8327	2.6736	2.5530	2.4579	2.3808	2.3168	2.2162	2.1404	2.0810	2.0330	1.9933
55	5.3104	3.9477	3.3641	3.0288	2.8073	2.6483	2.5277	2.4326	2.3554	2.2913	2.1905	2.1144	2.0547	2.0065	1.9666
60	5.2856	3.9253	3.3425	3.0077	2.7863	2.6274	2.5068	2.4117	2.3344	2.2702	2.1692	2.0929	2.0330	1.9846	1.9445
80	5.2184	3.8643	3.2841	2.9504	2.7295	2.5708	2.4502	2.3549	2.2775	2.2130	2.1115	2.0346	1.9741	1.9250	1.8843
100	5.1786	3.8284	3.2496	2.9166	2.6961	2.5374	2.4168	2.3215	2.2439	2.1793	2.0773	2.0001	1.9391	1.8897	1.8486

（续）

n	\	m													
	1	2	3	4	5	6	7	8	9	10	12	14	16	18	20
200	5.1004	3.7578	3.1820	2.8503	2.6304	2.4720	2.3513	2.2558	2.1780	2.1130	2.0103	1.9322	1.8704	1.8200	1.7780
300	5.0747	3.7346	3.1599	2.8286	2.6089	2.4505	2.3299	2.2343	2.1563	2.0913	1.9883	1.9098	1.8477	1.7970	1.7547
400	5.0619	3.7231	3.1489	2.8179	2.5983	2.4399	2.3192	2.2236	2.1456	2.0805	1.9773	1.8987	1.8364	1.7856	1.7431
500	5.0543	3.7162	3.1423	2.8114	2.5919	2.4335	2.3129	2.2172	2.1392	2.0740	1.9708	1.8921	1.8297	1.7787	1.7362
∞	5.0240	3.6890	3.1163	2.7859	2.5666	2.4084	2.2877	2.1919	2.1138	2.0484	1.9449	1.8658	1.8030	1.7516	1.7086

n	\	m													
	22	24	26	28	30	35	40	45	50	60	80	100	200	500	∞
1	995.3600	997.2500	998.8500	1000.20	1001.40	1003.80	1005.60	1007.00	1008.10	1009.80	1011.90	1013.20	1015.70	1017.20	1018.30
2	39.4520	39.4560	39.4590	39.4620	39.4650	39.4690	39.4730	39.4760	39.4780	39.4810	39.4850	39.4880	39.4930	39.4960	39.4980
3	14.1440	14.1240	14.1070	14.0930	14.0810	14.0550	14.0370	14.0220	14.0100	13.9920	13.9700	13.9560	13.9290	13.9130	13.9020
4	8.5332	8.5109	8.4919	8.4755	8.4613	8.4327	8.4111	8.3943	8.3808	8.3604	8.3349	8.3195	8.2885	8.2698	8.2574
5	6.3011	6.2780	6.2584	6.2416	6.2269	6.1973	6.1750	6.1576	6.1436	6.1225	6.0960	6.0800	6.0478	6.0283	6.0154
6	5.1406	5.1172	5.0973	5.0802	5.0652	5.0352	5.0125	4.9947	4.9804	4.9589	4.9318	4.9154	4.8824	4.8625	4.8492
7	4.4386	4.4150	4.3949	4.3775	4.3624	4.3319	4.3089	4.2908	4.2763	4.2544	4.2268	4.2101	4.1764	4.1560	4.1424
8	3.9711	3.9472	3.9269	3.9093	3.8940	3.8632	3.8398	3.8215	3.8067	3.7844	3.7563	3.7393	3.7050	3.6842	3.6702
9	3.6383	3.6142	3.5936	3.5759	3.5604	3.5292	3.5055	3.4869	3.4719	3.4493	3.4207	3.4034	3.3684	3.3471	3.3329
10	3.3897	3.3654	3.3446	3.3267	3.3110	3.2794	3.2554	3.2366	3.2214	3.1984	3.1694	3.1517	3.1161	3.0944	3.0799
11	3.1970	3.1725	3.1516	3.1334	3.1176	3.0856	3.0613	3.0422	3.0268	3.0035	2.9740	2.9561	2.9198	2.8977	2.8829
12	3.0434	3.0187	2.9976	2.9793	2.9633	2.9309	2.9063	2.8870	2.8714	2.8478	2.8178	2.7996	2.7626	2.7401	2.7250
13	2.9181	2.8932	2.8719	2.8534	2.8372	2.8046	2.7797	2.7601	2.7443	2.7204	2.6900	2.6715	2.6339	2.6109	2.5955
14	2.8139	2.7888	2.7673	2.7487	2.7324	2.6994	2.6742	2.6544	2.6384	2.6142	2.5833	2.5646	2.5264	2.5030	2.4873
15	2.7260	2.7006	2.6790	2.6602	2.6437	2.6104	2.5850	2.5650	2.5488	2.5242	2.4930	2.4739	2.4352	2.4114	2.3954
16	2.6507	2.6252	2.6033	2.5844	2.5678	2.5342	2.5085	2.4883	2.4719	2.4471	2.4154	2.3961	2.3567	2.3326	2.3163
17	2.5855	2.5598	2.5378	2.5187	2.5020	2.4681	2.4422	2.4218	2.4053	2.3801	2.3481	2.3285	2.2886	2.2640	2.2475
18	2.5285	2.5027	2.4806	2.4613	2.4445	2.4103	2.3842	2.3635	2.3468	2.3214	2.2890	2.2692	2.2287	2.2038	2.1870
19	2.4783	2.4523	2.4300	2.4107	2.3937	2.3593	2.3329	2.3121	2.2952	2.2696	2.2368	2.2167	2.1757	2.1504	2.1334
20	2.4337	2.4076	2.3851	2.3657	2.3486	2.3139	2.2873	2.2663	2.2493	2.2234	2.1902	2.1699	2.1284	2.1027	2.0854
21	2.3938	2.3675	2.3450	2.3254	2.3082	2.2733	2.2465	2.2253	2.2081	2.1819	2.1485	2.1280	2.0859	2.0599	2.0423
22	2.3579	2.3315	2.3088	2.2891	2.2718	2.2366	2.2097	2.1883	2.1710	2.1446	2.1108	2.0901	2.0475	2.0211	2.0033
23	2.3254	2.2989	2.2761	2.2563	2.2389	2.2035	2.1763	2.1548	2.1374	2.1107	2.0766	2.0557	2.0126	1.9859	1.9678
24	2.2959	2.2693	2.2464	2.2265	2.2090	2.1733	2.1460	2.1243	2.1067	2.0799	2.0454	2.0243	1.9807	1.9537	1.9354
25	2.2690	2.2422	2.2192	2.1992	2.1816	2.1458	2.1183	2.0964	2.0787	2.0516	2.0169	1.9955	1.9515	1.9242	1.9056
26	2.2443	2.2174	2.1943	2.1742	2.1565	2.1205	2.0928	2.0708	2.0530	2.0257	1.9907	1.9691	1.9246	1.8970	1.8782
27	2.2216	2.1946	2.1714	2.1512	2.1334	2.0972	2.0693	2.0472	2.0293	2.0018	1.9665	1.9447	1.8998	1.8718	1.8528
28	2.2006	2.1735	2.1502	2.1299	2.1121	2.0757	2.0477	2.0254	2.0073	1.9797	1.9441	1.9221	1.8767	1.8485	1.8292

（续）

n	m														
	22	24	26	28	30	35	40	45	50	60	80	100	200	500	∞
29	2.1812	2.1540	2.1306	2.1102	2.0923	2.0557	2.0276	2.0052	1.9870	1.9591	1.9232	1.9011	1.8553	1.8268	1.8073
30	2.1631	2.1359	2.1124	2.0919	2.0739	2.0372	2.0089	1.9864	1.9681	1.9400	1.9039	1.8816	1.8354	1.8065	1.7868
31	2.1463	2.1190	2.0954	2.0749	2.0568	2.0199	1.9914	1.9688	1.9504	1.9222	1.8858	1.8633	1.8167	1.7875	1.7676
32	2.1307	2.1032	2.0796	2.0590	2.0408	2.0037	1.9752	1.9524	1.9339	1.9055	1.8689	1.8462	1.7992	1.7697	1.7496
33	2.1160	2.0885	2.0648	2.0441	2.0259	1.9886	1.9599	1.9371	1.9184	1.8899	1.8530	1.8302	1.7828	1.7530	1.7327
34	2.1022	2.0747	2.0509	2.0301	2.0118	1.9744	1.9456	1.9226	1.9039	1.8752	1.8381	1.8151	1.7673	1.7373	1.7167
35	2.0893	2.0617	2.0378	2.0170	1.9986	1.9611	1.9321	1.9090	1.8902	1.8613	1.8240	1.8009	1.7527	1.7224	1.7017
36	2.0772	2.0494	2.0255	2.0046	1.9862	1.9485	1.9194	1.8963	1.8773	1.8483	1.8107	1.7874	1.7389	1.7084	1.6874
37	2.0657	2.0379	2.0139	1.9929	1.9745	1.9366	1.9074	1.8842	1.8652	1.8360	1.7982	1.7748	1.7259	1.6951	1.6739
38	2.0548	2.0270	2.0029	1.9819	1.9634	1.9254	1.8961	1.8727	1.8536	1.8243	1.7863	1.7627	1.7135	1.6824	1.6611
39	2.0446	2.0166	1.9925	1.9714	1.9529	1.9148	1.8854	1.8619	1.8427	1.8133	1.7751	1.7513	1.7018	1.6704	1.6489
40	2.0349	2.0069	1.9827	1.9615	1.9429	1.9047	1.8752	1.8516	1.8324	1.8028	1.7644	1.7405	1.6906	1.6590	1.6372
41	2.0257	1.9976	1.9733	1.9521	1.9335	1.8952	1.8655	1.8419	1.8225	1.7928	1.7542	1.7302	1.6799	1.6481	1.6262
42	2.0169	1.9888	1.9645	1.9432	1.9245	1.8861	1.8563	1.8326	1.8132	1.7833	1.7445	1.7204	1.6698	1.6377	1.6156
43	2.0086	1.9804	1.9560	1.9347	1.9159	1.8774	1.8476	1.8237	1.8043	1.7743	1.7353	1.7110	1.6601	1.6278	1.6055
44	2.0006	1.9724	1.9480	1.9266	1.9078	1.8692	1.8392	1.8153	1.7958	1.7656	1.7265	1.7021	1.6509	1.6183	1.5958
45	1.9930	1.9647	1.9403	1.9189	1.9000	1.8613	1.8313	1.8073	1.7876	1.7574	1.7181	1.6935	1.6420	1.6092	1.5865
46	1.9858	1.9575	1.9329	1.9115	1.8926	1.8537	1.8236	1.7996	1.7799	1.7495	1.7100	1.6853	1.6335	1.6005	1.5776
47	1.9789	1.9505	1.9259	1.9044	1.8855	1.8465	1.8164	1.7922	1.7724	1.7420	1.7023	1.6775	1.6254	1.5921	1.5691
48	1.9723	1.9438	1.9192	1.8977	1.8787	1.8397	1.8094	1.7852	1.7653	1.7347	1.6949	1.6700	1.6176	1.5841	1.5609
49	1.9660	1.9375	1.9128	1.8912	1.8722	1.8331	1.8027	1.7784	1.7585	1.7278	1.6878	1.6628	1.6101	1.5764	1.5530
50	1.9599	1.9313	1.9066	1.8850	1.8659	1.8267	1.7963	1.7719	1.7520	1.7211	1.6810	1.6558	1.6029	1.5689	1.5454
55	1.9330	1.9042	1.8793	1.8575	1.8382	1.7986	1.7678	1.7431	1.7228	1.6915	1.6506	1.6249	1.5706	1.5356	1.5112
60	1.9106	1.8817	1.8566	1.8346	1.8152	1.7752	1.7440	1.7191	1.6985	1.6668	1.6252	1.5990	1.5435	1.5075	1.4823
80	1.8499	1.8204	1.7947	1.7722	1.7523	1.7112	1.6790	1.6532	1.6318	1.5987	1.5549	1.5271	1.4674	1.4280	1.3999
100	1.8138	1.7839	1.7579	1.7351	1.7148	1.6729	1.6401	1.6136	1.5917	1.5575	1.5122	1.4833	1.4203	1.3781	1.3475
200	1.7424	1.7117	1.6849	1.6613	1.6403	1.5966	1.5621	1.5341	1.5108	1.4742	1.4248	1.3927	1.3204	1.2691	1.2293
300	1.7188	1.6878	1.6607	1.6368	1.6155	1.5711	1.5360	1.5074	1.4836	1.4459	1.3948	1.3613	1.2845	1.2280	1.1818
400	1.7070	1.6758	1.6486	1.6245	1.6031	1.5584	1.5230	1.4940	1.4699	1.4317	1.3796	1.3453	1.2658	1.2058	1.1548
500	1.7000	1.6687	1.6414	1.6172	1.5957	1.5508	1.5151	1.4860	1.4616	1.4231	1.3704	1.3356	1.2543	1.1918	1.1369
∞	1.6720	1.6403	1.6126	1.5880	1.5661	1.5202	1.4837	1.4537	1.4286	1.3885	1.3330	1.2958	1.2055	1.1281	1.0000

$\alpha = 0.01$

n	m														
	1	2	3	4	5	6	7	8	9	10	12	14	16	18	20
1	4052.20	4999.50	5403.40	5624.60	5763.60	5859.00	5928.40	5981.10	6022.50	6055.80	6106.30	6142.70	6170.10	6191.50	6208.70
2	98.50	99.00	99.17	99.25	99.30	99.33	99.36	99.37	99.39	99.40	99.42	99.43	99.44	99.44	99.45

（续）

n	m														
	1	2	3	4	5	6	7	8	9	10	12	14	16	18	20
3	34.12	30.82	29.46	28.71	28.24	27.91	27.67	27.49	27.35	27.23	27.05	26.92	26.83	26.75	26.69
4	21.20	18.00	16.69	15.98	15.52	15.21	14.98	14.80	14.66	14.55	14.37	14.25	14.15	14.08	14.02
5	16.26	13.27	12.06	11.39	10.97	10.67	10.46	10.29	10.16	10.05	9.89	9.77	9.68	9.61	9.55
6	13.75	10.93	9.78	9.15	8.75	8.47	8.26	8.10	7.98	7.87	7.72	7.60	7.52	7.45	7.40
7	12.25	9.55	8.45	7.85	7.46	7.19	6.99	6.84	6.72	6.62	6.47	6.36	6.28	6.21	6.16
8	11.26	8.65	7.59	7.01	6.63	6.37	6.18	6.03	5.91	5.81	5.67	5.56	5.48	5.41	5.36
9	10.56	8.02	6.99	6.42	6.06	5.80	5.61	5.47	5.35	5.26	5.11	5.01	4.92	4.86	4.81
10	10.04	7.56	6.55	5.99	5.64	5.39	5.20	5.06	4.94	4.85	4.71	4.60	4.52	4.46	4.41
11	9.65	7.21	6.22	5.67	5.32	5.07	4.89	4.74	4.63	4.54	4.40	4.29	4.21	4.15	4.10
12	9.33	6.93	5.95	5.41	5.06	4.82	4.64	4.50	4.39	4.30	4.16	4.05	3.97	3.91	3.86
13	9.07	6.70	5.74	5.21	4.86	4.62	4.44	4.30	4.19	4.10	3.96	3.86	3.78	3.72	3.66
14	8.86	6.51	5.56	5.04	4.70	4.46	4.28	4.14	4.03	3.94	3.80	3.70	3.62	3.56	3.51
15	8.68	6.36	5.42	4.89	4.56	4.32	4.14	4.00	3.89	3.80	3.67	3.56	3.49	3.42	3.37
16	8.53	6.23	5.29	4.77	4.44	4.20	4.03	3.89	3.78	3.69	3.55	3.45	3.37	3.31	3.26
17	8.40	6.11	5.19	4.67	4.34	4.10	3.93	3.79	3.68	3.59	3.46	3.35	3.27	3.21	3.16
18	8.29	6.01	5.09	4.58	4.25	4.01	3.84	3.71	3.60	3.51	3.37	3.27	3.19	3.13	3.08
19	8.18	5.93	5.01	4.50	4.17	3.94	3.77	3.63	3.52	3.43	3.30	3.19	3.12	3.05	3.00
20	8.10	5.85	4.94	4.43	4.10	3.87	3.70	3.56	3.46	3.37	3.23	3.13	3.05	2.99	2.94
21	8.02	5.78	4.87	4.37	4.04	3.81	3.64	3.51	3.40	3.31	3.17	3.07	2.99	2.93	2.88
22	7.95	5.72	4.82	4.31	3.99	3.76	3.59	3.45	3.35	3.26	3.12	3.02	2.94	2.88	2.83
23	7.88	5.66	4.76	4.26	3.94	3.71	3.54	3.41	3.30	3.21	3.07	2.97	2.89	2.83	2.78
24	7.82	5.61	4.72	4.22	3.90	3.67	3.50	3.36	3.26	3.17	3.03	2.93	2.85	2.79	2.74
25	7.77	5.57	4.68	4.18	3.86	3.63	3.46	3.32	3.22	3.13	2.99	2.89	2.81	2.75	2.70
26	7.72	5.53	4.64	4.14	3.82	3.59	3.42	3.29	3.18	3.09	2.96	2.86	2.78	2.72	2.66
27	7.68	5.49	4.60	4.11	3.78	3.56	3.39	3.26	3.15	3.06	2.93	2.82	2.75	2.68	2.63
28	7.64	5.45	4.57	4.07	3.75	3.53	3.36	3.23	3.12	3.03	2.90	2.79	2.72	2.65	2.60
29	7.60	5.42	4.54	4.04	3.73	3.50	3.33	3.20	3.09	3.00	2.87	2.77	2.69	2.63	2.57
30	7.56	5.39	4.51	4.02	3.70	3.47	3.30	3.17	3.07	2.98	2.84	2.74	2.66	2.60	2.55
31	7.53	5.36	4.48	3.99	3.67	3.45	3.28	3.15	3.04	2.96	2.82	2.72	2.64	2.58	2.52
32	7.50	5.34	4.46	3.97	3.65	3.43	3.26	3.13	3.02	2.93	2.80	2.70	2.62	2.55	2.50
33	7.47	5.31	4.44	3.95	3.63	3.41	3.24	3.11	3.00	2.91	2.78	2.68	2.60	2.53	2.48
34	7.44	5.29	4.42	3.93	3.61	3.39	3.22	3.09	2.98	2.89	2.76	2.66	2.58	2.51	2.46
35	7.42	5.27	4.40	3.91	3.59	3.37	3.20	3.07	2.96	2.88	2.74	2.64	2.56	2.50	2.44
36	7.40	5.25	4.38	3.89	3.57	3.35	3.18	3.05	2.95	2.86	2.72	2.62	2.54	2.48	2.43
37	7.37	5.23	4.36	3.87	3.56	3.33	3.17	3.04	2.93	2.84	2.71	2.61	2.53	2.46	2.41

（续）

n	m														
	1	2	3	4	5	6	7	8	9	10	12	14	16	18	20
38	7.35	5.21	4.34	3.86	3.54	3.32	3.15	3.02	2.92	2.83	2.69	2.59	2.51	2.45	2.40
39	7.33	5.19	4.33	3.84	3.53	3.30	3.14	3.01	2.90	2.81	2.68	2.58	2.50	2.43	2.38
40	7.31	5.18	4.31	3.83	3.51	3.29	3.12	2.99	2.89	2.80	2.66	2.56	2.48	2.42	2.37
41	7.30	5.16	4.30	3.81	3.50	3.28	3.11	2.98	2.87	2.79	2.65	2.55	2.47	2.41	2.36
42	7.28	5.15	4.29	3.80	3.49	3.27	3.10	2.97	2.86	2.78	2.64	2.54	2.46	2.40	2.34
43	7.26	5.14	4.27	3.79	3.48	3.25	3.09	2.96	2.85	2.76	2.63	2.53	2.45	2.38	2.33
44	7.25	5.12	4.26	3.78	3.47	3.24	3.08	2.95	2.84	2.75	2.62	2.52	2.44	2.37	2.32
45	7.23	5.11	4.25	3.77	3.45	3.23	3.07	2.94	2.83	2.74	2.61	2.51	2.43	2.36	2.31
46	7.22	5.10	4.24	3.76	3.44	3.22	3.06	2.93	2.82	2.73	2.60	2.50	2.42	2.35	2.30
47	7.21	5.09	4.23	3.75	3.43	3.21	3.05	2.92	2.81	2.72	2.59	2.49	2.41	2.34	2.29
48	7.19	5.08	4.22	3.74	3.43	3.20	3.04	2.91	2.80	2.72	2.58	2.48	2.40	2.33	2.28
49	7.18	5.07	4.21	3.73	3.42	3.19	3.03	2.90	2.79	2.71	2.57	2.47	2.39	2.33	2.27
50	7.17	5.06	4.20	3.72	3.41	3.19	3.02	2.89	2.79	2.70	2.56	2.46	2.38	2.32	2.27
55	7.12	5.01	4.16	3.68	3.37	3.15	2.98	2.85	2.75	2.66	2.53	2.42	2.35	2.28	2.23
60	7.08	4.98	4.13	3.65	3.34	3.12	2.95	2.82	2.72	2.63	2.50	2.39	2.31	2.25	2.20
80	6.96	4.88	4.04	3.56	3.26	3.04	2.87	2.74	2.64	2.55	2.42	2.31	2.23	2.17	2.12
100	6.90	4.82	3.98	3.51	3.21	2.99	2.82	2.69	2.59	2.50	2.37	2.27	2.19	2.12	2.07
200	6.76	4.71	3.88	3.41	3.11	2.89	2.73	2.60	2.50	2.41	2.27	2.17	2.09	2.03	1.97
300	6.72	4.68	3.85	3.38	3.08	2.86	2.70	2.57	2.47	2.38	2.24	2.14	2.06	1.99	1.94
400	6.70	4.66	3.83	3.37	3.06	2.85	2.68	2.56	2.45	2.37	2.23	2.13	2.05	1.98	1.92
500	6.69	4.65	3.82	3.36	3.05	2.84	2.68	2.55	2.44	2.36	2.22	2.12	2.04	1.97	1.92
∞	6.64	4.61	3.78	3.32	3.02	2.80	2.64	2.51	2.41	2.32	2.18	2.08	2.00	1.93	1.88

n	m														
	22	24	26	28	30	35	40	45	50	60	80	100	200	500	∞
1	6222.80	6234.60	6244.60	6253.20	6260.60	6275.60	6286.80	6295.50	6302.50	6313.00	6326.20	6334.10	6350.00	6362.30	6366.00
2	99.45	99.46	99.46	99.46	99.47	99.47	99.47	99.48	99.48	99.48	99.49	99.49	99.49	99.50	99.50
3	26.64	26.60	26.56	26.53	26.51	26.45	26.41	26.38	26.35	26.32	26.27	26.24	26.18	26.15	26.13
4	13.97	13.93	13.89	13.86	13.84	13.79	13.75	13.71	13.69	13.65	13.61	13.58	13.52	13.49	13.46
5	9.51	9.47	9.43	9.40	9.38	9.33	9.29	9.26	9.24	9.20	9.16	9.13	9.08	9.04	9.02
6	7.35	7.31	7.28	7.25	7.23	7.18	7.14	7.11	7.09	7.06	7.01	6.99	6.93	6.90	6.88
7	6.11	6.07	6.04	6.02	5.99	5.94	5.91	5.88	5.86	5.82	5.78	5.75	5.70	5.67	5.65
8	5.32	5.28	5.25	5.22	5.20	5.15	5.12	5.09	5.07	5.03	4.99	4.96	4.91	4.88	4.86
9	4.77	4.73	4.70	4.67	4.65	4.60	4.57	4.54	4.52	4.48	4.44	4.42	4.36	4.33	4.31
10	4.36	4.33	4.30	4.27	4.25	4.20	4.17	4.14	4.12	4.08	4.04	4.01	3.96	3.93	3.91
11	4.06	4.02	3.99	3.96	3.94	3.89	3.86	3.83	3.81	3.78	3.73	3.71	3.66	3.62	3.60

（续）

n	m														
	22	24	26	28	30	35	40	45	50	60	80	100	200	500	∞
12	3.82	3.78	3.75	3.72	3.70	3.65	3.62	3.59	3.57	3.54	3.49	3.47	3.41	3.38	3.36
13	3.62	3.59	3.56	3.53	3.51	3.46	3.43	3.40	3.38	3.34	3.30	3.27	3.22	3.19	3.17
14	3.46	3.43	3.40	3.37	3.35	3.30	3.27	3.24	3.22	3.18	3.14	3.11	3.06	3.03	3.00
15	3.33	3.29	3.26	3.24	3.21	3.17	3.13	3.10	3.08	3.05	3.00	2.98	2.92	2.89	2.87
16	3.22	3.18	3.15	3.12	3.10	3.05	3.02	2.99	2.97	2.93	2.89	2.86	2.81	2.78	2.75
17	3.12	3.08	3.05	3.03	3.00	2.96	2.92	2.89	2.87	2.83	2.79	2.76	2.71	2.68	2.65
18	3.03	3.00	2.97	2.94	2.92	2.87	2.84	2.81	2.78	2.75	2.71	2.68	2.62	2.59	2.57
19	2.96	2.92	2.89	2.87	2.84	2.80	2.76	2.73	2.71	2.67	2.63	2.60	2.55	2.51	2.49
20	2.90	2.86	2.83	2.80	2.78	2.73	2.69	2.67	2.64	2.61	2.56	2.54	2.48	2.44	2.42
21	2.84	2.80	2.77	2.74	2.72	2.67	2.64	2.61	2.58	2.55	2.50	2.48	2.42	2.38	2.36
22	2.78	2.75	2.72	2.69	2.67	2.62	2.58	2.55	2.53	2.50	2.45	2.42	2.36	2.33	2.31
23	2.74	2.70	2.67	2.64	2.62	2.57	2.54	2.51	2.48	2.45	2.40	2.37	2.32	2.28	2.26
24	2.70	2.66	2.63	2.60	2.58	2.53	2.49	2.46	2.44	2.40	2.36	2.33	2.27	2.24	2.21
25	2.66	2.62	2.59	2.56	2.54	2.49	2.45	2.42	2.40	2.36	2.32	2.29	2.23	2.19	2.17
26	2.62	2.58	2.55	2.53	2.50	2.45	2.42	2.39	2.36	2.33	2.28	2.25	2.19	2.16	2.13
27	2.59	2.55	2.52	2.49	2.47	2.42	2.38	2.35	2.33	2.29	2.25	2.22	2.16	2.12	2.10
28	2.56	2.52	2.49	2.46	2.44	2.39	2.35	2.32	2.30	2.26	2.22	2.19	2.13	2.09	2.06
29	2.53	2.49	2.46	2.44	2.41	2.36	2.33	2.30	2.27	2.23	2.19	2.16	2.10	2.06	2.03
30	2.51	2.47	2.44	2.41	2.39	2.34	2.30	2.27	2.25	2.21	2.16	2.13	2.07	2.03	2.01
31	2.48	2.45	2.41	2.39	2.36	2.31	2.27	2.24	2.22	2.18	2.14	2.11	2.04	2.01	1.98
32	2.46	2.42	2.39	2.36	2.34	2.29	2.25	2.22	2.20	2.16	2.11	2.08	2.02	1.98	1.96
33	2.44	2.40	2.37	2.34	2.32	2.27	2.23	2.20	2.18	2.14	2.09	2.06	2.00	1.96	1.93
34	2.42	2.38	2.35	2.32	2.30	2.25	2.21	2.18	2.16	2.12	2.07	2.04	1.98	1.94	1.91
35	2.40	2.36	2.33	2.31	2.28	2.23	2.19	2.16	2.14	2.10	2.05	2.02	1.96	1.92	1.89
36	2.38	2.35	2.32	2.29	2.26	2.21	2.18	2.14	2.12	2.08	2.03	2.00	1.94	1.90	1.87
37	2.37	2.33	2.30	2.27	2.25	2.20	2.16	2.13	2.10	2.06	2.02	1.98	1.92	1.88	1.85
38	2.35	2.32	2.28	2.26	2.23	2.18	2.14	2.11	2.09	2.05	2.00	1.97	1.90	1.86	1.84
39	2.34	2.30	2.27	2.24	2.22	2.17	2.13	2.10	2.07	2.03	1.98	1.95	1.89	1.85	1.82
40	2.33	2.29	2.26	2.23	2.20	2.15	2.11	2.08	2.06	2.02	1.97	1.94	1.87	1.83	1.80
41	2.31	2.28	2.24	2.22	2.19	2.14	2.10	2.07	2.04	2.01	1.96	1.92	1.86	1.82	1.79
42	2.30	2.26	2.23	2.20	2.18	2.13	2.09	2.06	2.03	1.99	1.94	1.91	1.85	1.80	1.78
43	2.29	2.25	2.22	2.19	2.17	2.12	2.08	2.05	2.02	1.98	1.93	1.90	1.83	1.79	1.76
44	2.28	2.24	2.21	2.18	2.16	2.10	2.07	2.03	2.01	1.97	1.92	1.89	1.82	1.78	1.75
45	2.27	2.23	2.20	2.17	2.14	2.09	2.05	2.02	2.00	1.96	1.91	1.88	1.81	1.77	1.74
46	2.26	2.22	2.19	2.16	2.13	2.08	2.04	2.01	1.99	1.95	1.90	1.86	1.80	1.76	1.73

（续）

n	\multicolumn{15}{c}{m}
	22	24	26	28	30	35	40	45	50	60	80	100	200	500	∞
47	2.25	2.21	2.18	2.15	2.12	2.07	2.03	2.00	1.98	1.94	1.89	1.85	1.79	1.74	1.71
48	2.24	2.20	2.17	2.14	2.12	2.06	2.02	1.99	1.97	1.93	1.88	1.84	1.78	1.73	1.70
49	2.23	2.19	2.16	2.13	2.11	2.05	2.02	1.98	1.96	1.92	1.87	1.83	1.77	1.72	1.69
50	2.22	2.18	2.15	2.12	2.10	2.05	2.01	1.97	1.95	1.91	1.86	1.82	1.76	1.71	1.68
55	2.18	2.15	2.11	2.08	2.06	2.01	1.97	1.94	1.91	1.87	1.82	1.78	1.71	1.67	1.64
60	2.15	2.12	2.08	2.05	2.03	1.98	1.94	1.90	1.88	1.84	1.78	1.75	1.68	1.63	1.60
80	2.07	2.03	2.00	1.97	1.94	1.89	1.85	1.82	1.79	1.75	1.69	1.65	1.58	1.53	1.49
100	2.02	1.98	1.95	1.92	1.89	1.84	1.80	1.76	1.74	1.69	1.63	1.60	1.52	1.47	1.43
200	1.93	1.89	1.85	1.82	1.79	1.74	1.69	1.66	1.63	1.58	1.52	1.48	1.39	1.33	1.28
300	1.89	1.85	1.82	1.79	1.76	1.70	1.66	1.62	1.59	1.55	1.48	1.44	1.35	1.28	1.22
400	1.88	1.84	1.80	1.77	1.75	1.69	1.64	1.61	1.58	1.53	1.46	1.42	1.32	1.25	1.19
500	1.87	1.83	1.79	1.76	1.74	1.68	1.63	1.60	1.57	1.52	1.45	1.41	1.31	1.23	1.16
∞	1.83	1.79	1.76	1.72	1.70	1.64	1.59	1.55	1.52	1.47	1.40	1.36	1.25	1.15	1.00

$\alpha = 0.005$

n	\multicolumn{15}{c}{m}
	1	2	3	4	5	6	7	8	9	10	12	14	16	18	20
1	16211	20000	21615	22500	23056	23437	23715	23925	24091	24224	24426	24572	24681	24767	24836
2	198.50	199.00	199.17	199.25	199.30	199.33	199.36	199.37	199.39	199.40	199.42	199.43	199.44	199.44	199.45
3	55.5520	49.7990	47.4670	46.1950	45.3920	44.8380	44.4340	44.1260	43.8820	43.6860	43.3870	43.1720	43.0080	42.8800	42.7780
4	31.3330	26.2840	24.2590	23.1550	22.4560	21.9750	21.6220	21.3520	21.1390	20.9670	20.7050	20.5150	20.3710	20.2580	20.1670
5	22.7850	18.3140	16.5300	15.5560	14.9400	14.5130	14.2000	13.9610	13.7720	13.6180	13.3840	13.2150	13.0860	12.9850	12.9030
6	18.6350	14.5440	12.9170	12.0280	11.4640	11.0730	10.7860	10.5660	10.3910	10.2500	10.0340	9.8774	9.7582	9.6644	9.5888
7	16.2360	12.4040	10.8820	10.0500	9.5221	9.1553	8.8854	8.6781	8.5138	8.3803	8.1764	8.0279	7.9148	7.8258	7.7540
8	14.6880	11.0420	9.5965	8.8051	8.3018	7.9520	7.6941	7.4959	7.3386	7.2106	7.0149	6.8721	6.7633	6.6775	6.6082
9	13.6140	10.1070	8.7171	7.9559	7.4712	7.1339	6.8849	6.6933	6.5411	6.4172	6.2274	6.0887	5.9829	5.8994	5.8318
10	12.8260	9.4270	8.0807	7.3428	6.8724	6.5446	6.3025	6.1159	5.9676	5.8467	5.6613	5.5257	5.4221	5.3403	5.2740
11	12.2260	8.9122	7.6004	6.8809	6.4217	6.1016	5.8648	5.6821	5.5368	5.4183	5.2363	5.1031	5.0011	4.9205	4.8552
12	11.7540	8.5096	7.2258	6.5211	6.0711	5.7570	5.5245	5.3451	5.2021	5.0855	4.9062	4.7748	4.6741	4.5945	4.5299
13	11.3740	8.1865	6.9258	6.2335	5.7910	5.4819	5.2529	5.0761	4.9351	4.8199	4.6429	4.5129	4.4132	4.3344	4.2703
14	11.0600	7.9216	6.6804	5.9984	5.5623	5.2574	5.0313	4.8566	4.7173	4.6034	4.4281	4.2993	4.2005	4.1221	4.0585
15	10.7980	7.7008	6.4760	5.8029	5.3721	5.0708	4.8473	4.6744	4.5364	4.4235	4.2497	4.1219	4.0237	3.9459	3.8826
16	10.5750	7.5138	6.3034	5.6378	5.2117	4.9134	4.6920	4.5207	4.3838	4.2719	4.0994	3.9723	3.8747	3.7972	3.7342
17	10.3840	7.3536	6.1556	5.4967	5.0746	4.7789	4.5594	4.3894	4.2535	4.1424	3.9709	3.8445	3.7473	3.6701	3.6073
18	10.2180	7.2148	6.0278	5.3746	4.9560	4.6627	4.4448	4.2759	4.1410	4.0305	3.8599	3.7341	3.6373	3.5603	3.4977

n	m														
	1	2	3	4	5	6	7	8	9	10	12	14	16	18	20
19	10.0730	7.0935	5.9161	5.2681	4.8526	4.5614	4.3448	4.1770	4.0428	3.9329	3.7631	3.6378	3.5412	3.4645	3.4020
20	9.9439	6.9865	5.8177	5.1743	4.7616	4.4721	4.2569	4.0900	3.9564	3.8470	3.6779	3.5530	3.4568	3.3802	3.3178
21	9.8295	6.8914	5.7304	5.0911	4.6809	4.3931	4.1789	4.0128	3.8799	3.7709	3.6024	3.4779	3.3818	3.3054	3.2431
22	9.7271	6.8064	5.6524	5.0168	4.6088	4.3225	4.1094	3.9440	3.8116	3.7030	3.5350	3.4108	3.3150	3.2387	3.1764
23	9.6348	6.7300	5.5823	4.9500	4.5441	4.2591	4.0469	3.8822	3.7502	3.6420	3.4745	3.3506	3.2549	3.1787	3.1165
24	9.5513	6.6609	5.5190	4.8898	4.4857	4.2019	3.9905	3.8264	3.6949	3.5870	3.4199	3.2962	3.2007	3.1246	3.0624
25	9.4753	6.5982	5.4615	4.8351	4.4327	4.1500	3.9394	3.7758	3.6447	3.5370	3.3704	3.2469	3.1515	3.0754	3.0133
26	9.4059	6.5409	5.4091	4.7852	4.3844	4.1027	3.8928	3.7297	3.5989	3.4916	3.3252	3.2020	3.1067	3.0306	2.9685
27	9.3423	6.4885	5.3611	4.7396	4.3402	4.0594	3.8501	3.6875	3.5571	3.4499	3.2839	3.1608	3.0656	2.9896	2.9275
28	9.2838	6.4403	5.3170	4.6977	4.2996	4.0197	3.8110	3.6487	3.5186	3.4117	3.2460	3.1231	3.0279	2.9520	2.8899
29	9.2297	6.3958	5.2764	4.6591	4.2622	3.9831	3.7749	3.6131	3.4832	3.3765	3.2110	3.0882	2.9932	2.9173	2.8551
30	9.1797	6.3547	5.2388	4.6234	4.2276	3.9492	3.7416	3.5801	3.4505	3.3440	3.1787	3.0560	2.9611	2.8852	2.8230
31	9.1332	6.3165	5.2039	4.5902	4.1955	3.9178	3.7106	3.5495	3.4201	3.3138	3.1488	3.0262	2.9313	2.8554	2.7933
32	9.0899	6.2810	5.1715	4.5594	4.1657	3.8886	3.6819	3.5210	3.3919	3.2857	3.1209	2.9984	2.9036	2.8277	2.7656
33	9.0495	6.2478	5.1412	4.5307	4.1379	3.8615	3.6551	3.4945	3.3656	3.2596	3.0949	2.9726	2.8777	2.8019	2.7397
34	9.0117	6.2169	5.1130	4.5039	4.1119	3.8360	3.6301	3.4698	3.3410	3.2351	3.0707	2.9484	2.8536	2.7777	2.7156
35	8.9763	6.1878	5.0865	4.4788	4.0876	3.8123	3.6066	3.4466	3.3180	3.2123	3.0480	2.9258	2.8310	2.7551	2.6930
36	8.9430	6.1606	5.0616	4.4552	4.0648	3.7899	3.5847	3.4248	3.2965	3.1908	3.0267	2.9045	2.8098	2.7339	2.6717
37	8.9117	6.1350	5.0383	4.4330	4.0433	3.7689	3.5640	3.4044	3.2762	3.1706	3.0066	2.8845	2.7898	2.7140	2.6518
38	8.8821	6.1108	5.0163	4.4121	4.0231	3.7492	3.5445	3.3851	3.2570	3.1516	2.9877	2.8657	2.7710	2.6952	2.6330
39	8.8542	6.0880	4.9955	4.3924	4.0041	3.7305	3.5262	3.3670	3.2390	3.1337	2.9699	2.8480	2.7533	2.6774	2.6152
40	8.8279	6.0664	4.9758	4.3738	3.9860	3.7129	3.5088	3.3498	3.2220	3.1167	2.9531	2.8312	2.7365	2.6607	2.5984
41	8.8029	6.0460	4.9572	4.3561	3.9690	3.6962	3.4924	3.3335	3.2059	3.1007	2.9372	2.8153	2.7207	2.6448	2.5825
42	8.7791	6.0266	4.9396	4.3394	3.9528	3.6804	3.4768	3.3181	3.1906	3.0855	2.9221	2.8003	2.7056	2.6297	2.5675
43	8.7566	6.0083	4.9229	4.3236	3.9375	3.6654	3.4620	3.3035	3.1761	3.0711	2.9077	2.7860	2.6913	2.6155	2.5531
44	8.7352	5.9908	4.9070	4.3085	3.9229	3.6511	3.4480	3.2896	3.1623	3.0574	2.8941	2.7724	2.6778	2.6019	2.5395
45	8.7148	5.9741	4.8918	4.2941	3.9090	3.6376	3.4346	3.2764	3.1492	3.0443	2.8811	2.7595	2.6648	2.5889	2.5266
46	8.6953	5.9583	4.8774	4.2804	3.8958	3.6246	3.4219	3.2638	3.1367	3.0319	2.8688	2.7471	2.6525	2.5766	2.5142
47	8.6767	5.9431	4.8636	4.2674	3.8832	3.6123	3.4097	3.2518	3.1247	3.0200	2.8570	2.7354	2.6408	2.5649	2.5025
48	8.6590	5.9287	4.8505	4.2549	3.8711	3.6005	3.3981	3.2403	3.1133	3.0087	2.8458	2.7242	2.6295	2.5536	2.4912
49	8.6420	5.9148	4.8379	4.2430	3.8596	3.5893	3.3871	3.2294	3.1025	2.9979	2.8350	2.7134	2.6188	2.5429	2.4805
50	8.6258	5.9016	4.8259	4.2316	3.8486	3.5785	3.3765	3.2189	3.0920	2.9875	2.8247	2.7032	2.6086	2.5326	2.4702
55	8.5539	5.8431	4.7727	4.1813	3.8000	3.5309	3.3296	3.1725	3.0461	2.9418	2.7792	2.6578	2.5632	2.4872	2.4247
60	8.4946	5.7950	4.7290	4.1399	3.7599	3.4918	3.2911	3.1344	3.0083	2.9042	2.7419	2.6205	2.5259	2.4498	2.3872
80	8.3346	5.6652	4.6113	4.0285	3.6524	3.3867	3.1876	3.0320	2.9066	2.8031	2.6413	2.5201	2.4254	2.3492	2.2862

（续）

n	m														
	1	2	3	4	5	6	7	8	9	10	12	14	16	18	20
100	8.2406	5.5892	4.5424	3.9634	3.5895	3.3252	3.1271	2.9722	2.8472	2.7440	2.5825	2.4614	2.3666	2.2902	2.2270
200	8.0572	5.4412	4.4084	3.8368	3.4674	3.2059	3.0097	2.8560	2.7319	2.6292	2.4683	2.3472	2.2521	2.1753	2.1116
300	7.9973	5.3930	4.3649	3.7957	3.4277	3.1672	2.9716	2.8183	2.6945	2.5919	2.4311	2.3100	2.2149	2.1378	2.0739
400	7.9676	5.3691	4.3433	3.7754	3.4081	3.1480	2.9527	2.7996	2.6759	2.5735	2.4128	2.2916	2.1964	2.1193	2.0553
500	7.9498	5.3549	4.3304	3.7632	3.3963	3.1366	2.9414	2.7885	2.6649	2.5625	2.4018	2.2806	2.1854	2.1082	2.0441
∞	7.8798	5.2986	4.2796	3.7153	3.3502	3.0915	2.8970	2.7446	2.6213	2.5190	2.3585	2.2373	2.1419	2.0645	2.0001

n	m														
	22	24	26	28	30	35	40	45	50	60	80	100	200	500	∞
1	24892	24940	24980	25014	25044	25103	25148	25183	25211	25253	25306	25346	25410	25448	25465
2	199.45	199.46	199.46	199.46	199.47	199.47	199.47	199.48	199.48	199.48	199.49	199.49	199.49	199.50	199.50
3	42.6930	42.6220	42.5620	42.5110	42.4660	42.3760	42.3080	42.2550	42.2130	42.1490	42.0700	42.0220	41.9250	41.8670	41.8280
4	20.0930	20.0300	19.9770	19.9310	19.8920	19.8120	19.7520	19.7050	19.6670	19.6110	19.5400	19.4970	19.4110	19.3590	19.3250
5	12.8360	12.7800	12.7320	12.6910	12.6560	12.5840	12.5300	12.4870	12.4540	12.4020	12.3380	12.3000	12.2220	12.1750	12.1440
6	9.5264	9.4742	9.4298	9.3915	9.3582	9.2913	9.2408	9.2014	9.1697	9.1219	9.0619	9.0257	8.9528	8.9088	8.8795
7	7.6947	7.6450	7.6027	7.5662	7.5345	7.4707	7.4224	7.3847	7.3544	7.3088	7.2513	7.2165	7.1466	7.1044	7.0762
8	6.5510	6.5029	6.4620	6.4268	6.3961	6.3343	6.2875	6.2510	6.2215	6.1772	6.1213	6.0875	6.0194	5.9782	5.9507
9	5.7760	5.7292	5.6892	5.6548	5.6248	5.5643	5.5186	5.4827	5.4539	5.4104	5.3555	5.3223	5.2554	5.2148	5.1877
10	5.2192	5.1732	5.1339	5.1001	5.0706	5.0110	4.9659	4.9306	4.9022	4.8592	4.8050	4.7721	4.7058	4.6656	4.6387
11	4.8012	4.7557	4.7170	4.6835	4.6543	4.5955	4.5508	4.5158	4.4876	4.4450	4.3912	4.3585	4.2926	4.2525	4.2257
12	4.4765	4.4314	4.3930	4.3599	4.3309	4.2725	4.2282	4.1934	4.1653	4.1229	4.0693	4.0368	3.9709	3.9309	3.9041
13	4.2173	4.1726	4.1344	4.1015	4.0727	4.0146	3.9704	3.9358	3.9078	3.8655	3.8120	3.7795	3.7136	3.6735	3.6467
14	4.0058	3.9614	3.9234	3.8906	3.8619	3.8040	3.7600	3.7254	3.6975	3.6552	3.6017	3.5692	3.5032	3.4630	3.4360
15	3.8301	3.7859	3.7480	3.7153	3.6867	3.6289	3.5850	3.5504	3.5225	3.4803	3.4267	3.3941	3.3279	3.2875	3.2604
16	3.6819	3.6378	3.6000	3.5674	3.5389	3.4811	3.4372	3.4026	3.3747	3.3324	3.2787	3.2460	3.1796	3.1389	3.1116
17	3.5552	3.5112	3.4735	3.4409	3.4124	3.3547	3.3108	3.2762	3.2482	3.2058	3.1520	3.1192	3.0524	3.0115	2.9841
18	3.4456	3.4017	3.3641	3.3315	3.3030	3.2453	3.2014	3.1667	3.1387	3.0962	3.0422	3.0093	2.9421	2.9010	2.8733
19	3.3500	3.3062	3.2686	3.2360	3.2075	3.1498	3.1058	3.0711	3.0430	3.0004	2.9462	2.9131	2.8456	2.8042	2.7763
20	3.2659	3.2220	3.1845	3.1519	3.1234	3.0656	3.0215	2.9868	2.9586	2.9159	2.8614	2.8282	2.7603	2.7186	2.6905
21	3.1912	3.1474	3.1098	3.0773	3.0488	2.9909	2.9467	2.9119	2.8837	2.8408	2.7861	2.7527	2.6845	2.6425	2.6141
22	3.1246	3.0807	3.0432	3.0106	2.9821	2.9241	2.8799	2.8449	2.8167	2.7736	2.7187	2.6852	2.6165	2.5742	2.5456
23	3.0647	3.0208	2.9833	2.9507	2.9221	2.8641	2.8197	2.7847	2.7564	2.7132	2.6581	2.6243	2.5552	2.5126	2.4838
24	3.0106	2.9667	2.9291	2.8965	2.8679	2.8098	2.7654	2.7303	2.7018	2.6585	2.6031	2.5692	2.4997	2.4568	2.4278
25	2.9615	2.9176	2.8800	2.8473	2.8187	2.7605	2.7160	2.6808	2.6522	2.6088	2.5532	2.5191	2.4492	2.4059	2.3767
26	2.9167	2.8728	2.8352	2.8025	2.7738	2.7155	2.6709	2.6356	2.6070	2.5633	2.5075	2.4733	2.4029	2.3594	2.3298
27	2.8757	2.8318	2.7941	2.7614	2.7327	2.6743	2.6296	2.5942	2.5655	2.5217	2.4656	2.4312	2.3604	2.3166	2.2868

（续）

n	m													
	22	24	26	28	30	35	40	45	50	60	80	100	200	500	∞
28	2.8380	2.7941	2.7564	2.7236	2.6949	2.6364	2.5916	2.5561	2.5273	2.4834	2.4270	2.3925	2.3213	2.2771	2.2471
29	2.8033	2.7594	2.7216	2.6888	2.6600	2.6015	2.5565	2.5209	2.4921	2.4479	2.3914	2.3566	2.2850	2.2405	2.2103
30	2.7712	2.7272	2.6894	2.6566	2.6278	2.5691	2.5241	2.4884	2.4594	2.4151	2.3584	2.3234	2.2514	2.2066	2.1762
31	2.7414	2.6974	2.6596	2.6267	2.5978	2.5390	2.4939	2.4581	2.4291	2.3847	2.3277	2.2926	2.2201	2.1750	2.1443
32	2.7137	2.6696	2.6318	2.5989	2.5700	2.5111	2.4658	2.4300	2.4008	2.3563	2.2990	2.2638	2.1909	2.1455	2.1146
33	2.6878	2.6438	2.6059	2.5729	2.5440	2.4850	2.4396	2.4037	2.3745	2.3298	2.2723	2.2369	2.1636	2.1179	2.0867
34	2.6636	2.6196	2.5816	2.5486	2.5197	2.4606	2.4151	2.3791	2.3498	2.3049	2.2473	2.2117	2.1380	2.0920	2.0606
35	2.6410	2.5969	2.5589	2.5259	2.4969	2.4377	2.3922	2.3560	2.3266	2.2816	2.2237	2.1880	2.1140	2.0676	2.0360
36	2.6197	2.5756	2.5376	2.5045	2.4755	2.4162	2.3706	2.3344	2.3049	2.2597	2.2016	2.1657	2.0913	2.0447	2.0128
37	2.5998	2.5556	2.5175	2.4844	2.4553	2.3959	2.3502	2.3139	2.2844	2.2391	2.1808	2.1447	2.0699	2.0230	1.9909
38	2.5809	2.5367	2.4986	2.4655	2.4364	2.3769	2.3311	2.2947	2.2651	2.2197	2.1611	2.1249	2.0497	2.0025	1.9702
39	2.5631	2.5189	2.4808	2.4476	2.4184	2.3588	2.3130	2.2765	2.2468	2.2013	2.1425	2.1062	2.0306	1.9831	1.9506
40	2.5463	2.5020	2.4639	2.4307	2.4015	2.3418	2.2958	2.2593	2.2295	2.1838	2.1249	2.0884	2.0125	1.9647	1.9319
41	2.5304	2.4861	2.4479	2.4147	2.3854	2.3257	2.2796	2.2430	2.2131	2.1673	2.1082	2.0715	1.9952	1.9472	1.9142
42	2.5153	2.4710	2.4328	2.3995	2.3702	2.3103	2.2642	2.2275	2.1976	2.1517	2.0923	2.0555	1.9789	1.9305	1.8973
43	2.5010	2.4566	2.4184	2.3850	2.3557	2.2958	2.2496	2.2128	2.1828	2.1367	2.0772	2.0403	1.9633	1.9147	1.8812
44	2.4873	2.4429	2.4047	2.3713	2.3420	2.2819	2.2356	2.1988	2.1687	2.1225	2.0628	2.0258	1.9484	1.8995	1.8659
45	2.4744	2.4299	2.3916	2.3582	2.3288	2.2687	2.2224	2.1854	2.1553	2.1090	2.0491	2.0119	1.9342	1.8850	1.8512
46	2.4620	2.4175	2.3792	2.3458	2.3164	2.2562	2.2097	2.1727	2.1425	2.0961	2.0360	1.9987	1.9206	1.8712	1.8371
47	2.4502	2.4057	2.3673	2.3339	2.3044	2.2442	2.1976	2.1606	2.1303	2.0838	2.0235	1.9861	1.9077	1.8580	1.8237
48	2.4389	2.3944	2.3560	2.3225	2.2930	2.2327	2.1861	2.1489	2.1186	2.0720	2.0115	1.9740	1.8952	1.8453	1.8108
49	2.4281	2.3836	2.3451	2.3116	2.2821	2.2217	2.1750	2.1378	2.1074	2.0607	2.0001	1.9624	1.8833	1.8331	1.7984
50	2.4178	2.3732	2.3348	2.3012	2.2717	2.2112	2.1644	2.1272	2.0967	2.0499	1.9891	1.9512	1.8719	1.8214	1.7865
55	2.3722	2.3275	2.2889	2.2552	2.2255	2.1647	2.1176	2.0800	2.0492	2.0019	1.9403	1.9019	1.8210	1.7692	1.7333
60	2.3346	2.2898	2.2511	2.2172	2.1874	2.1263	2.0789	2.0410	2.0100	1.9622	1.8998	1.8609	1.7785	1.7256	1.6887
80	2.2333	2.1881	2.1489	2.1147	2.0845	2.0223	1.9739	1.9352	1.9033	1.8540	1.7892	1.7484	1.6611	1.6041	1.5636
100	2.1738	2.1283	2.0889	2.0544	2.0239	1.9610	1.9119	1.8725	1.8400	1.7896	1.7231	1.6809	1.5897	1.5291	1.4855
200	2.0578	2.0116	1.9715	1.9363	1.9051	1.8404	1.7897	1.7487	1.7147	1.6614	1.5902	1.5442	1.4416	1.3694	1.3140
300	2.0199	1.9735	1.9331	1.8976	1.8661	1.8008	1.7494	1.7077	1.6731	1.6187	1.5453	1.4976	1.3894	1.3106	1.2469
400	2.0011	1.9546	1.9140	1.8784	1.8468	1.7811	1.7293	1.6872	1.6523	1.5972	1.5228	1.4741	1.3624	1.2792	1.2092
500	1.9899	1.9432	1.9026	1.8669	1.8352	1.7692	1.7172	1.6750	1.6398	1.5843	1.5091	1.4598	1.3459	1.2596	1.1844
∞	1.9455	1.8985	1.8575	1.8214	1.7893	1.7224	1.6694	1.6262	1.5900	1.5328	1.4543	1.4020	1.2767	1.1709	1.0000

表 D.5 符号检验表

使得 $\sum\limits_{i=0}^{c}\dbinom{N}{i}\left(\dfrac{1}{2}\right)^{N}\leqslant\dfrac{\alpha}{2}$ 成立的最大的 c 值

N	α				N	α			
	0.01	0.05	0.10	0.25		0.01	0.05	0.10	0.25
1	—	—	—	—	34	9	10	11	13
2	—	—	—	—	35	9	11	12	13
3	—	—	—	0	36	9	11	12	14
4	—	—	—	0	37	10	12	13	14
5	—	—	0	0	38	10	12	13	14
6	—	0	0	1	39	11	12	13	15
7		0	0	1	40	11	13	14	15
8	0	0	1	1	41	11	13	14	16
9	0	1	1	2	42	12	14	15	16
10	0	1	1	2	43	12	14	15	17
11	0	1	2	3	44	13	15	16	17
12	1	2	2	3	45	13	15	16	18
13	1	2	3	3	46	13	15	16	18
14	1	2	3	4	47	14	16	17	19
15	2	3	3	4	48	14	16	17	19
16	2	3	4	5	49	15	17	18	19
17	2	4	4	5	50	15	17	18	20
18	3	4	5	6	51	15	18	19	20
19	3	4	5	6	52	16	18	19	21
20	3	5	5	6	53	16	18	20	21
21	4	5	6	7	54	17	19	20	22
22	4	5	6	7	55	17	19	20	22
23	4	6	7	8	56	17	20	21	23
24	5	6	7	8	57	18	20	21	23
25	5	7	7	9	58	18	21	22	24
26	6	7	8	9	59	19	21	22	24
27	6	7	8	10	60	19	21	23	25
28	6	8	9	10	61	20	22	23	25
29	7	8	9	10	62	20	22	24	25
30	7	9	10	11	63	20	23	24	26
31	7	9	10	11	64	21	23	24	26
32	8	9	10	12	65	21	24	25	27
33	8	10	11	12	66	22	24	25	27

（续）

N	α				N	α			
	0.01	0.05	0.10	0.25		0.01	0.05	0.10	0.25
67	22	25	26	28	79	27	30	31	33
68	22	25	26	28	80	28	30	32	34
69	23	25	27	29	81	28	31	32	34
70	23	26	27	29	82	28	31	33	35
71	24	26	28	30	83	29	32	33	35
72	24	27	28	30	84	29	32	33	36
73	25	27	28	31	85	30	32	34	36
74	25	28	29	31	86	30	33	34	37
75	25	28	29	32	87	31	33	35	37
76	26	28	30	32	88	31	34	35	38
77	26	29	30	32	89	31	34	36	38
78	27	29	31	33	90	32	35	36	39

表 D.6　秩和检验表

$$P\{C_1 < T < C_2\} = 1 - \alpha$$

m	n	$\alpha = 0.05$		$\alpha = 0.025$		m	n	$\alpha = 0.05$		$\alpha = 0.025$	
		C_1	C_2	C_1	C_2			C_1	C_2	C_1	C_2
2	4	3	11	—	—	4	7	15	33	13	35
2	5	3	13	—	—	4	8	16	36	14	38
2	6	4	14	3	15	4	9	17	39	15	41
2	7	4	16	3	17	4	10	18	42	16	44
2	8	4	18	3	19	5	5	19	36	18	37
2	9	4	20	3	21	5	6	20	40	19	41
2	10	5	21	4	22	5	7	22	43	20	45
3	3	6	15	—	—	5	8	23	47	21	49
3	4	7	17	6	18	5	9	25	50	22	53
3	5	7	20	6	21	5	10	26	54	24	56
3	6	8	22	7	23	6	6	28	50	26	52
3	7	9	24	8	25	6	7	30	54	28	56
3	8	9	27	8	28	6	8	32	58	29	61
3	9	10	29	9	30	6	9	33	63	31	65
3	10	11	31	9	33	6	10	35	67	33	69
4	4	12	24	11	25	7	7	39	66	37	68
4	5	13	27	12	28	7	8	41	71	39	73
4	6	14	30	12	32	7	9	43	76	41	78

（续）

m	n	$\alpha=0.05$		$\alpha=0.025$		m	n	$\alpha=0.05$		$\alpha=0.025$	
		C_1	C_2	C_1	C_2			C_1	C_2	C_1	C_2
7	10	46	80	43	83	9	9	66	105	63	108
8	8	52	84	49	87	9	10	69	111	66	114
8	9	54	90	51	93	10	10	83	127	79	131
8	10	57	95	54	98						

表 D.7　相关系数临界值表

$$P\{\,|r|>r_\alpha\,\}=\alpha$$

$n-2$	α			
	0.25	0.10	0.05	0.01
1	0.92388	0.98769	0.99692	0.99988
2	0.75000	0.90000	0.95000	0.99000
3	0.63471	0.80538	0.87834	0.95873
4	0.55787	0.72930	0.81140	0.91720
5	0.50289	0.66944	0.75449	0.87453
6	0.46124	0.62149	0.70674	0.83434
7	0.42837	0.58220	0.66638	0.79768
8	0.40160	0.54936	0.63190	0.76460
9	0.37927	0.52140	0.60207	0.73478
10	0.36027	0.49726	0.57598	0.70788
11	0.34385	0.47616	0.55294	0.68353
12	0.32948	0.45750	0.53241	0.66138
13	0.31677	0.44086	0.51398	0.64114
14	0.30542	0.42590	0.49731	0.62259
15	0.29522	0.41236	0.48215	0.60551
16	0.28596	0.40003	0.46828	0.58972
17	0.27752	0.38873	0.45553	0.57507
18	0.26979	0.37834	0.44376	0.56143
19	0.26267	0.36874	0.43286	0.54871
20	0.25609	0.35983	0.42271	0.53680
21	0.24997	0.35153	0.41325	0.52562
22	0.24428	0.34378	0.40438	0.51510
23	0.23895	0.33653	0.39607	0.50518
24	0.23396	0.32970	0.38824	0.49581
25	0.22927	0.32328	0.38086	0.48693
26	0.22485	0.31722	0.37389	0.47851

（续）

$n-2$	α			
	0.25	0.10	0.05	0.01
27	0.22067	0.31149	0.36728	0.47051
28	0.21673	0.30605	0.36101	0.46289
29	0.21298	0.30090	0.35505	0.45563
30	0.20942	0.29599	0.34937	0.44870
31	0.20603	0.29132	0.34396	0.44207
32	0.20281	0.28686	0.33879	0.43573
33	0.19973	0.28259	0.33385	0.42965
34	0.19679	0.27852	0.32911	0.42381
35	0.19397	0.27461	0.32457	0.41821
36	0.19127	0.27086	0.32022	0.41282
37	0.18868	0.26727	0.31603	0.40764
38	0.18619	0.26381	0.31201	0.40264
39	0.18380	0.26048	0.30813	0.39782
40	0.18150	0.25728	0.30439	0.39317
41	0.17928	0.25419	0.30079	0.38868
42	0.17715	0.25121	0.29732	0.38434
43	0.17508	0.24833	0.29395	0.38014
44	0.17309	0.24555	0.29071	0.37608
45	0.17116	0.24286	0.28756	0.37214
46	0.16930	0.24026	0.28452	0.36832
47	0.16749	0.23773	0.28157	0.36462
48	0.16575	0.23529	0.27871	0.36103
49	0.16405	0.23292	0.27594	0.35754
50	0.16241	0.23062	0.27324	0.35415
55	0.15488	0.22006	0.26087	0.33854
60	0.14830	0.21083	0.25004	0.32482
80	0.12848	0.18292	0.21719	0.28296
100	0.11494	0.16378	0.19460	0.25398
200	0.08131	0.11606	0.13810	0.18086
300	0.06640	0.09483	0.11289	0.14802
400	0.05751	0.08215	0.09782	0.12834
500	0.05144	0.07350	0.08753	0.11487

部分习题答案与提示

习题 1

1. 略.

2. 略.

3. 总体：北京地区 2022 年毕业的统计学专业本科生实习期满后的月薪.

样本：被调查的北京地区 200 名 2022 年毕业的统计学专业本科生实习期满后的月薪.

样本容量：200.

4. （1）$P\{X_1=x_1,\cdots,X_n=x_n\}=(1-p)^{\sum\limits_{i=1}^{n}x_i-n}p^n$，$x_i=1,2,\cdots$，$i=1,2,\cdots,n$.

（2）$f(x_1,x_2,\cdots,x_n)=\begin{cases}\lambda^n e^{-\lambda\sum\limits_{i=1}^{n}x_i}, & x_i>0,\ i=1,2,\cdots,n,\\ 0, & \text{其他.}\end{cases}$

（3）$f(x_1,x_2,\cdots,x_n)=\left(\dfrac{\lambda}{2}\right)^n e^{-\lambda\sum\limits_{i=1}^{n}|x_i|}$，$-\infty<x_i<+\infty$，$i=1,2,\cdots,n$.

5. （1）参数为 p，参数空间为 $\Theta=\{p:0<p<1\}$.

（2）参数为 m，p，参数空间为 $\Theta=\{(m,p):m=1,2,\cdots,0<p<1\}$.

（3）参数为 λ，参数空间为 $\Theta=\{\lambda:\lambda>0\}$.

（4）参数为 p，参数空间为 $\Theta=\{p:0<p<1\}$.

（5）参数为 a，b，参数空间为 $\Theta=\{(a,b):-\infty<a<b<+\infty\}$.

（6）参数为 λ，参数空间为 $\Theta=\{\lambda:\lambda>0\}$.

（7）参数为 μ，σ^2，参数空间为 $\Theta=\{(\mu,\sigma^2):-\infty<\mu<+\infty,\sigma>0\}$.

6. 略.

7. 略.

8. $\dfrac{1}{n}\sum\limits_{i=1}^{n}X_i$, $\dfrac{1}{n-1}\sum\limits_{i=1}^{n}(X_i-\overline{X})^2$, $\dfrac{1}{n}\sum\limits_{i=1}^{n}(X_i-\mu)^2$, $X_1+2\mu$,

$\max\{X_1,X_2,\cdots,X_n\}$, $\min\{X_1,X_2,\cdots,X_n\}$ 是统计量;

$\dfrac{1}{\sigma^2}\sum\limits_{i=1}^{n}X_i^2$, $\dfrac{1}{\sigma^2}\sum\limits_{i=1}^{n}(X_i-\mu)^2$ 不是统计量.

9. 经验分布函数为

$$F_n(x)=\begin{cases}0, & x\in(-\infty,62),\\ 0.1, & x\in[62,73),\\ 0.2, & x\in[73,76),\\ 0.3, & x\in[76,78),\\ 0.4, & x\in[78,84),\\ 0.5, & x\in[84,86),\\ 0.6, & x\in[86,89),\\ 0.7, & x\in[89,90),\\ 0.8, & x\in[90,92),\\ 0.9, & x\in[92,95),\\ 1.0, & x\in[95,+\infty).\end{cases}$$

10. 略.

习题 2.1

1. 泊松分布 $P(n\lambda)$.

2. 正态分布 $N(n\mu,n\sigma^2)$.

3. 略.

4. $X_{(1)}$ 的分布列为

$$P\{X_{(1)}=k\}=(1-p)^{n(k-1)}[1-(1-p)^n],k=1,2,\cdots;$$

$X_{(n)}$ 的分布列为

$$P\{X_{(n)}=k\}=[1-(1-p)^k]^n-[1-(1-p)^{k-1}]^n,\ k=1,2,\cdots.$$

5. (1) 密度函数为 $f_1(x)=\begin{cases}n\lambda \mathrm{e}^{-n\lambda x}, & x>0,\\ 0, & \text{其他};\end{cases}$

(2) $E(X_{(1)})=\dfrac{1}{n\lambda}$, $D(X_{(1)})=\dfrac{1}{(n\lambda)^2}$.

6. (1) $(0.1587)^9$; (2) $(0.8413)^9$.

7. $X_{(1)}$ 的密度函数为 $f_1(x)=\begin{cases}\dfrac{n(\theta_2-x)^{n-1}}{(\theta_2-\theta_1)^n}, & \theta_1\leqslant x\leqslant\theta_2,\\ 0, & \text{其他};\end{cases}$

$X_{(n)}$ 的密度函数为 $f_n(x) = \begin{cases} \dfrac{n(x-\theta_1)^{n-1}}{(\theta_2-\theta_1)^n}, & \theta_1 \leqslant x \leqslant \theta_2, \\ 0, & \text{其他.} \end{cases}$

8. （1）$(X_{(1)}, X_{(n)})$ 的联合密度函数为

$$f(x,y) = n(n-1)f(x)f(y)\left[F(y)-F(x)\right]^{n-2}, \quad x \leqslant y;$$

（2）极差 $R_n = X_{(n)} - X_{(1)}$ 的密度函数为

$$f_{R_n}(x) = n(n-1) \int_{-\infty}^{+\infty} \left[F(x+y)-F(y)\right]^{n-2} f(x+y) f(y)\, \mathrm{d}y.$$

9. 略.

10. 略.

习题 2.2

1. （1）$a = \dfrac{1}{14}$, $b = \dfrac{1}{41}$, 自由度为 2;

（2）$c = \dfrac{\sqrt{6}}{3}$ 或 $c = -\dfrac{\sqrt{6}}{3}$, 自由度为 2;

（3）$d = \dfrac{2}{3}$, 第一自由度为 3, 第二自由度为 2.

2. 提示：利用卡方分布的密度函数或特征函数证明.

3. 提示：利用卡方分布的可加性证明.

4. （1）略；（2）χ^2 分布, 自由度为 $2n$.

5. $f(x) = \begin{cases} \dfrac{1}{2^{n/2-1}\Gamma(n/2)} x^{n-1} \mathrm{e}^{-x^2/2}, & x > 0, \\ 0, & x \leqslant 0. \end{cases}$

6. 略.

7. 提示：利用定理 2.2.3 证明.

8. 提示：利用特征函数的性质或 t 分布的密度函数证明.

9. 提示：利用 F 分布的构造性定义证明.

10. 0.5.

11. $z_\alpha = \mu + \sigma u_\alpha$.

12. 略.

习题 2.3

1. $c = u_{0.475}/\sqrt{n}$.

2. λ，λ/n，λ.

3. $1/\lambda$，$1/(n\lambda^2)$，$1/\lambda^2$.

4. μ，σ^2/n，σ^2，$2\sigma^4/(n-1)$.

5. $c=\sqrt{\dfrac{n-1}{n+1}}$，自由度为 $n-1$.

6. $c=\dfrac{1}{\sqrt{\dfrac{\alpha^2}{m}+\dfrac{\beta^2}{n}}}$，自由度为 $m+n-2$.

7. $c=\dfrac{m}{n}$，第一自由度为 n，第二自由度为 m.

8. $a=\dfrac{n}{\sigma^2}$，$b=\dfrac{n-1}{\sigma^2}$.

9. F 分布，第一自由度为 1，第二自由度为 1.

10. 2α.

11. 略.

12. （1）$\sqrt{3}$ 或 $-\sqrt{3}$，自由度为 3；

（2）0，3.

13. $\operatorname{Cov}(X_i-\overline{X},\ X_j-\overline{X})=\begin{cases}\dfrac{n-1}{n}\sigma^2, & \text{当 } i=j \text{ 时,}\\[3mm] -\dfrac{1}{n}\sigma^2, & \text{当 } i\neq j \text{ 时.}\end{cases}$

14. χ^2 分布，自由度为 $n-1$.

15. （1）自由度为 $m+n-2$ 的 χ^2 分布；

（2）$D\left[\dfrac{(m-1)S_1^2}{\sigma^2}\right]=2(m-1)\leqslant D\left[\dfrac{(m-1)S_1^2+(n-1)S_2^2}{\sigma^2}\right]=2(m+$

$n-2)$.

16. 0.1587，0.3413.

17. 提示：利用中心极限定理证明.

18. $\chi_\alpha^2(n)\approx u_\alpha\sqrt{2n}+n$.

19. 标准正态分布 $N(0,1)$.

20. 标准正态分布 $N(0,1)$.

21. （1）299；

（2）$f_{R_n}(x)=\begin{cases}n(n-1)x^{n-2}(1-x), & 0<x<1,\\ 0, & \text{其他;}\end{cases}$

（3）自由度为 4 的 χ^2 分布.

22. 标准正态分布 $N(0,1)$.

23. 略.

24. 略.

习题 2.4

1~9. 略.

习题 2.5

1. 略.

2. $(X_{(1)}, X_{(n)})$.

3. $\prod\limits_{i=1}^{n} X_i$ 或 $\dfrac{1}{n}\sum\limits_{i=1}^{n}\ln X_i$.

4. $\sum\limits_{i=1}^{n}|X_i|$ 或 $\dfrac{1}{n}\sum\limits_{i=1}^{n}|X_i|$.

5. $\sum\limits_{i=1}^{n}X_i^2$ 或 $\dfrac{1}{n}\sum\limits_{i=1}^{n}X_i^2$.

6. 略.

7. (1) $\sum\limits_{i=1}^{n}(X_i-\mu)^2$; (2) $\sum\limits_{i=1}^{n}X_i$ 或 $\dfrac{1}{n}\sum\limits_{i=1}^{n}X_i$.

8. 略.

9. 略.

10. $\left(\sum\limits_{i=1}^{n}\ln X_i, \sum\limits_{i=1}^{n}(\ln X_i)^2\right)$.

11. $\sum\limits_{i=1}^{n}X_i^{\alpha}$.

12. $\left(\sum\limits_{i=1}^{n}X_i, \sum\limits_{i=1}^{n}Y_i, \sum\limits_{i=1}^{n}X_i^2, \sum\limits_{i=1}^{n}Y_i^2, \sum\limits_{i=1}^{n}X_iY_i\right)$.

习题 2.6

1. 略.

2. 略.

3. $\prod\limits_{i=1}^{n}X_i$ 或 $\dfrac{1}{n}\sum\limits_{i=1}^{n}\ln X_i$.

4. $\sum\limits_{i=1}^{n}|X_i|$ 或 $\dfrac{1}{n}\sum\limits_{i=1}^{n}|X_i|$.

5. $\sum\limits_{i=1}^{n}X_i^2$ 或 $\dfrac{1}{n}\sum\limits_{i=1}^{n}X_i^2$.

6. 略.

7. （1）$\sum\limits_{i=1}^{n}(X_i-\mu)^2$；（2）$\sum\limits_{i=1}^{n}X_i$ 或 $\dfrac{1}{n}\sum\limits_{i=1}^{n}X_i$.

8~10. 略.

习题 3.2

1. （1）$\hat{\theta}=\dfrac{1}{n}\sum\limits_{i=1}^{n}X_i^2$；

（2）$\hat{N}=2\bar{X}+1$；

（3）$\hat{\theta}=\dfrac{2}{\bar{X}}$.

2. $\hat{k}=\left[\dfrac{\bar{X}^2}{\bar{X}-S_n^2}\right]$，$[\ ]$表示取整，$\hat{p}=1-\dfrac{S_n^2}{\bar{X}}$，其中 $S_n^2=\dfrac{1}{n}\sum\limits_{i=1}^{n}(X_i-\bar{X})^2$.

3. （1）$\hat{\theta}=\dfrac{2\bar{X}-1}{1-\bar{X}}$；

（2）$\hat{\theta}=\dfrac{1}{\bar{X}}$；

（3）$\hat{\theta}=\dfrac{1}{n}\sum\limits_{i=1}^{n}|X_i|$ 或 $\hat{\theta}=\sqrt{\dfrac{1}{2n}\sum\limits_{i=1}^{n}X_i^2}$；

（4）$\hat{\theta}=\bar{X}$；

（5）$\hat{\mu}=\dfrac{1}{n}\sum\limits_{i=1}^{n}\ln X_i$，$\hat{\sigma}^2=\dfrac{1}{n}\sum\limits_{i=1}^{n}\left(\ln X_i-\dfrac{1}{n}\sum\limits_{i=1}^{n}\ln X_i\right)^2$；

（6）$\hat{\mu}=\bar{X}-\sqrt{\dfrac{1}{n}\sum\limits_{i=1}^{n}(X_i-\bar{X})^2}$，$\hat{\lambda}=\sqrt{\dfrac{1}{\dfrac{1}{n}\sum\limits_{i=1}^{n}(X_i-\bar{X})^2}}$.

4. $\hat{\mu}=\bar{X}$，$\hat{\lambda}=\sqrt{\dfrac{2}{\dfrac{1}{n}\sum\limits_{i=1}^{n}(X_i-\bar{X})^2}}$.

5. $1-\Phi\left(\dfrac{1-\bar{X}}{S_n}\right)$，其中 $S_n=\sqrt{\dfrac{1}{n}\sum\limits_{i=1}^{n}(X_i-\bar{X})^2}$，$\Phi(x)$ 表示标准正态分布函数.

6. （1）$f(z)=\begin{cases}\dfrac{2}{\sqrt{2\pi}\,\sigma}\mathrm{e}^{-\frac{z^2}{2\sigma^2}}, & z>0, \\ 0, & z\leqslant 0;\end{cases}$　（2）$\hat{\sigma}=\dfrac{\sqrt{2\pi}}{2n}\sum\limits_{i=1}^{n}Z_i$.

7. $\hat{\theta}=\dfrac{\bar{X}}{\bar{X}-1}$.

习题 3.3

1. $\hat{\theta} = \dfrac{2n_1 + n_2}{2n}$.

2. 1.75, 1.75.

3. (1) $\hat{\theta} = -\dfrac{n}{\sum\limits_{i=1}^{n} \ln X_i} - 1$;

(2) $\hat{\theta} = \dfrac{1}{\overline{X}}$;

(3) $\hat{\theta} = \dfrac{1}{n} \sum\limits_{i=1}^{n} |X_i|$;

(4) 极大似然估计为 $[X_{(n)} - 0.5, X_{(1)} + 0.5]$ 中的任意值，其中
$X_{(n)} = \max\{X_1, X_2, \cdots, X_n\}$，$X_{(1)} = \min\{X_1, X_2, \cdots, X_n\}$;

(5) $\hat{\mu} = \dfrac{1}{n} \sum\limits_{i=1}^{n} \ln X_i$，$\hat{\sigma}^2 = \dfrac{1}{n} \sum\limits_{i=1}^{n} \left(\ln X_i - \dfrac{1}{n} \sum\limits_{i=1}^{n} \ln X_i \right)^2$.

4. (1) $\hat{\mu} = \overline{X}$; (2) $\hat{\sigma}^2 = \dfrac{1}{n} \sum\limits_{i=1}^{n} (X_i - \mu)^2$.

5. (1) $\Phi\left(\dfrac{t - \overline{X}}{S_n}\right)$，其中 $S_n = \sqrt{\dfrac{1}{n} \sum\limits_{i=1}^{n} (X_i - \overline{X})^2}$，$\Phi(x)$ 表示标准正态分布函数；

(2) 0.0559.

6. $\hat{\mu} = X_{(1)} = \min\{X_1, X_2, \cdots, X_n\}$，$\hat{\lambda} = \dfrac{1}{\overline{X} - X_{(1)}}$，$\hat{\alpha} = e^{-\hat{\lambda}(t - \hat{\mu})}$.

7. 15000.

8. $\hat{\mu}_1 = \overline{X}$，$\hat{\mu}_2 = \overline{Y}$，$\hat{\sigma}^2 = \dfrac{1}{m+n}\left(\sum\limits_{i=1}^{m} (X_i - \overline{X})^2 + \sum\limits_{i=1}^{n} (Y_i - \overline{Y})^2 \right)$.

9. 略.

10. 略.

习题 3.4

1. $\dfrac{1}{2(n-1)}$.

2. (1) 略; (2) 当 $n > 2$ 时，$\dfrac{1}{2}(X_{(1)} + X_{(n)})$ 比 $\overline{X}$ 有效.

3. 略.

4. 略.

5.（1）$\hat{\theta}_1 = \overline{X} - 1$，$\hat{\theta}_1$ 是 θ_1 的无偏估计；

（2）$\hat{\theta}_2 = X_{(1)}$，$\hat{\theta}_2$ 不是 θ_2 的无偏估计.

6.（1）略；（2）T_2 比 T_1 有效.

7.（1）略；（2）T_2 比 T_1 有效.

8.（1）T_1，T_3 是 θ 的无偏估计；

（2）T_3 比 T_1 有效.

9. 当 $n \geqslant 2$ 时，$\hat{\theta}_1$ 比 $\hat{\theta}_2$ 有效.

10~16. 略.

习题 3.5

1~3. 略.

4.（1）p^m 的一致最小方差无偏估计为

$$h(T) = \begin{cases} \dfrac{\dbinom{n-m}{T-m}}{\dbinom{n}{T}}, & T = m, m+1, \cdots, n, \\[4mm] 0, & T = 0, 1, \cdots, m-1, \end{cases}$$

其中 $T = \displaystyle\sum_{i=1}^{n} X_i$；

（2）$p(1-p)$ 的一致最小方差无偏估计为 $g(T) = \dfrac{T(n-T)}{n(n-1)}$，$T =$

$0, 1, \cdots, n$，其中 $T = \displaystyle\sum_{i=1}^{n} X_i$.

5. $\dfrac{n-1}{\displaystyle\sum_{i=1}^{n} X_i - 1}$.

6. σ 的一致最小方差无偏估计为 $\dfrac{\Gamma(n/2)}{\sqrt{2}\,\Gamma((n+1)/2)}\sqrt{T}$，$\sigma^4$

的一致最小方差无偏估计为 $\dfrac{1}{n(n+2)}T^2$，其中 $T = \displaystyle\sum_{i=1}^{n} X_i^2$.

7.（1）$\mu + \sigma^2$ 的一致最小方差无偏估计为 $\overline{X} + S^2$，μ^2 / σ^2 的一

致最小方差无偏估计为 $\dfrac{(n-3)\overline{X}}{(n-1)S^2} - \dfrac{1}{n}$；

（2）略.

习题 3.6

1. 略.

2. $\dfrac{2}{\theta^2(1-\theta)}$.

3. $\dfrac{1}{\theta^2}$.

4. $\overline{X}$.

5. （1）略；（2）$\dfrac{1}{n^2}$.

6. 略.

7. $\dfrac{1}{n}\sum\limits_{i=1}^{n} X_i^2$.

8~10. 略.

11. （1）$\hat{\mu}=\dfrac{1}{m+4n}(m\overline{X}+2n\overline{Y})$；（2）略.

12. 略.

习题 4.1

1~3. 略.

4. 0.90.

5. 0.95.

习题 4.2

1. $[16u_{\alpha/2}^2]$.

2. $[32.1197,32.4703]$.

3. $[32.1390,32.4510]$，$[32.0817,32.5083]$.

4. $[1.9168,2.5832]$.

5. $n=\begin{cases}\left(\dfrac{2\sigma_0}{k}u_{\alpha/2}\right)^2, & 若\left(\dfrac{2\sigma_0}{k}u_{\alpha/2}\right)^2 为整数,\\[4mm]\left[\left(\dfrac{2\sigma_0}{k}u_{\alpha/2}\right)^2\right]+1, & 若\left(\dfrac{2\sigma_0}{k}u_{\alpha/2}\right)^2 不是整数.\end{cases}$

6. 11.

7. 16.

8. （1）$e^{\mu+0.5}$；

（2）$[-0.98,0.98]$；

（3）$[e^{-0.48},e^{1.48}]$.

9. $[0.0242,0.2829]$.

10. $n\left(\dfrac{1}{a}-\dfrac{1}{b}\right)\sigma^2$，$2n\left(\dfrac{1}{a}-\dfrac{1}{b}\right)^2\sigma^4$.

11. $(n-1)\left(\dfrac{1}{a}-\dfrac{1}{b}\right)\sigma^2$，$2(n-1)\left(\dfrac{1}{a}-\dfrac{1}{b}\right)^2\sigma^4$.

12. $[1485.694,1514.306]$，$[189.245,1333.333]$.

13. （1）$[2.1201,2.1299]$；（2）$[2.116,2.134]$；

（3）$[0.00016,0.000703]$.

14. 18.82.

15. 40526.6.

16. 10.

17. $[0.0299,0.0501]$.

18. $[-2.9,0.1]$.

19. $[94.5061,155.4939]$.

20. $[0.3775,2.1534]$.

21. （1）$[-0.0939,12.0939]$；（2）$[-0.2063,12.2063]$；

（3）$[-0.3288,12.3288]$；（4）$[0.3359,4.0973]$.

22. （1）$[0.06201,1.0075]$；（2）$[-0.2771,0.3171]$.

23. 2.84.

24. （1）$\hat{\mu}=\dfrac{\dfrac{1}{\sigma_1^2}\sum\limits_{i=1}^{m}X_i+\dfrac{c}{\sigma_2^2}\sum\limits_{j=1}^{n}Y_j}{\dfrac{m}{\sigma_1^2}+\dfrac{nc^2}{\sigma_2^2}}$；

（2）$\left[\hat{\mu}-u_{\alpha/2}\Big/\sqrt{\dfrac{m}{\sigma_1^2}+\dfrac{nc}{\sigma_2^2}},\ \hat{\mu}+u_{\alpha/2}\Big/\sqrt{\dfrac{m}{\sigma_1^2}+\dfrac{nc}{\sigma_2^2}}\right]$.

25. 194.17.

26. $\left[\overline{Y}-\overline{X}-\dfrac{t_{\alpha/2}(m+n-2)}{M}S(X,Y),\ \overline{Y}-\overline{X}+\dfrac{t_{\alpha/2}(m+n-2)}{M}S(X,Y)\right]$，

其中，

$$S(X,Y)=\sqrt{\left[\sum_{i=1}^{m}(X_i-\overline{X})^2+\frac{1}{\lambda}\sum_{j=1}^{n}(Y_j-\overline{Y})^2\right]\Big/(m+n-2)},$$

$$M=\left(\frac{1}{m}+\frac{\lambda}{n}\right)^{-1/2}.$$

习题 4.3

1. $[36.787,113.099]$，97.745，40.863.

2. （1）略；（2）$\left[\dfrac{\chi^2_{1-\alpha/2}(2n)}{-2\sum\limits_{i=1}^{n}\ln X_i},\dfrac{\chi^2_{\alpha/2}(2n)}{-2\sum\limits_{i=1}^{n}\ln X_i}\right]$.

3. $\left[\alpha^{1/n}X_{(1)},X_{(1)}\right]$.

4. $\left[\dfrac{\chi^2_{1-\alpha/2}(2n)}{2\sum\limits_{i=1}^{n}X_i^2},\dfrac{\chi^2_{\alpha/2}(2n)}{2\sum\limits_{i=1}^{n}X_i^2}\right]$.

5. $\left[X_{(1)}+\dfrac{\ln\alpha}{n},X_{(1)}\right]$.

6. $\left[\dfrac{X_{(1)}+X_{(n)}}{2}-\dfrac{1-\alpha^{1/n}}{2},\dfrac{X_{(1)}+X_{(n)}}{2}+\dfrac{1-\alpha^{1/n}}{2}\right]$.

7. $\left[\dfrac{X_{(n)}+X_{(1)}}{2}-\dfrac{c_0(X_{(n)}-X_{(1)})}{2},\dfrac{X_{(n)}+X_{(1)}}{2}+\dfrac{c_0(X_{(n)}-X_{(1)})}{2}\right]$，其中

$c_0=\alpha^{-\frac{1}{n-1}}-1$.

8. $\left[\dfrac{\overline{X}}{\overline{Y}}F_{1-\alpha/2}(2n,2m),\dfrac{\overline{X}}{\overline{Y}}F_{\alpha/2}(2n,2m)\right]$.

9. $\left[m_{0.5}-\dfrac{\pi}{2\sqrt{n}}u_{\alpha/2},m_{0.5}+\dfrac{\pi}{2\sqrt{n}}u_{\alpha/2}\right]$，其中 $m_{0.5}$ 为样本中位数.

10. $[0.088,0.232]$.

11. $\left[\overline{X}-\dfrac{S}{\sqrt{n}}u_{\alpha/2},\overline{X}+\dfrac{S}{\sqrt{n}}u_{\alpha/2}\right]$，其中 $S^2=\dfrac{1}{n-1}\sum\limits_{i=1}^{n}(X_i-\overline{X})^2$.

12. 置信上限为 $\dfrac{n}{n+u_\alpha^2}\left(\overline{X}+\dfrac{1}{2n}u_\alpha^2+u_\alpha\sqrt{\dfrac{\overline{X}(1-\overline{X})}{n}+\dfrac{u_\alpha^2}{4n^2}}\right)$ 或 $\overline{X}+u_\alpha$

$\sqrt{\overline{X}(1-\overline{X})/n}$，

置信下限为 $\dfrac{n}{n+u_\alpha^2}\left(\overline{X}+\dfrac{1}{2n}u_\alpha^2-u_\alpha\sqrt{\dfrac{\overline{X}(1-\overline{X})}{n}+\dfrac{u_\alpha^2}{4n^2}}\right)$ 或 $\overline{X}-u_\alpha\sqrt{\overline{X}(1-\overline{X})/n}$.

习题 5.1

1~4. 略.

5. （1）0.025，0.484；

（2）6.

6. （1）$c = \dfrac{5.88}{\sqrt{n}}$；

（2）$1 - \Phi\left(\dfrac{c + \mu_0 - \mu}{3/\sqrt{n}}\right) + \Phi\left(\dfrac{-c + \mu_0 - \mu}{3/\sqrt{n}}\right)$；

（3）犯第一类错误的概率越小，犯第二类错误的概率越大.

7. $\dfrac{1}{3}$，$\dfrac{4}{9}$.

8. （1）0.4013；

（2）$\gamma_\varphi(\theta) = \begin{cases} 0, & 0 < \theta \leqslant 0.95, \\ 1 - \left(\dfrac{0.95}{\theta}\right)^{10}, & \theta > 0.95. \end{cases}$

习题 5.2

1~4. 略.

5. 能认为总体均值 $\mu = 26$.

6. 无显著差异.

7. 这批元件不合格.

8. 能认为这批矿砂的均值为 3.25%.

9. （1）1.176；（2）$\Phi\left(\dfrac{5}{3}(c + \mu_0 - \mu_1)\right) - \Phi\left(\dfrac{5}{3}(-c + \mu_0 - \mu_1)\right)$.

10. 电动机寿命的波动性较以往有显著变化.

11. 保险丝熔化时间的分散度与通常情况无显著差异.

12. 这天的标准差不正常.

13. （1）认为 H_1 成立；（2）认为 H_0 成立.

14. （1）认为 H_1 成立；

（2）认为 H_1 成立；

（3）认为 H_1 成立.

15. （1）认为 H_0 成立；

（2）认为 H_0 成立；

（3）认为 H_0 成立.

16. 认为 H_0 成立.

17. （1）认为 H_0 成立；

（2）认为 H_0 成立.

18. 乙方案比甲方案显著提高.

19. 两种轮胎的耐磨性能有显著差异.

20. 认为 H_0 成立.

21.（1）两批元件电阻的方差相等；

（2）两批元件的平均电阻无显著差异.

习题 5.3

1. 无充分证据认为平均寿命小于 1000h.

2. 拒绝域为 $D = \{(X_1, X_2, \cdots, X_n) : X_{(1)} < \theta_0 (1 - \alpha/2)^{-1/n}$ 或 $X_{(1)} > \theta_0 (\alpha/2)^{-1/n}\}$.

3. 拒绝域为 $D = \left\{ \dfrac{\overline{X}}{\overline{Y}} \leqslant F_{1-\alpha/2}(2m, 2n) \text{ 或 } \dfrac{\overline{X}}{\overline{Y}} \geqslant F_{\alpha/2}(2m, 2n) \right\}$.

4. 拒绝域为 $D = \left\{ \left| \dfrac{\overline{X} - \lambda_0}{\sqrt{\lambda_0/n}} \right| \geqslant u_{\alpha/2} \right\}$.

5. 拒绝域为 $D = \left\{ \left| \dfrac{\overline{X} - \mu_0}{S/\sqrt{n}} \right| \geqslant u_{\alpha/2} \right\}$.

6. 认为 $H_1 : p \neq 0.5$ 成立.

7. 硬币均匀.

习题 5.4

1. 置信区间为
$$\left[\frac{(n-1)S^2}{\chi_{\alpha/2}^2(n-1)}, \frac{(n-1)S^2}{\chi_{1-\alpha/2}^2(n-1)} \right],$$
置信上、下限为 $\dfrac{(n-1)S^2}{\chi_{1-\alpha}^2(n-1)}$, $\dfrac{(n-1)S^2}{\chi_{\alpha}^2(n-1)}$.

2. 置信区间为
$$\left[\frac{S_1^2}{S_2^2} \cdot F_{1-\alpha/2}(n-1, m-1), \frac{S_1^2}{S_2^2} \cdot F_{\alpha/2}(n-1, m-1) \right],$$
置信上限为 $\dfrac{S_1^2}{S_2^2} \cdot F_{\alpha}(n-1, m-1)$,

置信下限为 $\dfrac{S_1^2}{S_2^2} \cdot F_{1-\alpha}(n-1, m-1)$.

习题 5.5

1.（1）$\varphi(x) = \begin{cases} 1, & x_{(n)} > \sqrt[n]{1-\alpha}, \\ 0, & x_{(n)} \leqslant \sqrt[n]{1-\alpha}; \end{cases}$

（2）$\varphi(x) = \begin{cases} 1, & x_{(n)} < \sqrt[n]{\alpha}, \\ 0, & x_{(n)} \geqslant \sqrt[n]{\alpha}. \end{cases}$

2.（1）$\varphi(x) = \begin{cases} 1, & \sum\limits_{i=1}^{n} x_i > \chi_\alpha^2(2n)/2\lambda_0, \\ 0, & \sum\limits_{i=1}^{n} x_i \leqslant \chi_\alpha^2(2n)/2\lambda_0; \end{cases}$

（2）与（1）类似，略.

3.　$\varphi(x) = \begin{cases} 1, & \bar{x} < \mu_0 - \mu_\alpha/\sqrt{n}, \\ 0, & \bar{x} \geqslant \mu_0 - \mu_\alpha/\sqrt{n}. \end{cases}$

4.　$\varphi(x) = \begin{cases} 1, & \sum\limits_{i=1}^{n} x_i^2 < \chi_\alpha^2(n)\sigma_0^2, \\ 0, & \sum\limits_{i=1}^{n} x_i^2 \geqslant \chi_\alpha^2(n)\sigma_0^2. \end{cases}$

5.　$\varphi(x) = \begin{cases} 1, & \sum\limits_{i=1}^{n} x_i < c, \\ r, & \sum\limits_{i=1}^{n} x_i = c, \\ 0, & \sum\limits_{i=1}^{n} x_i > c, \end{cases}$

其中，c 和 r 由下列式子确定：

$$\alpha_1 = \sum_{k=c+1}^{n} \binom{n}{k} p^k (1-p)^{n-k} \leqslant \alpha \leqslant \sum_{k=c}^{n} \binom{n}{k} p^k (1-p)^{n-k}, \quad r = \frac{\alpha - \alpha_1}{\binom{n}{c} p^c (1-p)^{n-c}}.$$

6.　$\varphi(x) = \begin{cases} 1, & \sum\limits_{i=1}^{n} x_i < c, \\ r, & \sum\limits_{i=1}^{n} x_i = c, \\ 0, & \sum\limits_{i=1}^{n} x_i > c, \end{cases}$

其中 c 和 r 由下列式子确定：

$$\alpha_1 = \sum_{k=0}^{c-1} \frac{(n\lambda_0)^k e^{-n\lambda_0}}{k!} \leqslant \alpha \leqslant \sum_{k=0}^{c} \frac{(n\lambda_0)^k e^{-n\lambda_0}}{k!},$$

$$r = \frac{(\alpha - \alpha_1) c!}{(n\lambda_0)^c e^{-n\lambda_0}}.$$

习题 5.6

1. $\varphi(x)=\begin{cases} 1, & \dfrac{\sqrt{n}\,(\bar{x}-\mu_0)}{\sigma}\geqslant u_{\alpha/2}, \\ 0, & \dfrac{\sqrt{n}\,(\bar{x}-\mu_0)}{\sigma}<u_{\alpha/2}. \end{cases}$

2. $\varphi(x)=\begin{cases} 1, & T(x)\leqslant t_{\alpha/2}(n-1), \\ 0, & T(x)>t_{\alpha/2}(n-1). \end{cases}$ 其中 $T(X)=\dfrac{\bar{X}-\mu_0}{S/\sqrt{n}}.$

3. $\varphi(x)=\begin{cases} 1, & \dfrac{\sum\limits_{i=1}^{n}(x_i-\mu_0)^2}{\sigma_0^2}\geqslant \chi_{\alpha/2}^2(n), \\ 0, & \dfrac{\sum\limits_{i=1}^{n}(x_i-\mu_0)^2}{\sigma_0^2}<\chi_{\alpha/2}^2(n). \end{cases}$

4. $\varphi(x)=\begin{cases} 1, & \dfrac{(n-1)s^2}{\sigma_0^2}\geqslant \chi_{1-\alpha/2}^2(n-1), \\ 0, & \dfrac{(n-1)s^2}{\sigma_0^2}<\chi_{1-\alpha/2}^2(n-1). \end{cases}$

5. $\varphi(x)=\begin{cases} 1, & |T(x,y)|\geqslant t_{\alpha/2}(m+n-2), \\ 0, & |T(x,y)|<t_{\alpha/2}(m+n-2), \end{cases}$ 其中

$$T(X,Y)=\dfrac{\bar{X}-\bar{Y}}{\sqrt{1/m+1/n}}\Big/ \sqrt{\dfrac{1}{m+n-2}\Big[\sum_{i=1}^{m}(X_i-\bar{X})^2+\sum_{i=1}^{n}(Y_i-\bar{Y})^2\Big]}.$$

6. (1) 略;

(2) $\varphi(x,y)=\begin{cases} 1, & \dfrac{m-1}{n-1}T\leqslant F_{1-\alpha/2}(n-1,m-1) \\ & 或 \dfrac{m-1}{n-1}T\geqslant F_{\alpha/2}(n-1,m-1), \\ 0, & 其他, \end{cases}$

其中 $T=\dfrac{\sum\limits_{i=1}^{n}(y_i-\bar{y})^2}{\sum\limits_{i=1}^{m}(x_i-\bar{x})^2}.$

7. (1) $\varphi(x)=\begin{cases} 1, & \sum\limits_{i=1}^{n}x_i\leqslant\dfrac{1}{2\lambda_0}\chi_{1-\alpha/2}^2(2n)\ 或\ \sum\limits_{i=1}^{n}x_i\geqslant\dfrac{1}{2\lambda_0}\chi_{\alpha/2}^2(2n), \\ 0, & 其他; \end{cases}$

（2）略.

$$8.\ \varphi(x)=\begin{cases}1, & X_{(1)}\geqslant\mu_0-\dfrac{\ln\alpha}{n},\\[2mm]0, & X_{(1)}<\mu_0-\dfrac{\ln\alpha}{n}.\end{cases}$$

9. 略.

习题 5.7

1. 0.0352，认为 2008 年的索赔中位数与前一年相比有变化.

2. 0.3770，认为中位数不低于 34.

3. 服从泊松分布.

4. 认为该总体的中位数为 13.2.

5. 0.3872，不能确认该厂的说法不真实.

6. （1）不能认为学生的培训效果显著；

（2）不能认为学生的培训效果显著；

（3）不能认为学生的培训效果显著，三者结果一致.

7. （1）认定以材料 A 制成的后跟比材料 B 的耐穿；

（2）认定以材料 A 制成的后跟比材料 B 的耐穿，二者结果
一致.

8. （1）不能认为两种饮料评分有显著差异；

（2）不能认为两种饮料评分有显著差异，二者结果一致.

9. 略.

10. 服从相同的分布.

11. 有显著差异.

12. 星期一的缺勤是其他工作日缺勤的两倍.

13. 两个班的劳动生产率无显著差异.

14. 略.

15. 略.

参 考 文 献

[1] 陈家鼎, 孙山泽, 李东风. 数理统计学讲义[M]. 北京: 高等教育出版社, 1993.

[2] 陈希孺. 数理统计引论[M]. 北京: 科学出版社, 1981.

[3] 陈希孺. 数理统计学简史[M]. 长沙: 湖南教育出版社, 2002.

[4] 陈希孺. 概率论与数理统计[M]. 合肥: 中国科技大学出版社, 2009.

[5] 陈希孺. 高等数理统计学[M]. 合肥: 中国科技大学出版社, 2009.

[6] 陈希孺, 方兆本, 李国英, 等. 非参数统计[M]. 合肥: 中国科学技术大学出版社, 2012.

[7] 陈希孺, 倪国熙. 数理统计学教程[M]. 合肥: 中国科学技术大学出版社, 2009.

[8] 方开泰, 许建伦. 统计分布[M]. 北京: 高等教育出版社, 2016.

[9] 何书元. 数理统计[M]. 北京: 高等教育出版社, 2012.

[10] LEHMANN E L. Testing Statistical Hypotheses[M]. 2nd ed. New York: John Wiley & Sons, 1986.

[11] LEHMANN E L, GEORGE C. 点估计理论: 第二版[M]. 郑忠国, 蒋建成, 童行伟, 译. 北京: 中国统计出版社, 2005. Springer-Verlag, 1998.

[12] 李舰, 海恩. 统计之美: 人工智能时代的科学思维[M]. 北京: 电子工业出版社, 2019.

[13] 李贤平. 概率论基础[M]. 3 版. 北京: 高等教育出版社, 2010.

[14] 李泽慧, 李效虎, 荆炳文. 数理统计习题教程[M]. 兰州: 兰州大学出版社, 2004.

[15] 茆诗松, 程依明, 濮晓龙. 概率论与数理统计教程[M]. 3 版. 北京: 高等教育出版社, 2019.

[16] 茆诗松, 程依明, 濮晓龙. 概率论与数理统计教程习题解答[M]. 3 版. 北京: 高等教育出版社, 2020.

[17] 茆诗松, 吕晓玲. 数理统计学[M]. 2 版. 北京: 中国人民大学出版社, 2016.

[18] 茆诗松, 王静龙, 濮晓龙. 高等数理统计[M]. 3 版. 北京: 高等教育出版社, 2022.

[19] BICKEL P J, DOKSUM K A. 数理统计: 基本概念及专题 修订版[M]. 李泽慧, 王嘉澜, 林亨, 等译. 兰州: 兰州大学出版社, 2004.

[20] 邵军. 数理统计[M]. 2 版. 北京: 高等教育出版社, 2018.

[21] 师义民, 徐伟, 秦超英, 等. 数理统计[M]. 4 版. 北京: 科学出版社, 2017.

[22] 孙海燕, 周梦, 李卫国, 等. 数理统计[M]. 北京: 北京航空航天大学出版社, 2016.

[23] 孙海燕. 数理统计习题详解[M]. 北京: 北京航空航天大学出版社, 2017.

[24] 王兆军, 邹长亮. 数理统计教程[M]. 北京: 高等教育出版社, 2014.

[25] 韦博成. 参数统计教程[M]. 南京: 东南大学出版社, 2016.

[26] 韦博成, 周影辉. 高等数理统计习题解答[M]. 北京: 高等教育出版社, 2006.

[27] 韦来生. 数理统计[M]. 2 版. 北京: 科学出版社, 2015.

[28] 杨德保. 工科概率统计[M]. 北京: 北京理工大学出版社, 2006.

[29] 杨振海, 张忠占. 应用数理统计[M]. 北京: 北京工业大学出版社, 2005.

[30] 杨振海, 程维虎, 张军舰. 拟合优度检验[M]. 北京: 科学出版社, 2011.

[31] 茆诗松, 王静龙. 数理统计[M]. 上海: 华东师范大学出版社, 1990.